计算机科学丛书

原书第2版

密码学

C/C++语言实现

[德] 迈克尔·威尔森巴赫（Michael Welschenbach） 著

杜瑞颖 何琨 周顺淦 译

Cryptography in C and C++

Second Edition

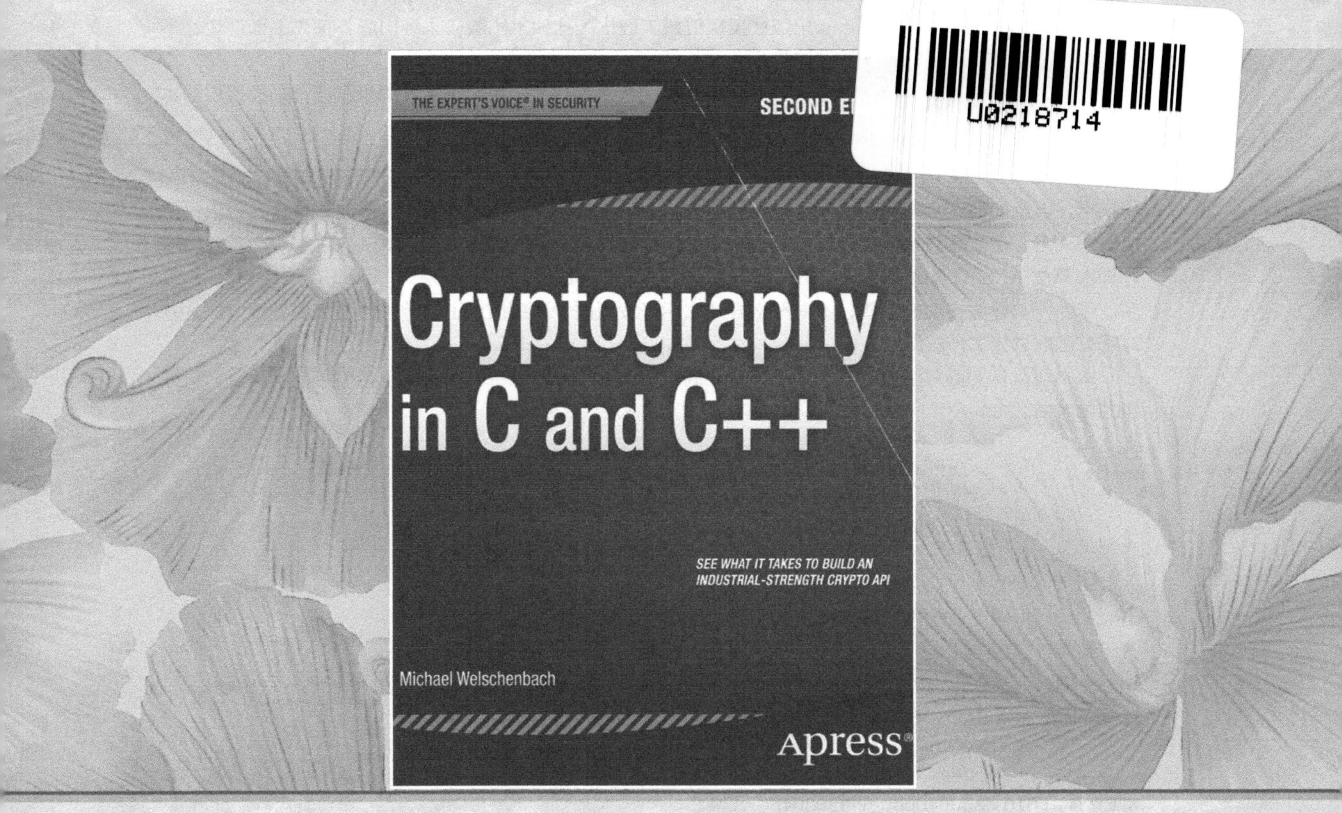

机械工业出版社

CHINA MACHINE PRESS

图书在版编目（CIP）数据

密码学：C/C++ 语言实现（原书第 2 版）/（德）威尔森巴赫（Welschenbach, M.）著；杜瑞颖，何琨，周顺淦译．—北京：机械工业出版社，2015.10（2025.1 重印）
（计算机科学丛书）
书名原文：Cryptography in C and C++, Second Edition

ISBN 978-7-111-51733-7

I. 密… II. ①威… ②杜… ③何… ④周… III. 密码算法 – C 语言 – 程序设计
IV. ① TN918.1 ② TP312

中国版本图书馆 CIP 数据核字（2015）第 233102 号

北京市版权局著作权合同登记 图字：01-2013-9167 号。

Michael Welschenbach: Cryptography in C and C++, Second Edition (ISBN: 978-1-4302-5098-2).

本书主要阐述如何使用 C 和 C++ 语言实现密码学算法，包括编写专家级的密码所需要掌握的知识和技术，以及如何安全并高效地实现密码学算法。第 2 版包括了许多全新内容，同时对原有内容进行了修改和完善，使之涵盖密码学领域的最新技术进展。作为一本密码学的书籍，本书叙述了一个重要的对称加密算法 AES 的理论及实现，还完整地实现了一个重要的非对称密码系统——RSA 加密和 RSA 签名。作为一本算法实现的书籍，本书严格遵循软件开发原则，详细描述了设计思想及错误处理方法，并对所有函数进行了广泛测试。

本书可以作为高等院校信息技术相关专业高年级本科生或研究生的教材，也是信息技术从业人员极佳的参考书。

出版发行：机械工业出版社（北京市西城区百万庄大街 22 号 邮政编码：100037）

责任编辑：迟振春	责任校对：董纪丽
印　刷：北京捷迅佳彩印刷有限公司	版　次：2025 年 1 月第 1 版第 6 次印刷
开　本：185mm × 260mm 1/16	印　张：19.5
书　号：ISBN 978-7-111-51733-7	定　价：69.00 元

客服电话：（010）88361066 68326294

译者序

密码学是一门有着悠久历史的科学，在人类历史中扮演着重要的角色。然而，密码学又是一门神秘的学问，许多人知道它，却不了解它；许多人研究它，却不能公开讨论它。早期的密码学研究作为各国的军事机密而讳莫如深，直到20世纪中叶，这一状况才开始改变。随着众多杰出科学家的介入，密码学由一门依靠设计者经验的编码艺术，转变为一门严谨的科学。尤其是公钥密码学的诞生，使得密码学具备了保密通信之外的更为广泛的功能，也使得密码学成为一门蓬勃发展的新兴学科。

密码技术从诞生之初就以保护军事机密和商业机密为目标。我们的日常生活也离不开密码技术，如无线网络接入认证、安全电子邮件系统等。因此，我们不仅要分析密码学的理论基础，更要研究密码学的具体实现。本书就是这样一本专注于密码学实现的书籍，这种独特的视角使其在众多密码学理论书籍中脱颖而出。

本书讨论了如何使用C语言和C++ 语言实现密码学算法。这一过程远比想象的复杂。公钥密码学以大整数计算为基础，而这些大整数远远超过了C语言和C++ 语言对整数的处理范围，因此实现密码学算法必须先实现大整数计算。在大整数计算的基础上，本书介绍了大量密码学算法的实现，并确保它们既高效又安全。

作为一本密码学的书籍，本书叙述了一个重要的对称加密算法AES的理论及实现，也完整地实现了一个重要的非对称密码系统——RSA加密和RSA签名。作为一本算法实现的书籍，本书严格遵循软件开发的原则，详细描述了设计思想及错误处理方法，并对所有函数进行了广泛的测试。

对于以实现真正实用的密码学算法为目的，并了解相关理论基础的读者而言，本书是一本极佳的读本。

由于译者的外语水平及专业知识有限，所以在翻译中难免有错误或不妥之处，请读者理解并指正。

译者
2015年8月

序

密码学是一门有着两千多年历史的古老艺术。只要信息保密的需求一直存在，那么保护秘密的尝试就会一直进行。然而直到最近三十年，密码学才发展成为一门科学，并且为我们提供日常生活中所需的安全保障。无论是自动柜员机、蜂窝电话、因特网商务，还是汽车上的计算机点火锁，密码学都暗藏其中。更重要的是，没有密码学这些应用都将无法工作！

最近三十年的密码学历史是一段非同寻常的成功故事。最重要的事件无疑是20世纪70年代中期公钥密码学的发现。这是一场真正的革命：现在我们知道那些以前不敢想象的事物是可能的。Diffie 和 Hellman 第一个公开表达了安全通信必须能自发地发生的愿景。在此之前，发送者和接收者必须首先通过保密通信建立一个共同的密钥。Diffie 和 Hellman 提出了一个天真的问题：人们是否可以在不共享一个共同密钥的情况下进行保密通信？他们的想法是不使用其他人不知道的私钥加密信息。这个想法标志着公钥密码学的诞生。随着几年后 RSA 算法的出现，这一愿景不再只是一个大胆的猜测。

数学与计算机科学富有成效的合作使现代密码学成为可能。数学为算法的创造和分析提供了基础。没有数学，尤其是没有数论，公钥密码学就无法实现。数学提供了用于算法运算的成果。

若要实现密码学算法，则需要能够支持大整数计算的程序：这些算法不能仅在理论上发挥作用，还必须按现实世界的规范执行。这是计算机科学的任务所在。

本书区别于所有其他相关书籍的地方在于，本书阐明了数学和计算之间的关系。我没有看到任何其他的密码学书籍能在充分地呈现数学基础的同时，还能提供大量的实际应用，并且使所有内容都清晰易读。

本书是作者对其专业知识的精彩呈现。他了解理论，并且能清晰地表达它们；他了解应用，并且能展现许多程序来实现它们；他了解许多东西，但没有表现出无所不知的样子；他清晰地提出他的论据，以便读者能获得一个清晰的理解。简而言之，这是一本出色的书。

祝福作者！并祝福你，本书的读者！

Albrecht Beutelspacher

英文第2版前言

Cryptography in C and C++，Second Edition

当必须与数字打交道时，我宁愿把自己塞进地洞中，这样就看不见任何东西。如果我抬起头，看见大海、一棵树或者一个女人(即使只是一个老妇人)，如果将所有的结果和数字都化作一阵轻烟。它们长出翅膀飞走了，我只能去追赶。

——*Nikos Kazanzakis*，《*Zorba the Greek*》

本书的英文第2版又经历了一次修订与扩充。我们完全重写了随机数生成器这一章，并且大幅修订了素性检验这一节。Agrawal、Kayal和Saxena在素性检验方面的最新成果——曾经在2002年引起轰动的《PRIMES is in P》，也涵盖在内。我们重新安排了Rijndael/AES这一章的位置，以便达到更好的效果。同时也指出Rijndael的标准化作为高级加密标准(Advanced Encryption Standard)被美国国家标准与技术研究院(National Institute of Standards and Technology，NIST)列为官方标准。

与本书之前的版本不同，英文第2版不再包含一张有程序源代码的光盘。相应地，源代码可以从www.apress.com的Downloads处下载。

感谢出版社和译者，他们使这本书有了中文、韩文、波兰文和俄文的版本，同时他们的仔细阅读也为该版本的质量做出了贡献。

再一次感谢David Kramer付出智慧与汗水将本书翻译为英文，还要感谢Apress的Gary Cornell愿意出版这本英文第2版。

最后，感谢Springer Science出版社，尤其是Hermann Engesser、Dorothea Glausinger和Ulrike Sricker，感谢他们的愉快合作。

英文第1版前言

数学是一门被误解甚至被中伤的学科。它不是在小学里我们被灌输的蛮力计算，也不是关于清算的科学。数学家不会把他们的时间花在想出更聪明的乘法方法、更快的加法方法以及更好的开立方方法上。

——*Paul Hoffman*,《*The Man Who Loved Only Numbers*》

英文第1版翻译自德文第2版。德文第2版在许多方面对德文第1版进行了修订和扩充，增加了一些密码学算法实例，如Rabin和El Gamal函数，并在RSA函数的实现中采用了RIPEMD-160散列函数以及PKCS#1格式。同时，还讨论了导致程序缺陷的可能错误来源。许多文字部分都进行了扩充、澄清以及错误更正。另外，强化了讲授策略，因此有些程序的源代码与书中的描述存在某些细节上的区别。并不是所有技术细节都同样重要，快速有效的代码也不总是清晰易读、引人注意。

谈到效率，在附录D中将程序的运行时间与GNU多精度库中的特定函数进行了比较。在比较中，FLINT/C指数运算表现不俗。作为补充，附录F提供了一些算术和数论包以供参考。

软件扩充了一些函数，并在一些地方进行了大量完善工作，移除了一些错误和不精确的地方。软件开发了额外的测试函数，并扩充了现有的测试函数。软件还实现了一种安全模式，通过重写，删除了函数中与安全性密切相关的变量。附录中明确地引用了所有的C和C++函数并加以说明。

由于当前编译器支持的C++标准并不统一，所以FLINT/C包的C++模块被设计为在传统的形式为`xxxxx.h`的C++头文件和新的ANSI头文件中都可以使用。出于同样的原因，在使用`new()`运算符时将检查是否返回一个null指针。这类错误处理没有使用ANSI标准异常，但能在当前的编译器下工作。而遵从标准的方法，即`new()`通过`throw()`生成一个错误，并不总是可行的。

虽然本书专注于非对称密码学的基本原理，但是由于Rijndael最近被美国国家标准与技术研究院(NIST)提名为高级加密标准(AES)，所以将这一算法的描述放到最后一章(第11章)。感谢Apress的Gary Cornell提出这个主题，并使我相信它值得成为本书的一部分。感谢Vincent Rijmen、Antoon Bosselaers、Paulo Barreto和Brian Gladman允许我们在本书的源代码中包含他们的Rijndael实现。

感谢所有第1版的读者，尤其是那些指出错误、给出评论或提出改进意见的人。我们非常愿意与他们交流。和往常一样，作者承担所有仍然留在本书或软件中的错误，以及任何新增错误的责任。

由衷地感谢Apress的Gary Cornell以及Springer-Verlag的Hermann Engesser、Dorothea Glaunsinger和Ulrike Stricker，感谢他们的无私奉献和友好合作。

感谢我的译者David Kramer，他以卓越的专业知识以及孜孜不倦的奉献精神提出了大量宝贵的意见，这些内容也融入了本书的德文版中。

警告

在使用包含在本书中的程序前，请参考相关软件和计算机的产品指南与技术说明。作者和出版社都不承担任何由于不正确地使用本书程序所带来的损失。可下载的源代码中的程序受到版权保护，未经出版社允许不能复制。

德文第1版前言

数学是科学的皇后。数论是数学的皇后。通常，她屈尊帮助天文学与其他自然科学，但在任何情况下，她都是最重要的。

——*Carl Friedrich Gauss*

本书专注于整数算术及其在计算机程序中的应用，不过，为什么我们需要这样一本密码学的书？这与计算机科学一般所牵涉的重要问题比起来是否是一个微不足道的主题呢？只要我们把自己封闭在那些可以用编程语言标准数字类型表示的数的范围内，算术就是一件非常简单的事，那些熟悉的算术运算伴随着熟悉的符号+、-、/、*在程序中自然地出现。

但是，当我们需要长度远远大于16位或32位的结果时，情况就变得有趣了。即使是基本的算术运算也无法在这些数上实现，我们需要投入大量精力解决那些以前从来不是问题的问题。任何研究数论尤其是现代密码学课题的人，无论是专业人士还是业余爱好者，都熟知这样的情况：我们在学校里学到的算术技术都要重新思考，并且我们会发现自己有时候要解决难以置信的复杂过程。

那些想要在这些领域开发程序但不想从头开始的读者将发现，本书包含的一系列用于大整数计算的函数可以作为C和C++的扩展。我们并不讨论那些解释“它的工作原理是什么”的“小儿科”的例子。我们提供一套完整的函数和方法，它们满足行业的稳定与性能需求，并有着坚实的理论基础。

在理论和实践之间建立连接是本书的目标，即填补理论文献与实际编程问题之间的缝隙。在前面的几章中，我们逐步研究大的自然数的基本计算原理、有限环和域中的算术，以及一些更复杂的初等数论函数，并阐述将这些原理应用于现代密码学的各种可能性。我们对数学基本原理的解释足以帮助读者理解本书给出的程序，对于那些想要深入了解的人，我们提供了大量的参考文献。我们将开发的函数组织到一起并进行大量测试，最终形成一个有用且全面的编程接口。

我们从大数的表示开始，并在随后几章中探讨计算的基础。对于大数的加法、减法、乘法和除法，我们编写了强大的基本函数。基于这些函数，我们解释剩余类中的模算术，并在库函数中实现了相应的运算。我们划分了单独的一章专注于耗时的幂运算过程，该章设计并实现了一些针对模算术中应用的特定算法。

在经过大数输入与输出、不同基数之间的转换等准备后，我们使用这些基本的算术函数研究初等数论算法，然后从计算大数的最大公约数开始开发程序。接着我们转向研究计算Legendre和Jacobi符号、在有限环上求逆和计算平方根等问题，并熟悉中国剩余定理及其应用。

接下来，我们讨论识别大素数的原理的细节，并编写了强大的多阶段素性检验程序。

随后的一章致力于大随机数的生成，开发了密码学中使用的位生成器，并测试了其统计特征。

在第一部分的最后，我们测试了算术以及其他功能。我们从算术的数学规则中导出特殊的测试方法，并考虑了高效的外部工具的实现。

第二部分的主题是逐步构建 C++ 类 LINT(Large INTegers)。在此过程中，我们将第一部分的 C 函数嵌入面向对象编程语言 C++ 的语法与语义中。我们特别关注使用灵活的流函数和操控器对 LINT 对象进行格式化输入和输出，以及基于异常的错误处理。用 C++ 表示的算法的优雅令人印象深刻，尤其是标准类型和 LINT 对象的边界变得模糊，使得在实现算法时语法较为接近，并且更清晰和透明。

最后，我们通过实现用于加密和数字签名的扩展 RSA 密码系统展示如何应用我们开发的方法。在这个过程中，我们解释最具代表性的非对称密码系统 RSA 的理论及其操作。根据 C++ 编程语言的面向对象原则，我们在一个自包含的例子里开发了一个可扩展的内核。

我们以对软件库进一步可能的扩展的讨论作为结束。作为最后的一个要点，我们给出 4 个用于乘法和除法的 80x86 汇编语言的函数，它们能改进软件的效率。附录 D 包含了使用和不使用汇编器情况下的典型计算时间的表格。

衷心地欢迎本书的所有读者加入我们，或者根据个人兴趣专注于某些章节，并试用给出的函数。作者用“我们”指代自己及读者，希望这一点不会引起误解。他希望借此鼓励他们在数学和计算机科学的前沿领域发挥积极的作用，并从本书中受益。至于软件，我们鼓励读者通过新的实现优化一个或多个函数的范围或速度。

感谢 Springer-Verlag，特别是 Hermann Engesser、Dorothea Glaunsinger 和 Ulrike Stricker，他们对本书的出版抱有兴趣，并开展了友好积极的合作。本书手稿由 Jörn Garbers、Josef von Helden、Brigitte Nebelung、Johannes Ueberberg 和 Helga Welschenbach 审阅。衷心地感谢他们至关重要的建议与改进，以及他们的细心与耐心。尽管我们付出了努力，但本书或软件中仍可能存在错误，作者将独自承担责任。非常感谢我的朋友及同事 Robert Hammelrath、Franz-Peter Heider、Detlef Kraus 和 Brigitte Nebelung，在多年的合作中，他们对数学与计算机科学之间关联的洞察对我影响深远。

目 录

Cryptography in C and C++, Second Edition

算术与数论：C实现

算术和整个数学艺术的重要性是显而易见的，几乎所有的创造都离不开精确的数字和度量。同样，如果没有度量和比例，也没有独立存在的艺术。

——*Adam Ries*，《*Book of Calculation*》，*1574*

操纵数字的排印规则，事实上，也就是数字的运算规则。

——*D. R. Hofstadter*，
《*Godel, Escher, Bach: An Eternal Golden Braid*》

人类的大脑将不再因为需要计算而感受到负担！天才的人们拥有思考的能力而非只是书写数字。

——*StenNadolny*，《*The Discovery of Slowness*》
（*Ralph Freedman* 译）

绪　　论

上帝创造了整数，剩下的就是人类的工作了。

——*Leopold Kronecker(1823—1891)*

看着“零”时，你什么都看不到，但是透过它你可以看到这个世界。

——*Robert Kaplan，《The Nothing That Is: A Natural History of Zero》*

不管是否愿意，理解现代密码学必将涉足数论，即自然数的研究。数论是整个数学学科中最引人入胜的领域之一。但是，我们不必为了密码学的应用而深入浩瀚的数学海洋、挖掘晦涩的数学宝藏，我们的目标比较适中。当然，对密码学涉及的数论进行任何程度的深入研究都不为过，在密码学这个领域确实有很多著名的数学家做出了非常重要的贡献。

人们对数论的研究历史源远流长。古希腊数学家和哲学家Pythagoreans及他的学派早在公元前六世纪就已经对整数之间的关系进行了较为深入的探索并获得了一些重要的结论，例如著名的Pythagoreans定理[⊖]，该定理几乎在每一所中学的课本上都会出现。当时由于对宗教的信仰，他们认为所有的数都应该和自然数相对应。不久，他们就发现自己处在一个自相矛盾的境地，因为他们发现了像$\sqrt{2}$这样不能表示成两个整数的商的无理数。这个发现使得Pythagoreans学派的世界观发生了混乱，以至于他们抵制无理数的相关知识，当然，这只是人类历史上经常重演的一次次徒劳无益的行为之一。

我们今天用来保障因特网中通信安全最常用的加密算法就与两个最早的数论算法紧密相关，这两个算法分别出自古希腊数学家Euclid(公元前三世纪)和Eratosthenes(公元前267年～公元前195年)之手。“Euclid算法”和“Eratosthenes筛法”这两个算法与我们现在的工作紧密相连，我们将在10.1节和10.5节中分别介绍其理论和应用。

Pierre de Fermat(1601—1665)、Leonhard Euler(1707—1783)、Adrien Marie Legendre(1752—1833)、Carl Friedrich Gauss(1777—1855)和Ernst Eduard Kummer(1810—1893)等人被认为是现代数论最重要的奠基者。他们的工作形成了这个领域发展的基础，尤其是对密码学这样有趣的应用领域的基础性贡献，例如非对称加密的产生和数字签名的生成(参见第17章)。如果不是限于篇幅，我们还想再提一些在这个领域做出重要贡献的数学家，他们一直为数论的发展发挥着极其重要的作用。我非常推崇Simon Singh所著的《Fermat's Last Theorem》一书。

考虑到我们在孩提时代已经学会了计数并将一些事实认为理所当然，比如2加2等于4，我们必须构建一些抽象的概念进行一些理论判断的假设。例如，集合论帮助我们从“(几乎)没有”出发去理解自然数的存在和运算。“几乎没有”就是空集$\varnothing := \{\}$，即这个集合中没有任何元素。当我们把空集对应到自然数0时，我们就可以通过如下方法构建加法的集合。0的后继者0^+可以对应为集合$0^+ := \{0\} = \{\varnothing\}$，这个集合包含唯一的元素，这个元素即为空集。我们将0的后继者命名为1，于是我们可以给出1的后继者$1^+ :=$

⊖ 即勾股定理。——译者注

$\{\varnothing, \{\varnothing\}\}$，它包含0和1两个元素，我们将其定义为2。于是这些集合就定义了我们熟知的自然数0、1、2。

上述集合的构建方式，即为每一个 x 给出其后继者 $x^{+} := x \cup \{x\}$，这种方式可以用来产生更多的数。于是，除了0以外，每个数都可以用该方法产生，即它本身是一个包含前继者的集合，只有0没有前继者。为了保证这个产生过程无限地继续下去，集合论规定了一个称为*无穷性公理*的法则：即存在一个集合，它包含0和其中每一个元素的后继者。

根据假设的*后继集合*(以0开始且包含所有后继者的集合)存在性，集合论给出了一个最小的后继集合 $\mathbb{N}$ 的存在性，该集合是所有后继集合的子集。这个最小且唯一的后继集合 $\mathbb{N}$ 称为*自然数集*，这里我们将0也作为元素包含其中[⊖]。

自然数可以用 Giuseppe Peano(1858—1932)提出的公理来描述，这种方式也更符合我们直观上对自然数的理解：

1）两个不相等自然数的后继者也不相等：对于所有的 $n, m \in \mathbb{N}$，若 $n \neq m$，则 $n^{+} \neq m^{+}$。

2）除0以外，所有自然数都有后继者：$\mathbb{N}^{+} = \mathbb{N} \setminus \{0\}$。

3）*完全归纳法*：如果 $S \in \mathbb{N}$，$0 \in S$，且任给 $n \in S$，总有 $n^{+} \in S$，则 $S = \mathbb{N}$。

完全归纳法给出了我们感兴趣的自然数的运算。作为基础运算的加法和减法可以如下定义递归。首先定义**加法**：

任意给定自然数 $n \in \mathbb{N}$，存在一个从 $\mathbb{N}$ 到 $\mathbb{N}$ 映射的函数 s_n，满足：

1）$s_n(0) = n$；

2）对于任意给定的自然数 $x \in \mathbb{N}$，有 $s_n(x^{+}) = (s_n(x))^{+}$。

函数 $s_n(x)$ 的值就称为 n 和 x 的和 $n + x$。

然而，对于所有自然数 $n \in \mathbb{N}$，需要证明是否存在这样的函数 s_n，因为自然数的无穷性并不是一个先验的假设。根据上文提到的 Peano 第三公理(参见[Halm]的第11～13章)，将该加法的存在性证明规约到完全归纳法的基本规则。同时，可以用类似的方法来定义**乘法**：

任意给定自然数 $n \in \mathbb{N}$，存在一个从 $\mathbb{N}$ 到 $\mathbb{N}$ 映射的函数 p_n，满足：

1）$p_n(0) = 0$；

2）对于任意给定的自然数 $x \in \mathbb{N}$，有 $p_n(x^{+}) = p_n(x) + n$。

函数 $p_n(x)$ 的值就称为 n 和 x 的积 $n \cdot x$。

不出所料，自然数的乘法就是用加法来定义的。通过如上对自然数加法和乘法的定义，该定义可以通过重复对 x 进行完全归纳来证明(根据 Peano 第三公理)，我们可以得出结合律、交换律和分配率(参见[Halm]的第13章)等熟知的运算律。尽管我们经常不假思索地频繁使用这些运算律，但是当检验我们编写的 FLINT 函数库(参见第13章和第18章)时，我们还是要尽可能地对其运用自如。

用类似的方法我们可以获得**幂运算**的定义，鉴于该运算在后续章节中的重要性，我们在这里给出其定义形式。

任意给定自然数 $n \in \mathbb{N}$，存在一个从 $\mathbb{N}$ 到 $\mathbb{N}$ 映射的函数 e_n，满足：

1）$e_n(0) = 1$；

2）对于任意给定的自然数 $x \in \mathbb{N}$，有 $e_n(x^{+}) = e_n(x) \cdot n$。

⊖ 根据标准 DIN 5473，0属于自然数，这本身并非一个毫无争议的选择。但是，从计算机科学的角度，以0作为计数的开始比1更符合实际，这也标志0作为加法运算(加法一致性)(即任意自然数与0相加等于其本身。——译者注)中“中立元素”的重要性。

函数 $e_n(x)$ 的值就称为 n 的 x 次幂 n^x。运用完全归纳法，我们可以证明**幂律**(参见第 6 章)：

$$n^x n^y = n^{x+y}, \quad n^x \cdot m^x = (n \cdot m)^x, \quad (n^x)^y = n^{xy}$$

除了计算操作，在自然数集合 $\mathbb{N}$ 上还定义了“<”的顺序关系以便允许对任意给定的两个元素(n，$m \in \mathbb{N}$)进行比较。尽管这个事实值得我们从集合论的观点进行高度关注，但是实际上我们已能非常清晰地理解这种关系并在我们的日常生活中经常使用。

既然我们从建立一个空集作为唯一的基础构件开始定义自然数，那么接下来我们将考虑一些实质性的问题。尽管数论主要考虑自然数、整数以及它们的性质，而不过多地关注其他内容，但是，我们至少应鸟瞰数学分支的“细胞分裂”，这种“分裂”不仅产生了数论，还包括我们后面所涉及的运算及其规则。

关于软件

本书中描述的软件包含在一个完整的软件包中，这个软件包是我们经常引用的函数库。我们将这个库命名为 FLINT/C，它是“数论和密码学中的大整数函数”(functions for large integers in number theory and cryptography)的首字母缩写。

FLINT/C 库包含的模块如表 1-1～表 1-5 所示，这些模块的源代码在 www.apress.com 中可以找到。

表 1-1　目录 flint/src 中用 C 实现的算术与数论

flint.h	使用 flint.c 的头文件
flint.c	用 C 描述的算术和数论函数
kmul.{h,c}	Karatsuba 乘法和开方函数
ripemd.{h,c}	散列函数 RIPEMD-60 的实现
sha{1,256}.{h,c}	散列函数 SHA-1、SHA-256 的实现
entropy.c	生成作为伪随机序列初始值的熵
random.{h,c}	生成伪随机数
aes.{h,c}	高级加密算法(AES)的实现

表 1-2　目录 flint/src/asm 中用 80x86 汇编器(参见第 19 章)描述的算术模块

mult.{s,asm}	乘法，用来代替 flint.c 中的 C 函数 mult()
umul.{s,asm}	乘法，用来代替 C 函数 umul()
sqr.{s,asm}	平方，用来代替 C 函数 sqr()
div.{s,asm}	除法，用来代替 C 函数 div_l()

表 1-3　目录 flint/test 和目录 flint/test/testvals 中的测试(参见 13.2 节和第 18 章)

testxxx.c[pp]	用 C 和 C++ 描述的测试程序
xxx.txt	AES 的测试向量

表 1-4　目录 flint/lib 和目录 flint/lib/dll 中用 80x86 汇编器描述的函数库

flinta.lib	用目标模块格式(OMF)描述的汇编函数库
flintavc.lib	用通用对象文件格式(COFF)描述的汇编函数库
flinta.a	OS/2 下 emx/gcc 的汇编函数静态库
libflint.a	Linuc 下汇编函数静态库
flint.dll	MS VC/C++ 下 FLINT/C 的动态链接库(DLL)
flint.lib	flint.dll 的链接库

表 1-5 flint/rsa 目录中 RSA 的实现(参见第 17 章)

rsakey.h	RSA 类的头文件
rsakey.cpp	RSA 类 RSAkey 和 RSApub 的实现
rsademo.cpp	RSA 类及其函数的应用例子

FLINT/C 软件的组件列表可以在源代码中的 readme.doc 中找到。该软件已经在如下的平台中用开发工具进行了测试：

- Linux、SunOS 4.1 和 Sun Solaris 下的 GNU gcc
- OS/2 Warp、DOS 和 Windows(9x、NT)下的 GUN/EMX gcc
- Windows(9x、NT、2000、XP)下的 Borland BCC32
- Windows(9x、NT、2000、XP)下的 lcc-win32
- Windows(9x、NT、2000、XP)下的 Cygnus cygwin B20
- OS/2 Warp 和 Windows(9x、NT、2000、XP)下的 IBM VisualAge
- DOS、OS/2 Warp 和 Windows(9x、NT)下的 Microsoft C
- Windows(9x、NT、2000、XP)下的 Microsoft Visual C/C++
- DOS、OS/2 Warp 和 Windows(3.1、9x、NT、XP)下的 Watcom C/C++
- Windows(2000、XP)下的 OpenWatcom C/C++

汇编程序通过 Microsoft MASM[㊀]、Watcom WASM 或 GNU 汇编器 GSA 可以进行转换。它们已转化成对象模型格式(OMF)和通用对象文件格式(COFF)库的格式，以及 LINUX 静态库的格式，并包含在可下载的源代码中。在已定义的 FLINT_ASM 宏和链接函数库的情况下，上述格式的代码可以代替 C 函数。

以 GNU 的编译器 gcc 为例，一次典型的编译器调用类似于如下的过程(到源程序目录的路径未知时)：

```
gcc -02 -o rsademo rsademo.cpp rsakey.cpp flintpp.cpp
   randompp.cpp flint.c aes.c ripemd.c sha256.c entropy.c
   random.c -lstdc++
```

在编译中定义宏 FLINTPP_ANSI 时，需要使用遵循美国国家标准协会(ANSI)标准编写的 C++ 头文件；否则，使用传统的头文件 xxxxx.h。

不同的计算机平台编译程序开关可能会稍有不同，但是通常为了达到最佳性能都需要开启速度优化程序。同时，由于栈的使用，不同的环境和应用也可能需要做相应的调整[㊁]。考虑到特定应用对栈大小的要求，读者可以参考第 6 章中对幂运算函数的一些建议。当然，如果使用动态栈分配或用动态寄存器(参见第 9 章)实现幂运算函数时，对栈的要求可以适当放宽。

```
extern int __FLINT_API add_l(CLINT, CLINT, CLINT);
extern USHORT __FLINT_API_DATA smallprimes[];
```

以及汇编函数

```
extern int __FLINT_API_A div_l (CLINT, CLINT, CLINT, CLINT);
```

中用宏定义的 C 函数和常量：

__FLINT_API　　　　C 函数的修饰符

㊀ 调用：ml /Cx /c /Gd< filename> 。

㊁ 除了 DOS 系统外，现代计算机都设置了虚拟内存，所以读者不必担心这一点，尤其是使用 UNIX 或 Linux 系统的用户。

__ FLINT_API_A　　　　汇编函数的修饰符
__ FLINT_API_DATA　　　常量的修饰符

这些宏通常是用空注释/ ** /来定义的。通过使用定义好的宏，可以对程序和数据使用编译器和链接器的特殊指令。若使用汇编模块而不是 GNU 编译器 gcc，则宏__ FLINT_API_A 是由__ cdecl 定义的，并且有些编译器将其理解为调用 C 函数名对应的汇编程序的指令。

在 Microsoft Visual C/C++ 下，当模块需要从动态链接库(DLL)引用 FLINT/C 函数和常量时，需要定义宏 - D __ FLINT_API= __ cdecl 和 - D __ FLINT_API_DATA= __ declspec (dllimport)。这个问题在 flint.h 中已经考虑过了，并且定义了宏 FLINT_USEDLL 用于编译。在其他的开发环境中需要部署类似的定义。

函数 FLINTInit_l()处理 FLINT/C DLL 初始化时的部分工作，它为随机数生成器[⊖]提供初始值并生成一系列动态寄存器(参见第 9 章)。辅助函数 FLINTExit_l()用来释放动态寄存器。显然，初始化过程并不是由每个使用 DLL 的进程自己完成的，而是在 DLL 首次被调用时一次性完成的。通常，一个带有指定创建者签名和调用协定的程序将在 DLL 被装载到运行中的系统时自动执行。该程序将接管 FLINT/C 初始化并使用上述两个函数，即 FLINTInit_l()和 FLINTExit_l()。这些问题在创建 DLL 时都需要考虑。

针对安全性要求比较高的应用，该软件做了不少工作。为此，在安全模式下函数中的局部变量，尤其是 CLINT 和 LINT 对象，在使用后将用全零覆盖的方式删除。C 函数中也使用宏 PURGEVARS_L()和关联函数 purhevars_l()来实现。C++ 函数使用类似功能的析构函数～LINT()。汇编函数重写这部分工作内存。参数变量删除时则由调用函数实现其安全的删除。

变量的删除需要消耗一定的额外时间，假如省略这一处理步骤，那么必须在编译时定义宏 FLINT_UNSECURE。在运行时，函数 char* verstr_l()给出了编译时的模式设置信息，字母“a”表示汇编器支持，“s”表示安全模式。若这些模式是打开的，那么该模式设置信息将以字符串的形式输出。

使用该软件的合法条件

该软件仅供个人使用。因此，软件的使用、修改和分发需要符合以下条件：

1）不得修改或删除版权标志。

2）所有的修改必须以注释行的方式给出注释。任何其他用途，尤其是将该软件用作商业用途，必须获得发布者或作者的书面许可。

我们已经尽最大努力编写和修改了该软件。由于错误总是难免的，所以不管出于何种目的，作者和发布者都不为该软件使用过程中由于软件不可用性产生的直接或间接影响负责。

联系作者

我们很乐意收到任何关于书中错误的信息或其他任何有用的评论和意见。请发电子邮件至 cryptography@welschenbach. com。

⊖　这个初始值是从系统时钟中获取的由 32 位组成的数。对于安全性要求较高的应用，建议在足够大空间中为随机数选取合适的初始值。

数的格式：C中大数的表示

我设计了自己的大数书写系统，并将在这一章解释它。

——*Isaac Asimov，《Adding a Dimension》*

将其导向一种更高组织形式的过程，我们可以换一种方式实现。

——*J. Weber，《Form，Motion，Color》*

创建一个大数计算函数库的首要步骤之一是确定大数如何在计算机的主存储器中表示。这需要小心地计划，因为在这里做的决定很难在后面修改。改变一个软件库的内部结构是可行的，但用户界面应该在“向上兼容性”的意义下尽可能保持稳定。

有必要确定要处理的数的量级以及编码这些数值的数据类型。

在FLINT/C库中，所有程序的基本功能是处理远超过标准数据类型容量的几百位数字的自然数，因此我们需要一个用于大数表达和操作的计算机存储器单元的逻辑顺序。对于这一点，有人可能会设想一种结构，它能自动创建恰好表达数值的足够空间。有人使用动态内存管理的方法来实现这种经济的结构，这种方法能根据大数在算术运算中的需要来分配或释放内存。虽然这可以实现(例如，[Skal])，但内存管理以牺牲计算时间为代价，因此FLINT/C包中的整数表示选择更简单的定义，即静态长度。

为了表示大自然数，有人可能使用每个元素都是一个标准数据类型的数组。出于效率考虑，一个无符号数据类型是最优的，因为存储在这种类型中的算术运算的结果与最大的标准C数据类型(参见[Harb]5.1.1节)`unsigned long`(在`flint.h`中定义为`ULONG`)相比没有任何损失。一个`ULONG`变量通常恰好可以表达为一个完整的CPU寄存器字。

我们的目标是将对大数的运算尽可能直接地通过编译器简化为CPU寄存器算术，这样计算机就能“直接”计算。因此在FLINT/C包中，大整数表示通过`unsigned short int`(等同于`USHORT`)类型完成。我们假设`USHORT`类型用16位表示，并且`ULONG`类型可以完全接受`USHORT`类型算术运算的结果，即满足非形式化公式表示的大小关系`USHORT`×`USHORT`≤`ULONG`。

对于一个特定的编译器，是否满足这些假设可以通过ISO头文件`limits.h`(参见[Harb]2.7.1节和5.1节)判断。例如，在GNU C/C++编译器文件`limits.h`(参见[Dtlm])中有：

```
#define UCHAR_MAX 0xffU
#define USHRT_MAX 0xffffU
#define UINT_MAX 0xffffffffU
#define ULONG_MAX 0xffffffffUL
```

人们应该注意到关于数的二进制表示，实际上只有3种不同的大小。`USHRT`类型(我们符号中的`USHORT`)可以在16位寄存器中表示；`ULONG`类型符合一个32位寄存器CPU的字长。`ULONG_MAX`确定了以标量形式表示的最大无符号整数(参见[Harb]第110页)[㊀]。两个

㊀ 没有考虑GNU C/C++和某些其他C编译器中的非标准类型`unsigned long long`。

USHRT 类型数的乘积最多为 0xffff*0xffff= 0xfffe0001，因此可以表示为一个 ULONG 类型，其最低有效 16 位，在我们的例子中是值 0x0001，可以被单独地类型转换为 USHRT 类型。FLINT/C 包的基本算术函数的实现基于上面讨论的 USHORT 类型和 ULONG 类型之间的大小关系。

通过类似的方法，使用 32 位和 64 位数据类型来实现 USHORT 和 ULONG，将可以降低大约 25％的乘法、除法和幂运算计算时间。这些可能性可以通过直接访问乘法和除法机器指令的 64 位结果的汇编函数实现，或通过允许 C 语言实现将结果无损地存储在一个 ULONG 类型寄存器的具有 64 位寄存器的处理器实现中。FLINT/C 包包含一些可以从算术汇编函数中快速获得结果的例子(见第 19 章)。

下一个问题是一个数组中 USHORT 数字的顺序。我们可以想象两种可能性：从左往右，从较低存储器地址到较高存储器地址降序排列数字；或者相反地从较低存储器地址到较高存储器地址升序排列数字。后一种排列与我们通常的表达方式相反，但它有一个优点，即改变常量地址的数的大小可以用简单的分配额外的数字代替，而不用在存储器中重新分配空间。因此选择很明确：数值表示的数字随着存储器地址或数组索引的增加而增加。

作为表示长度的附加元素将被附加并存储在数组的第一个元素中。因此，存储器中长数字的表示格式为：

$$n = (ln_1 n_2 \cdots n_l)_B \quad 0 \leqslant l \leqslant \texttt{CLINTMAXDIGIT}, \quad 0 \leqslant n_i \leqslant B, \quad i = 1, \cdots, l$$

其中 B 表示数值表示的基数。对于 FLINT/C 包，有 $B := 2^{16} = 65\,536$。B 的值将从这里一直持续出现。常量 CLINTMAXDIGIT 表示 CLINT 对象的最大数字位数。

零通过长度 $l=0$ 表示。一个表示为 FLINT/C 变量 n_l 的数的值 n 可以如下计算：

$$n = \begin{cases} \sum_{i=1}^{\texttt{n\_l[0]}} \texttt{n\_l}[i] B^{i-1} & \texttt{n\_l[0]} > 0 \\ 0 & \text{其他} \end{cases}$$

如果 $n>0$，则以 B 为基数的 n 的最低有效数字由 n_l[1]给出，最高有效数字由 n_l[n_l[0]]给出。n_l[0]的位数通过后文中的宏 DIGITS_L(n_l)读取，并通过宏 SETDIGITS_L(n_l,l)设置为 l。同样，访问 n_l 的最低有效数字和最高有效数字将传递给 LSDPTR_L(n_l)和 MSDPTR_L(n_l)，它们返回数字的指针。使用定义在 flint.h 中的宏与实际数的表示是独立的。

由于我们对自然数没有符号的需要，所以我们现在已经拥有表达这类数的全部要素。我们通过下面的方式定义相应的数据类型：

```
typedef unsigned short clint;
typedef clint CLINT[CLINTMAXDIGIT + 1];
```

相应地，声明一个大数的方式是：

```
CLINT n_l;
```

CLINT 类型函数参数的声明可以按照函数头中的指令 CLINT n_l[⊖]。一个 CLINT 对象的指针 myptr_l 的定义出现在 CLINTPTR myptr_l 或 clint *myptr_l 中。

FLINT/C 函数可以根据 flint.h 中的常量 CLINTMAXDIGIT 的设置处理 4096 位长的

⊖ 就这一点而言，可以比较[Lind]的第 4 章和第 9 章，其中详细解释了 C 中数组和指针何时等价，当不等价时，会产生什么错误类型。

数，即 1233 位十进制数或 256 位以 2^{16} 为基数的数。通过改变 CLINTMAXDIGIT，最大长度可以调整到所需要的值。其他常量的定义依赖于这个参数。例如，一个 CLINT 对象中 USHORT 的个数通过以下方式指定：

```
#define CLINTMAXSHORT CLINTMAXDIGIT + 1
```

可以处理的二进制的最大位数通过以下方式定义：

```
#define CLINTMAXBIT CLINTMAXDIGIT << 4
```

虽然常量 CLINTMAXDIGIT 和 CLINTMAXBIT 被频繁地使用，但这种写法在印刷上很笨拙，因此我们通过缩写 MAX_B 和 MAX_2（除了程序代码中，这里常量表示依然用其本来形式）来表达这些常量。

根据这一定义，CLINT 对象可以假定为区间[0，$B^{\mathrm{MAX}_B}-1$]或[0，$2^{\mathrm{MAX}_2}-1$]内的整数值。我们通过 $N_{\max}$ 表示一个 CLINT 对象可以表示的最大自然数 $B^{\mathrm{MAX}_B}-1=2^{\mathrm{MAX}_2}-1$。

有些函数需要处理比一个 CLINT 对象能容纳更多位数的数。对这些情况，CLINT 类型的变型被定义为

```
typedef unsigned short CLINTD[1+(CLINTMAXDIGIT<<1)];
```

和

```
typedef unsigned short CLINTQ[1+(CLINTMAXDIGIT<<2)];
```

它们可以表示此之前两倍和四倍位数的数。

为了帮助编程实现，模块 flint.c 定义了常量 nul_l、one_l 和 two_l，分别用 CLINT 格式表示数字 0、1 和 2；并且在 flint.h 中有相应的宏 SETZERO_L()、SETONE_L()和 SETTWO_L()，可以设置 CLINT 对象为相应的值。

接口语义

当人们听到一些词汇时，他们通常相信这背后有一些别的含义。

——*Goethe*，《*Faust*》*Part* Ⅰ

接下来，我们将设置一些关于接口行为和 FLINT/C 函数使用的基本属性。首先我们考虑 CLINT 对象和 FLINT/C 函数的文本表示，但我们首先需要弄清楚一些对使用函数十分重要的实现基础。

我们约定 FLINT/C 包中的函数名以“_l”作为结尾。例如，add_l 表示加法函数。CLINT 对象标识符同样以一个下划线和 l 作为结束。为简单起见，从现在起，当条件许可时，一个 CLINT 对象 n_l 等同于它表示的值。

一个 FLINT/C 函数的表示以一个包含针对该函数接口的语法和语义描述的头部开始。通常函数头部如下所示。

功能：函数的简短描述
语法：int f_l (CLINT a_l, CLINT b_l, CLINT c_l);
输入：a_l、b_l(操作数)
输出：c_l(结果)
返回：0，如果一切正常
一个警告或错误消息，否则

这里我们区分**输出**和**返回**值：**输出**是指存储在函数传递参数中的值；**返回**是指通过 return 命令函数返回的值。除了少数情况外(例如，10.3 节中 ld_l()函数，10.4.1 节中 twofact_l()函数)，返回值由状态信息或错误消息组成。

除了用于**输出**的参数外，其余参数都不会被函数改变。形如 f_l(a_l,b_l,a_l)的调用是允许的，其中 a_l 和 b_l 为参数，a_l 在计算的最后被返回值覆盖，因为返回变量仅当操作完全执行后才被赋予返回值。从汇编程序的角度，我们说在这种情况下，a_l 作为*累加器*。这种程序方法被所有 FLINT/C 函数支持。

若一个值 l 有

```
(DIGITS_L (n_l) == l) && (l > 0) && (n_l[l] == 0);
```

时，我们说一个 CLINT 对象 n_l 持有前导零。前导零是冗余的，因为虽然它增加了一个数的表示长度，但对其值没有任何影响。不管怎样，前导零在数的符号表示中是允许的，因此我们不能简单地忽略它。使用前导零当然会导致一些繁琐的实现细节，但是它增加了对外部源输入的容忍度，所以提升了所有函数的稳定性。因此，有前导零的 CLINT 数被所有 FLINT/C 函数支持，但不由它们产生。

另一个设置与在上溢情况下的算术函数的行为相关，当算术运算的结果大于其类型所能表示的最大值时，将发生上溢。尽管在某些 C 的出版物中指出，在算术上溢的情况下程序行为与实现有关，但是 C 标准精确地给出了无符号整数类型在算术运算上溢情况下的操作：在数据类型相当于 n 位长的整数时，应执行模 2^n 运算(参见[Harb]5.1.2节)。因此，当之后描述的基本算术函数出现上溢的情况时，将对它们的结果通过模($N_{max}+1$)约简，这意味着整数除以 $N_{max}+1$ 的余数将作为结果输出(参见4.3节和第5章)。在下溢情况下，即在操作结果为负数时出现，输出一个模($N_{max}+1$)的正余数。因此，FLINT/C 函数的算术行为与 C 标准一致。

如果检测到一个上溢或下溢，算术函数会返回合适的错误代码。这些错误代码以及表3-1中的其他错误代码定义在头文件 flint.h 中。

表 3-1 FLINT/C 错误代码

错误代码	说明
E_CLINT_BOR	str2clint_l()中的无效基数(参见第8章)
E_CLINT_DBZ	除数为零
E_CLINT_MAL	内存分配错误
E_CLINT_MOD	Montgomery 乘法中的非奇数(偶数)模
E_CLINT_NOR	寄存器不可用(参见第9章)
E_CLINT_NPT	空指针作为参数传递
E_CLINT_OFL	上溢
E_CLINT_UFL	下溢

基本运算

计算是一切技术的根基。

——*Adam Ries*，《*Book of Calculation*》

你，可怜的东西，你毫无用处。看看我，人人都需要。

——*Aesop*，《*The Fir and the Blackberry Bush*》

掌握这一章关于数学魔术秘诀的一个小小的前提是，你必须对10以内的乘法表倒背如流。

——*Arthur Benjamin*，*Michael B. Shermer*，《*Mathemagics*》

任何用于计算机计算的软件包的基础构件都是能执行加法、减法、乘法和除法基本运算的函数。整个软件包的效率取决于最后两个运算，因此，在选择和实现相关算法时，需格外小心。幸运的是，Donald Knuth的经典之作《The Art of Computer Programming》的第2卷[⊖]包含了我们为编写FLINT/C函数的这一部分所需要的绝大部分参考资料。

为了便于表述，接下来的小节中使用运算`cpy_l()`表示将一个CLINT对象复制到另一个CLINT类型对象中，使用运算`cmp_l()`表示对两个CLINT类型的值进行比较。更确切的叙述参见7.4节和第8章。

为了清楚起见，在这一章提到的基本算术运算函数都是作为一个整体开发的。在第5章中，我们将从其中一些函数中分离出“核心的”运算，并在这些运算中加入额外的步骤，如消除前导零、处理上溢和下溢等，使语法和语义功能保持完整，以增强实用性。这些内容与理解本章描述的内容无关，因此我们可以暂时忘掉这些更困难的问题。

4.1 加法和减法

概念“更多计数”的意思是，“整数n_1加上整数n_2”，通过加法运算得到的整数s叫做“加法的结果”或者“n_1加n_2的和”，表示为n_1+n_2。

——*Leopold Kronecker*，《*On the Idea of Number*》

加法和减法在本质上是带有不同符号的相同运算，其基本算法是相同的，我们可以将它们放在这一节一起讨论。考虑有如下表达形式的操作数a和b：

$$a := (a_{m-1}a_{m-2}\cdots a_0)_B = \sum_{i=0}^{m-1} a_i B^i \quad 0 \leqslant a_i < B$$

⊖ 此书英文版《计算机程序设计艺术　第2卷　半数值算法》已由机械工业出版社引进出版，书号是978-7-111-22718-2。——编辑注

$$b := (b_{n-1}b_{n-2}\cdots b_0)_B = \sum_{i=0}^{n-1} b_i B^i \quad 0 \leqslant b_i < B$$

这里假定 $a \geqslant b$。对于加法可以没有这个限制条件，因为我们总是可以通过交换两个加数来实现上述条件。对于减法，这个条件意味着结果是正数或零，因此可以将其描述为一个没有通过模$(N_{max}+1)$约简的 CLINT 对象。

加法基本上由以下步骤组成。

加法 $a+b$ 的算法

1）设置 $i \leftarrow 0$ 和 $c \leftarrow 0$。

2）设置 $t \leftarrow a_i + b_i + c$，$s_i \leftarrow t \bmod B$，$c \leftarrow \lfloor t/B \rfloor$。

3）设置 $i \leftarrow i+1$；如果 $i \leqslant n-1$，跳转到步骤 2。

4）设置 $t \leftarrow a_i + c$，$s_i \leftarrow t \bmod B$，$c \leftarrow \lfloor t/B \rfloor$。

5）设置 $i \leftarrow i+1$；如果 $i \leqslant m-1$，跳转到步骤 4。

6）设置 $s_m \leftarrow c$。

7）输出 $s = (s_m s_{m-1} \cdots s_0)_B$。

在第 2 步中，两个加数相对应的某一位与上一轮加法的进位相加，较低有效部分存储为和的一个数位，较高有效部分将进位到下一位。在步骤 4 中，如果其中一个加数的所有数位已经加完，则将另一个加数剩下的所有数位相继地加上所有剩下的进位。一直处理到最后的位，较低有效部分存储为和的一个数位，较高有效部分进到下一位。最后，如果剩下了一个进位，则将它存储在和的最高有效位。如果它的值为零，那么这一位将不会输出。

在减法、乘法和除法中，算法的步骤 2 和步骤 4 也以相似的形式呈现。下面一行中的相关代码在算术函数是十分典型的[⊖]：

```
s = (USHORT)(carry = (ULONG)a + (ULONG)b + (ULONG)(USHORT)(carry >> BITPERDGT));
```

在加法算法中出现的中间值 t 由 ULONG 类型的变量 carry 表示，carry 存储了数位 a_i、b_i 以及前一步运算的进位的和。新的和的数位 s_i 存储在 carry 的较低有效部分，它通过显式地转换为 USHORT 类型得到。本次运算的进位存储在 carry 的较高有效部分，并用于下一次运算。

函数 add_l()实现这一算法，并处理可能出现的和的上溢问题，当这种情况发生时，将执行对和的模$(N_{max}+1)$约简。

功能：加法

语法：`int add_l (CLINT a_l, CLINT b_l, CLINT s_l);`

输入：a_l、b_l（加数）

输出：s_l（和）

返回：E_CLINT_OK，如果成功

E_CLINT_OFL，如果上溢

⊖ 这种压缩的C语言表达式是由我的同事 Robert Hammelrath（罗伯特·哈梅尔斯贝克）发明的。

```
int
add_l (CLINT a_l, CLINT b_l, CLINT s_l)
{
  clint ss_l[CLINTMAXSHORT + 1];
  clint *msdptra_l, *msdptrb_l;
  clint *aptr_l, *bptr_l, *sptr_l = LSDPTR_L (ss_l);
  ULONG carry = 0L;
  int OFL = E_CLINT_OK;
```

设置加法循环的指针。它检查两个加数谁的位数更多。指针 aptr_l 和 msdaptr_l 在初始化时分别指向位数较多的加数的最低有效位和最高有效位，若位数相同，则分别指向 a_l 的最低有效位和最高有效位。指针 bptr_l 和 msdbptr_l 与之类似，它们分别指向位数较少的加数或者 b_l 的最低有效位和最高有效位。宏 LSDPTR_L()返回 CLINT 对象的最低有效位的指针，宏 MSDPTR_L()返回最高有效位的指针，初始化在两者的帮助下进行。宏 DIGITS_L (a_l)获得 CLINT 对象 a_l 的位数，宏 SETDIGITS_L(a_l, n)表示将 a_l 的位数设置成 n 的值。

```
if (DIGITS_L (a_l) < DIGITS_L (b_l))
 {
  aptr_l = LSDPTR_L (b_l);
  bptr_l = LSDPTR_L (a_l);
  msdptra_l = MSDPTR_L (b_l);
  msdptrb_l = MSDPTR_L (a_l);
  SETDIGITS_L (ss_l, DIGITS_L (b_l));
 }
else
 {
  aptr_l = LSDPTR_L (a_l);
  bptr_l = LSDPTR_L (b_l);
  msdptra_l = MSDPTR_L (a_l);
  msdptrb_l = MSDPTR_L (b_l);
  SETDIGITS_L (ss_l, DIGITS_L (a_l));
 }
```

在 add_l 的第一个循环中，a_l 和 b_l 的数值相加并存储在结果变量 ss_l 中。前导零不会引起任何问题，它们仅在计算中简单地表示在数值的高位，并在结果复制给 s_l 时被消除。整个循环从 b_l 的最低有效位进行到其最高有效位。这个过程与我们在学校学习到的笔算过程完全一致。正如之前所说，这里展示的是进位的实现方式。

```
while (bptr_l <= msdptrb_l)
 {
  *sptr_l++ = (USHORT)(carry = (ULONG)*aptr_l++
               + (ULONG)*bptr_l++ + (ULONG)(USHORT)(carry >> BITPERDGT));
 }
```

两个 USHORT 类型的值*aptr 和*bptr 被显式转换为 ULONG 表示并相加。随后，与上一次迭代的进位相加。计算结果是一个 ULONG 类型的值，其高位字存储加法运算的进位。这个值存储到变量 carry 中，将保留给下一次迭代。结果数位的值取自 carry 的低位字，它通过将 carry 显式地转换为 USHORT 类型的值获得。存储在 carry 的高位字中的进位通过右移 BITPERDGT 位并显式地转换为 USHORT 类型后，成为下一次迭代的输入。

在第二次循环中，只有 a_l 的剩余数位与可能存在的进位相加，并存储在 s_l 中。

```
while (aptr_l <= msdptra_l)
 {
  *sptr_l++ = (USHORT)(carry = (ULONG)*aptr_l++
                        + (ULONG)(USHORT)(carry >> BITPERDGT));
 }
```

第二个循环结束后，如果存在进位，则结果将比 a_l 多一位。如果确定结果超出了 CLINT 类型最大值 N_{max} 所能表示的范围，那么结果将进行模($N_{max}+1$)约简(参见第 5 章)，对于标准的无符号类型的处理办法与之类似。在这种情况下，将返回错误状态消息 E_CLINT_OFL。

```
  if (carry & BASE)
   {
    *sptr_l = 1;
    SETDIGITS_L (ss_l, DIGITS_L (ss_l) + 1);
   }

  if (DIGITS_L (ss_l) > (USHORT)CLINTMAXDIGIT)      /* overflow? */
   {
    ANDMAX_L (ss_l);      /* reduce modulo (Nmax + 1) */
    OFL = E_CLINT_OFL;
   }

  cpy_l (s_l, ss_l);

  return OFL;
}
```

这里给出的所有加法和减法程序的运行时间复杂度 $t=O(n)$，因此与两个操作数的位数成正比。

既然我们已经了解了加法，接下来我们将介绍以基数 B 表示的两个数 a 和 b 的减法运算：

$$a=(a_{m-1}a_{m-2}\cdots a_0)_B \geqslant b=(b_{n-1}b_{n-2}\cdots b_0)_B$$

减法 $a-b$ 的算法

1) 设置 $i\leftarrow 0$ 和 $c\leftarrow 1$。
2) 如果 $c=1$，设置 $t\leftarrow B+a_i-b_i$；否则，设置 $t\leftarrow B-1+a_i-b_i$。
3) 设置 $d_i\leftarrow t \bmod B$，$c\leftarrow\lfloor t/B\rfloor$。
4) 设置 $i\leftarrow i+1$；如果 $i\leqslant n-1$，跳转到步骤 2)。
5) 如果 $c=1$，设置 $t\leftarrow B+a_i$；否则，设置 $t\leftarrow B-1+a_i$。
6) 设置 $d_i\leftarrow t \bmod B$，$c\leftarrow\lfloor t/B\rfloor$。
7) 设置 $i\leftarrow i+1$；如果 $i\leqslant m-1$，跳转到步骤 5)。
8) 输出 $d=(d_m d_{m-1}\cdots d_0)_B$。

除了下述例外，减法与加法的实现完全一致：

- 如果被减数的某一数位的值小于相应的减数的数位的值，则 ULONG 类型的变量 carry 用于向被减数的相邻高位“借位”。
- 我们需要警惕下溢而不是上溢，即减法结果为负数。由于 CLINT 是一个无符号类型，所以我们将进行模($N_{max}+1$)约简(参见第 5 章)。函数将返回错误代码 E_CLINT_UFL 来表示这种情况。

● 最后，将所有存在的前导零消除。

因此，我们得到下列函数，表示 CLINT 类型的数 a_l 减去 b_l。

功能：	减法
语法：	int sub_l (CLINT aa_l, CLINT bb_l, CLINT d_l);
输入：	aa_l(被减数)，bb_l(减数)
输出：	d_l(差)
返回：	E_CLINT_OK，如果成功 E_CLINT_UFL，如果下溢

```
int
sub_l (CLINT aa_l, CLINT bb_l, CLINT d_l)
{
 CLINT b_l;
 clint a_l[CLINTMAXSHORT + 1]; /* allow 1 additional digit in a_l */
 clint *msdptra_l, *msdptrb_l;
 clint *aptr_l = LSDPTR_L (a_l);
 clint *bptr_l = LSDPTR_L (b_l);
 clint *dptr_l = LSDPTR_L (d_l);
 ULONG carry = 0L;
 int UFL = E_CLINT_OK;

 cpy_l (a_l, aa_l);
 cpy_l (b_l, bb_l);
 msdptra_l = MSDPTR_L (a_l);
 msdptrb_l = MSDPTR_L (b_l);
```

下面考虑了 a_l<b_l 的情况，此时，将不是 a_l 减去 b_l，而是用最大的值 N_{max} 减去 b_l。然后，(被减数+1)的值加上这个差，即执行了模($N_{max}+1$)的运算。为产生值 N_{max}，我们使用辅助函数 setmax_l()。

```
if (LT_L (a_l, b_l))
 {
  setmax_l (a_l);
  msdptra_l = a_l + CLINTMAXDIGIT;
  SETDIGITS_L (d_l, CLINTMAXDIGIT);
  UFL = E_CLINT_UFL;
 } else
 {
  SETDIGITS_L (d_l, DIGITS_L (a_l));
 }

while (bptr_l <= msdptrb_l)
 {
  *dptr_l++ = (USHORT)(carry = (ULONG)*aptr_l++
                 - (ULONG)*bptr_l++ - ((carry & BASE) >> BITPERDGT));
 }

while (aptr_l <= msdptra_l)
 {
  *dptr_l++ = (USHORT)(carry = (ULONG)*aptr_l++
```

```
        - ((carry & BASE) >> BITPERDGT));
 }
RMLDZRS_L (d_l);
```

在输出 d_l 之前，需要先执行 $N_{max}-b\_l$，并把差存储在 d_l 中，然后执行(被减数+1)与 d_l 中存储值的加法。

```
 if (UFL)
  {
   add_l (d_l, aa_l, d_l);
   inc_l (d_l);
  }
 return UFL;
}
```

除了函数 add_l()和 sub_l()以外，我们还实现了两个计算加法和减法的特殊函数，它们的第二个参数用 USHORT 类型替换了 CLINT 类型。它们称为混合函数，并通过在其函数名中加入前缀“u”来识别，如之后介绍的函数 uadd_l()和 usub_l()。将 USHORT 类型的值转换为一个 CLINT 对象的函数 u2clint_l()将在第 8 章进行讨论。

功能：	一个 CLINT 类型数和一个 USHORT 类型数的混合加法
语法：	int uadd_l(CLINTa_l,USHORTb,CLINT s_l);
输入：	a_l、b(加数)
输出：	s_l(和)
返回：	E_CLINT_OK，如果成功
	E_CLINT_OFL，如果上溢

```
int
uadd_l (CLINT a_l, USHORT b, CLINT s_l)
{
 int err;
 CLINT tmp_l;

 u2clint_l (tmp_l, b);
 err = add_l (a_l, tmp_l, s_l);
 return err;
}
```

功能：	一个 CLINT 类型数减去一个 USHORT 类型数的减法
语法：	int usub_l(CLINTa_l,USHORTb,CLINT d_l);
输入：	a_l(被减数)，b(减数)
输出：	d_l(差)
返回：	E_CLINT_OK，如果成功
	E_CLINT_UFL，如果下溢

```
int
usub_l (CLINT a_l, USHORT b, CLINT d_l)
{
```

```
  int err;
  CLINT tmp_l;  u2clint_l (tmp_l, b);
  err = sub_l (a_l, tmp_l, d_l);
  return err;
}
```

我们在 inc_l()和 dec_l()函数中实现了加法和减法的两个更加有用的特殊算法，它们实现对 CLINT 类型的值增加或者减少 1。这些函数被作为累加器例程：操作数会被返回值覆盖，许多其他算法的实现都要用到它，从而证明了其实用性。

inc_l()和 dec_l()的实现与 add_l()和 sub_l()的实现非常相似。它们分别检查上溢或者下溢，并返回相应的错误代码 E_CLINT_OFL 和 E_CLINT_UFL。

功能：	使一个 CLINT 类型数增加 1
语法：	int inc_l (CLINT a_l);
输入：	a_l(被加数)
输出：	a_l(和)
返回：	E_CLINT_OK，如果成功 E_CLINT_OFL，如果上溢

```
int
inc_l (CLINT a_l)
{
 clint *msdptra_l, *aptr_l = LSDPTR_L (a_l);
 ULONG carry = BASE;
 int OFL = E_CLINT_OK;
 msdptra_l = MSDPTR_L (a_l);
 while ((aptr_l <= msdptra_l) && (carry & BASE))
  {
   *aptr_l = (USHORT)(carry = 1UL + (ULONG)*aptr_l);
   aptr_l++;
  }
 if ((aptr_l > msdptra_l) && (carry & BASE))
  {
   *aptr_l = 1;
   SETDIGITS_L (a_l, DIGITS_L (a_l) + 1);
   if (DIGITS_L (a_l) > (USHORT) CLINTMAXDIGIT)   /* overflow ? */
    {
     SETZERO_L (a_l);       /* reduce modulo (Nmax + 1) */
     OFL = E_CLINT_OFL;
    }
  }
 return OFL;
}
```

功能：	使一个 CLINT 类型数减少 1
语法：	int dec_l (CLINT a_l);
输入：	a_l(被减数)

> **输出**：a_l(差)
> **返回**：E_CLINT_OK，如果成功
> E_CLINT_UFL，如果下溢

```
int
dec_l (CLINT a_l)
{
 clint *msdptra_l, *aptr_l = LSDPTR_L (a_l);
 ULONG carry = DBASEMINONE;

 if (EQZ_L (a_l))     /* underflow ? */
  {
   setmax_l (a_l);      /* reduce modulo max_l */
   return E_CLINT_UFL;
  }

 msdptra_l = MSDPTR_L (a_l);

 while ((aptr_l <= msdptra_l) && (carry & (BASEMINONEL << BITPERDGT)))
  {
   *aptr_l = (USHORT)(carry = (ULONG)*aptr_l - 1L);
   aptr_l++;
  }

 RMLDZRS_L (a_l);
 return E_CLINT_OK;
}
```

4.2 乘法

> **如果每个加数 n_1，n_2，n_3，……，n_r 都等于同一个数 n，那么把这个加法叫作"整数 n 乘以 r 的乘法"，$n_1+n_2+n_3+\cdots+n_r=rn$。**
>
> ——*Leopold Kronecker*，《*On the Idea of Number*》

乘法是整个FLINT/C包中最重要的函数之一，因为它与除法执行所需要的计算时间一起决定了很多算法的执行时间。与我们至今为止所学习的加法和减法的经验相比，乘法和除法的经典算法的执行时间与其参数位数呈二次指数关系。这肯定是有原因的，不然Donald Knuth怎么会在他的某一章的开头写上："乘法能有多快?"

文献中已经发表了各种关于快速计算大整数或者超大整数乘法的程序，有些使用了相当困难的方法。其中一个例子是由A. Schönhage和V. Strassen为大整数乘法开发的程序，它应用了有限域上的快速傅里叶变换。位数为 n 的参数的运行时间以 $O(n \log n \log \log n)$ 为上界(参见[Knut]4.4.3节)。这个方法包含了所知的最快的乘法算法，但是它与传统的 $O(n^2)$ 方法相比，只有当二进制数字的位数为8000～10 000时才有优势。基于加密系统的需求，这个数字至少现在看来是远远超过了函数假设的应用域范围。

为了实现FLINT/C库中的乘法，我们首先用基于Knuth(参见[Knut]4.3.1节)给出的"算法M"的小学方法作为基础，我们可以先将这个程序的实现做得尽可能高效。然后，我们将详细地研究平方的计算，这个过程有很大的提升潜力。最后，我们可以看一看

Karatsuba 乘法算法，该算法比 $O(n^2)$渐进变好⊖。Karatsuba 乘法算法唤起了我们的好奇心，因为它看起来简单，任何人都可以花一个星期天的下午(最好是下雨天)愉快地尝试它。我们应该看一看这个程序对 FLINT/C 库有什么贡献。

4.2.1　小学乘法方法

考虑如下以 B 为基数表示的操作数 a 和 b：

$$a = (a_{m-1}a_{m-2}\cdots a_0)_B = \sum_{i=0}^{m-1} a_i B^i \quad 0 \leqslant a_i < B$$

$$b = (b_{n-1}b_{n-2}\cdots b_0)_B = \sum_{i=0}^{n-1} b_i B^i \quad 0 \leqslant b_i < B$$

根据我们在学校学习的过程，当 $m=n=3$ 时，乘积 ab 可以如图 4-1 所示的那样计算。

首先，对于 $j=0$、1、2 计算部分积 $(a_2a_1a_0)_B \cdot b_j$：值 a_ib_j 是(内积 a_ib_j+进位)的最低有效位，c_{2j} 是 p_{2j} 的最高有效位。最终所有部分积相加得到积 $p=(p_5p_4p_3p_2p_1)_B$。

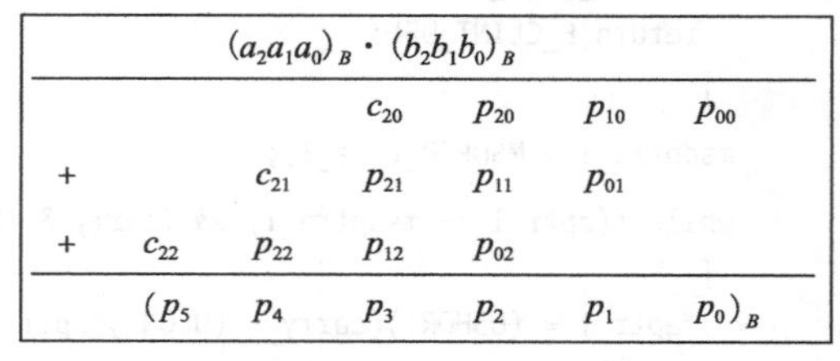

	$(a_2a_1a_0)_B \cdot (b_2b_1b_0)_B$				
		c_{20}	p_{20}	p_{10}	p_{00}
+		c_{21}	p_{21}	p_{11}	p_{01}
+	c_{22}	p_{22}	p_{12}	p_{02}	
	$(p_5$	p_4	p_3	p_2	p_1	$p_0)_B$

图 4-1　乘法运算

通常情况下，积 $p=ab$ 有值

$$p = \sum_{j=0}^{n-1}\sum_{i=0}^{m-1} a_i b_j B^{i+j}$$

位数为 m 和 n 的两个操作数的乘法结果至少为 $m+n-1$ 位，至多为 $m+n$ 位。需进行的基本乘法步骤数(即乘以比基数 B 小的因子的次数)为 mn 次。

严格遵循上述模式的乘法函数首先需要计算所有的部分和，存储这些值，然后将它们给出合适的缩放因子。这种小学学习的方法很适合手算，然而对于计算机程序，这种方法就显得麻烦了。一种更高效的替代算法在计算内积 a_ib_j 后立即与最终结果的第 $i+j$ 位数 p_{i+j} 相加，再与在上一步骤得到的进位 c 相加。将每次运算(i, j)的结果赋值给变量 t：

$$t \leftarrow p_{i+j} + a_ib_j + c$$

其中 t 也可以表示为

$$t = kB + l \quad 0 \leqslant k, l < B$$

然后，我们有

$$p_{i+j} + a_ib_j + c \leqslant B - 1 + (B+1)(B-1) + B - 1 = (B-1)B + B - 1 = B^2 - 1 < B^2$$

根据 t 的表达式，当前结果值赋值为 $p_{i+j} \leftarrow l$。我们赋值新的进位 $c \leftarrow k$。

因此，乘法运算由计算部分积 $a_i(b_{n-1}b_{n-2}\cdots b_0)_B$ 的外部循环以及计算内积 $a_ib_j(j=0, \cdots, n-1)$以及值 t 和 p_{i+j} 的内部循环组成。算法如下所示。

乘法算法

1) 设置 $p_i \leftarrow 0$，其中 $i=0$，…，$n-1$。
2) 设置 $i \leftarrow 0$。
3) 设置 $j \leftarrow 0$，$c \leftarrow 0$。
4) 设置 $t \leftarrow p_{i+j} + a_ib_j + c$，$p_{i+j} \leftarrow t \bmod B$，$c \leftarrow \lfloor t/B \rfloor$。

⊖ 当我们说算法时间渐进变好时，意味着问题中的数字越大，效率越高。但是不应该过早地兴奋，对我们来说，这个提高可能没有意义。

5）设置 $j \leftarrow j+1$；如果 $j \leqslant n-1$，跳转到步骤4。

6）设置 $p_{i+n} \leftarrow c$。

7）设置 $i \leftarrow i+1$；如果 $i \leqslant m-1$，跳转到步骤3。

8）输出 $p=(p_{m+n-1}p_{m+n-2}\cdots p_0)_B$。

下面的乘法实现的核心包含这一主循环。根据前面的判断，步骤4中需要变量 t 无损地表示比 B^2 小的值。与处理加法时类似，内积 t 表示为 ULONG 类型。尽管如此，变量 t 没有显式地使用，结果位 p_{i+j} 和进位 c 仅仅在一个表达式中出现，这与之前提到的加法函数类似。在初始化时，我们将使用一个比算法步骤1更高效的算法。

功能：乘法

语法：int mul_l (CLINT f1_l, CLINT f2_l, CLINT pp_l);

输入：f1_l、f2_l(因子)

输出：pp_l(积)

返回：E_CLINT_OK，如果成功

E_CLINT_OFL，如果上溢

```
int
mul_l (CLINT f1_l, CLINT f2_l, CLINT pp_l)
{
 register clint *pptr_l, *bptr_l;
 CLINT aa_l, bb_l;
 CLINTD p_l;
 clint *a_l, *b_l, *aptr_l, *csptr_l, *msdptra_l, *msdptrb_l;
 USHORT av;
 ULONG carry;
 int OFL = E_CLINT_OK;
```

首先声明变量：p_l 将存储最终结果，因此为双倍长度。ULONG 类型的变量 carry 将存储进位。第一步，判断哪个因子为零，以确定积是否为零。第二步，将两个因子复制到 aa_l 和 bb_l 中，并清除前导零。

```
if (EQZ_L (f1_l) || EQZ_L (f2_l))
 {
  SETZERO_L (pp_l);
  return E_CLINT_OK;
 }
cpy_l (aa_l, f1_l);
cpy_l (bb_l, f2_l);
```

根据声明，指针 a_l 和 b_l 分别指向 aa_l 和 bb_l 的地址，但当 aa_l 的位数小于 bb_l 的位数时，将 a_l 将指向 bb_l。即指针 a_l 总是指向具有较大位数的操作数。

```
if (DIGITS_L (aa_l) < DIGITS_L (bb_l))
 {
  a_l = bb_l;
  b_l = aa_l;
 }
```

```
else
 {
  a_l = aa_l;
  b_l = bb_l;
 }
msdptra_l = a_l + *a_l;
msdptrb_l = b_l + *b_l;
```

为了节约计算时间，部分积$(b_{n-1}b_{n-2}\cdots b_0)_B \cdot a_0$不是像上面要求的那样进行初始化，而是在一次循环中计算，并将它们存储在p_n，p_{n-1}，…，p_0中。

```
carry = 0;
 av = *LSDPTR_L (a_l);
 for (bptr_l = LSDPTR_L (b_l), pptr_l = LSDPTR_L (p_l);
                bptr_l <= msdptrb_l; bptr_l++, pptr_l++)
  {
   *pptr_l = (USHORT)(carry = (ULONG)av * (ULONG)*bptr_l +
                       (ULONG)(USHORT)(carry >> BITPERDGT));
  }
 *pptr_l = (USHORT)(carry >> BITPERDGT);
```

接下来是嵌套的乘法循环，从 a_l 的 a_l[2]位开始。

```
for (csptr_l = LSDPTR_L (p_l) + 1, aptr_l = LSDPTR_L (a_l) + 1;
               aptr_l <= msdptra_l; csptr_l++, aptr_l++)
 {
  carry = 0;
  av = *aptr_l;
  for (bptr_l = LSDPTR_L (b_l), pptr_l = csptr_l;
               bptr_l <= msdptrb_l; bptr_l++, pptr_l++)       {
    *pptr_l = (USHORT)(carry = (ULONG)av * (ULONG)*bptr_l +
      (ULONG)*pptr_l + (ULONG)(USHORT)(carry >> BITPERDGT));
   }
  *pptr_l = (USHORT)(carry >> BITPERDGT);
 }
```

结果的最大可能长度为 a_l 和 b_l 的位数之和。如果结果少于 1 位，则由宏 RMLDZRS_L 决定。

```
SETDIGITS_L (p_l, DIGITS_L (a_l) + DIGITS_L (b_l));
RMLDZRS_L (p_l);
```

如果结果比一个 CLINT 对象所能表示的最大范围还大，那么它将被约简，错误标志 OFL 将设置为值 E_CLINT_OFL。然后将约简的结果赋值给对象 pp_l。

```
 if (DIGITS_L (p_l) > (USHORT)CLINTMAXDIGIT)   /* overflow ? */
  {
   ANDMAX_L (p_l);   /* reduce modulo (Nmax + 1) */
   OFL = E_CLINT_OFL;
  }
 cpy_l (pp_l, p_l);
 return OFL;
}
```

由于乘法运行时间$t=O(mn)$，所以t与两个操作数的位数m和n的积成正比。对于乘法，我们也实现了类似于加法和减法的混合函数，它处理一个 CLINT 类型的因子乘以一个 USHORT 类型的参数。这种短版本的 CLINT 乘法需要 $O(n)$ 的 CPU 运算时间，这个结果不是由于算法的某一特定改善造成，而是由于 USHORT 类型的长度较短造成的。之后，我们将在一个特殊的基于 USHORT 类型数的求幂运算程序中看到这一函数。（参见第 6 章，wmexp_l()函数）。

对于 umul_l()函数的实现，我们首先回顾 mul_l()函数的一些代码段，并在略作修改以后重用它们。

功能：	一个 CLINT 类型数和一个 USHORT 类型数的乘法
语法：	int umul_l (CLINT aa_l, USHORT b, CLINT pp_l);
输入：	f1_l、f2_l(因子)
输出：	pp_l(积)
返回：	E_CLINT_OK，如果成功 E_CLINT_OFL，如果上溢

```
int
umul_l (CLINT aa_l, USHORT b, CLINT pp_l)
{
 register clint *aptr_l, *pptr_l;
 CLINT a_l;
 clint p_l[CLINTMAXSHORT + 1];
 clint *msdptra_l;
 ULONG carry;
 int OFL = E_CLINT_OK;
cpy_l (a_l, aa_l);
if (EQZ_L (a_l) || 0 == b)
 {
  SETZERO_L (pp_l);
  return E_CLINT_OK;
 }
```

进行了上述准备之后，CLINT 类型的因子与 USHORT 类型的因子进行一次乘法循环，最终进位存储在 CLINT 类型数的最高有效部分并强制转换为 USHORT 类型。

```
msdptra_l = MSDPTR_L (a_l);
carry = 0;
for (aptr_l = LSDPTR_L (a_l), pptr_l = LSDPTR_l (p_l);
                aptr_l <= msdptra_l; aptr_l++, pptr_l++)
 {
  *pptr_l = (USHORT)(carry = (ULONG)b * (ULONG)*aptr_l +
        (ULONG)(USHORT)(carry >> BITPERDGT));
 }
*pptr_l = (USHORT)(carry >> BITPERDGT);
SETDIGITS_L (p_l, DIGITS_L (a_l) + 1);
RMLDZRS_L (p_l);
if (DIGITS_L (p_l) > (USHORT)CLINTMAXDIGIT)   /* overflow ? */
 {
  ANDMAX_L (p_l);      /* reduce modulo (Nmax + 1) */
```

```
    OFL = E_CLINT_OFL;
   }
  cpy_l (pp_l, p_l);
  return OFL;
}
```

4.2.2　更快的平方运算

计算大数的平方所需要进行的乘法步骤明显比计算两个不同大数相乘所需要的乘法步骤少。这是由于乘法中两个相同操作数的对称性造成的。这个发现非常重要，因为在计算幂时，其平方次数不止一次，而是成百上千次时，所以我们将获得相当大的速度提升。我们再来看看著名的乘法模式，此时取两个相同的因子$(a_2a_1a_0)_B$(见图 4-2)。

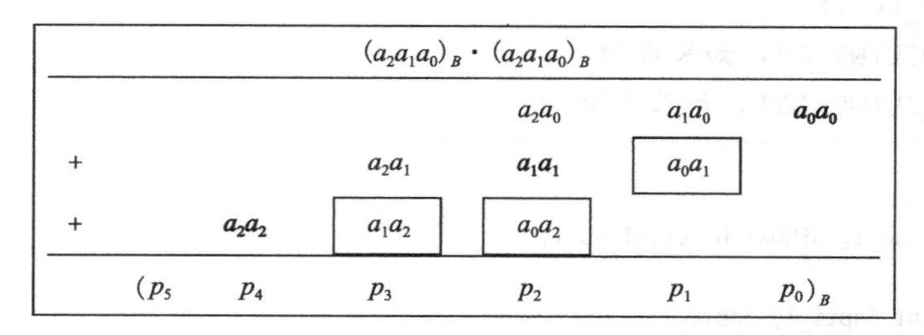

图 4-2　平方运算

我们发现内积 a_ia_j 在 $i=j$ 的情况下出现了一次(图 4-2 中粗体字部分)，在 $i\neq j$ 的情况下出现了 2 次(图中框内部分)。因此，我们可以通过对所有 $a_ia_jB^{i+j}$ 相加(其中 $i<j$)的和乘以 2 来省略 9 次乘法运算中的 3 次。计算平方内积的和可以写为

$$p=\sum_{i,j=0}^{n-1}a_ia_jB^{i+j}=2\sum_{i=0}^{n-2}\sum_{j=i+1}^{n-1}a_ia_jB^{i+j}+\sum_{j=0}^{n-1}a_i^2B^{2i}$$

因此，平方运算需要的基本乘法步骤数相较于小学方法的从 n^2 减少到 $n(n+1)/2$。

平方运算的一种算法在两个嵌套循环中分别对上述表达式中的两个加数进行运算。

平方算法 1

1) 设置 $p_i\leftarrow 0$，其中 $i=0,\cdots,n-1$。
2) 设置 $i\leftarrow 0$。
3) 设置 $t\leftarrow p_{2i}+a_i^2$，$p_{2i}\leftarrow t \bmod B$，$c\leftarrow\lfloor t/B\rfloor$。
4) 设置 $j\leftarrow i+1$；如果 $j=n$，跳转到步骤 7。
5) 设置 $t\leftarrow p_{i+j}+2a_ia_j+c$，$p_{i+j}\leftarrow t \bmod B$，$c\leftarrow\lfloor t/B\rfloor$。
6) 设置 $j\leftarrow j+1$；如果 $j\leqslant n-1$，跳转到步骤 5。
7) 设置 $p_{i+n}\leftarrow c$。
8) 设置 $j\leftarrow i+1$；如果 $i=n-1$，跳转到步骤 7。
9) 输出 $p=(p_{2n-1}p_{2n-2}\cdots p_0)_B$。

为了选择变量表示所必需的数据类型，我们必须注意 t 可以假设有值

$$(B-1)+2(B-1)^2+(B-1)=2B^2-2B$$

(在算法步骤 5 中)。但是这意味着为了表示基于基数 B 的 t，需要比基数 B 多两位，又由于我们有 $B^2-1<2B^2-2B<2B^2-1$，所以一个 ULONG 类型不足以表示 t(上述不等式由于

需要一个额外的二进制位而产生）。虽然这对于一个可以读取CPU进位的汇编程序来说没有问题，但对于C语言程序来说，操作多出的二进制位就很困难了。为了绕过这一难题，我们改变了上述算法，将步骤5中需要乘以2的乘法在一个单独的循环中执行。这需要步骤3在其自己的循环中执行，因此我们在循环管理上付出一点额外的代价就能避免计算额外的二进制位。改变的算法如下。

平方算法2

1）初始化：设置 $p_i \leftarrow 0$，其中 $i=0, \cdots, n-1$。

2）计算不相等指数位的积：设置 $i \leftarrow 0$。

3）设置 $j \leftarrow i+1$，$c \leftarrow 0$。

4）设置 $t \leftarrow p_{i+j} + a_i a_j + c$，$p_{i+j} \leftarrow t \bmod B$，$c \leftarrow \lfloor t/B \rfloor$。

5）设置 $j \leftarrow j+1$；如果 $j \leqslant n-1$，跳转到步骤4。

6）设置 $p_{i+n} \leftarrow c$。

7）设置 $i \leftarrow i+1$；如果 $i \leqslant n-2$，跳转到步骤3。

8）内积乘以2的乘法：设置 $i \leftarrow 1$，$c \leftarrow 0$。

9）设置 $t \leftarrow 2p_i + c$，$p_i \leftarrow t \bmod B$，$c \leftarrow \lfloor t/B \rfloor$。

10）设置 $i \leftarrow i+1$；如果 $i \leqslant 2n-2$，跳转到步骤9。

11）设置 $p_{2n-1} \leftarrow c$。

12）内部平方的加法：设置 $i \leftarrow 0$，$c \leftarrow 0$。

13）$t \leftarrow p_{2i} + a_i^2 + c$，$p_{2i} \leftarrow t \bmod B$，$c \leftarrow \lfloor t/B \rfloor$。

14）$t \leftarrow p_{2i+1} + c$，$p_{2i+1} \leftarrow t \bmod B$，$c \leftarrow \lfloor t/B \rfloor$。

15）设置 $i \leftarrow i+1$；如果 $i \leqslant n-1$，跳转到步骤13。

16）设置 $p_{2n-1} \leftarrow p_{2n-1} + c$；输出 $p=(p_{2n-1}p_{2n-2}\cdots p_0)_B$。

在平方运算的C函数实现中，步骤1中的初始化与乘法相似，都计算并存储第一个部分积 $a_0(a_{n-1}a_{n-2}\cdots a_1)_B$。

功能：平方运算

语法：int sqr_l (CLINT f_l, CLINT pp_l);

输入：f1_l（因子）

输出：pp_l（平方）

返回：E_CLINT_OK，如果成功

E_CLINT_OFL，如果上溢

```
int
sqr_l (CLINT f_l, CLINT pp_l)
{
 register clint *pptr_l, *bptr_l;
 CLINT a_l;
 CLINTD p_l;
 clint *aptr_l, *csptr_l, *msdptra_l, *msdptrb_l, *msdptrc_l;
 USHORT av;
 ULONG carry;
```

```
int OFL = E_CLINT_OK;

cpy_l (a_l, f_l);
if (EQZ_L (a_l))
 {
  SETZERO_L (pp_l);
  return E_CLINT_OK;
 }

msdptrb_l = MSDPTR_L (a_l);
msdptra_l = msdptrb_l - 1;
```

用 pptr_l 表示结果数组，其初始化通过部分积 $a_0(a_{n-1}a_{n-2}\cdots a_1)_B$ 进行，与乘法类似。这里的数位 p_0 并未赋值；它必须设置为 0。

```
*LSDPTR_L (p_l) = 0;
carry = 0;
av = *LSDPTR_L (a_l);
for (bptr_l = LSDPTR_L (a_l) + 1, pptr_l = LSDPTR_L (p_l) + 1;
                 bptr_l <= msdptrb_l; bptr_l++, pptr_l++)
 {
  *pptr_l = (USHORT)(carry = (ULONG)av * (ULONG)*bptr_l +
          (ULONG)(USHORT)(carry >> BITPERDGT));
 }

*pptr_l = (USHORT)(carry >> BITPERDGT);
```

以下为计算内积 a_ia_j 的和的循环。

```
for (aptr_l = LSDPTR_L (a_l) + 1, csptr_l = LSDPTR_L (p_l) + 3;
                          aptr_l <= msdptra_l; aptr_l++, csptr_l += 2)
 {
  carry = 0;
  av = *aptr_l;
  for (bptr_l = aptr_l + 1, pptr_l = csptr_l; bptr_l <= msdptrb_l;
                 bptr_l++, pptr_l++)
   {
    *pptr_l = (USHORT)(carry = (ULONG)av * (ULONG)*bptr_l +
      (ULONG)*pptr_l + (ULONG)(USHORT)(carry >> BITPERDGT));
   }
  *pptr_l = (USHORT)(carry >> BITPERDGT);
 }
msdptrc_l = pptr_l;
```

然后通过移位运算(参见 7.1 节)实现将 pptr_l 的中间结果乘以 2。

```
carry = 0;
for (pptr_l = LSDPTR_L (p_l); pptr_l <= msdptrc_l; pptr_l++)
 {
  *pptr_l = (USHORT)(carry = (((ULONG)*pptr_l) << 1) +
                          (ULONG)(USHORT)(carry >> BITPERDGT));
 }
*pptr_l = (USHORT)(carry >> BITPERDGT);
```

现在我们计算“主对角线”。

```
carry = 0;
for (bptr_l = LSDPTR_L (a_l), pptr_l = LSDPTR_L (p_l);
                bptr_l <= msdptrb_l; bptr_l++, pptr_l++)
```

```
{
 *pptr_l = (USHORT)(carry = (ULONG)*bptr_l * (ULONG)*bptr_l +
                 (ULONG)*pptr_l + (ULONG)(USHORT)(carry >> BITPERDGT));
 pptr_l++;
 *pptr_l = (USHORT)(carry = (ULONG)*pptr_l + (carry >> BITPERDGT));
}
```

剩下的步骤与乘法相似。

```
SETDIGITS_L (p_l, DIGITS_L (a_l) << 1);
RMLDZRS_L (p_l);

if (DIGITS_L (p_l) > (USHORT)CLINTMAXDIGIT)   /* overflow ? */
 {
  ANDMAX_L (p_l);    /* reduce modulo (Nmax + 1) */
  OFL = E_CLINT_OFL;
 }
cpy_l (pp_l, p_l);

return OFL;
}
```

平方的运算时间为$O(n^2)$，同样是操作数位数的平方，但是由于它只需进行$n(n+1)/2$次基本乘法，所以运算速度大概是一般乘法的2倍。

4.2.3 Karatsuba能否做得更好

乘法和除法可以拆解所有的事物，这样就只需要关注整体中的一个特别的部分。

——*Sten Nadolny*，《*God of Impertinence*》(*Breon Mitchell*译)

如上所述，我们将研究以俄罗斯数学家A. Karatsuba命名的乘法算法，后来他又发布了很多该算法的变种算法(参见[Knut]4.3.3节)。我们假设a和b是$n=2k$位的B进制自然数，因此我们可以写成$a=(a_1a_0)_{B^k}$和$b=(b_1b_0)_{B^k}$，其中a_0、a_1、b_0和b_1为B^k进制的数。我们用传统的方法将a和b相乘，则有以下公式

$$ab = B^{2k}a_1b_1 + B^k(a_0b_1 + a_1b_0) + a_0b_0$$

在基数为B^k的情况下，要做4次乘法，即在基数为B的情况下，为$n^2=4k^2$次基本乘法。然而，如果我们设

$$c_0 := a_0b_0$$
$$c_1 := a_1b_1$$
$$c_2 := (a_0+a_1)(b_0+b_1) - c_0 - c_1$$

则我们有

$$ab = B^k(B^kc_1 + c_2) + c_0$$

为计算ab，现在在基数为B^k的情况下，只需要进行3次乘法运算；在基数为B的情况下，需要$3k^2$次乘法运算，以及一些加法和移位运算(在基数为B的情况下，乘以B^k的乘法可以通过左移k位来实现；参见7.1节)。我们假设因子a和b的位数n是2的幂，根据计算剩余部分积的递归程序的结果，我们可以只执行基于基数B的基本乘法，这总共需要进行$3^{\log_2 n}=n^{\log_2 3}\approx n^{1.585}$次基本乘法，与进行$n^2$次基本运算的传统方法比，主要增加了加法和移位运算的开销。

对于平方运算，可以对这个过程稍做简化，

$$c_0 := a_0^2$$
$$c_1 := a_1^2$$
$$c_2 := (a_0 + a_1)^2 - c_0 - c_1$$

则我们有

$$a^2 = B^k(B^k c_1 + c_2) + c_0$$

此外，与一般的乘法相比，幂运算中的因子总是具有相同的位数，这些对于上述约简来说是很有利的。然而，我们应该注意 Karatsuba 程序中的递归运算总是会造成一些开销，这些开销不知能否抵消约简带来的节省，因此当数字较大时，我们希望它能比不需要管理递归造成额外开销的传统方法耗时更少。

为了获得关于快速乘法的平均运算时间的信息，我们提供了函数 kmul()和 ksqr()。将因子分为两个部分，因此不需要再分别复制每一个部分。但我们需要向函数传递指向两个因子的最低有效位的指针和相应的位数。

如果因子的位数大于某个宏确定的位数，则下面提供的函数使用递归过程；对于较小的因子，我们使用传统的乘法或者平方。对于非递归乘法，函数 kmul()和 ksqr()使用辅助函数 mult()和 sqr()，这两个函数用内核函数实现了乘法和平方，但不支持相同参数地址(累加模式)或者上溢时的约简。

功能： $2k$ 位 B 进制数 a_l 和 b_l 的 Karatsuba 乘法运算
语法： void kmul (clint *aptr_l, clint *bptr_l,
　　　　int len_a, int len_b, CLINT p_l);
输入： aptr_l(指向因子 a_l 的最低有效位)
bptr_l(指向因子 b_l 的最低有效位)
len_a(a_l 的位数)
len_b(b_l 的位数)
输出： p_l(积)

```
void
kmul (clint *aptr_l, clint *bptr_l, int len_a, int len_b, CLINT p_l)
{
 CLINT c01_l, c10_l;
 clint c0_l[CLINTMAXSHORT + 2];
 clint c1_l[CLINTMAXSHORT + 2];
 clint c2_l[CLINTMAXSHORT + 2];
 CLINTD tmp_l;
 clint *a1ptr_l, *b1ptr_l;
 int l2;

 if ((len_a == len_b) && (len_a >= MUL_THRESHOLD)
                && (0 == (len_a & 1)) )
  {
```

如果两个因子具有相同的偶数位，且大于值 MUL_THRESHOLD，那么将把两个因子分为两个部分作为递归函数的输入。指针 aptr_l、a1ptr_l、bptr_l、b1ptr_l 分别指向 4 个部分的最低有效位。由于不是完全的复制，所以我们省下了宝贵的时间。通过递归调用 kmul()计算得到值 c_0 和 c_1，并存储在 CLINT 变量 c0_l 和 c1_l 中。

```
l2 = len_a/2;

a1ptr_l = aptr_l + l2;
b1ptr_l = bptr_l + l2;

kmul (aptr_l, bptr_l, l2, l2, c0_l);
kmul (a1ptr_l, b1ptr_l, l2, l2, c1_l);
```

值 $c_2 := (a_0 + a_1)(b_0 + b_1) - c_0 - c_1$ 通过两次加法、一次对 kmul()的调用和两次减法计算得到。辅助函数 addkar()的输入参数为分别指向两个等长加数的最低有效位的指针和它们的位数，最终输出两个数的 CLINT 类型的和。

```
addkar (a1ptr_l, aptr_l, l2, c01_l);
addkar (b1ptr_l, bptr_l, l2, c10_l);
kmul (LSDPTR_L (c01_l), LSDPTR_L (c10_l),
                DIGITS_L (c01_l), DIGITS_L (c10_l), c2_l);
sub (c2_l, c1_l, tmp_l);
sub (tmp_l, c0_l, c2_l);
```

该函数分支最终以计算 $B^k(B^k c_1 + c_2) + c_0$ 的值结束，这里使用了辅助函数 shiftadd()。这个函数在加法中，先将第一个 CLINT 类型的加数左移一个给定的 B 进制位数，再将得到的结果与第二个 CLINT 类型的加数相加。

```
 shiftadd (c1_l, c2_l, l2, tmp_l);
 shiftadd (tmp_l, c0_l, l2, p_l);
}
```

如果其中一个输入条件不满足，则终止递归函数，并调用非递归函数 mult()。作为调用 mult()函数的前提，需要将存放在 aptr_l 和 bptr_l 中的两个因子分别转换为 CLINT 格式。

```
else
 {
  memcpy (LSDPTR_L (c1_l), aptr_l, len_a * sizeof (clint));
  memcpy (LSDPTR_L (c2_l), bptr_l, len_b * sizeof (clint));

  SETDIGITS_L (c1_l, len_a);
  SETDIGITS_L (c2_l, len_b);
  mult (c1_l, c2_l, p_l);
  RMLDZRS_L (p_l);
 }
}
```

Karatsuba 平方实现过程与上述乘法类似，这里将不再对细节进行详细讨论。为了调用 kmul()和 ksqr()，我们将利用函数 kmul_l()和 ksqr_l()，它们具有标准的函数接口。

功能：	Karatsuba 乘法和平方运算
语法：	int kmul_l (CLINT a_l, CLINT b_l, CLINT p_l); int ksqr_l (CLINT a_l, CLINT p_l);
输入：	a_l、b_l(因子)
输出：	p_l(积)
返回：	E_CLINT_OK，如果成功 E_CLINT_OFL，如果上溢

Karatsuba 函数的实现包含在源文件 kmul.c 中，可在 www.apress.com 下载源代码。

大量关于这些函数的测试结果(测试环境为 500MHz 的奔腾Ⅲ处理器下的 Linux 系统)表明，调用输入低于 40 位(相当于 640 位二进制位)的非递归乘法程序时效率最高。函数实现的计算时间如图 4-3 所示。

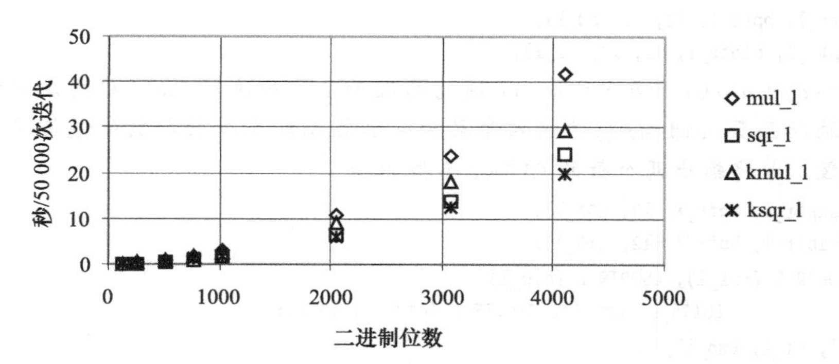

图 4-3　Karatsuba 函数的 CPU 计算时间

从图 4-3 中可以得出我们想要的东西，标准乘法和平方之间在性能上大约有 40%的差异，对于超过 2000 位的二进制数，计算的时间差别变得更显著——Karatsuba 方法领先。有趣的是，"标准"乘方 `sqr_l()`明显比 Karatsuba 乘法运算速度快，而 Karatsuba 乘方 `ksqr_l()`只有在进行超过 3000 位的计算时才领先于其他算法。

本书第 1 版提到 Karatsuba 函数对于小的数输入时性能将下降，但在这一版已经得到提升。但是，它仍有继续提升的空间。`kmul_l()`运行时间的显著不连续性说明，如果递归步骤不具有偶数位数，那么递归将比指定的阈值更早中断。在最坏的情况下，这正好发生在乘法运算的开始，这时，即使输入很大的数仍比一般情况下的性能差。因此，我们扩展 Karatsuba 函数使其支持不同位数的数和奇数位的数。

位于萨尔布吕肯的 Max Planck(马克斯·普朗克)科学促进协会的 J. Ziegler[Zieg]开发了一种针对 64 位 CPU(Sun Ultra-1)的 Karatsuba 乘法和平方的简单实现方法，该方法在 640 位以上时超越了传统方法的性能。对于乘方，在 1024 位情况下，性能提升 10%；在 2048 位情况下，性能提升 23%。

C. Burnikel 和 J. Ziegler[BuZi]在 Karatsuba 乘法的基础上提出了一种有趣的递归除法算法，这种算法从十进制的 250 位开始性能比小学算法不断升高。

再次声明，Karatsuba 函数对加密应用并没有特别大的性能提升，因此我们更习惯使用 `mul_l()`和 `sqr_l()`函数，它有助于我们理解传统算法(和它在汇编语言下优化的变种；参见第 19 章)。但在应用方面，更应该用 Karatsuba 函数替换应用中的函数 `mul_l()`和 `sqr_l()`。

4.3　带余除法

婚姻、死亡与除法，让我痛不欲生。

——*Algernon Charles Swinburne*，《*Dolores*》

我们还需要铺设大数基本运算大厦的最后一块基石，即除法，这也是在所有运算中最复杂的一个。因为我们的计算需要与自然数打交道，所以我们就只能以自然数表示除法的结果。我们将讲解的除法称为带余除法。它基于以下关系。给定 $a, b \in \mathbb{Z}$，$b>0$，有唯一整数 q 和 r，满足 $a=qb+r$，其中 $0 \leqslant r < b$。我们称 q 为商，r 为 a 除以 b 的余数。

通常，相比于商我们更关注余数。在第 5 章中我们将发现计算余数的重要性，因为它被用在许多算法中，常与加法、减法、乘法和幂运算共同使用。因此，尽可能提高除法算法的效率是物超所值的。

对于自然数 a 和 b，执行带余除法最简单的方法是被除数 a 不断地减去除数 b，直到剩余数 r 比除数 b 小。我们可以通过计算执行了多少次减法而计算出商。商 q 和余数 r 具有值 $q=\lfloor a/b \rfloor$，$r=a-\lfloor a/b \rfloor b$ [⊖]。

这种重复做减法的除法当然会很让人厌烦。即使我们在小学学习的计算除法的方法也显然比这种除法的效率高。在小学除法中，商通过乘以除数的因子而一位一位地确定，被除数依次减去得到的部分积，如图 4-4 所示。

```
354938 : 427 = 831, 余数101
-3416
=01333
  -1281
  =00528
     -427
     =101
```

图 4-4　除法计算步骤

我们通过估算或者试错的方式确定了商的第一位为 8。如果出现错误，那么有两种可能，一是积(商的这一位数乘以除数)太大(例子中，比 3549 大)，二是经过被减数减去部分积得到的余数大于除数。第一种情况选择的商的数位太大，第二种情况太小，上述任何一种情况出现，都必须加以更正。

这种启发式的除法算法应该被更加准确的除法算法替代。在[Knut]4.3.1 节中，Donald Knuth 描述了怎么使这种粗略计算变精准的方法。我们仔细地看看例子。

设 $a=(a_{m+n-1}a_{m+n-2}\cdots a_0)_B$ 和 $b=(b_{n-1}b_{n-2}\cdots b_0)_B$ 为两个 B 进制自然数，b_{n-1} 是 b 的最高有效位，$b_{n-1}>0$。我们寻找满足关系式 $a=qb+r$，$0\leqslant r<b$ 的商 q 与余数 r。

遵循上述的长除法，为了计算 q 和 r，需要在每一步返回一个商的数字 $q_j:=\lfloor R/b \rfloor<B$，其中，第一步的 $R=(a_{m+n-1}a_{m+n-2}\cdots a_k)_B$ 由被除数的最高有效位开始到第 k 位结束，$1\leqslant\lfloor R/b \rfloor<B$(在上例中，最初为 $m+n-1=3+3-1=5$，$k=2$，$R=3549$)。然后我们设置 $R:=R-q_jb$，为保证商的数字 q_j 的正确性，需满足条件 $0\leqslant R<b$。之后，R 被值 $RB+$(被除数的下一位数字)替换，则下一位商再一次进行$\lfloor R/b \rfloor$。当被除数的所有数字都参与运算后，整个除法结束。除法的余数是 R 最后一次计算的值。

为了编程这一过程，我们必须反复确定两个大数 $R=(r_nr_{n-1}\cdots r_0)_B$ 和 $b=(b_nb_{n-1}\cdots b_0)_B$($\lfloor R/b \rfloor<B$)的商 $Q:=\left\lfloor \frac{R}{b} \right\rfloor$($r_n=0$ 是可能的)。这里采用 Knuth 提供的 Q 的近似值$\hat{q}$，它由 R 和 b 的前导数字计算得到。

设

$$\hat{q}:=\min\left\{\left\lfloor \frac{r_nB+r_{n-1}}{b_{n-1}} \right\rfloor, B-1\right\} \tag{4-1}$$

如果 $b_{n-1}\geqslant\lfloor R/b \rfloor$，则对于$\hat{q}$(参见[Knut]4.3.1 节，定理 A 和 B)，我们有$\hat{q}-2\leqslant Q\leqslant\hat{q}$。在除数最高位比 B 充分大的有利假设下，$\hat{q}$作为 Q 的近似值至多比 Q 大 2，且永远不会比它小。

即使同时增加操作数 a 和 b 的倍数，依然可以达到这种假设条件。我们选择 $d>0$ 使得 $db_{n-1}\geqslant\left\lfloor \frac{B}{2} \right\rfloor$，令 $\hat{a}:=ad=(\hat{a}_{m+n}\hat{a}_{m+n-1}\cdots\hat{a}_0)_B$，并设置$\hat{b}:=bd=(\hat{b}_{n-1}\hat{b}_{n-2}\cdots\hat{b}_0)_B$。对 d 的选择遵循$\hat{b}$的位数不会大于 b 的位数的规则。在上述的符号中考虑了$\hat{a}$可能比 a 多 1 位的

⊖ 注意 $a<0$ 时，若 $a\nmid b$，则 $q=-\lceil |a|/b \rceil$，$r=b-(|a|+qb)$；若 $a\mid b$，则 $r=0$，因此，带余除法可以约简为 a，$b\in\mathbb{N}$ 的情况。

情况(如果不是这种情况，我们设置$\hat{a}_{m+n}=0$)。无论如何，在实际中，d 选择为 2 的幂，这样扩大运算对象时可以采用简单的移位操作。由于两个操作数都乘以相同的因子，所以商不变。有$\lfloor \hat{a}/\hat{b} \rfloor = \lfloor a/b \rfloor$。

对于式(4-1)中$\hat{q}$的选择，如果我们将其分别应用到已扩大的$\hat{a}$、$\hat{r}$和$\hat{b}$中，可以改用为$\hat{q}=Q$ 或者$\hat{q}=Q+1$：如果从$\hat{q}$的选择中我们有$\hat{b}_n - 2\hat{q} > (\hat{r}_n B + \hat{r}_{n-1} - \hat{q}\hat{b}_{n-1})B + \hat{r}_{n-2}$，那么将$\hat{q}$减去 1 后再次重复检验。采用这种方式，我们就处理了所有$\hat{q}$比 Q 大 2 的情况，还有很少的$\hat{q}$比 Q 大 1 的情况(参见[Knut]4.3.1 节，练习 19 和练习 20)。后者由剩下的被除数减去“除数乘以商”得到的部分积确定。在最后一次循环中，$\hat{q}$必须减去 1，然后更新余数。带余除法的算法实现过程如下。

$a=(a_{m+n-1}a_{m+n-2}\cdots a_0)_B \geq 0$ 除以 $b=(b_{n-1}b_{n-2}\cdots b_0)_B > 0$ 的带余除法的算法

1) 按上面所给出的方法确定比例因子 d。
2) 设置 $r := (r_{m+n}r_{m+n-1}r_{m+n-2}\cdots r_0)_B \leftarrow (0a_{m+n-1}a_{m+n-2}\cdots a_0)_B$。
3) 设置 $i \leftarrow m+n$，$j \leftarrow m$。
4) 设置$\hat{q} \leftarrow \min\left\{\left\lfloor \frac{\hat{r}_i B + \hat{r}_i - 1}{\hat{b}_{n-1}} \right\rfloor, B-1\right\}$，其中，$\hat{r}_i$、$\hat{r}_i - 1$ 和$\hat{b}_{n-1}$由 d 得到(见上)。
   如果$\hat{b}_n - 2\hat{q} > (\hat{r}_i B + \hat{r}_{i-1} - \hat{q}\hat{b}_{n-1})B + \hat{r}_{i-2}$，设置$\hat{q} \leftarrow \hat{q}-1$，再重复这一过程。
5) 如果 $r - b\hat{q} < 0$，设置$\hat{q} \leftarrow \hat{q}-1$。
6) 设置 $r := (r_i r_{i-1}\cdots r_{i-n})_B \leftarrow (r_i r_{i-1}\cdots r_{i-n})_B - b\hat{q}$，$q_j \leftarrow \hat{q}$。
7) 设置 $i \leftarrow i-1$，$j \leftarrow j-1$；如果 $i \geq n$，跳转到步骤 4。
8) 输出 $q=(q_m q_{m-1}\cdots q_0)_B$ 和 $r=(r_{n-1}r_{n-2}\cdots r_0)_B$。

如果除数只有单独一位数 b_0，那么可以通过初始化 $r \leftarrow 0$ 和用 b_0 除以两位数$(ra_i)_B$ 的带余除法来缩短该过程。这里 r 被余数重写，$r \leftarrow (ra_i)_B - q_i b_0$，$a_i$ 需要遍历被除数的所有数字。最终，r 成为余数，$q=(q_m q_{m-1}\cdots q_0)_B$ 成为商。

现在，我们介绍了除法算法实现的所有过程，下面介绍它的 C 函数。

功能：带余除法
语法：int div_l (CLINT d1_l, CLINT d2_l, CLINT quot_l,CLINT rem_l);
输入：d_l(被除数)，d2_l(除数)
输出：quot_l(商)，rem_l(余数)
返回：E_CLINT_OK，如果成功
E_CLINT_DBZ，如果除数为 0

```
int
div_l (CLINT d1_l, CLINT d2_l, CLINT quot_l, CLINT rem_l)
{
 register clint *rptr_l, *bptr_l;
 CLINT b_l;

 /* Allow double-length dividend plus 1 digit */
 clint r_l[2 + (CLINTMAXDIGIT << 1)];
```

```
clint *qptr_l, *msdptrb_l, *lsdptrr_l, *msdptrr_l;
USHORT bv, rv, qhat, ri, ri_1, ri_2, bn_1, bn_2;
ULONG right, left, rhat, borrow, carry, sbitsminusd;
unsigned int d = 0;
int i;
```

将被除数 $a=(a_{m+n-1}a_{m+n-2}\cdots a_0)_B$ 和除数 $b=(b_{n-1}b_{n-2}\cdots b_0)_B$ 复制到两个 CLINT 变量 r_l 和 b_l 中。清除其前导零。如果除数的值为零，函数中断，并返回错误码 E_CLINT_DBZ。

我们允许被除数的位数为 MAX_B 的 2 倍。这样可以方便实现之后模运算中的除法运算。对于调用函数，存储空间必须总是能够足够存储 2 倍长度的商。

```
cpy_l (r_l, d1_l);
cpy_l (b_l, d2_l);

if (EQZ_L (b_l))
 return E_CLINT_DBZ;
```

检验以下三种情况是否存在：被除数=0；被除数<除数；或者被除数=除数。在这些特殊情况下，我们可以快速完成除法运算。

```
if (EQZ_L (r_l))
 {
  SETZERO_L (quot_l);
  SETZERO_L (rem_l);
  return E_CLINT_OK ;
 }

i = cmp_l (r_l, b_l);

if (i == -1)
   {
    cpy_l (rem_l, r_l);
    SETZERO_L (quot_l);
    return E_CLINT_OK ;
   }
  else if (i == 0)
   {
    SETONE_L (quot_l);
    SETZERO_L (rem_l);
    return E_CLINT_OK ;
   }
```

在以下步骤中，我们判断除数是否为 1 位。在这种情况下，将进入函数的另一分支，从而进行我们刚刚讨论过的快速除法。

```
if (DIGITS_L (b_l) == 1)
 goto shortdiv;
```

现在开始进行实际的除法。首先确定一个以 2 为底的幂作为比例因子 d。只要 $b_{n-1}\geqslant$ BASEDIV2 $:=\lfloor B/2\rfloor$，除数的最高有效位 b_{n-1} 将左移 1 位，并将初始值为 0 的 d 加 1。同时，指针 msdptrb_l 指向除数的最高有效位。值 BITPERDGT$-d$ 在后面将经常用到，因此将之存储在变量 sbitsminusd 中。

```
msdptrb_l = MSDPTR_L (b_l);
bn_1 = *msdptrb_l;
while (bn_1 < BASEDIV2)
 {
```

```
    d++;
    bn_1 <<= 1;
  }
sbitsminusd = (int)(BITPERDGT - d);
```

如果 $d>0$，那么 db 的前两个最高有效位 $\hat{b}_{n-1}\hat{b}_{n-2}$ 将被计算并存储在 bn_1 和 bn_2 中。为此，我们必须区分除数 b 恰好为 2 位或者多于 2 位的情况。在第一种情况下，二进制零将从右向左填入 $\hat{b}_{n-2}$ 中；在第二种情形下，$\hat{b}_{n-2}$ 的最低有效位来自于 b_{n-3}。

```
if (d > 0)
  {
    bn_1 += *(msdptrb_l - 1) >> sbitsminusd;
    if (DIGITS_L (b_l) > 2)
      {
        bn_2 = (USHORT)(*(msdptrb_l - 1) << d) + (*(msdptrb_l - 2) >> sbitsminusd);
      }
    else
      {
        bn_2 = (USHORT)(*(msdptrb_l - 1) << d);
      }
  }
else
  {
    bn_2 = (USHORT)(*(msdptrb_l - 1));
  }
```

现在，指针 msdptrr_l 和 lsdptrr_l 分别指向 CLINIT 数组 r_l 中 $(a_{m+n-1}a_{m+n-2}\cdots a_{m+1})_B$ 的最高和最低有效位，其中，r_l 代表除法的余数。将变量 r_l 的 a_{m+n} 位置为 0。指针 qptr_l 指向商的最高位。

```
msdptrb_l = MSDPTR_L (b_l);

msdptrr_l = MSDPTR_L (r_l) + 1;
lsdptrr_l = MSDPTR_L (r_l) - DIGITS_L (b_l) + 1;
*msdptrr_l = 0;

qptr_l = quot_l + DIGITS_L (r_l) - DIGITS_L (b_l) + 1;
```

现在进入主循环。指针 lsdptrr_l 遍历 r_l 中的被除数的数字 a_m，$a_{m-1}\cdots a_0$，（隐含的）指针 i 取值为 $i=m+n$，…，n。

```
while (lsdptrr_l >= LSDPTR_L (r_l))
  {
```

将被除数的 $(a_ia_{i-1}\cdots a_{i-n})_B$ 部分的高 3 位乘以比例因子并分别存放到变量 ri、ri_1 和 ri_2 中，这是确定 $\hat{q}$ 的准备步骤。被除数只有 3 位数的情况被当作特殊情况处理。在第一次循环时，至少出现 3 位：在除数 b 至少有 2 位的假设下，被除数存在最高位 a_{m+n-1} 和 a_{m+n-2}，且 a_{m+n} 位需要在 r_l 初始化时被置 0。

```
ri = (USHORT)((*msdptrr_l << d) + (*(msdptrr_l - 1) >> sbitsminusd));
ri_1 = (USHORT)((*(msdptrr_l - 1) << d) + (*(msdptrr_l - 2) >> sbitsminusd));

if (msdptrr_l - 3 > r_l)      /* there are four dividend digits */
  {
   ri_2 = (USHORT)((*(msdptrr_l - 2) << d) +
                                      (*(msdptrr_l - 3) >> sbitsminusd));
  }
```

```
else /* there are only three dividend digits */
 {
  ri_2 = (USHORT)(*(msdptrr_l - 2) << d);
 }
```

现在开始确定$\hat{q}$，并将之存储在变量 qhat 中。根据算法的步骤 4，我们区分两种情况 ri≠bn_1(多数情况)和 ri= bn_1(少数情况)。由于 $r/b<B$，所以 ri> bn_1 的情况被排除了。因此将$\hat{q}$设为$\lfloor(\hat{r}_iB+\hat{r}_{i-1})/\hat{b}_{n-1}\rfloor$和 $B-1$ 中的较小值。

```
if (ri != bn_1)      /* almost always */
 {
  qhat = (USHORT)((rhat = ((ULONG)ri << BITPERDGT) + (ULONG)ri_1) / bn_1);
  right = ((rhat = (rhat - (ULONG)bn_1 * qhat)) << BITPERDGT) + ri_2;
```

若 bn_2*qhat> right，那么 qhat 至少大于 1，至多大于 2。

```
if ((left = (ULONG)bn_2 * qhat) > right)
 {
  qhat--;
```

由于 qhat 的递减，所以我们只在 rhat= rhat_bn_1< BASE 时才重复检验(否则，我们将得到 bn_2*qhat< BASE²≤rhat*BASE)。

```
    if ((rhat + bn_1) < BASE)
     {
      if ((left - bn_2) > (right + ((ULONG)bn_1 << BITPERDGT)))
       {
        qhat--;
       }
     }
   }
 }
else
```

ri = bn_1 是第二种少见的情况。首先将$\hat{q}$设为值 BASE- 1= 2^{16}- 1= BASEMINONE。在这种情况下，对于 rhat，有 rhat= ri*BASE+ ri_1- qhat*bn_1= ri_1+ bn_1。只有在 rhat< BASE 的情况下才判断 qhat 的值是否太大。否则，我们就已经有 bn_2*qhat< BASE²≤rhat*BASE。在上述条件相同时，将再次对 qhat 进行测试。

```
{
 qhat = BASEMINONE;
 right = ((ULONG)(rhat = (ULONG)bn_1 + (ULONG)ri_1) << BITPERDGT) + ri_2;
 if (rhat < BASE)
  {
   if ((left = (ULONG)bn_2 * qhat) > right)
    {
     qhat--;
     if ((rhat + bn_1) < BASE)
      {
        if ((left - bn_2) > (right + ((ULONG)bn_1 << BITPERDGT)))
         {
          qhat--;
         }
      }
    }
  }
}
```

然后是从被除数的部分 $u:=(a_i a_{i-1}\cdots a_{i-n})_B$ 中减去 qhat • b，u 后来会被这个计算出来的差代替。有两点需要注意：

- 积 qhat • b_j 可能有两位。这两位此时存储在 ULONG 类型的变量 carry 中。carry 的高位字作为次高位数字减法的进位。
- 对于 qhat 大于 1 从而使差 $u-$qhat • b 为负数的情况，将计算值 $u':=B^{n+1}+u-$qhab • b，其结果将模 B^{n+1} 作为 u 的 B 进制补码 $\hat{u}$，以此作为一种预防手段。在做减法以后 u' 的最高位 u'_{i+1} 放在 ULONG 类型变量 borrow 的最高位。最后，如果 $u'_{i+1}\neq 0$，则 qhat 的值大了 1。这种情况下，结果将通过执行加法 $u\leftarrow u'+b \bmod B^{n+1}$ 进行修正。

```
borrow = BASE;
carry = 0;
for (bptr_l = LSDPTR_L (b_l), rptr_l = lsdptrr_l;
                bptr_l <= msdptrb_l; bptr_l++, rptr_l++)
 {
  if (borrow >= BASE)
   {
    *rptr_l = (USHORT)(borrow = ((ULONG)*rptr_l + BASE -
         (ULONG)(USHORT)(carry = (ULONG)*bptr_l *
             qhat + (ULONG)(USHORT)(carry >> BITPERDGT))));
   }
  else
   {
    *rptr_l = (USHORT)(borrow = ((ULONG)*rptr_l + BASEMINONEL -
         (ULONG)(USHORT)(carry = (ULONG)*bptr_l * qhat +
             (ULONG)(USHORT)(carry >> BITPERDGT))));
   }
 }
if (borrow >= BASE)    {
  *rptr_l = (USHORT)(borrow = ((ULONG)*rptr_l + BASE -
                    (ULONG)(USHORT)(carry >> BITPERDGT)));
 }
else
 {
  *rptr_l = (USHORT)(borrow = ((ULONG)*rptr_l + BASEMINONEL -
                     (ULONG)(USHORT)(carry >> BITPERDGT)));
 }
```

执行了一个可能的修正后，将商存储。

```
*qptr_l = qhat;
```

如之前所述，现在对商值是否多 1 做一个检验。这是极罕见的情况(后面将进一步介绍特殊的检验数据)，ULONG 类型的变量 borrow 的高位字等于 0 时表示出现这种情况，即 borrow＜BASE。如果是这种情况，则计算 $u\leftarrow u'+b \bmod B^{n+1}$(记法同上)。

```
if (borrow < BASE)
 {
  carry = 0;
  for (bptr_l = LSDPTR_L (b_l), rptr_l = lsdptrr_l;
              bptr_l <= msdptrb_l; bptr_l++, rptr_l++)
   {
```

```
    *rptr_l = (USHORT)(carry = ((ULONG)*rptr_l + (ULONG)(*bptr_l) +
              (ULONG)(USHORT)(carry >> BITPERDGT)));
   }
  *rptr_l += (USHORT)(carry >> BITPERDGT);
  (*qptr_l)--;
 }
```

现在指针指向余数和商，我们将返回到主循环的开始。

```
 msdptrr_l--;
 lsdptrr_l--;
 qptr_l--;
}
```

余数和商的长度已经确定下来。商的位数至多比被除数位数减去除数位数的差大1。余数的位数至多与除数的位数相同。两种情况都可以通过移去前导零得到准确的长度。

```
SETDIGITS_L (quot_l, DIGITS_L (r_l) - DIGITS_L (b_l) + 1);
RMLDZRS_L (quot_l);

SETDIGITS_L (r_l, DIGITS_L (b_l));
cpy_l (rem_l, r_l);

return E_CLINT_OK;
```

在“短除法”的情况下，除数只含有数字b_0，此时两个数字$(ra_i)_B$用它分开，其中，a_i遍历被除数的所有数字；r初始化为$r \leftarrow 0$，之后用差赋值为$r \leftarrow (ra_i)_B - qb_0$。值$r$由USHORT类型变量rv表示。$(ra_i)_B$的值存储在ULONG类型的变量rhat中。

```
shortdiv:
 rv = 0;
 bv = *LSDPTR_L (b_l);
 for (rptr_l = MSDPTR_L (r_l), qptr_l = quot_l + DIGITS_L (r_l);
                rptr_l >= LSDPTR_L (r_l); rptr_l--, qptr_l--)
  {
   *qptr_l = (USHORT)((rhat = ((((ULONG)rv) << BITPERDGT) + (ULONG)*rptr_l)) / bv);
   rv = (USHORT)(rhat - (ULONG)bv * (ULONG)*qptr_l);
  }
 SETDIGITS_L (quot_l, DIGITS_L (r_l));
 RMLDZRS_L (quot_l);

 u2clint_l (rem_l, rv);

 return E_CLINT_OK;
}
```

除法的运算时间为$t=O(mn)$，这与乘法很相似，其中，m和n分别为B进制的被除数和除数的位数。

下面，我们将描述带余除法的一些变型，这些变型都是基于一般的除法函数。首先是CLINT类型的被除数除以USHORT类型除数的一个除法混合版本。对此，我们再次用到函数div_l()的小除法例程，对它的应用几乎没有改变其自身函数，因此这里，我们只给出函数的接口。

功能：一个CLINT类型数除以一个USHORT类型数的除法

语法：int udiv_l (CLINT dv_l, USHORT uds, CLINT q_l,CLINT r_l);

输入：dv_l(被除数)，uds(除数)

> **输出**：q_l(商)，r_l(余数)
> **返回**：E_CLINT_OK，如果成功
> E_CLINT_DBZ，如果除数为0

我们曾经指出，对某些除法运算，商是不需要的，我们只对余数感兴趣。虽然这不会太费时间，但在这种情况下，传递一个指针来存储商是件很烦人的事情。所以产生了一个单独计算余数或“剩余”的函数。应用这一函数的数学背景将在第5章中详细讨论。

> **功能**：取余(模 n 约简)
> **语法**：int mod_l (CLINT d_l, CLINT n_l, CLINT r_l);
> **输入**：dv_l(被除数)，n_l(除数或者模)
> **输出**：r_l(余数)
> **返回**：E_CLINT_OK，如果成功
> E_CLINT_DBZ，如果除数为0

求模2的幂(即 2^k)的余数比一般情况更为简单，值得单独为它写一个函数实现。在被除数除以 2^k 的除法中，得到的余数由截去被除数第 k 位之后的位数构成，k 从0开始计数。这种截断相当于被除数与 $2^k-1=(111\cdots11)_2$ 按位连接，即由被除数与 k 个二进制1逻辑与(参见7.2节)。该运算主要关注表达式中 B 进制的被除数包含的第 k 位；与更高位无关。为了更好地表明除数，下列函数 mod2_l()只传入指数参数 k。

> **功能**：模2的幂取余(模 2^k 的约简)
> **语法**：int mod2_l (CLINT d_l, ULONG k, CLINT r_l);
> **输入**：d_l(被除数)，k(除数/模数的指数)
> **输出**：r_l(余数)

```
int
mod2_l (CLINT d_l, ULONG k, CLINT r_l)
{
 int i;
```

由于 $2^k>0$，所以不用检验除数是否为0。首先将 d_l 赋值给 r_l，再检验 k 是否超过 CLINIT 数的最大二进制长度，若超过则函数终止。

```
cpy_l (r_l, d_l);
if (k > CLINTMAXBIT)
 return E_CLINT_OK;
```

确定 r_l，并存入 i 中作为指标。如果 i 大于 r_l 的数字，则算法完成。

```
i = 1 + (k >> LDBITPERDGT);
if (i > DIGITS_L (r_l))
 return E_CLINT_OK;
```

现在，把已确定的 r_l 的数字(从1开始)与值 $2^{k \bmod \mathrm{BITPERDGT}}-1$(在这个实现中 $=2^{k \bmod 16}-1$)进行与操作。r_l 新的长度 i 存储在 r_l[0]中。移除前导零后，函数结束。

```
r_l[i] &= (1U << (k & (BITPERDGT - 1))) - 1U;
SETDIGITS_L (r_l, i);
```

```
  RMLDZRS_L (r_l);

  return E_CLINT_OK;
}
```

这里介绍一种求余数的混合变种，它使用 USHORT 类型的除数得到 USHORT 类型的余数。这里仅给出接口，读者可以查询 FLINT/C 的源代码。

功能：	CLINT 类型的被除数除以 USHORT 类型的除数的取余
语法：	USHORT umod_l (CLINT dv_l, USHORT uds,);
输入：	dv_l(被除数)，usd(除数)
返回：	非负余数，如果成功 0xFFFF，如果除数为 0

为检验除法(和检验其他函数一样)，需要考虑一些细节(参见第 13 章)。特别地，显式检验步骤 5 是很重要的，尽管在随机选择测试用例的情况下，它出现的概率仅为 $2/B$ (在我们的算法实现中为 2^{-15})(参见[Knut]4.3.1 节，练习 21)。

下面给出的被除数 a 和除数 b 以及与之相关的商 q 和余数 r 有这样的作用：与除法算法步骤 5 相关的程序序列将运行 2 次，所以可以作为这一特殊情况的检验数据。与这一特性相关的其他值包含在检验程序 testdiv.c 中。

下面的检验数据以 16 进制显示，从右往左升序排列，没有给出数的长度：

除法步骤 5 的检验值：

a= e3 7d 3a bc 90 4b ab a7 a2 ac 4b 6d 8f 78 2b 2b f8 49 19
d2 91 73 47 69 0d 9e 93 dc dd 2b 91 ce e9 98 3c 56 4c f1
31 22 06 c9 1e 74 d8 0b a4 79 06 4c 8f 42 bd 70 aa aa 68
9f 80 d4 35 af c9 97 ce 85 3b 46 57 03 c8 ed ca

b= 08 0b 09 87 b7 2c 16 67 c3 0c 91 56 a6 67 4c 2e 73 e6 1a
1f d5 27 d4 e7 8b 3f 15 05 60 3c 56 66 58 45 9b 83 cc fd
58 7b a9 b5 fc bd c0 ad 09 15 2e 0a c2 65

q= 1c 48 a1 c7 98 54 1a e0 b9 eb 2c 63 27 b1 ff ff f4 fe 5c
0e 27 23

r= ca 23 12 fb b3 f4 c2 3a dd 76 55 e9 4c 34 10 b1 5c 60 64
bd 48 a4 e5 fc c3 3d df 55 3e 7c b8 29 bf 66 fb fd 61 b4
66 7f 5e d6 b3 87 ec 47 c5 27 2c f6 fb

模算术：剩余类计算

每一个好故事都会在敏感的读者心里留下无形的快乐……

——*Willa Cather*,《*Not Under Forty*》

本章对带余除法的原理进行讨论。关于这一原理，我们需要解释余数的意义、它们可能的应用，以及如何运用它们进行计算。为了理解稍后介绍的函数公式，我们先从一些代数演算开始。

我们可以看到，对于一个$a\in\mathbb{Z}$除以$0<m\in\mathbb{N}$的带余除法，有唯一表示：

$$a=qm+r\quad 0\leqslant r<m$$

其中，r叫作a除以m的余数或者a模m的剩余，可以表示为$(a-r)$被m整除，或者用以下面的数学符号表示：

$$m\mid(a-r)$$

Gauss对这种表示给出了一个新的符号，它与等号类似，记作[⊖]：

$$a\equiv r \bmod m$$

（读作a与r模m同余）

与模自然数m同余是自然数集合上的一个等价关系。这意味着满足$m\mid(a-b)$的整数对集合$R:=\{(a,b)\mid a\equiv b \bmod m\}$具有下列可以直接从带余除法中得到的性质：

1）R具有自反性：对任一整数a，(a,a)是R的一个元素，即$a\equiv a \bmod m$。

2）R具有对称性：若(a,b)在R集合中，那么(b,a)也在R集合中，即若$a\equiv b \bmod m$，则$b\equiv a \bmod m$。

3）R具有传递性：如果(a,b)和(b,c)在R集合中，那么(a,c)也在R集合中，即若$a\equiv b \bmod m$，$b\equiv c \bmod m$，则$a\equiv c \bmod m$。

等价关系R将整数集划分成不相交的集合，叫作等价类：给定一个余数r和一个自然数$m>0$，有集合：

$$\bar{r}:=\{a\mid a\equiv r \bmod m\}$$

也可用符号$r+m\mathbb{Z}$表示，叫作模m的r的剩余类。这个类包含了所有除以m余r的整数。

看这个例子：令$m=7$、$r=5$；则除以7余5的整数集是一个剩余类

$$\bar{5}=5+7\cdot\mathbb{Z}=\{\cdots,-9,-2,5,12,19,26,33,\cdots\}$$

两个模同一个数m的剩余类要么相同要么互斥[⊜]。因此，一个剩余类可以被其中任意一个元素唯一标识。因此称一个剩余类中的任一元素为代表元，这个数可以代表一个剩余类。两个剩余类相等等价于给定的两个模的代表元相等。由于经过带余除法后得到的余数总是比除数小，所以对任一整数m，只存在有限多的模m的剩余类。

⊖ Carl Friedrich Gauss，1777—1855，是历史上最伟大的数学家。他在数学和自然科学领域有很多意义重大的发现，特别是，在他24岁时发表的著名的《Disquisitiones Arithmeticae》（算术研究），被称作现代数论的奠基石。

⊜ 两个集合互斥，当且仅当它们没有相同的元素，或者它们的交集为空集。

现在我们来看看进行这种广泛讨论的原因：剩余类是一种可以利用它们的代表元作为代数运算的对象。剩余类的计算对代数学、数论，乃至编码学和现代密码学都有重大的意义。接下来，我们尝试从代数的角度阐述模运算。

令 a、b、m 为整数，$m>0$。对于两个模 m 的剩余类 $\overline{a}$ 和 $\overline{b}$，我们定义关系式“+”和“.”为(剩余类的)加法和乘法，使它们看起来像整数运算中的命名：

$$\overline{a}+\overline{b}:=\overline{a+b}\text{(类的和等于和的类)}$$

$$\overline{a}\cdot\overline{b}:=\overline{a\cdot b}\text{(类的乘积等于乘积的类)}$$

两个关系式的定义很明确，因为两者的结果都是一个模 m 的剩余类。模 m 的剩余类集合 $\mathbb{Z}_m:=\{\overline{r}|\overline{r}$ 是一个模 m 的剩余类$\}$与上述两关系式一起形成一个有单位元的有限交换环($\mathbb{Z}_m$，+，·)，特别地，其满足下列公理：

1) 对加法是封闭的：

$\mathbb{Z}_m$ 中的两个元素的和依然在 $\mathbb{Z}_m$ 中。

2) 加法结合律：

对于 $\mathbb{Z}_m$ 中任意元素 $\overline{a}$、$\overline{b}$、$\overline{c}$，有 $\overline{a}+(\overline{b}+\overline{c})=(\overline{a}+\overline{b})+\overline{c}$。

3) 存在一个加法单位元：

对于 $\mathbb{Z}_m$ 中任意元素 $\overline{a}$，有 $\overline{a}+\overline{0}=\overline{a}$。

4) 存在一个加法逆元：

对于 $\mathbb{Z}_m$ 中的任一元素 $\overline{a}$，必定在 $\mathbb{Z}_m$ 中存在一个唯一元素 $\overline{b}$，有 $\overline{a}+\overline{b}=\overline{0}$。

5) 加法交换律：

对于 $\mathbb{Z}_m$ 中任意元素 $\overline{a}$、$\overline{b}$，有 $\overline{a}+\overline{b}=\overline{b}+\overline{a}$。

6) 对乘法是封闭的：

$\mathbb{Z}_m$ 中的两个元素的乘积依然在 $\mathbb{Z}_m$ 中。

7) 乘法结合律：

对于 $\mathbb{Z}_m$ 中任意元素 $\overline{a}$、$\overline{b}$、$\overline{c}$，有 $\overline{a}\cdot(\overline{b}\cdot\overline{c})=(\overline{a}\cdot\overline{b})\cdot\overline{c}$。

8) 存在一个乘法单位元：

对于 $\mathbb{Z}_m$ 中任意元素 $\overline{a}$，有 $\overline{a}\cdot\overline{1}=\overline{a}$。

9) 乘法交换律：

对于 $\mathbb{Z}_m$ 中任意元素 $\overline{a}$、$\overline{b}$，有 $\overline{a}\cdot\overline{b}=\overline{b}\cdot\overline{a}$。

10) 在($\mathbb{Z}_m$，+，·)中，分配律为：$\overline{a}\cdot(\overline{b}+\overline{c})=\overline{a}\cdot\overline{b}+\overline{a}\cdot\overline{c}$。

根据性质1到性质5，我们知道($\mathbb{Z}_m$，+)是一个交换群，术语交换代表加法交换律。从性质4我们可以定义 $\mathbb{Z}_m$ 中的减法，也就是说，引入逆元的概念：如果 $\overline{c}$ 是 $\overline{b}$ 的加法逆元，则 $\overline{b}+\overline{c}=\overline{0}$，因此，对于任一元素 $\overline{a}\in\mathbb{Z}_m$，我们可以定义

$$\overline{a}-\overline{b}:=\overline{a}+\overline{c}$$

在($\mathbb{Z}_m$，·)中，群法则6、7、8、9也适用于乘法，其中 $\overline{1}$ 为乘法单位元。然而，在 $\mathbb{Z}_m$ 中，每个元素不一定存在一个乘法逆元，因此一般地，($\mathbb{Z}_m$，·)不是一个群，仅仅是一个有单位元的可交换半群[⊖]。然而，如果我们从 $\mathbb{Z}_m$ 中除去所有与 m 的公约数大于1的元素，我们就可以得到一个关于乘法的交换群(参见10.2节)。特别地，这个不包含 $\overline{0}$ 的结构被叫作既约剩余系，表示为($\mathbb{Z}_m^\times$，·)。

⊖ 一个半群(H，$*$)存在，当且仅当在集合 H 上存在结合关系 $*$。

从之前的结果看，类似($\mathbb{Z}_m^\times$，·)的代数结构的意义可以通过一些著名的交换环举例说明：整数集合$\mathbb{Z}$、有理数集合$\mathbb{Q}$和实数集合$\mathbb{R}$都是有单位元的交换环(实际上，实数构成了一个域，表明它有其他的内部结构)，其区别是这些环是无限的。由于上述有限环的运算规则经常使用所以被大家熟知。我们将在第13章再回头看一看这些规则，并证明其用于测试运算函数是真实可信的。在这一章中我们仅仅介绍一些重要的先决条件。

为了使用剩余类进行计算，我们完全依赖于类的代表元。对于每一个模m的剩余类，我们选择其中一个代表元，因此组成一个*完全剩余系*，所有的模m的运算都在此上进行。模m的最小非负完全剩余系是集合$R_m := \{0, 1, \cdots, m-1\}$。若$R_m$中的数$r$满足$-\frac{1}{2}m < r \leqslant \frac{1}{2}m$，则称作*模$m$的最小绝对完全剩余系*。

看一个例子，我们考虑$\mathbb{Z}_{26} = \{\overline{0}, \overline{1}, \cdots, \overline{25}\}$。模26的最小非负剩余系是$R_{26} = \{0, 1, \cdots, 25\}$，模26的最小绝对剩余系是集合$\{-12, -11, \cdots, 0, 1, \cdots, 13\}$。剩余类运算和剩余系模运算的关系可以通过下式表示：

$$\overline{18} + \overline{24} = \overline{18+24} = \overline{16}$$

等价于

$$18 + 24 = 42 \equiv 16 \bmod 26$$

而

$$\overline{9} - \overline{15} = \overline{9+11} = \overline{20}$$

等价于

$$9 - 15 \equiv 9 + 11 \equiv 20 \bmod 26$$

通过用剩余类环$\mathbb{Z}_{26}$识别字母或者用$\mathbb{Z}_{256}$识别ASCII码，可以计算字符。Julius Caesar发明了一个简单的编码系统，这个系统将$\mathbb{Z}_{26}$中的一个常量与文本中的每个字母相加，据说他更喜欢把常量定为$\overline{3}$。字母表中的每个字母向右移常量位，如X到A、Y到B、Z到C[㊀]。

对剩余类环的计算可以利用表5-1和表5-2所示的*复合表*表示，它们分别定义了$\mathbb{Z}_5$中的“+”运算和“·”运算。

表5-1　模5加法运算的复合表

+	0	1	2	3	4
0	0	1	2	3	4
1	1	2	3	4	0
2	2	3	4	0	1
3	3	4	0	1	2
4	4	0	1	2	3

表5-2　模5乘法运算的复合表

·	0	1	2	3	4
0	0	0	0	0	0
1	0	1	2	3	4
2	0	2	4	1	3
3	0	3	1	4	2
4	0	4	3	2	1

剩余类集合是有限的，这一事实使其在诸如整数环这种有限结构上具有一定的优势，例如，如果为计算机运算选择了一个合适的剩余类代表元，那么计算机程序里的算术表达式的结果就不会溢出。这个运算，即执行函数`mod_l()`，称为(模m)约简。因此，我们可以使用一个模m的完全剩余系计算有界表示的FLINT/C库中的数和函数，只要$m \leqslant N_{max}$。我们总是选择正的代表元并且依赖非负的剩余系。因为剩余类的这些性质，所以

㊀　参见《AulusGellius》XII，9和《Suetonius，Caes》LVI。

FLINT/C 库在大数的 CLINT 表示方面表现良好(除了一些小的方面)，我们将在之后进行细节讨论。

对剩余类的算法理论已经讲得很多了。现在我们来开发我们的模算术函数。首先，我们回顾 4.3 节中提到的函数 mod_l()和 mod2_l()，它们分别返回模 m 和模 2^k 的约简余数。然后，我们介绍模加法、模减法、模乘法和模平方。由于模幂运算的特殊算法复杂性，所以我们将专门用另一章进行讨论。在不引起混淆的情况下，我们去掉符号 $\bar{a}$ 上的横线，用代表元 a 来表示 a 所在的剩余类。

模运算函数的过程实际上包含两步：首先由对应的非模函数对操作数进行运算，其次用带余除法执行一次模约简。然而，必须注意中间结果可能达到 $2\mathrm{MAX}_B$ 数字，这是由于它们的长度，或者在减法情况下，负号不能用 CLINT 对象表示导致的。我们之前把这些情况分别称为上溢和下溢。基本算术函数具有处理上溢和下溢的机制，它把中间结果模($N_{\max}+1$)约简(参见第 3 章和第 4 章)。如果整个模运算能用 CLINT 类型表示，这将会起作用。为了在这些情况下获得正确的结果，我们将从基本运算的函数中抽出加法、减法、乘法和求平方的核函数。

```
void add (CLINT, CLINT, CLINT);
void sub (CLINT, CLINT, CLINT);
void mult (CLINT, CLINT, CLINT);
void umul (CLINT, USHORT, CLINT);
void sqr (CLINT, CLINT);
```

之前我们提到过，核函数包含从函数 add_l()、sub_l()、mul_l()和 sqr_l()中提取的算术运算。这些函数中剩下的功能是简单的去除前导零、支持累积运算、处理可能的上溢或者下溢，以及对实际算法操作的核函数的调用。这些之前出现的函数的语法和语义并没有改变，函数依然可以照描述调用。

作为乘法函数 mul_l()的一个例子，以上过程帮助我们实现下面的函数 mul_l()(就这一点，参见第 4 章函数 mul_l()的实现)。

功能：	乘法
语法：	int mul_l (CLINT f1_l, CLINT f2_l, CLINT pp_l);
输入：	f1_l、f2_l(因子)
输出：	pp_l(积)
返回：	E_CLINT_OK，如果成功 E_CLINT_OFL，如果上溢

```
int
mul_l (CLINT f1_l, CLINT f2_l, CLINT pp_l)
{
  CLINT aa_l, bb_l;
  CLINTD p_l;
  int OFL = E_CLINT_OK;
```

清除前导零并支持累积运算。

```
cpy_l (aa_l, f1_l);
cpy_l (bb_l, f2_l);
```

调用乘法的核函数。

```
mult (aa_l, bb_l, p_l);
```

检查和处理上溢。

```
  if (DIGITS_L (p_l) > (USHORT)CLINTMAXDIGIT)     /* overflow ? */
    {
      ANDMAX_L (p_l);     /* reduce modulo (Nmax + 1) */
      OFL = E_CLINT_OFL;
    }
  cpy_l (pp_l, p_l);
  return OFL;
}
```

对于剩下的函数 add_l()、sub_l()和 sqr_l()，改变是相似的。它们的算术核函数没有包含新的组件，所以无需在这里给出。更多细节请查看 flint.c 的实现。

这些核函数不允许上溢，并且它们不执行模($N_{max}+1$)的约简。它们由 FLINT/C 函数内部使用，因此声明为 static。然而，必须注意在使用它们时，它们并不具备处理前导零和累积运算的能力(见第 3 章)。

sub()的使用需要假定差为正数。否则，结果将是未定义的。关于这点，sub()中没有相应的控制。最后，正在调用的函数必须为过大的中间结果提供充分的存储空间。特别地，sub()要求结果变量与用于表示被减数的存储空间至少一样大。现在，我们为探讨模运算函数 madd_l()、msub_l()、mmul_l()和 msqr_l()做好了准备。

功能：模加法
语法：int madd_l (CLINT aa_l, CLINT bb_l, CLINT c_l,CLINTm_l)；
输入：aa_l、bb_l(加数)，m_l(模数)
输出：c_l(余数)
返回：E_CLINT_OK，如果成功
　　　　E_CLINT_OFL，如果除数为 0

```
int
madd_l (CLINT aa_l, CLINT bb_l, CLINT c_l, CLINT m_l)
{
  CLINT a_l, b_l;
  clint tmp_l[CLINTMAXSHORT + 1];
  if (EQZ_L (m_l))
    {
      return E_CLINT_DBZ;
    }
  cpy_l (a_l, aa_l);
  cpy_l (b_l, bb_l);
  if (GE_L (a_l, m_l) || GE_L (b_l, m_l))
    {
      add (a_l, b_l, tmp_l);
      mod_l (tmp_l, m_l, c_l);
    }
  else
```

如果 a_l 和 b_l 都小于 m_l，我们将省略进行一次除法。

```
{
  add (a_l, b_l, tmp_l);
  if (GE_L (tmp_l, m_l))
    {
      sub_l (tmp_l, m_l, tmp_l);      /* underflow excluded */
    }
```

在调用函数 sub_l()前需要注意一些事项：我们输入的 sub_l()的参数 tmp_l 是由 a_l 和 b_l 的和得到的，它可能比所允许的常数 MAX_B 多1位数。在函数 sub_l()的内部，只要我们为结果多提供1位存储空间，该函数就不会失败。因此，为应对上述情况，把结果存储在 tmp_l 中，而不是立即存储在 c_l 中。由于这些原因，在 sub_l()的最后，我们将得到至多含有 MAX_B 位的 tmp_l。

```
      cpy_l (c_l, tmp_l);
    }
  return E_CLINT_OK;
}
```

为了使运算保持在一个正的剩余类中，模减法函数 msub_l()仅用了函数 add_l()、sub_l()和 mod_l()的正的中间结果。

功能：模减法
语法：int msub_l (CLINT aa_l, CLINT bb_l, CLINT c_l,CLINTm_l);
输入：aa_l(被减数)，bb_l(减数)，m_l(模数)
输出：c_l(余数)
返回：E_CLINT_OK，如果成功
E_CLINT_OFL，如果除数为0

```
int
msub_l (CLINT aa_l, CLINT bb_l, CLINT c_l, CLINT m_l)
{
  CLINT a_l, b_l, tmp_l;
  if (EQZ_L (m_l))
    {
      return E_CLINT_DBZ;
    }
  cpy_l (a_l, aa_l);
  cpy_l (b_l, bb_l);
```

我们分别讨论 a_l≥b_l 和 a_l< b_l 的情形。第一种情形是标准情形；第二种情形，我们计算(b_l-a_l)，再进行模 m_l 约简，然后减去正的余数。

```
  if (GE_L (a_l, b_l))      /* a_l - b_l ≥ 0 */
    {
      sub (a_l, b_l, tmp_l);
      mod_l (tmp_l, m_l, c_l);
    }
  else     /* a_l - b_l < 0 */
```

```
    {
      sub (b_l, a_l, tmp_l);
      mod_l (tmp_l, m_l, tmp_l);
      if (GTZ_L (tmp_l))
        {
          sub (m_l, tmp_l, c_l);
        }
      else
        {
          SETZERO_L (c_l);
        }
    }
  return E_CLINT_OK;
}
```

现在讨论模乘法函数 mmul_l()和模平方函数 msqr_l()，我们只给出模乘法的函数实现。

> **功能**：模乘法
> **语法**：int mmul_l (CLINT aa_l, CLINT bb_l, CLINT c_l,CLINTm_l);
> **输入**：aa_l、bb_l(因子)，m_l(模数)
> **输出**：c_l(余数)
> **返回**：E_CLINT_OK，如果成功
> E_CLINT_OFL，如果除数为 0

```
int
mmul_l (CLINT aa_l, CLINT bb_l, CLINT c_l, CLINT m_l)
{
  CLINT a_l, b_l;
  CLINTD tmp_l;
  if (EQZ_L (m_l))
    {
      return E_CLINT_DBZ;
    }
  cpy_l (a_l, aa_l);
  cpy_l (b_l, bb_l);
  mult (a_l, b_l, tmp_l);
  mod_l (tmp_l, m_l, c_l);
  return E_CLINT_OK;
}
```

由于模平方函数与模乘法相似，所以只给出该函数的函数接口。

> **功能**：模平方
> **语法**：int msqr_l (CLINT aa_l , CLINT c_l,CLINTm_l);
> **输入**：aa_l(因子)，m_l(模数)
> **输出**：c_l(余数)
> **返回**：E_CLINT_OK，如果成功
> E_CLINT_OFL，如果除数为 0

这里介绍的函数(当然，除了模平方函数之外)都有一个对应的混合函数，其第二个参数的类型为 USHORT。我们介绍函数 umadd_l()作为例子。函数 umsub_l()和 ummul_l()遵循相同的模式，所以不再介绍细节。

功能：	CLINT 类型的数加上 USHORT 类型的数的模加法
语法：	int umadd_l (CLINT a_l, USHORT b, CLINT c_l,CLINTm_l);
输入：	a_l、b(加数)，m_l(模数)
输出：	c_l(余数)
返回：	E_CLINT_OK，如果成功 E_CLINT_OFL，如果除数为 0

```
int
umadd_l (CLINT a_l, USHORT b, CLINT c_l, CLINT m_l)
{
  int err;
  CLINT tmp_l;
  u2clint_l (tmp_l, b);
  err = madd_l (a_l, tmp_l, c_l, m_l);
  return err;
}
```

以 USHORT 作为参数类型的混合函数将在下一章得到扩充。在本章结尾，我们将借助模减法编写一个有用的辅助函数，它判断两个模 m 剩余类的 CLINT 类型的代表元的值是否相等。下面的函数 mequ_l()可以实现这一点，它利用同余关系定义：$a \equiv b \bmod m \Leftrightarrow m \mid (a-b)$。

为了确定两个 CLINT 对象 a_l 和 b_l 是否模 m_l 等价，只要利用函数 msub_l(a_l,b_l,r_l,m_l)，并判断得到的余数 r_l 是否等于 0 即可。

功能：	检验模 m 等价
语法：	int mequ_l (CLINT a_l, CLINT b_l, CLINT m_l);
输入：	a_l、b_l(操作数)，m_l(模数)
返回：	1，如果 a_l 和 b_l 模 m_l 同余 0，不是上述情况

```
int
mequ_l (CLINT a_l, CLINT b_l, CLINT m_l)
{
  CLINT r_l;
  if (EQZ_L (m_l))
    {
      return E_CLINT_DBZ;
    }
  msub_l (a_l, b_l, r_l, m_l);
  return ((0 == DIGITS_L (r_l))?1:0);
}
```

百川归海：模幂运算

树林里，在两条路相交的地方
我站立了很久，我想：
“走在另一条路上的人
有一天会在这里止步
抉择该顺着哪条路走”
但是我已做好了决定
继续走着，我产生了一种感觉
那就是对这条路的与众不同的惊奇

——*Ilya Bernstein*，《*Attention and Man*》

除了剩余类的加法、减法、乘法等计算规则，我们还可以定义一个幂运算。在幂运算中，指数指定底数将与它自己相乘的次数。通常，幂运算可以通过递归调用乘法的方法来执行：对 $\mathbb{Z}_m$ 中的元素 a，我们有 $a^0 := \overline{1}$，$a^{e+1} := a \cdot a^e$。

很容易看出，在 $\mathbb{Z}_m$ 的幂运算中有以下基本规则(参见第 1 章)：

$$a^e \cdot a^f = a^{e+f}, \quad a^e \cdot b^e = (a \cdot b)^e, \quad (a^e)^f = a^{ef}$$

6.1 第一种方法

幂运算最简单的方法就是遵循上面定义的递归规则，将底数 a 自乘 e 次。该方法需要做 $e-1$ 次模乘运算，这对我们要达到的目的来说实在是太多了。

下面的例子演示了一种更有效的实现方法，我们将指数用二进制来表示：

$$a^{15} = a^{2^3+2^2+2+1} = (((a^2)a)^2a)^2a, \quad a^{16} = a^{2^4} = (((a^2)^2)^2)^2$$

这样，计算底数的 15 次幂就只需要 6 次乘法，而不是第一种方法中的 14 次。且该方法中一半的运算都是平方运算，我们知道，计算平方所需要的 CPU 时间只是常规乘法的一半。而计算底数的 16 次幂则只需要 4 次平方运算就可以完成了。

在进行 a^e 模 m 幂运算时，将指数用二进制表示的算法一般情况下比第一种方法更有效。但是，首先我们必须观察到，许多整数乘法会产生大量的中间结果，这些中间结果会一个接一个地迅速耗尽大部分计算机内存所能够提供的存储空间。从 $p=a^b$ 可以得出 $\log p = b\log a$，这样我们就知道 a^b 的位数是指数与底数位数相乘的结果。然而，如果我们在一个剩余类环 $\mathbb{Z}_m$ 上计算 a^e，那么我们就可以通过模乘的方法来避免这个问题。事实上，大部分应用都需要模 m 幂运算，所以我们也应该把注意力集中在这种情况上。

令 $e=(e_{n-1}e_{n-2}\cdots e_0)_2$(其中 $e_{n-1}>0$)是指数 e 的二进制表示，那么接下来的二进制算法需要 $\lfloor \log_2 e \rfloor = n$ 次模平方以及 $\delta(e)-1$ 次模乘。其中

$$\delta(e) := \sum_{i=0}^{n-1} e_i$$

是 e 的二进制表示中 1 的个数。如果假设每一位是 0 或 1 的概率相等，那么 $\delta(e)$ 的期望值为 $n/2$，在这个算法中我们需要进行乘法运算的次数为 $\frac{3}{2}\lfloor \log_2 e \rfloor$。

a^e 模 m 幂运算的二进制算法

1）令 $p \leftarrow a^{e_{n-1}}$，$i \leftarrow n-2$

2）令 $p \leftarrow p^2 \bmod m$

3）如果 $e_i = 1$，则令 $p \leftarrow p \cdot a \bmod m$

4）令 $i \leftarrow i-1$；如果 $i \geqslant 0$，跳转到步骤 2

5）输出 p。

当指数为可以用 USHORT 类型表示的小整数时，下面对该算法的实现有良好的效果。

功能： 指数为 USHORT 类型的混合模幂运算

语法： int umexp_l(CLINT bas_l, USHORT e, CLINT p_l, CLINT m_l);

输入： bas_l（底数）

e（指数）

m_l（模数）

输出： p_l（幂剩余）

返回： E_CLINT_OK，如果成功

E_CLINT_DBZ，如果除数为 0

```
int
umexp_l (CLINT bas_l, USHORT e, CLINT p_l, CLINT m_l)
{
 CLINT tmp_l, tmpbas_l;
 USHORT k = BASEDIV2;
 int err = E_CLINT_OK;

 if (EQZ_L (m_l))
  {
   return E_CLINT_DBZ;     /* division by zero */
  }
 if (EQONE_L (m_l))
  {
   SETZERO_L (p_l);     /* modulus = 1 ==> remainder = 0 */
   return E_CLINT_OK;
  }
 if (e == 0)     /* exponent = 0 ==> remainder = 1 */
  {
   SETONE_L (p_l);
   return E_CLINT_OK;
  }
 if (EQZ_L (bas_l))
  {
   SETZERO_L (p_l);
   return E_CLINT_OK;
  }
 mod_l (bas_l, m_l, tmp_l);
 cpy_l (tmpbas_l, tmp_l);
```

在以上各个检测之后，我们可以通过下面的方法找到指数 e 中第一个 1 的位置。这里用变量 k 表示 e 的单个二进制数字的掩码。然后我们把 k 右移一位，相应地在算法的步骤 1 中令 $i \leftarrow n-2$。

```
while ((e & k) == 0)
 {
  k >>= 1;
 }
k >>= 1;
```

对 e 剩下的数字，我们执行步骤 2 和 3。这里 k 作为循环计数器，每次我们都需要将它右移一位。在循环中，我们将它乘以底数约简的模 m_l。

```
 while (k != 0)
  {
   msqr_l (tmp_l, tmp_l, m_l);
   if (e & k)
    {
     mmul_l (tmp_l, tmpbas_l, tmp_l, m_l);
    }
   k >>= 1;
  }
 cpy_l (p_l, tmp_l);
 return err;
}
```

当底数比较小时，该二进制求幂算法会显示出明显的优势。如果底数是 USHORT 类型，那么步骤 3 中的模乘运算 $p \leftarrow pa \bmod m$ 的结果就是类型 CLINT * USHORT 模 CLINT，这将极大地提高计算速度，因为在相同的情况下其他算法依旧需要进行两个 CLINT 类型的乘法。乘方运算确实需要两个 CLINT 类型的对象，不过这里我们可以使用优越的平方函数。

因此，下面我们将实现取幂函数 wmexp_l()，它是 umexp_l() 的对偶函数，即 umexp_l() 的指数是 USHORT 类型。之前对指数各位取掩码的过程有利于我们理解下面这个“庞大”的取幂函数。函数采取的方法是，用变量 b 一个接一个地检测指数的每一位 e_i，b 的最高有效位初始化为 1，每检测一位则 b 右移一位，这样循环直到 b 等于 0。

下面的函数 wmexp_l() 支持小的底数和最大 1000 位长的指数。与我们将在后面介绍的通用程序相比，它的速度快了大约 10%。

功能：	底数为 USHORT 类型的模幂运算
语法：	int wmexp_l (USHORT bas, CLINT e_l, CLINT rest_l, CLINT m_l);
输入：	bas(底数) e_l(指数) m_l(模数)
输出：	rest_l($bas^{e\_l} \bmod m\_l$ 的余数)
返回：	E_CLINT_OK，如果成功 E_CLINT_DBZ，如果除数为 0

```
int
wmexp_l (USHORT bas, CLINT e_l, CLINT rest_l, CLINT m_l)
{
 CLINT p_l, z_l;
 USHORT k, b, w;
 if (EQZ_L (m_l))
  {
   return E_CLINT_DBZ;     /* division by 0 */
  }
 if (EQONE_L (m_l))
  {
   SETZERO_L (rest_l);     /* modulus = 1 ==> remainder = 0 */
   return E_CLINT_OK;
  }
 if (EQZ_L (e_l))
  {
   SETONE_L (rest_l);
   return E_CLINT_OK;
  }
 if (0 == bas)
  {
   SETZERO_L (rest_l);
   return E_CLINT_OK;
  }
 SETONE_L (p_l);
 cpy_l (z_l, e_l);
```

我们从指数 z_l 的最高有效字的最高有效非零位开始，对其进行处理。每次先进行平方运算，然后再视情况做乘法。指数的每位都用表达式 if ((w & b) > 0)来检测，即把每位的值与其掩码进行按位与运算。

```
b = 1 << ((ld_l (z_l) - 1) & (BITPERDGT - 1UL));
w = z_l[DIGITS_L (z_l)];
for (; b > 0; b >>= 1)
 {
  msqr_l (p_l, p_l, m_l);
  if ((w & b) > 0)
   {
    ummul_l (p_l, bas, p_l, m_l);
   }
 }
```

接下来处理指数中剩余的数字。

```
 for (k = DIGITS_L (z_l) - 1; k > 0; k--)
  {
   w = z_l[k];
   for (b = BASEDIV2; b > 0; b >>= 1)
    {
     msqr_l (p_l, p_l, m_l);
     if ((w & b) > 0)
```

```
        {
         ummul_l (p_l, bas, p_l, m_l);
        }
      }
    }
  cpy_l (rest_l, p_l);
  return E_CLINT_OK;
 }
```

6.2　M 进制取幂

通过把前面 a^e 模 m 幂运算的二进制算法一般化，幂运算中模乘的次数可以进一步约简。方法是，将指数用大于 2 的数为基数的形式表示，然后在步骤 3 中用乘 a 的幂来代替乘 a。这样，对于给定的基数 M，指数 e 可以表示为 $e=(e_{n-1}e_{n-2}\cdots e_0)_M$。下面的算法计算 $a^e \bmod m$。

> **a^e mod m 幂运算的 M 进制算法**
>
> 1）计算 $a^2 \bmod m$，$a^3 \bmod m$，…，$a^{M-1} \bmod m$，并存储在一个表中。
>
> 2）令 $p \leftarrow a^{e_{n-1}} \bmod m$，$i \leftarrow n-2$。
>
> 3）令 $p \leftarrow p^M \bmod m$。
>
> 4）如果 $e_i \neq 0$，则令 $p \leftarrow pa^{e_i} \bmod m$。
>
> 5）令 $i \leftarrow i-1$；如果 $i \geqslant 0$，跳转到步骤 3。
>
> 6）输出 p。

很明显，必要的乘法次数依赖于指数 e 的位数，e 的位数又取决于 M 的选择。因此，我们要选择这样的 M，使得在取幂的步骤 3 中能够最大可能地进行平方运算，就像之前 2^{16} 的例子；且使得乘以 a 的幂的次数最小，这样也可以节省存储表所需要的空间。

第一个条件要求我们尽量选择 2 的幂作为 M，即 $M=2^k$。考虑第二个条件时，我们将模乘的次数用 M 的函数表示。

在步骤 3 中，我们需要

$$\lfloor \log_M e \rfloor \log_2 M = \lfloor \log_2 e \rfloor \tag{6-1}$$

次平方，以及在步骤 4 中平均

$$\lfloor \log_M e \rfloor \operatorname{pr}(e_i \neq 0) = \left\lfloor \frac{\log_2 e}{k} \right\rfloor pr(e_i \neq 0) \tag{6-2}$$

次模乘，其中

$$\operatorname{pr}(e_i \neq 0) = \left(1 - \frac{1}{M}\right)$$

是指数 e 的某一位 e_i 不为零的概率。如果我们把为了生成表而进行的 $M-2$ 次乘法也包括在内，那么 M 进制算法就需要平均

$$\mu_1(k) := 2^k - 2 + \lfloor \log_2 e \rfloor + \left\lfloor \frac{\log_2 e}{k} \right\rfloor \left(1 - \frac{1}{2^k}\right) \tag{6-3}$$

$$= 2^k - 2 + \lfloor \log_2 e \rfloor \left(1 + \frac{2^k - 1}{k2^k}\right) \tag{6-4}$$

次模平方和模乘。

对于指数 e 和模数 m(比如 512 位)，以及 $M=2^k$，可以获得计算 $a^e \bmod m$ 所需要的模乘次数，如表 6-1 所示。表中也显示了预计算的 a 模 m 的幂所需要的存储空间，其结果是由 $(2k-2)$ CLINTMAXSHORT • sizeof (USHORT)计算得到的。

表 6-1　取幂运算的需求

k	乘法次数	内存(字节)
1	766	0
2	704	1028
3	666	3084
4	644	7196
5	640	15 420
6	656	31 868

可以从表中看出，当 $k=5$ 时，乘法的平均次数达到最小值 640 次，而 k 每增大 1 所需的内存空间则大概增长一倍。不过，当指数是其他数量级时，运行时间是怎样的呢?

表 6-2 告诉了我们这些信息。表中给出了不同位数的指数以及不同的 k 值所需要的模乘次数。其中包括 768 位的指数，因为它是 RSA 密码系统中经常用到的密钥长度(参见第 17 章)。我们用黑体字标示表中比较令人满意的乘法次数。

表 6-2　典型大小的指数和不同的基数 2^k 对应的乘法次数

	指数的二进制位数							
k	**32**	**64**	**128**	**512**	**768**	**1024**	**2048**	**4096**
1	45	93	190	766	1150	1534	3070	6142
2	**44**	88	176	704	1056	1408	2816	5632
3	46	**87**	**170**	666	996	1327	2650	5295
4	52	91	**170**	644	960	1276	2540	5068
5	67	105	181	**640**	**945**	**1251**	2473	4918
6	98	135	209	656	954	1252	**2444**	4828
7	161	197	271	709	1001	1294	2463	**4801**
8	288	324	396	828	1116	1404	2555	4858

考虑到 FLINT/C 包所支持的数字范围，当 $k=5$ 时我们似乎可以找到一个通用基数 $M=2^k$。然而，这就需要高达 15KB 的空间来存储预计算的 a 的幂 a^2，a^3，…，a^{31}。不过 M 进制算法可以进一步改进，根据[Cohe]1.2 节，在某种程度上我们可以只使用 $M/2$ 次而不是 $M-2$ 次预乘，这样就节省了一半的内存空间。于是我们的任务就又落在 $a^e \bmod m$ 的计算上，其中 $e=(e_{n-1}e_{n-2}\cdots e_0)_M$ 是指数的 $M=2^k$ 进制表示。

减少预乘次数的 M 进制取幂算法

1) 计算并存储 $a^3 \bmod m$，$a^5 \bmod m$，$a^7 \bmod m$，…，$a^{2^k-1} \bmod m$。

2) 如果 $e_{n-1}=0$，则令 $p\leftarrow 1$。

如果 $e_{n-1}\neq 0$，设 $e_{n-1}=2^t u$，其中 u 为奇数，则令 $p\leftarrow a^u \bmod m$，再令 $p\leftarrow p^{2^t} \bmod m$。两种情况都令 $i\leftarrow n-2$。

3) 如果 $e_i=0$，则通过 $(\cdots((p^2)^2)^2\cdots)^2 \bmod m$($k$ 折平方模 m)，计算 $p\leftarrow p^{2^k} \bmod m$。

如果 $e_i\neq 0$，设 $e_i=2^t u$，其中 u 为奇数，则令 $p\leftarrow p^{2^{k-t}} \bmod m$，再令 $p\leftarrow pa^u \bmod m$，最后令 $p\leftarrow p^{2^t} \bmod m$。

4) 令 $i\leftarrow i-1$，如果 $i\geqslant 0$，跳转到步骤 3。

5) 输出 p。

该算法的诀窍在于，用一种很聪明的方法把步骤3中的平方分离出来，这样就变成了处理 a 的幂和 e_i 的偶数部分 2^t。在平方过程中，a 的 u（e_i 的奇数部分）次幂被保留下来。乘法和平方之间的平衡就转移到了更加优良的平方上，此外，我们只需要预计算并存储 a 的奇数次幂。

为了进行拆分，我们需要指数字 e_i 的唯一确定性表达 $e_i=2^t u$，u 为奇数。为了快速地找到 t 和 u，我们用一个表来记录它们，表6-3显示了当 $k=5$ 时的情况。

表6-3　指数被分解成的2的幂和一个奇数因素的值

e_i	t	u	e_i	t	u	e_i	t	u
0	0	0	11	0	11	22	1	11
1	0	1	12	2	3	23	0	23
2	1	1	13	0	13	24	3	3
3	0	3	14	1	7	25	0	25
4	2	1	15	0	15	26	1	12
5	0	5	16	4	1	27	0	27
6	1	3	17	0	17	28	2	7
7	0	7	18	1	9	29	0	29
8	3	1	19	0	19	30	1	15
9	0	9	20	2	5	31	0	31
10	1	5	21	0	21			

我们可以用辅助函数 twofact_l()来计算这些值，这个函数将在10.4.1节中介绍。在实现改进的 M 进制算法之前，仍然有一个问题需要解决：对于变量 $k>0$，我们如何能够高效地从二进制表示或 $B=2^{16}$ 进制表示获得指数的 $M=2^k$ 进制表示呢？这里可以利用不同的指数获得，我们可以从 B 进制指数 e 的表示中屏蔽出所需要的 M 进制的各位 e_i。设 $(\varepsilon_{r-1}\varepsilon_{r-2}\cdots\varepsilon_0)_2$ 是指数 e 的二进制表示（这是为了得到二进制数字 r），$(e_{u-1}e_{u-2}\cdots e_0)_B$ 是 CLINT 类型的指数 e 的 $B=2^{16}$ 进制表示，而 $(e'_{n-1}e'_{n-2}\cdots e'_0)_M$ 是指数 e 的 $M=2^k$ 进制表示，其中 $k\leqslant 16$（M 不应该比 B 大）。指数 e 作为一个 CLINT 类型的对象 e_l，其在内存中的表达是一个序列[$u+1$]，[e_0]，[e_1]，…，[e_{u-1}]，[0]，序列中的每一个元素都是USHORT类型的值 e_l[i]，i=0，…，$u+1$。注意我们在最前面添加了一个0。

令 $f:=\left\lfloor\frac{r-1}{k}\right\rfloor$，且对于 $i=0$，…，f 令 $s_i:=\left\lfloor\frac{k_i}{16}\right\rfloor$，$d_i:=k_i \bmod 16$。在这些设置的基础上，我们有以下表述：

1）$(e'_{n-1}e'_{n-2}\cdots e'_0)_M$ 有 $f+1$ 位，即 $n-1=f$。

2）e_{s_i} 包含了 e'_i 的最低有效位。

3）d_i 标示出 e_{s_i} 中 e'_i 的最低有效位的位置（位置的计数从0开始）。如果 $i<f$ 且 $d_i>16-k$，那么不是 e'_i 所有的二进制位都在 e_{s_i} 里，e'_i 剩下的位（更高有效位）在 e_{s_i+1} 里。我们所要求的 M 进制位 e'_i 则与下式的 k 个最低有效二进制位相吻合：

$$\left\lfloor\frac{e_{s_i+1}B+e_{s_i}}{2^{d_i}}\right\rfloor$$

因此，对于一个确定 e'_i，$i\in\{0,\cdots,f\}$，我们有以下的表达式：

$$e'_i=((\texttt{e\_l}[s_i+1]\,|\,(\texttt{e\_l}[s_i+2]\ll \texttt{BITPERDGT}))\gg d_i)\,\&\,(2^k-1) \tag{6-5}$$

为了简单，我们令 e_l[s_f+2]←0，所以当 $i=f$ 时该表达式依然成立。

这样我们就找到一种有效的方法，使我们能够访问指数的 CLINT 表示中的各个数字，该表示产生于其以2的幂 2^k（$k\leqslant 16$）为基数的表达。使用这种方法我们就可以避免直接对指数进行转化。现在，幂运算所需的乘法和平方的次数就变成了：

$$\mu_2(k):=2^{k-1}+\lfloor\log_2 e\rfloor\left(1+\frac{2^k-1}{k\cdot 2^k}\right) \tag{6-6}$$

与 $\mu_1(k)$ 相比，其计算的代价降低了一半。用来选择最优 k 值的表（见表6-4）与之前的相比就有所不同了。

表 6-4　典型大小的指数和不同的基数 2^k 对应的乘法次数

	指数的二进制位数							
k	**32**	**64**	**128**	**512**	**768**	**1024**	**2048**	**4096**
1	47	95	191	767	1151	1535	3071	6143
2	**44**	88	176	704	1056	1408	2816	5632
3	**44**	**85**	168	664	994	1325	2648	5293
4	46	**85**	**164**	638	954	1270	2534	5066
5	53	91	167	**626**	931	1237	2459	4904
6	68	105	179	**626**	**924**	**1222**	2414	4798
7	99	135	209	647	939	1232	**2401**	4739
8	162	198	270	702	990	1278	2429	**4732**

虽然从 768 个二进制数字的指数开始，最优的 k 值比之前版本取幂算法的表所给出的值大 1，但所需的模乘次数很轻易地减少了。可以预料，这个程序在整体上比之前考虑的转化更加优化。现在我们实现算法就再无障碍了。

为了展示算法原理的实现，我们选择了一个适当的程序，并使用了一个合适的最优 k 值。为此，我们再次依靠[Cohe]，从中寻找满足下面不等式的最小整数值 k

$$\log_2 e \leqslant \frac{k(k+1)2^{2k}}{2^{k+1}-k-2} \tag{6-7}$$

该不等式来自前面求必要乘法次数的公式 $\mu_2(k)$，以及约束条件 $\mu_2(k+1)-\mu_2(k)\geqslant 0$。目前为止介绍，在所有取幂算法中，模平方的次数都是恒定的$\lfloor \log_2 e \rfloor$，我们可以把它消除；只剩下“真正”的模乘，也就是说，我们只考虑非平方的运算。

通过变量 k 实现幂运算时，需要大量的主内存来存储预计算的 a 的幂。当 $k=8$ 时，我们需要大概 64KB 来存储 127 个 CLINT 变量（这是通过 (2^7-1) * sizeof(USHORT) * CLINTMAXSHORT 得来的），其中两个额外的自动 CLINT 字段没有计算在内。一个程序如果运行在 16 位分段式架构的处理器或内存模型上，那么这个存储代价已经达到了它可能承受的极限（这方面可参见[Dunc]第 12 章或[Petz]第 7 章）。

根据不同的系统平台，有各种适当的策略使得内存可用。由于函数 mexp5_l()所必需的内存是从栈中获取的（以自动 CLINT 变量的形式），所以每次调用下面的函数 mexpk_l()，内存都会从堆中被分配出来。为了节省与此相关的开支，我们可以想象有一种方式，在一次性的初始化过程中保留最大必需的内存，直到整个程序运行完毕才释放。在每种情况下都可以调整内存管理以适应具体的需求，这一点在下面代码的评注中有说明。

对应用的进一步提示：我们总是建议检查是否能够在算法中使用基数 $M=2^5$。在所有的情况下，调整对更多内存的需求以及由此而产生的必需的内存管理是需要一定计算时间的，与这些时间相比，使用更大的 k 值所节省的时间并不是很大。附录 D 给出了各种幂运算的一般计算时间，根据这些我们可以决定是否使用它们。

用基数 $M=2^5$ 实现的算法包含在 FLINT/C 包中，命名为 mexp5_l()。通过包含在 flint.h 中的宏 EXP_L()，我们可以设置要用的取幂函数：mexp5_l()或者下面带变量 k 的函数 mexpk_l()。

功能：	模幂
语法：	int mexpk_l (CLINT bas_l, CLINT exp_l, CLINT p_l, CLINT m_l);
输入：	bas_l(底数) exp_l(指数) m_l(模数)
输出：	p_l(幂剩余)
返回：	E_CLINT_OK，如果成功 E_CLINT_DBZ，如果出现除 0 现象 E_CLINT_MAL，如果 malloc()错误

我们从用来表达 $e_i=2^t u$（u 为奇数，$0\leqslant e_i<2^8$）的表部分开始。这个表以两个数组的形式表示。第一个数组 twotab[]表示因子 2^t 中的指数 t，第二个数组 oddtab[]记录数字 $0\leqslant e_i<2^5$ 的奇数部分 u。当然，完整的表也包含在 FLINT/C 源代码中。

```
static int twotab[] =
{0,0,1,0,2,0,1,0,3,0,1,0,2,0,1,0,4,0,1,0,2,0,1,0,3,0,1,0,2,0,1,0,5, ...};
static USHORT oddtab[]=
{0,1,1,3,1,5,3,7,1,9,5,11,3,13,7,15,1,17,9,19,5,21,11,23,3,25,13, ...};

int
mexpk_l (CLINT bas_l, CLINT exp_l, CLINT p_l, CLINT m_l)
{
```

这些定义为添加了前导零的指数预留内存，同时也包括指针 clint **aptr_l，该指针指向一块待分配的内存，该内存将用于存储预计算的 bas_l 的幂的地址。幂运算的中间结果将存储在 acc_l 中。

```
CLINT a_l, a2_l;
clint e_l[CLINTMAXSHORT + 1];
CLINTD acc_l;
clint **aptr_l, *ptr_l;
int noofdigits, s, t, i;
ULONG k;
unsigned int lge, bit, digit, fk, word, pow2k, k_mask;
```

接下来是常规检查模数是否为 0 或 1。

```
if (EQZ_L (m_l))
 {
  return E_CLINT_DBZ;
 }

if (EQONE_L (m_l))
 {
  SETZERO_L (p_l);      /* modulus = 1 ==> residue = 0 */
  return E_CLINT_OK;
 }
```

将底数和指数复制到工作变量 a_l 和 e_l 中，且将所有的前导零去除。

```
cpy_l (a_l, bas_l);
cpy_l (e_l, exp_l);
```

现在我们处理最简单的情况，即 $a^0=1$ 且 $0^e=0(e>0)$。

```
if (EQZ_L (e_l))
 {
  SETONE_L (p_l);
  return E_CLINT_OK;
 }
if (EQZ_L (a_l))
 {
  SETZERO_L (p_l);
  return E_CLINT_OK;
 }
```

接下来确定 k 的最优值。我们用 pow2k 来存储 2^k，用 k_mask 来存储 2^k-1。这里我们使用函数 ld_l()，它返回其参数的二进制数字的位数。

```
lge = ld_l (e_l);
k = 8;
while (k > 1 && ((k - 1) * (k << ((k - 1) << 1))/((1 << k ) - k - 1)) >= lge - 1)
 {
  --k;
 }
pow2k = 1U << k;
k_mask = pow2k - 1U;
```

给指针分配内存，该指针指向后面将要计算的 a_l 的幂。把底数 a_l 通过模 m_l 约简。

```
if ((aptr_l = (clint **) malloc (sizeof(clint *) * pow2k)) == NULL)
 {
  return E_CLINT_MAL;
 }
mod_l (a_l, m_l, a_l);
aptr_l[1] = a_l;
```

如果 $k>1$，那么就分配内存给要计算的幂。而当 $k=1$ 时不用分配内存，因为没有需要预计算的幂。在下面对指针 aptr_l[i]的设定中，我们需要注意的是，编译器会对指针 p 偏移量的增加进行缩放，这样就可以以指针类型对象 p 来计数。

前面提到过，我们可以选择在一次性的初始化中进行工作内存的分配。在这种情况下，指向 CLINT 对象的指针将保存在函数之外的全局变量或 mexpl_l() 内的 static 变量中。

```
if (k > 1)
 {
  if ((ptr_l = (clint *) malloc (sizeof(CLINT) * ((pow2k >> 1) - 1))) == NULL)
   {
    return E_CLINT_MAL;
   }
  aptr_l[2] = a2_l;
  for (aptr_l[3] = ptr_l, i = 5; i < (int)pow2k; i+=2)
   {
    aptr_l[i] = aptr_l[i - 2] + CLINTMAXSHORT;
   }
```

现在应该预计算存储在 a_l 中的值 a 的幂。我们计算 a^3，a^5，a^7，…，a^{k-1}（a^2 只是

起辅助作用）。

```
   msqr_l (a_l, aptr_l[2], m_l);
   for (i = 3; i < (int)pow2k; i += 2)
    {
     mmul_l (aptr_l[2], aptr_l[i - 2], aptr_l[i], m_l);
    }
}
```

对于 $k>1$ 的情况，这样就结束了。指数通过前导零加长。

```
*(MSDPTR_L (e_l) + 1) = 0;
```

确定值 f（由变量 noofdigits 表示）。

```
noofdigits = (lge - 1)/k;
fk = noofdigits * k;
```

计算数字 e_i 的字位置 s_i 和位位置 d_i 并存储在 word 和 bit 中。

```
word = fk >> LDBITPERDGT;     /* fk div 16 */
bit = fk & (BITPERDGT-1U);     /* fk mod 16 */
```

用之前推导的公式计算数字 e_{n-1}；e_{n-1} 用变量 digit 表示。

```
switch (k)
 {
  case 1:
  case 2:
  case 4:
  case 8:
   digit = ((ULONG)(e_l[word + 1] ) >> bit) & k_mask;
   break;
  default:
   digit = ((ULONG)(e_l[word + 1] | ((ULONG)e_l[word + 2]
                                 << BITPERDGT)) >> bit) & k_mask;
 }
```

首先进行算法的步骤 2，digit $=e_{n-1}\neq 0$ 时。

```
if (digit != 0)     /* k-digit > 0 */
 {
  cpy_l (acc_l, aptr_l[oddtab[digit]]);
```

计算 p^{2^t}；t 是指数 e_{n-1} 中 2 的部分，用 twotab[e_{n-1}]表示，p 用 acc_l 表示。

```
  t = twotab[digit];
  for (; t > 0; t--)
   {
    msqr_l (acc_l, acc_l, m_l);
   }
 }
else     /* k-digit == 0 */
 {
  SETONE_L (acc_l);
 }
```

从 $f-1$ 开始，循环 noofdigits 次。

```
for (--noofdigits, fk -= k; noofdigits >= 0; noofdigits--, fk -= k)
 {
```

计算 e_i 的字位置 s_i 和位位置 d_i 并存储在 word 和 bit 中。

```
word = fk >> LDBITPERDGT;     /* fk div 16 */
bit = fk & (BITPERDGT - 1U);     /* fk mod 16 */
```

用之前推导的公式计算数字 e_i，e_i 用变量 digit 表示。

```
switch (k)
 {
  case 1:
  case 2:
  case 4:
  case 8:
   digit = ((ULONG)(e_l[word + 1] ) >> bit) & k_mask;
   break;
  default:
   digit = ((ULONG)(e_l[word + 1] | ((ULONG)e_l[word + 2]
                                   << BITPERDGT)) >> bit) & k_mask;
 }
```

执行算法的步骤 3，digit $=e_i \neq 0$ 时。t 用表 twotab[e_i]赋值。

```
if (digit != 0)     /* k-digit > 0 */
 {
  t = twotab[digit];
```

计算 acc_l 的值 $p^{2^{k-1}} a^u$。通过 aptr_l[oddtab[e_i]]来计算 a^u，其中 u 是 e_i 的奇数部分。

```
for (s = k - t; s > 0; s--)
 {
  msqr_l (acc_l, acc_l, m_l);
 }
mmul_l (acc_l, aptr_l[oddtab[digit]], acc_l, m_l);
```

计算 p^{2^t}，p 仍然用 acc_l 表示。

```
  for (; t > 0; t--)
   {
    msqr_l (acc_l, acc_l, m_l);
   }
 }
else     /* k-digit == 0 */
 {
```

算法的步骤 3，$e_i=0$ 时：计算 p^{2^k}。

```
   for (s = k; s > 0; s--)
    {
     msqr_l (acc_l, acc_l, m_l);
    }
  }
}
```

循环结束；输出 acc_l 作为模 m_l 的幂剩余。

```
cpy_l (p_l, acc_l);
```

最后，释放分配的内存。

```
 free (aptr_l);
 if (ptr_l != NULL)   free (ptr_l);
 return E_CLINT_OK;
}
```

我们可以通过一个确切数值的例子来帮助我们理解 M 进制取幂算法的各个过程。为此我们将举例计算1234^{667} mod 18 577，通过下面步骤中的函数 mexpk_l()来执行：

1. **预计算**

指数 $e=667$ 可以用基数为 2^k 的表达式来表达(参照的 M 进制取幂算法)，其中 $k=2$，于是指数 e 就可以表示为 $e=(10\ 10\ 01\ 10\ 11)_{2^2}$。幂 a^3 mod 18 577 的值为 17 354。由于指数的值比较小，所以我们不需要预计算更多 a 的幂。

2. **取幂循环**

指数字 $e_i=2^t u$	$2^1 \cdot 1$	$2^1 \cdot 1$	$2^0 \cdot 1$	$2^1 \cdot 1$	$2^0 \cdot 3$
$p \leftarrow p^2 \bmod n$	—	14 132	13 261	17 616	13 599
$p \leftarrow p^{2^2} \bmod n$	—	—	4239	—	17 343
$p \leftarrow pa^u \bmod n$	1234	13 662	10 789	3054	4445
$p \leftarrow p^2 \bmod n$	18 019	7125	—	1262	—

3. **结果**

$$p = 1234^{667} \bmod 18\ 577 = 4445$$

作为一般情况的扩展，我们下面介绍取幂运算的一个特殊版本，即以 2 的幂 2^k 为指数的情况。从之前的思路我们知道，这个函数可以通过 k 重取幂算法很容易地实现。这里指数 2^k 用 k 指定。

功能：指数为 2 的幂的模幂运算

语法：int mexp2_l (CLINT a_l, USHORT k, CLINT p_l, CLINT m_l);

输入：a_l(底数)
k(2 的指数)
m_l(模数)

输出：p_l($a\_l^{2^k}$ mod m_l 的剩余)

返回：E_CLINT_OK，如果成功
E_CLINT_DBZ，如果出现除 0 现象

```
int
mexp2_l (CLINT a_l, USHORT k, CLINT p_l, CLINT m_l)
{
 CLINT tmp_l;
 if (EQZ_L (m_l))
  {
   return E_CLINT_DBZ;
  }
```

如果 k>0，那么 a_l 就平方 k 次模 m_l。

```
if (k > 0)
 {
  cpy_l (tmp_l, a_l);
  while (k-- > 0)
   {
    msqr_l (tmp_l, tmp_l, m_l);
   }
  cpy_l (p_l, tmp_l);
 }
else
```

否则，如果 k=0，我们只需要把 a_l 模一次 m_l 就可以了。

```
  {
   mod_l (a_l, m_l, p_l);
  }
 return E_CLINT_OK;
}
```

6.3 加法链及窗口

目前人们已经发表了许多取幂的算法，其中有些是为任意的操作数而构想的，有些则是针对特殊情况。目的都是找到使用尽可能少的乘法和除法的程序。从二进制到 M 进制取幂的演变就是一个如何减少这些操作的例子。

二进制和 M 进制取幂都是*加法链*（参见[Knut]4.6.3 节）构造的特殊情况。我们利用了这样一个事实，即取幂的规则允许我们对幂的指数进行加法分解：$e=k+l \Rightarrow a^e=a^{k+l}=a^k a^l$。二进制取幂算法把指数分解成一系列数的和

$$e = e_{k-1} \cdot 2^{k-1} + e_{k-2} \cdot 2^{k-2} + \cdots + e_0$$

利用这个表达式，取幂运算就可以以交替平方和乘法的方式进行：

$$a^e \bmod n = (\cdots((((a^{e_{k-1}})^2)a^{e_{k-2}})^2)\cdots)^2 a^{e_0} \bmod n$$

这个联合的加法链是通过把产生的 a 的幂的指数当作中间结果而获得的，过程如下：

$$\begin{aligned}
&e_{k-1}\\
&e_{k-1} \cdot 2\\
&e_{k-1} \cdot 2 + e_{k-2}\\
&(e_{k-1} \cdot 2 + e_{k-2}) \cdot 2\\
&(e_{k-1} \cdot 2 + e_{k-2}) \cdot 2 + e_{k-3}\\
&((e_{k-1} \cdot 2 + e_{k-2}) \cdot 2 + e_{k-3}) \cdot 2\\
&\qquad\qquad\qquad\qquad\vdots\\
&(\cdots((e_{k-1} \cdot 2 + e_{k-2}) \cdot 2 + e_{k-3}) \cdot 2 + \cdots + e_1) \cdot 2 + e_0
\end{aligned}$$

如果对于某个特定的 j，$e_j=0$，那么序列中的这一项将被删除。例如，基于二进制方法进行分解数字 123 的结果就是一个包含 12 个元素的加法链：1，2，3，6，7，14，15，30，60，61，122，123。

一般来说，一个数字序列 $1=a_0$，a_1，a_2，…，$a_r=e$，如果对于每个 $i=1$，…，r 都存在一对数字(j, k)，$j \leqslant k < i$，使得 $a_i=a_j+a_k$，我们就称这个序列为 e 的*长度为 r 的加法链*。

M 进制方法把这个概念一般化，将指数用其他的基数表示。两个方法的目的都是为了产生尽可能短的加法链，从而使求幂的计算代价最小化。用 2^3 进制方法生成的 123 的加法链是 1，2，3，4，7，8，15，30，60，120，123；用 2^4 进制方法生成的加法链是 1，2，3，4，7，11，14，28，56，112，123。与预期一样，与二进制方法产生的加法链相比后两条链明显较短，数字越大对比也越明显。然而，考虑实际上对运行时间的节省，我们必须注意在计算 $a^e \bmod n$ 的初始化过程中，M 进制方法构造的幂 a^2、a^3、a^5、a^{M-1} 中也包括那些在 e 的 M 进制表达或在加法链中不需要的指数次幂。

二进制取幂代表了加法链最坏的情况：通过考虑这种情况，我们可以得到加法链的最大可能长度的边界 $\log_2 e+H(e)-1$，其中 $H(e)$ 代表 e 的汉明权重㊀。加法链的长度下界为

㊀ 如果 n 可以表示为 $n=(n_{k-1}n_{k-2}\cdots n_0)_2$，那么 $H(n)$ 就定义为 $\sum_i n_i$（参见[HeQu]第 8 章）。

$\log_2 e+\log_2 H(e)-2.13$，再没有找到更短的 e 的加法链(参见[Scho]或[Knut]，4.6.3 节，练习 28、29)。在我们的例子中，指数 $e=123$ 的最短加法链的长度为 8，所以之前 M 进制方法中引用的结果并不是最好的。

寻找最短加法链这个问题尚没有找到多项式时间的解决方法。该问题属于复杂度类中的 NP 类——能够在多项式时间内通过非确定性方法解决的决策问题，也就是说，这些问题可以通过“猜测”来解决，且所需的计算时间受限于多项式 p，该 p 为输入长度的函数。与此相反，P 类包括那些可以在多项式时间内用确定性方法解决的问题[⊖]。毫无疑问，P 类是 NP 类的一个子集，因为所有的多项式确定性问题都可以非确定性地解决。

确定最短加法链是一个 *NP 完全问题*，NP 完全问题是至少与 NP 集合中所有其他问题一样难的问题(参见[Yaco]和[HKW]第 302 页)。因此，人们对 NP 完全问题很感兴趣，因为即使只有一个 NP 完全问题找到了多项式时间的确定性解决方法，那么其他所有 NP 问题就都能在多项式时间内解决了。在这样的情况下，P 类和 NP 类可以合并到一个单独的问题集合中。虽然我们猜想 P≠NP，但这个问题尚未得到解决，同时它代表了复杂度理论的一个中心问题。

了解了这些，我们就清楚了所有产生加法链的实用程序都必须依靠*启发法*，也就是数学的经验法则，比如在 2^k 进制取幂中确定指数 k，因为我们知道 2^k 进制方法比其他方法有更好的时间特性。

例如，1990 年，Y. Yacobi 在[Yaco]中描述了构造加法链与利用 Lempel-Ziv 算法压缩数据的联系；这里我们也给出基于压缩程序的取幂算法。

在寻找最短加法链的过程中，M 进制取幂可以进一步一般化，后面将详细讲解。*窗口方法*不是像 M 进制方法中用一个固定的 M 作为基数来表示指数，而是用可变二进制长度的数字来表示。比如，长的二进制零序列(称为*零窗口*)可以当作指数的数字。如果我们回想 M 进制算法，就很清楚一个长度为 l 的零窗口只需要重复 l 次平方就可以了，相应的步骤是

$$3)\ 令 p \leftarrow p^{2^l} \bmod m=(\cdots((p^2)^2)^2\cdots)^2(l\ 次) \bmod m$$

根据过程不同，非零的数字会当作固定大小的窗口或者拥有最大长度的可变窗口来处理。与 M 进制程序一样，对于每个长度为 t 的非零窗口(在后面我们不恰当地称为“1 窗口”)，除了循环平方之外，还需要一次额外的乘法，乘以预计算的因子。类比于 2^k 进制程序中相应的步骤是：

$$3')\ 令 p \leftarrow p^{2^t} \bmod m,\quad 再令 p \leftarrow pa^{e_i} \bmod m$$

需要预计算的元素个数取决于 1 窗口允许的最大长度。我们应该注意从最低有效位开始计算的 1 窗口中总是包含一个 1，因此 1 窗口总是奇数。在这个方法中开始并不需要像减少预求次数的 M 进制取幂算法那样把指数数位分解成偶数元素和奇数元素。换句话说，在取幂时，我们将从最高有效位开始处理指数一直到最低有效位，这也就意味着在真正进行取幂之前，指数必须首先完全地分解并且存储起来。

然而，如果我们从最高有效位开始从左至右地分解指数，那么每个 0 或 1 窗口一旦完成分解就可以立即得到处理。这样我们当然也会得到偶数值的 1 窗口，但是取幂算法对此早有准备。

⊖ 如果这种问题的输入是一个整数 n，那么 n 的位数可以当作输入大小的度量。这样就存在一个多项式 p，使得计算时间的边界是 $p(\log_2 n)$。解决问题所花费的代价是随着 n 的增长而增长，还是随着 n 的位数的增长而增长，这个差别是决定性的。

本质上，从两个方向把指数分解为固定长度 l 的 1 窗口遵循相同的算法，我们下面描述了从右至左的分解算法。

将整数 e 分解为固定长度 l 的 0 窗口和 1 窗口

1）如果最低有效二进制数字等于 0，那么开启一个 0 窗口，跳转到步骤 2；否则，开启 1 窗口，跳转到步骤 3。
2）如果下一个高有效位不是 1，那么将其加入 0 窗口。如果是 1，则关闭 0 窗口，开启 1 窗口，跳转到步骤 3。
3）将之后的 $l-1$ 位都添加到 1 窗口中。如果下一个高位是 0，开启 0 窗口并跳转到步骤 2；否则开启一个 1 窗口并跳转到步骤 3。如果 e 的所有数字都处理了，那么终止算法。

从左至右的分解是从最高有效二进制数字开始，其他的过程则类似。如果我们假设 e 没有二进制前导零，那么算法就不会在步骤 2 到达 e 的二进制表达式的终点，程序会在步骤 3 以相同的条件终止。下面的例子具体说明了算法的过程：

- 令 $e=1\,896\,837=(111001111000110000101)_2$，令 $l=3$。从最低有效二进制数字开始，e 分解如下：

  $$e = \underline{111}\,\underline{001}\,\underline{111}00\,\underline{011}0000\,\underline{101}$$

  选择 $l=4$，可以得到下面的 e 分解：

  $$e = \underline{111}00\,\underline{1111}0\,0\underline{011}000\,\underline{0101}$$

  用以上的方法考虑 2^k 进制取幂，例如当 $k=2$ 时，分解如下：

  $$e = \underline{01}\underline{11}00\,\underline{11}\underline{11}00\,\underline{01}\underline{10}00\,\underline{01}\underline{01}$$

  $l=3$ 时，对 e 的窗口分解包含 5 个 1 窗口，而 $l=4$ 时则只包含 4 个，这个数量也等于所需乘法的次数。另一方面，2^2 进制分解则包含 8 个 1 窗口，需要 $l=4$ 分解的两倍的乘法次数，很明显是得不偿失的。

- 相同的过程，但从最高有效二进制数字开始，当 $l=4$，$e=123$ 时，分解为

  $$e = \underline{1110}0\,\underline{1111}000\,\underline{1100}00\,\underline{101}$$

  虽然也包含 4 个 1 窗口，但就像之前指明的，1 窗口并不都是奇数。

最后，我们用下面的算法来形式化使用窗口分解指数的取幂运算，两个方向的窗口分解都考虑在内。

将 e 表示为窗口(1 窗口的最大长度为 l)的取幂运算 $a^e \bmod m$ 的算法

1）将指数 e 分解为 0 窗口和 1 窗口$(\omega_{k-1}\cdots\omega_0)$，对应的长度分别为 l_{k-1}，…，l_0。
2）计算并存储 $a^3 \bmod m$，$a^5 \bmod m$，$a^7 \bmod m$，…，$a^{2^l-1} \bmod m$。
3）令 $p \leftarrow a^{\omega_{k-1}} \bmod m$，$i \leftarrow k-2$。
4）令 $p \leftarrow p^{l_i} \bmod m$。
5）如果 $\omega_i \neq 0$，令 $p \leftarrow pa^{\omega_i} \bmod m$。
6）令 $i \leftarrow i-1$；如果 $i \geqslant 0$，跳转到步骤 4。
7）输出 p。

如果不是所有的 1 窗口都是奇数，那么步骤 3 到 6 就由下面的步骤替换，去除步骤 7：

3′）如果 $\omega_{k-1}=0$，则令 $p \leftarrow p^{2^{l_{k-1}}} \bmod m=(\cdots((p^2)^2)^2\cdots)^2(l_{k-1}$ 次$) \bmod m$。如果 $\omega_{k-1}\neq 0$，因子 $\omega_{k-1}=2^t u$，u 为偶数；令 $p \leftarrow a^u \bmod m$，再令 $p \leftarrow p^{2^t} \bmod m$。每种情况都令 $i \leftarrow k-2$。

4′）如果 $\omega_i=0$，令 $p \leftarrow p^{2^{l_i}} \bmod m=(\cdots((p^2)^2)^2\cdots)^2(l_i$ 次$) \bmod m$。如果 $\omega_i\neq 0$，因子 $\omega_i=2^t u$，u 为偶数；令 $p \leftarrow p^{2^{l_i-t}} \bmod m$，再令 $p \leftarrow pa^u \bmod m$；最后令 $p \leftarrow p^{2^t} \bmod m$。

5′）令 $i \leftarrow i-1$；如果 $i \geqslant 0$，跳转到步骤 4′。

6′）输出 p。

6.4　Montgomery 约简和取幂

现在我们放弃加法链，把注意力转移到另一个思想上，一个从代数的角度来看尤其有趣的思想。它可以用模 2 的幂(即 2^k)的乘法来代替模一个奇数 n 的乘法，由于 2^k 不需要显式的除法，所以与模一任意整数 n 约简相比更加高效。这个有效的模约简方法是 1985 年由 P. Montgomery[Mont]发表的，自那以后已经有了广泛的实际应用。这个方法基于以下的观察：

设 n 和 r 是互素的整数，r^{-1} 是 r 模 n 的乘法逆元素；同样，使 n^{-1} 是 n 模 r 的乘法逆元素；此外，定义 $n' := -n^{-1} \bmod r$，$m := tn' \bmod r$。于是，对于整数 t 我们有

$$\frac{t+mn}{r} \equiv tr^{-1} \bmod n \tag{6-8}$$

注意在同余式的左边，我们进行了模 r 同余和除以 r(注意 $t+mn \equiv 0 \bmod r$，所以除法没有余数)的运算，但是没有进行模 n 同余运算。通过选择 2 的幂 2^s 作为 r 的值，我们可以在第 s 位(从最低有效位计数)将 x 分开，从而轻易地约简数值 x 模 r 的运算，而且我们可以通过把 x 右移 s 位来实现除法。于是式(6-8)左边需要的计算开销明显比右边少，这也是该方程式的魅力所在。对于所需要的两种运算，我们可以调用函数 `mod2_l()`(参见 4.3 节)和 `shift_l()`(参见 7.1 节)。

这种进行模 n 约简的原理叫作 Montgomery 约简。为了获得比我们之前的方案更快速的模幂运算，我们下面将开始研究 Montgomery 约简。由于程序要求 n 和 r 互素，所以我们必须使用奇数 n。首先我们必须处理几个注意事项。

我们可以利用一些简单的检测来阐明之前同余式的正确性。我们用表达式 $tn' \bmod r$ 代替式(6-8)左边的 m，得到式(6-9)，然后用 $tn'-r\lfloor tn'/r \rfloor \in \mathbb{Z}$ 代替 $tn' \bmod r$ 得到式(6-10)。接着在式(6-10)中，对于一个确定的 $r' \in \mathbb{Z}$，用 $(r'r-1)/n$ 表示 n' 得到式(6-11)。最后通过模 n 约简，我们得到式(6-12)：

$$\frac{t+mn}{r} \equiv \frac{t+n(tn' \bmod r)}{r} \tag{6-9}$$

$$\equiv \frac{t+ntn'}{r} - n\left\lfloor \frac{tn'}{r} \right\rfloor \tag{6-10}$$

$$\equiv \frac{t+t(rr'-1)}{r} \tag{6-11}$$

$$\equiv tr^{-1} \bmod n \tag{6-12}$$

总结式(6-8)，我们记录如下：令 n、t、$r \in \mathbb{Z}$，且满足 $\gcd(n, r)=1$，$n' := -n^{-1} \bmod r$。对于

$$f(t) := t + (tn' \bmod r)n \tag{6-13}$$

我们有

$$f(t) \equiv t \bmod n \tag{6-14}$$

$$f(t) \equiv 0 \bmod r \tag{6-15}$$

我们稍后再回到这个结果。

为了应用 Montgomery 约简，我们将模 n 的计算转移到一个完全剩余系(参见第 5 章)

$$R := R(r,n) := \{ir \bmod n \mid 0 \leqslant i < n\}$$

其中 r 是一个合适的值，$r := 2^s > 0$ 且 $2^{s-1} \leqslant n < 2^s$。接着，我们定义两个 R 中的数字 a 和 b 的 Montgomery 乘积“$\times$”：

$$a \times b := abr^{-1} \bmod n$$

r^{-1}代表 r 模 n 的乘法逆元素。我们有

$$a \times b \equiv (ir)(jr)r^{-1} \equiv (ij)r \bmod n \in R$$

因此对 R 的成员进行$\times$的结果依旧在 R 中。Montgomery 乘积用 Montgomery 约简得到，这里依旧有 $n' := -n^{-1} \bmod r$。从 n'我们可以推导出表达式 $1 = \gcd(n, r) = r'r - n'n$，在 10.2 节之前，我们利用扩展的欧几里得算法预先计算这个式子。从这个 1 的表达式我们可以立即得到

$$1 \equiv r'r \bmod n$$

以及

$$1 \equiv - n'n \bmod r$$

所以 $r' \equiv r^{-1} \bmod n$ 是 r 模 n 的乘法逆元素，$n' \equiv n^{-1} \bmod r$ 是 n 模 r 的乘法逆元素(参见 10.2 节，我们在这里稍微提前使用)。Montgomery 乘积依照下面的算法进行。

在 $R(r, n)$ 中计算 Montgomery 乘积 $a \times b$

1) 令 $t \leftarrow ab$。
2) 令 $m \leftarrow tn' \bmod r$。
3) 令 $u \leftarrow (t + mn)/r$(如上所述，商是整数)。
4) 如果 $u \geqslant n$，输出 $u - n$；否则，输出 u。基于上面所选的参数，我们有 a，$b < n$ 以及 m，$n < r$ 和 $u < 2n$。参见式(6-21)。

Montgomery 乘积需要 3 次长整型的乘法，一次在步骤 1，两次在步骤 2 和 3 实现约简。我们举个小数值的例子来具体阐明：设 $a = 386$，$b = 257$，$n = 533$。此外，令 $r = 2^{10}$。于是 $n' \equiv n^{-1} \bmod r = 707$，$m = 6$，$t + mn = 102400$，$u = 100$。

要进行模奇数 n 的乘法 $ab \bmod n$，我们首先转化 $a' \leftarrow ar \bmod n$，$b' \leftarrow br \bmod n$ 到 R 中，接着构造 Montgomery 乘积 $p' \leftarrow a' \times b' = a'b'r^{-1} \bmod n$，然后由 $p \leftarrow p' \times 1 = p'r^{-1} = ab \bmod n$ 得到想要的结果。不过，我们可以在一开始就令 $p \leftarrow a' \times b$，从而避免了 b 的转化以及最后一步的逆转换。最终我们得到如下算法。

用 Montgomery 乘积计算 $p = ab \bmod n$(n 为奇数)

1) 确定 $r := 2^s$，满足 $2^{s-1} \leqslant n < 2^s$。用扩展的欧几里得算法计算 $1 = r'r - n'n$。
2) 令 $a' \leftarrow ar \bmod n$。
3) 令 $p \leftarrow a' \times b$，并输出 p。

我们再举个小数值的例子进行说明：设 $a=123$，$b=456$，$r=2^{10}$。接着计算 $n'=-n^{-1} \bmod r=963$，$a'=501$，于是 $p=a'\times b=69=ab \bmod n$。

由于步骤 1 和 2 中对 r'和 n'的预计算十分耗时，且这个版本的 Montgomery 约简在它的资产负债表上依旧包括两次长数值的乘法，所以与常规模乘相比，该算法确实有更多的计算开销。因此使用 Montgomery 约简进行单次乘积是不划算的。

不过，当要进行多次模乘且模数为常数时，费时的预计算就只需进行一次，结果则令人满意得多。尤其适合于使用 Montgomery 乘积的是模幂运算，对此我们需要适当地修改 M 进制算法。为此，我们再次使 $e=(e_{m-1}e_{m-2}\cdots e_0)_B$ 和 $n=(n_{l-1}n_{l-2}\cdots e_0)_B$ 分别为指数 e 和模数 n 以 $B=2^k$ 为基数的表达式。下面的算法使用 Montgomery 乘法在 $\mathbb{Z}_n$ 中计算幂 $a^e \bmod n$，其中 n 为奇数。取幂中出现的平方变成 Montgomery 乘积 $a\times a$，计算它时我们可以利用平方运算的优势。

使用 Montgomery 乘积的模 n(n 为奇数)幂运算

1）令 $r\leftarrow B^l=2^{kl}$。利用欧几里得算法，计算 $1=rr'-nn'$。

2）令 $\overline{a}\leftarrow ar \bmod n$。在 $R(r,n)$中使用 Montgomery 乘积×计算并存储幂$\overline{a}^3$，$\overline{a}^5$，…，$\overline{a}^{2^k-1}$。

3）如果 $e_{m-1}\neq 0$，因子 $e_{m-1}=2^tu$(u 为奇数)，令 $\overline{p}\leftarrow(\overline{a}^u)^{2^t}$。

如果 $e_{m-1}=0$，令 $\overline{p}\leftarrow r \bmod n$。

每种情况都令 $i\leftarrow m-2$。

4）如果 $e_i=0$，令 $\overline{p}\leftarrow\overline{p}^{2^k}=(\cdots((\overline{p}^2)^2)^2\cdots)^2$($k$ 重平方$\overline{p}^2=\overline{p}\times\overline{p}$)。

如果 $e_i\neq 0$，因子 $e_i=2^tu$(u 为奇数)，令 $\overline{p}\leftarrow(\overline{p}^{2^{k-t}}\times\overline{a}^u)^{2^t}$。

5）如果 $i\geqslant 0$，令 $i\leftarrow i-1$，转到步骤 4。

6）输出 Montgomery 乘积 $\overline{p}\times 1$。

算法进一步改进的可能性更多地在于实现 Montgomery 乘积本身，而不在于取幂算法，如 S. R. Dussé 和 B. S. Kaliski 在[DuKa]中所论证的：在上页计算 Montgomery 乘积的步骤 2 中，我们可以避免在模 r 约简时进行 $m\leftarrow tn' \bmod r$ 的赋值。此外，在执行 Montgomery 约简时我们可以用计算 $n_0':=n' \bmod B$ 代替 n'。我们还可以建立数字 $m_i\leftarrow t_in_0'$ 模 B，将它与 n 相乘，用因子 B^i 进行缩放，再加上 t。为了计算 $ab \bmod n(a, b<n)$，模数 n 有上述的表达式 $n=(n_{l-1}n_{l-2}\cdots n_0)_B$，且令 $r:=B^l$，$rr'-nn'=1$，$n_0':=n' \bmod B$。

Dussé 和 Kaliski 对 Montgomery 乘积 $a\times b$ 的计算

1）令 $t\leftarrow ab$，$n_0'\leftarrow n' \bmod B$，$i\leftarrow 0$。

2）令 $m_i\leftarrow t_in_0' \bmod B$($m_i$ 是单位数整数)。

3）令 $t\leftarrow t+m_inB^i$。

4）令 $i\leftarrow i+1$，如果 $i\leqslant l-1$，转到步骤 2。

5）令 $t\leftarrow t/r$。

6）如果 $t\geqslant n$，输出 $t-n$；否则，输出 t。

Dussé 和 Kaliski 指出，他们巧妙简化的基础，是在 Montgomery 约简中令 t 为 r 的倍数，但是他们没有给出证明。在我们使用这个程序之前，我们希望弄清楚为什么它可以计算 $a\times b$。下面的论述是基于 Christoph Burnikel 在[Zieg]中的证明：

在步骤2和3中，算法利用递归方法

$$t^0 = ab \tag{6-16}$$

$$t^{(i+1)} = f\left(\frac{t^{(i)}}{B^i}\right)B^i \quad i = 0,\cdots,l-1 \tag{6-17}$$

计算了序列 $(t^{(i)})_{i=0,\cdots,l}$，其中

$$f(t) = t + ((t \bmod B)(-n^{-1} \bmod B) \bmod B)n$$

是我们已经熟悉的由 Montgomery 方程(见式(6-13))推导出的函数，且在 $f(t)$ 中令 $r \leftarrow B$。序列 $t^{(i)}$ 的元素有以下特性

$$t^{(i)} \equiv 0 \bmod B^i \tag{6-18}$$

$$t^{(i)} \equiv ab \bmod n \tag{6-19}$$

$$\frac{t^{(l)}}{r} \equiv abr^{-1} \bmod n \tag{6-20}$$

$$\frac{t^{(l)}}{r} < 2n \tag{6-21}$$

式(6-18)和式(6-19)是从式(6-14)、式(6-15)、式(6-14)和式(6-17)派生推导出的，而从式(6-18)我们可以得到 $B^l|t^{(l)} \Leftrightarrow r|t^{(l)}$。根据 $t^{(l)} \equiv ab \bmod n$，得到式(6-20)，最后我们基于

$$t^{(l)} = t^{(0)} + n\sum_{i=0}^{l-1} m_i B^i < 2nB^l$$

得到式(6-21)(注意，这里 $t^{(0)} = ab < n^2 < nB^l$)。

该约简的开销本质上是由与模数大小同数量级的数的乘法决定的。这个对 Montgomery 乘积的转换可以用代码优美地实现，且它构成了乘法程序 `mul_l()` 的核心。

功能：Montgomery 乘积

语法：`void mulmon_l (CLINT a_l, CLINT b_l, CLINT n_l, USHORT nprime, USHORT logB_r, CLINT p_l);`

输入：a_l、b_l(因子 a 和 b)

n_l(模数 $n>a$，b)

nprime(n' mod B)

logB_r(r 是以 $B=2^{16}$ 为底的对数；必须保证 $B^{\text{logB\_r}-1} \leqslant n < B^{\text{logB\_r}}$)

输出：p_l(Montgomery 乘积 $a\times b = a\cdot b\cdot r^{-1} \bmod n$)

```
void
mulmon_l (CLINT a_l, CLINT b_l, CLINT n_l, USHORT nprime,
         USHORT logB_r, CLINT p_l)
{
 CLINTD t_l;
 clint *tptr_l, *nptr_l, *tiptr_l, *lasttnptr, *lastnptr;
 ULONG carry;
 USHORT mi;
 int i;

 mult (a_l, b_l, t_l);
```

```
lasttnptr = t_l + DIGITS_L (n_l);
lastnptr = MSDPTR_L (n_l);
```

早期对 mult()的运用使得 a_l 与 b_l 能够无溢出地相乘(参见第 5 章)。对于 Montgomery 平方，我们简单地嵌入 sqr()。t_l 有充足的空间来存储结果。之后给t_l添加前导零，以便在 t_l 小于 n_l 的位数时，使它两倍于 n_l 的位数。

```
for (i = DIGITS_L (t_l) + 1; i <= (DIGITS_L (n_l) << 1); i++)
 {
  t_l[i] = 0;
 }
SETDIGITS_L (t_l, MAX (DIGITS_L (t_l), DIGITS_L (n_l) << 1));
```

通过下面的两次循环，局部乘积 $m_i n B^i$(其中 $m_i := t_i n'_0$)就一个接一个地计算出来并加到 t_l 上。而且，这里的代码基本上就是我们乘法函数的代码。

```
for (tptr_l = LSDPTR_L (t_l); tptr_l <= lasttnptr; tptr_l++)
 {
  carry = 0;
  mi = (USHORT)((ULONG)nprime * (ULONG)*tptr_l);
  for (nptr_l = LSDPTR_L (n_l), tiptr_l = tptr_l;
    nptr_l <= lastnptr; nptr_l++, tiptr_l++)
   {
    *tiptr_l = (USHORT)(carry = (ULONG)mi * (ULONG)*nptr_l +
      (ULONG)*tiptr_l + (ULONG)(USHORT)(carry >> BITPERDGT));
   }
```

在下面的内部循环中，一个潜在的溢出被转移到 t_l 的最高有效位，为此 t_l 添加了一个额外的二进制位以防万一。这一步是必需的，因为 t_l 在主循环的起始被赋予了一个值，而不是像 p_l 那样通过乘以 0 来进行初始化。

```
  for ( ;
    ((carry >> BITPERDGT) > 0) && tiptr_l <= MSDPTR_L (t_l);
    tiptr_l++)
   {
    *tiptr_l = (USHORT)(carry = (ULONG)*tiptr_l +
                  (ULONG)(USHORT)(carry >> BITPERDGT));
   }
  if (((carry >> BITPERDGT) > 0))
   {
    *tiptr_l = (USHORT)(carry >> BITPERDGT);
    INCDIGITS_L (t_l);
   }
 }
```

接着是除以 B^l 的运算，我们把 t_l 右移 logB_r 位，或者忽略 t_l 的 logB_r 位最低有效位。然后，如果需要，在 t_l 作为结果放入 p_l 被返回之前，我们将 t_l 减去模数n_l。

```
tptr_l = t_l + (logB_r);
SETDIGIT_L (tptr_l, DIGITS_L (t_l) - (logB_r));
if (GE_L (tptr_l, n_l))
 {
  sub_l (tptr_l, n_l, p_l);
 }
```

```
    else
     {
      cpy_l (p_l, tptr_l);
     }
  }
```

与这个函数相比，Montgomery 平方 sqrmon_l()只有少许不同：函数调用中没有参数 b_l，我们使用平方函数 sqr(a_l, t_l)替代了用 mult(a_l, b_l, t_l)计算乘法，它同样也忽略了一个可能的溢出。然而，在使用 Montgomery 方法计算模平方时，我们必须注意在计算 $p'\leftarrow a'\times a'$之后，必须进行反向转换 $p\leftarrow p'\times 1=p'r^{-1}=a^2 \bmod n$。

功能：	Montgomery 平方
语法：	void sqrmon_l (CLINT a_l, CLINT n_l, USHORT nprime, USHORT logB_r, CLINT p_l);
输入：	a_l(因子 a)，n_l(模数 $n>a$) nprime($n' \bmod B$) logB_r(r 以 $B=2^{16}$ 为底的对数；必须保证 $B^{\text{logB\_r}-1}\leqslant n<B^{\text{logB\_r}}$)
输出：	p_l(Montgomery 平方 $a^2r^{-1} \bmod n$)

Dussé 和 Kaliski 在他们的文章中也提出了下面的扩展欧几里得算法的变体，在计算 $n_0'=n' \bmod B$ 时，使用该算法可以减小预计算的开销。我们将在 10.2 节中详细介绍它。对 $s>0$，该算法计算$-n^{-1} \bmod 2^s$，为此需要长整数算术。

对 $s>0$ 和奇数 n，计算逆$-n^{-1}$ mod 2^s 的算法

1) 令 $x\leftarrow 2$，$y\leftarrow 1$，$i\leftarrow 2$。
2) 如果 $x<ny \bmod x$，则令 $y\leftarrow y+x$。
3) 令 $x\leftarrow 2x$，$i\leftarrow i+1$；如果 $i\leqslant s$，跳转到步骤 2。
4) 输出 $x-y$。

用完全归纳法我们可以发现，在算法的步骤 2 中，$yn\equiv 1 \bmod x$ 总是成立，于是有 $y\equiv n^{-1} \bmod x$。当 x 在步骤 3 中增长到 2^s 时，如果选择 s 的值使得 $2^s=B$，则可以利用 $2^s-y\equiv -n^{-1} \bmod 2^s$ 得到期望的结果。在 FLINT/C 源代码中，在 invmon()下可以找到该算法的短函数。函数只有一个参数(模数 n)，并输出值$-n^{-1} \bmod B$。

这些考虑都涵盖在函数 mexp5m_l()和 mexpkm_l()的创建中，我们在这里只给出它们的接口和一个计算示例。

功能：	模数为奇数的模幂(使用 Montgomery 乘积的 2^5 进制或 2^k 进制方法)
语法：	int mexp5m_l (CLINT bas_l, CLINT exp_l, CLINT p_l, CLINT m_l); int mexpkm_l (CLINT bas_l, CLINT exp_l, CLINT p_l, CLINT m_l);
输入：	bas_l(底数) exp_l(指数) m_l(模数)

> **输出**：p_l(幂剩余)
> **返回**：E_CLINT_OK，如果成功
> E_CLINT_DBZ，如果除数为0
> E_CLINT_MAL，如果出现malloc()错误
> E_CLINT_MOD，如果模数为偶数

这两个函数利用了程序invmon_l()、mulmon_l()和sqrmon_l()来计算Montgomery乘积。它们基于函数mexp5_l()和mexpk_l()，按照上述取幂算法进行修改实现的。

我们使用与M进制取幂相同数值的示例在mexplm_l()中重建Montgomery取幂的过程。在下面的步骤中我们将计算幂$1234^{667} \bmod 18577$：

1. 预计算

将指数$e=667$用基数$2^k(k=2)$表示(参见第6章Montgomery取幂算法)，从而指数e的表达式为

$$e = (1010011011)_{2^2}$$

Montgomery约简中的值r定为$r=2^{16}=B=65\,536$。

现在计算n_0'的值$n_0'=34\,703$。

将基数a转化到剩余系$R(r, n)$中，方法如下

$$\bar{a} = ar \bmod n = 1234 \cdot 65\,536 \bmod 18\,577 = 5743$$

$R(r, n)$中幂$\bar{a}^3$的值为$\bar{a}^3=9227$。因为指数较小，所以不需要预计算更多的$\bar{a}$的幂。

2. 取幂循环

指数 $e_i=2^t u$	$2^1 \cdot 1$	$2^1 \cdot 1$	$2^0 \cdot 1$	$2^1 \cdot 1$	$2^0 \cdot 3$
$\bar{p} \leftarrow \bar{p}^2$	—	16 994	3682	14 511	11 066
$\bar{p} \leftarrow \bar{p}^{2^2}$	—	—	6646	—	12 834
$\bar{p} \leftarrow \bar{p} \times \bar{a}^u$	5743	15 740	8707	16 923	1583
$\bar{p} \leftarrow \bar{p}^2$	9025	11 105	—	1628	—

3. 结果

标准化后，幂p的值为：

$$p = \bar{p} \times 1 = \bar{p}r^{-1} \bmod n = 1588r^{-1} \bmod n = 4445$$

如果你对重构函数mexp5m_l()和mexpkm_l()的代码细节以及与函数mexpkm_l()相关的示例的计算步骤感兴趣，可以参看FLINT/C源代码。

在本章的开头，我们构造了函数wmexp_l()，它的优势在于当底数较小时，只需要进行CLINT* USHORT mod CLINT类型的乘法$p \leftarrow pa \bmod m$。为了在这个函数中利用Montgomery约简，我们与在mexpkm_l()中那样，也通过使用快速求逆函数invmon_l()将模平方运算调整为Montgomery平方，尽管我们没有改变乘法运算。我们能够这样调整，因为在Montgomery平方和传统模n乘法的计算步骤中有，

$$(a^2 r^{-1})b \equiv (a^2 b)r^{-1} \bmod n$$

我们没有放弃上面引入的剩余系$R(r, n)=\{ir \bmod n \mid 0 \leqslant i < n\}$。这个过程使我们得到适用于USHORT类型指数和奇数模数的函数wmexpm_l()及其对偶函数umexpm_l()，它们与两个传统函数wmexp_l()和umexp_l()相比有明显的速度优势。对于这两个函数，这里我们也只给出接口和一个数值示例，读者可以在FLINT/C源代码中查看细节。

功能：	使用 Montgomery 算法的模幂(分别对应 USHORT 类型的底数和 USHORT 类型的指数，模数为奇数)
语法：	int wmexpm_l (USHORT bas, CLINT e_l, CLINT p_l, CLINT m_l); int umexpm_l (CLINT bas_l, USHORT e, CLINT p_l, CLINT m_l);
输入：	bas、bas_l(底数) e、e_l(指数) m_l(模数)
输出：	p_l(bas^{e_l} mod m_l 或 bas_l^{e} mod m_l 的剩余)
返回：	E_CLINT_OK，如果成功 E_CLINT_DBZ，如果出现除以 0 E_CLINT_MOD，如果模数为偶数

函数 wmexpm_l()是为 10.5 节中的素性测试专门设计的，可以直接调用我们现在编写的函数。我们仍用前面使用的例子1234^{667} mod 18 577 来说明该函数。

1. **预计算**

指数的二进制表达式为 $e=(1010011011)_2$。

Montgomery 约简中的 r 值为 $r=2^{16}=B=65\,536$。

n_0' 的值在前面已经计算过，为 $n_0'=34\,703$。

$\overline{p}$ 的初始值设为 $\overline{p}\leftarrow pr$ mod 18 577。

2. **取幂循环**

指数位	1	0	1	0	0	1	1	0	1	1
在 $R(r, n)$ 中 $\overline{p}\leftarrow\overline{p}\times\overline{p}$	9805	9025	16 994	11 105	3682	6646	14 511	1628	11 066	9350
$\overline{p}\leftarrow\overline{p}a$ mod n	5743	—	15 740	—	—	8707	16 923	—	1349	1583

3. **结果**

标准化后，幂 p 的值为：

$$p=\overline{p}\times 1=\overline{p}r^{-1} \bmod n=1588r^{-1} \bmod n=4445$$

在[Boss]中，对 Montgomery 约简及各种优化版本的时间特性进行了详细的分析。在那本书中我们可以做到比使用 Montgomery 乘法的模幂运算节省 10%～20%的时间。附录 D 对 FLINT/C 函数的一般计算时长做了概述，而我们的实现完全证实了这个声明。可以确定的是，利用 Montgomery 约简的取幂函数只能用于求奇数的模。但是，对许多应用来说，如加密解密以及计算 RSA 数字签名(参见第 17 章)，函数 mexp5m_l()和 mexpkm_l()确实是个不错的选择。

我们总共已经掌握了数种有用的模幂函数，作为总结，我们在表 6-5 中列出了这些函数以及它们的性能说明和应用领域。

表 6-5　FLINT/C 中的取幂函数

函数	应用领域
mexp5_l()	常规 2^5 进制取幂，不需要分配内存，较高栈需求
mexpk_l()	CLINT 类型数字的最优 k 值常规 2^k 进制取幂，需要分配内存，较低栈需求
mexp5m_l()	模数为奇时的 2^5 进制 Montgomery 取幂，不需要分配内存，较高栈需求

（续）

函数	应用领域
mexpkm_l()	CLINT类型数字(最大4096二进制位)的最优k值2^k进制Montgomery取幂，模数为奇，需要分配内存，较低栈需求
umexp_l()	混合二进制取幂，底数为CLINT类型，指数位USHORT类型，较低栈需求
umexpm_l()	利用Montgomery算法的混合二进制取幂，底数为CLINT类型，指数位USHORT类型，模数为奇数，较低栈需求
wmexp_l()	混合二进制取幂，底数为USHORT类型，指数为CLINT类型，较低栈需求
wmexpm_l()	使用Montgomery平方的混合二进制取幂，底数为USHORT类型，指数位CLINT类型，模数为奇数，较低栈需求
mexp2_l()	指数为2的幂的混合取幂函数，较低栈需求

6.5 取幂运算的密码学应用

在这一章中我们致力于对幂的计算，现在也是时候了解模幂在密码学应用中能够起到何种作用。能想到的第一个例子自然是，RSA程序，它需要模幂运算来进行加密解密——假设有合适的密钥。然而，希望读者有一点(或者一些)耐心，因为对于RSA程序我们需要了解更多的东西，我们将在下一章中讲解。而在第17章中我们还会回到这个问题。

对那些不能再等待的读者，我们提供两个重要的算法作为取幂运算应用的例子，即Martin E. Hellman和Whitfield Diffie[Diff]在1976年提出的密钥交换程序，以及作为Diffie-Hellman算法一个扩展的Taher ElGamal加密程序。

Diffie-Hellman算法标志着密码学的一次突破，即它是第一个公钥(或非对称)密码系统(参见第17章)。该算法发表两年后，Rivest、Shamir和Adleman公布了RSA算法(参见[Rive])。今天我们在因特网通信和安全协议IPSec、IPv6和SSL中使用Diffie-Hellman算法的变体进行密钥分配，设计这些协议是为了在IP协议层数据包传递以及应用层(如电子商务领域)数据传输中保证安全。所以密钥分配理念的实际意义是极其重要的[⊖]。

在Diffie-Hellman协议的帮助下，两个通信者A小姐和B先生能够以一种简单的方式协商密钥，之后用该密钥加密双方的通信内容。A和B约定好一个大素数p和模p的原根a(我们会在后面解释)，Diffie-Hellman协议如下运行。

Diffie-Hellman 密钥交换协议

1) A选择一个任意值$x_A \leqslant p-1$，并把$y_A := a^{x_A} \bmod p$作为她的公钥发送给B。
2) B选择一个任意值$x_B \leqslant p-1$，并把$y_B := a^{x_B} \bmod p$作为他的公钥发送给A。
3) A计算密钥$s_A := {y_B}^{x_A} \bmod p$。
4) B计算密钥$s_B := {y_A}^{x_B} \bmod p$。

由于

$$s_A \equiv {y_B}^{x_A} \bmod p \equiv a^{x_B x_A} \equiv {y_A}^{x_B} \equiv s_B \bmod p$$

⊖ IP安全(IPSec)，由因特网工程任务组(IETF)开发，作为一个扩展安全协议，它是未来因特网协议IPv6的一部分。它的设计使得它也可以在当前的因特网协议(IPv4)框架下使用。安全套接层(SSL)是由Netscape(网景)公司开发的一个安全协议，它位于TCP协议之上，为如HTTP、FTP和SMTP(这些应用参见[Stal]第13、14章)等应用提供端到端安全。

所以步骤4之后，A和B就协商得出了一个共同的密钥。值p和a不需要保密，步骤1和2中交换的y_A和y_B也一样。协议的安全性是基于在有限域中计算离散对数的困难性，破坏系统的难度等价于在$\mathbb{Z}_p$中从y_A或y_B计算出x_A或x_B ㊀。在一个有限循环群中从a^x和a^y计算a^{xy}(即Diffie-Hellman问题)与计算离散对数同样困难，因此认为它们是等价的，不过这一点只是猜想并未得到证明。

在这些条件下，为了保证程序的安全性，模数p必须足够大(至少1024位、2048或更多位更好，见表17-1)，且必须保证$p-1$含有一个与$(p-1)/2$接近的大素数因子，以便排除使用特殊方法计算离散对数的情况(这种素数的构造程序将在第17章中与强素数(如RSA算法中使用的素数)的生成一起介绍)。

这个程序的优势在于密钥可以随时根据需要生成，而不用长时间保存秘密信息。此外，使用程序时不需要其他必需的基础结构元素来商定参数a和p。然而，该协议也有一些消极特性，其中最严重的就是交换参数y_A和y_B时缺少身份验证证明。这使得程序容易受到中间人攻击，即攻击者X拦截A和B的消息，获取y_A和y_B并用他自己的公钥y_X替换后发送给A、B。

然后，A和B计算“密”钥$s'_A := {y_X}^{x_A} \bmod p$以及$s'_B := {y_X}^{x_B} \bmod p$，而X则通过${y_A}^{x_X} \equiv a^{x_A x_X} \equiv {y_X}^{x_A} \equiv s'_A \bmod p$计算$s'_A$，并用类似的方法得到$s'_B$。这样，Diffie-Hellman协议就不是在A和B之间运行，而是在X与A之间以及X与B之间运行。从X的位置就可以解密从A或B接收的消息，并用篡改的消息替换它们后再发送给A或B。最致命的是，从密码学观点来看，参与者A和B对所发生的事情一无所知。

为了能在利用其优势的同时弥补这些瑕疵，人们已经提出了数种变种和扩展以便在因特网中应用。它们都考虑了密钥信息交换身份验证的必要性。这一点可以通过一些方法来实现，比如参与者用认证机构发布给他的证书对公钥进行数字签名(参见17.3节)，且这种方法已经在SSL协议中实现了。IPSec和IPv6使用一个名为ISAKMP/Oakley ㊁的复合构建程序，这个程序克服了Diffie-Hellman协议的所有缺点(参见[Stal]第422～423页)。

使用下面的算法(参见[Knut]3.2.1.2节，定理C)可以得到模p的一个原根，也就是值a，使得它的幂$a^i \bmod p (i=0, 1, \cdots, p-2)$包含乘法群$\mathbb{Z}_p^{\times}=\{1, \cdots, p-1\}$所有的元素(参见10.2节)。我们假设$\mathbb{Z}_p^{\times}$的阶$p-1$的素数因子$p-1=P_1^{e_1}\cdots P_k^{e_k}$已知。

寻找模p的原根

1) 选择一个随机整数$a \in [0, p-1]$，令$i \leftarrow 1$
2) 计算$t \leftarrow a^{(p-1)/p_i} \bmod p$
3) 如果$t=1$，转到步骤1；否则，令$i \leftarrow i+1$。如果$i \leqslant k$，转到步骤2；如果$i > k$，输出a，并终止算法。

该算法用下面的函数实现。

功能：即时生成模p原根(p为大于2的素数)

语法：`int primroot_l (CLINT a_l, unsigned noofprimes, clint **primes_l);`

㊀ 计算离散对数的问题，参见[Schn]11.6节，以及[Odly]。

㊁ ISAKMP：因特网安全关联和密钥管理协议。

> **输入**：noofprimes(群阶 $p-1$ 的不同素因子的个数)
> primes_l(指向 CLINT 对象的指针数组，从 $p-1$ 开始，接着是群阶 $p-1$ 的素数因子 p_1，…，p_k，其中 k=noofprimes)
> **输出**：a_l(模 p_l 的原根)
> **返回**：E_CLINT_OK，如果成功
> −1，如果 $p-1$ 为奇数。因此 p 不是素数

```
int
primroot_l (CLINT a_l, unsigned int noofprimes, clint *primes_l[])
{
 CLINT p_l, t_l, junk_l;
 ULONG i;
 if (ISODD_L (primes_l[0]))
  {
   return -1;
  }
```

primes_l[0]存储了 $p-1$，我们可以从中得到 p_l。

```
cpy_l (p_l, primes_l[0]);
inc_l (p_l);
SETONE_L (a_l);
do
 {
  inc_l (a_l);
```

我们只将大于或等于2的自然数作为原根的候选 a 进行检测。如果 a 是平方数，那么 a 不会是原根模 p，因为那样就有 $a^{(p-1)/2}\equiv 1 \bmod p$。且 a 的阶一定要小于 $\phi(p)=p-1$，a 是平方数，a_l 就被增大了。我们使用函数 issqr_l()(参见 10.3 节)来检验 a_l 是否是平方数。

```
if (issqr_l (a_l, t_l))
 {
  inc_l (a_l);
 }
i = 1;
```

$t\leftarrow a^{(p-1)/p_i} \bmod p$ 的计算在步骤2中进行。我们使用 Montgomery 取幂算法，将所有的素因子 p_i 依次检验，如果找到一个原根，则输出到 a_l 中。

```
do
 {
  div_l (primes_l[0], primes_l[i++], t_l, junk_l);
  mexpkm_l (a_l, t_l, t_l, p_l);
 }
  while ((i <= noofprimes) && !EQONE_L (t_l));
 }
while (EQONE_L (t_l));
return E_CLINT_OK;
}
```

现在我们考虑取幂算法应用的第二个例子，Diffie-Hellman 程序的扩展——ElGamal 加密程序，它在计算离散对数的困难性方面提供安全性，因为破解该程序与解决 Diffie-Hellman 问题是等价的。良好隐和加密(PGP)是用来加密和签名电子邮件和文档举世闻名的的程序，它的发展本质上是遵循 Phil Zimmermann 的工作，使用 ElGamal 程序来进行密钥管理(参见[Stal]12.1 节)。

参与者 A 按照下面的算法选择一个公钥和相关联的私钥。

DlGamal 密钥生成

1) A 选择一个大素数 p，使得 $p-1$ 有接近$(p-1)/2$ 的大素数因子，并按照之前描述的方法选择乘法群 $\mathbb{Z}_p^{\times}$ 的一个原根 a。
2) A 选择一个随机数 x 满足 $1\leqslant x<p-1$，并利用 Montgomery 取幂算法计算 $b:=a^x \bmod p$。
3) A 使用三元组$\langle p, a, b\rangle_A$ 作为公钥，对应的私钥为$\langle p, a, x\rangle_A$。

参与者 B 可以用公钥三元组$\langle p, a, b\rangle_A$ 加密一条消息 $M\in\{1, \cdots, p-1\}$并发送给 A。过程如下。

ElGamal 加密协议

1) B 选择一个随机数 y，满足 $1\leqslant y<p-1$。
2) B 计算 $\alpha:=a^y \bmod p$ 和 $\beta:=Mb^y \bmod p=(a^x)^y \bmod p$。
3) B 发送密文 $C:=(\alpha, \beta)$给 A。
4) A 从 C 通过 $M=\beta/\alpha^x \bmod p$ 计算出明文。

由于

$$\frac{\beta}{\alpha^x}\equiv\frac{\beta}{(\alpha^x)^y}\equiv M\frac{(\alpha^x)^y}{(\alpha^x)^y}\equiv M \bmod p$$

所以程序是正确的。β/α^x 是通过乘法 $\beta\alpha^{p-1-x} \bmod p$ 计算的。

p 的长度取决于不同的应用，应为 1024 位或更长(见表 17-1)。同时加密不同的消息 M_1 和 M_2 时应该选择不同的随机值 $y_1\neq y_2$，否则，从

$$\frac{\beta_1}{\beta_2}=\frac{M_1b^y}{M_2b^y}=\frac{M_1}{M_2}$$

就可以知道 M_1 与 M_2 相同。考虑到程序的实用性，我们应该注意密文 C 的长度是明文 M 的两倍，也就意味着，这个程序的通信代价要比其他方法高。

我们前面介绍的 ElGamal 程序有一个有趣的弱点，就是攻击者可以通过少量的信息获得明文内容。我们可以观察到循环群 $\mathbb{Z}_p^{\times}$ 包含了阶为$(p-1)/2$ 的子群 $U:=\{a^x \mid x$ 为偶数$\}$(参见[Fisc]第 1 章)。现在，如果有 $b=a^x$ 或 $\alpha=a^y$ 属于 U，那么 a^{xy} 自然属于 U。在这种情况下，如果密文 β 属于 U，明文 $M=\beta a^{-xy}$ 就也属于 U。a^{xy} 和 β 都不属于 U 时，也一样有 M 属于 U。而另外两种情况，即 a^{xy} 和 β 中有一个不属于 U，则 M 也不属于 U。下面的准则给出了这一情况的信息：

1) $a^{xy}\in U\Leftrightarrow(a^x\in U$ 或 $a^y\in U)$。是否有 $\beta\in U$，则用第 2 条检验。
2) 对所有 $u\in\mathbb{Z}_p^{\times}$，$u\in U\Leftrightarrow u^{(p-1)/2}=1$。

有人可能会问，即使攻击者能够得到关于M的这样的信息，又能怎样呢。但是从密码学的角度，这是一个让人难以接受的情况，因为攻击者并不需要努力就把搜索的消息空间缩小了一半。不过，在实践中，这一点是否可接受自然取决于应用场景。当然，我们也可以把它当作选择较长密钥的一个正当理由。

此外，我们可以针对这个弱点采取一些措施，且如大家所希望的那样，不引入新的未知弱点。算法的步骤2中，乘法$Mb^y \bmod p$可以用加密运算$V(H(a^{xy}), M)$代替，其中V是一个合适的对称加密算法(如三重DES、IDEA或新高级加密标准Rijndael，参见第11章)，H是一个散列函数，它把a^{xy}压缩使其可以当作V的密钥。

我们对模幂运算的应用举例到此为止。在数论中，进而在密码学中，模幂是一个标准运算，我们在后面会反复地使用它，尤其是在第10章和第17章中。此外，读者可以参阅[Schr]和百科全书式的著作[Schn]与[MOV]中的描述和大量的应用。

位运算与逻辑函数

在每个香蕉蛋代上撒一点。

——*Tom Lehrer*,《*In My Home Town*》

"反之,"福山润楼着说,"如果以前是,那么今后也可能是;假设它是,那么它就会是;但如果它不是,它就不是。这就是逻辑。"

——*Lewis Carroll*,《*Through the Looking-Glass*》

本章将展示对 CLINT 对象进行位运算的函数,以及判定 CLINT 对象相等性和大小的函数,这些函数我们已经使用过很多次了。

移位运算作为位函数中的一员,能够对二进制表示形式的 CLINT 参数进行按位移动。当然,位函数还包括其他函数,这些函数以两个 CLINT 对象作为参数,能对其二进制形式进行直接操控。这些运算都可以应用在算术中,下面描述的移位运算能使大家对应用方法一目了然,尽管在 4.3 节中,我们已经看到按位与运算如何用于模 2 的幂的约简运算。

7.1 移位运算

需求产生一切转换。

——*Rabelais*

计算一个表示形式为 $a=(a_{n-1}a_{n-2}\cdots a_0)_B$ 的 B 进制数 a 乘以 B^e 的最简单方式是"将 a 左移 e 位"。上述理论很好地适用于二进制表示形式,正如适用于我们熟知的十进制乘法那样。

$$aB^e=(\hat{a}_{n+e-1}\ \hat{a}_{n+e-2}\ \hat{a}_e\ \hat{a}_{e-1}\cdots\ \hat{a}_0)_B$$

其中,

$$\hat{a}_{n+e-1}=a_{n-1},\hat{a}_{n+e-2}=a_{n-2},\cdots,\hat{a}_e=a_0,\hat{a}_{e-1}=0,\cdots,\hat{a}_0=0$$

若 $B=2$,则上述等式对应一个数的二进制形式与 2^e 相乘的情况;若 $B=10$,则对应与 10 的幂相乘的情况。

类似地,对一个数做整数除法,除以 B 的幂,可转换为这个数的每一位都右移:

$$\left\lfloor\frac{a}{B^e}\right\rfloor=(\hat{a}_{n-1}\cdots\ \hat{a}_{n-e}\ \hat{a}_{n-e-1}\ \hat{a}_{n-e-2}\cdots\ \hat{a}_0)_B$$

其中,

$$\hat{a}_{n-1}=\cdots=\hat{a}_{n-e}=0,\hat{a}_{n-e-1}=a_{n-1},\hat{a}_{n-e-2}=a_{n-2},\cdots,\hat{a}_0=a_e$$

若 $B=2$,上述等式对应于一个数的二进制形式与 2^e 相除的情况,当然,对于其他基数也同样适用。

因为 CLINT 对象的每一位在内存中均是以二进制形式存在的,所以 CLINT 对象能简单地通过左移来实现乘以 2 的幂的运算。在整个过程中,右边的数字移到相应的位置上,而这些位置上原本的数字已经左移了,最后右边空余的二进制位则由 0 来填充。

类似地,如果 CLINT 对象除以 2 的幂,可以采取右移每一位直至形成新的最低有效位的方式。右移之后剩余的空位要么由 0 填充要么作为前导零被忽略，此外，每右移一位最低有效位就会丢失一次。

上述方法的优势很明显，它使 CLINT 对象与 2 的幂的乘法和除法变得简单，整个过程只需进行最多 $e\lceil \log_B a \rceil$次移位操作，每次操作将一个 USHORT 值移动一个二进制位。此外，只需进行$\lceil \log_B a \rceil$次 USHORT 值的存储操作。

接下来，我们将介绍 3 个函数。函数 shl_l()为 CLINT 类型的数提供了一种快捷的与 2 相乘的方法，而函数 shr_l()则用于除以 2 并返回整数商的情况。

最后，函数 shift_l()能对 CLINT 类型的数 a 进行乘以或者除以 2 的幂 2^e 的操作。至于选择哪一个操作则是由参数 2^e 的指数 e 的符号来决定。如果符号为正，则选择乘法，如果为负，则选择除法。假设 e 的表示形式为 $e=Bk+l$，$l<B$，那么 shift_l()函数将进行$(l+1)\lceil \log_B a \rceil$次针对 USHORT 值的移位操作来实现乘法或除法。

这 3 个函数以$(N_{\max}+1)$为模对 CLINT 对象进行运算。当它们应用于累加函数时，能用运算结果对 CLINT 操作数进行重写。接着我们测试这些函数分别出现上溢和下溢的情形。然而，下溢并不会真正出现在移位运算中，因为当需要移动的位数超过总的位数时会简单地将 0 作为结果，就像现实中一样。而下溢状态值 E_CLINT_UFL 仅仅表明没有足够多的位数可以移动，换句话说，除数即 2 的幂，比被除数要大，因此商为 0。这 3 个函数的实现方式如下所示。

功能：*左移(乘以 2)*
语法：intshl_l (CLINT a_l);
输入：a_l(*被乘数*)
输出：a_l(*乘积*)
返回：E_CLINT_OK，*如果成功*
　　　　E_CLINT_OF，*如果上溢*

```
int
shl_l (CLINT a_l)
{
 clint *ap_l, *msdptra_l;
 ULONG carry = 0L;
 int error = E_CLINT_OK;

 RMLDZRS_L (a_l);
 if (ld_l (a_l) >= (USHORT)CLINTMAXBIT)
  {
   SETDIGITS_L (a_l, CLINTMAXDIGIT);
   error = E_CLINT_OFL;
  }
 msdptra_l = MSDPTR_L (a_l);
 for (ap_l = LSDPTR_L (a_l); ap_l <= msdptra_l; ap_l++)
  {
   *ap_l = (USHORT)(carry = ((ULONG)*ap_l << 1) | (carry >> BITPERDGT));
  }
 if (carry >> BITPERDGT)
  {
   if (DIGITS_L (a_l) < CLINTMAXDIGIT)
```

```
{
 *ap_l = 1;
 SETDIGITS_L (a_l, DIGITS_L (a_l) + 1);
 error = E_CLINT_OK;
}
   else
    {
     error = E_CLINT_OFL;
    }
  }
 RMLDZRS_L (a_l);
 return error;
}
```

功能：右移（整除 2）
语法：intshr_l(CLINT a_l);
输入：a_l（被除数）
输出：a_l（商）
返回：E_CLINT_OK，如果成功
　　　E_CLINT_UFL，如果下溢

```
int
shr_l (CLINT a_l)
{
 clint *ap_l;
 USHORT help, carry = 0;

 if (EQZ_L (a_l))
  return E_CLINT_UFL;

 for (ap_l = MSDPTR_L (a_l); ap_l > a_l; ap_l--)
  {
   help = (USHORT)((USHORT)(*ap_l >> 1) | (USHORT)(carry <<
                                          (BITPERDGT - 1)));
   carry = (USHORT)(*ap_l & 1U);
   *ap_l = help;
  }
 RMLDZRS_L (a_l);
 return E_CLINT_OK;
}
```

功能：左/右移（乘以/除以 2 的幂）
语法：intshr_l (CLINT n_l, long intnoofbits);
输入：n_l（操作数）
　　　noofbits（2 的幂的指数）
输出：n_l（乘积或商，取决于 noofbits 的符号）
返回：E_CLINT_OK，如果成功
　　　E_CLINT_UFL，如果下溢
　　　E_CLINT_OFL，如果上溢

```
int
shift_l (CLINT n_l, long int noofbits)
{
 USHORT shorts = (USHORT)((ULONG)(noofbits < 0 ? -noofbits : noofbits) / BITPERDGT);
 USHORT bits = (USHORT)((ULONG)(noofbits < 0 ? -noofbits : noofbits) % BITPERDGT);
 long int resl;
 USHORT i;
 int error = E_CLINT_OK;

 clint *nptr_l;
 clint *msdptrn_l;

 RMLDZRS_L (n_l);
 resl = (int) ld_l (n_l) + noofbits;
```

如果 n_l ==0，我们仅仅需要正确设置错误代码，然后就结束。当 noofbits==0 时也同样适用。

```
if (*n_l == 0)
 {
  return ((resl < 0) ? E_CLINT_UFL : E_CLINT_OK);
 }

if (noofbits == 0)
 {
  return E_CLINT_OK;
 }
```

接下来检查是否有上溢或者下溢的情况需要告知。然后再根据 noofbits 的符号进入不同的分支进行左移或者右移操作。

```
if ((resl < 0) || (resl > (long) CLINTMAXBIT))
  {
   error = ((resl < 0) ? E_CLINT_UFL : E_CLINT_OFL); /*underflow or overflow*/
  }

 msdptrn_l = MSDPTR_L (n_l);

 if (noofbits < 0)
  {
```

如果 noofbits<0，那么 n_l 将除以 $2^{noofbits}$。n_l 所移位数的上限是 DIGITS_L(n_l)。首先移动所有的数字，然后剩下的位使用 shr_l()进行移位。

```
  shorts = MIN (DIGITS_L (n_l), shorts);
  msdptrn_l = MSDPTR_L (n_l) - shorts;
  for (nptr_l = LSDPTR_L (n_l); nptr_l <= msdptrn_l; nptr_l++)
   {
    *nptr_l = *(nptr_l + shorts);
   }
  SETDIGITS_L (n_l, DIGITS_L (n_l) - (USHORT)shorts);
  for (i = 0; i < bits; i++)
   {
    shr_l (n_l);
   }
 }
else
 {
```

如果 noofbits>0，那么 n_l 将乘以 $2^{noofbits}$。如果所需移动的位数比 MAX_B 大，那么结果将返回 0。如果不是，那么首先确定并储存新结果的位数，然后对全部位进行左移，并将剩余的空位置 0。为了避免上溢情况的出现，起始位置限定为 n_l＋MAX_B，且存储在变量 nptr_l 中。和之前一样，最后的位使用函数 shl_l()单独进行移位运算。

```
    if (shorts < CLINTMAXDIGIT)
     {
      SETDIGITS_L (n_l, MIN (DIGITS_L (n_l) + shorts, CLINTMAXDIGIT));
      nptr_l = n_l + DIGITS_L (n_l);
      msdptrn_l = n_l + shorts;
      while (nptr_l > msdptrn_l)
       {
        *nptr_l = *(nptr_l - shorts);
        --nptr_l;
       }
      while (nptr_l > n_l)
       {
        *nptr_l-- = 0;
       }
      RMLDZRS_L (n_l);
      for (i = 0; i < bits; i++)
       {
        shl_l (n_l);
       }
     }
    else
     {
      SETZERO_L (n_l);
     }
  }
 return error;
}
```

7.2　有或无：位关系

FLINT/C 库文件包含允许对 CLINT 对象使用内置按位(操作符 &、| 和^进行操作的函数。然而，在编写这些函数之前我们需要明白它们的实现将带给我们什么。

从数学的视角出发，我们看一看广义上布尔函数的关系式：$\{0,1\}^k \to \{0,1\}$，它将 k 元组$(x_1,\cdots,x_k)\in\{0,1\}^k$ 映射为 0 或者 1。一个布尔函数的作用常常以表格的形式呈现，如表 7-1 所示。

表 7-1　一个布尔函数的值

x_1	x_2	…	x_k	$f(x_1,\cdots,x_k)$
0	0	…	0	0
1	0	…	0	1
0	1	…	0	0
⋮	⋮	⋮	⋮	⋮
1	1	…	1	1

对于 CLINT 类型之间的位关系，我们首先把变量用位向量(x_1，…，x_n)来表示，这样布尔函数的函数值将形成一个序列。因此我们有以下的函数

$$\overline{f}:\{0,1\}^n \times \{0,1\}^n \to \{0,1\}^n$$

该函数使用

$$\overline{f}(\overline{x}_1,\overline{x}_2) := (f_1(\overline{x}_1,\overline{x}_2), f_2(\overline{x}_1,\overline{x}_2), \cdots, f_n(\overline{x}_1,\overline{x}_2))$$

将 n 位变量 $\overline{x}_1 := (x_1^1, x_2^1, \cdots, x_n^1)$ 和 $\overline{x}_2 := (x_1^2, x_2^2, \cdots, x_n^2)$ 映射为另一个 n 位变量(x_1，…，x_n)，该变量可被解释为一个 CLINT 类型的数。其中，$f_i(\overline{x}_1, \overline{x}_2) := f(x_i^1, x_i^2)$。

对函数 $\overline{f}$ 起决定性作用的是局部函数 f_i，它们都是依据布尔函数定义的。CLINT 函数 and_l()、or_l()以及 xor_l()中布尔函数的定义如表 7-2～表 7-4 所示。

表 7-2　CLINT 函数 and_l()的值

x_1	x_2	$f(x_1, x_2)$
0	0	0
0	1	0
1	0	0
1	1	1

表 7-3　CLINT 函数 or_l()的值

x_1	x_2	$f(x_1, x_2)$
0	0	0
0	1	1
1	0	1
1	1	1

表 7-4　CLINT 函数 xor_l()的值

x_1	x_2	$f(x_1, x_2)$
0	0	0
0	1	1
1	0	1
1	1	0

在 C 语言函数 and_l()、or_l()和 xor_l()中，布尔函数的实现并非按位进行，但它们都是以标准的 C 操作符 &、| 和 * 来操作 CLINT 变量的每一位。这些函数以 3 个 CLINT 类型的数作为参数，其中前两个为操作数，最后一个为结果变量。

> **功能**：实现按位与操作
> **语法**：void and_l (CLINT a_l, CLINT b_l, CLIINT c_l);
> **输入**：a_l，b_l(待操作的参数)
> **输出**：c_l (与操作的结果)

```
void
and_l (CLINT a_l, CLINT b_l, CLINT c_l)
{
 CLINT d_l;
 clint *r_l, *s_l, *t_l;
 clint *lastptr_l;
```

首先设置指针 r_l 和 s_l 分别指向两个参数的某一位。如果两个参数位数不同，则 s_l指向位数较短的那一个。指针 msdptra_l 指向 a_l 的最后一位。

```
if (DIGITS_L (a_l) < DIGITS_L (b_l))
 {
  r_l = LSDPTR_L (b_l);
  s_l = LSDPTR_L (a_l);
  lastptr_l = MSDPTR_L (a_l);
 }
else
 {
  r_l = LSDPTR_L (a_l);
  s_l = LSDPTR_L (b_l);
  lastptr_l = MSDPTR_L (b_l);
 }
```

现在设置一个指针 t_l 指向结果的第一位，并且将结果的最大长度存储在 d_l[0]中。

```
t_l = LSDPTR_L (d_l);
SETDIGITS_L (d_l, DIGITS_L (s_l - 1));
```

真正的操作发生在下面对较短参数的数字进行循环处理的过程中。最终结果的位数不可能比较短参数的位数大。

```
while (s_l <= lastptr_l)
 {
  *t_l++ = *r_l++ & *s_l++;
 }
```

将结果复制给 c_l，复制过程中所有的前导零将被删除，然后函数结束。

```
 cpy_l (c_l, d_l);
}
```

功能：实现按位或操作
语法：void or_l　(CLINT a_l, CLINT b_l, CLINT c_l);
输入：a_l，b_l(待操作的参数)
输出：c_l(或操作的结果)

```
void
or_l (CLINT a_l, CLINT b_l, CLINT c_l)
{
 CLINT d_l;
 clint *r_l, *s_l, *t_l;
 clint *msdptrr_l;
 clint *msdptrs_l;
```

指针 r_l、s_l 如上设置。

```
if (DIGITS_L (a_l) < DIGITS_L (b_l))
 {
  r_l = LSDPTR_L (b_l);
  s_l = LSDPTR_L (a_l);
  msdptrr_l = MSDPTR_L (b_l);
  msdptrs_l = MSDPTR_L (a_l);
 }
else
```

```
  {
   r_l = LSDPTR_L (a_l);
   s_l = LSDPTR_L (b_l);
   msdptrr_l = MSDPTR_L (a_l);
   msdptrs_l = MSDPTR_L (b_l);
  }
 t_l = LSDPTR_L (d_l);
 SETDIGITS_L (d_l, DIGITS_L (r_l - 1));
```

真正的操作发生在对较短参数的数字进行循环处理的过程中。

```
 while (s_l <= msdptrs_l)
  {
   *t_l++ = *r_l++ | *s_l++;
  }
```

将较长参数剩下的数字直接放入结果中。接下来，将结果复制给 c_l，复制过程中所有的前导零将被删除，然后函数结束。

```
  while (r_l <= msdptrr_l)
   {
    *t_l++ = *r_l++;
   }
  cpy_l (c_l, d_l);
 }
```

功能：实现按位异或(XOR)操作 **语法**：void xor_l (CLINT a_l, CLINT b_l, CLINT c_l); **输入**：a_l、b_l(待操作的参数) **输出**：c_l(异或操作的结果)

```
void
xor_l (CLINT a_l, CLINT b_l, CLINT c_l)
{
 CLINT d_l;
 clint *r_l, *s_l, *t_l;
 clint *msdptrr_l;
 clint *msdptrs_l;

 if (DIGITS_L (a_l) < DIGITS_L (b_l))
  {
   r_l = LSDPTR_L (b_l);
   s_l = LSDPTR_L (a_l);
   msdptrr_l = MSDPTR_L (b_l);
   msdptrs_l = MSDPTR_L (a_l);
  }
 else
  {
   r_l = LSDPTR_L (a_l);
   s_l = LSDPTR_L (b_l);
   msdptrr_l = MSDPTR_L (a_l);
   msdptrs_l = MSDPTR_L (b_l);
  }
```

```
t_l = LSDPTR_L (d_l);
SETDIGITS_L (d_l, DIGITS_L (r_l - 1));
```

现在开始进行真正的操作，即不断地对较短参数的数字进行循环处理。

```
while (s_l <= msdptrs_l)
 {
  *t_l++ = *r_l++ ^ *s_l++;
 }
```

同上，另一参数剩下的数字将被复制。

```
 while (r_l <= msdptrr_l)
  {
   *t_l++ = *r_l++;
  }
 cpy_l (c_l, d_l);
}
```

可以使用函数 and_l()对数进行模 2^k 的约简，只需将 CLINT 变量 a_l 设置为 a，CLINT 变量 b_l 设置为 2^k-1，并执行 and_l(a_l, b_l, c_l)。然而，同样为此目的而开发的函数 mod2_l()执行得更快，它考虑到了一点，即 2^k-1 的二进制表示形式仅由 1 构成（见 4.3 节）。

7.3　对单个二进制数字的直接访问

有时候，为了读取或改变一个数的单个的二进制数字，我们需要有能力对它们进行访问。举例来说，“将一个 CLINT 对象初始化为 2 的幂”这一问题只需设置一位就可解决。

下面我们将开发 3 个函数，setbit_l、()testbit_l() 以及 clearbit_l()，这 3 个函数分别用来设置、测试、删除某一位。函数 setbit_l()和 clearbit_l()返回操作前指定位的状态。位的位置从 0 开始计算，因此指定位置可理解成 2 的幂的对数：如果n_l等于 0，则函数 setbit_l(n_l, 0)返回 0，且置 n_l 的值为 $2^0=1$；在调用 setbit_l(n_l, 512)后，n_l 值变为 2^{512}。

功能：	测试并设置 CLINT 对象的某一位
语法：	int setbit_l (CLINT a_l, unsigned int pos);
输入：	a_l(CLINT 参数) pos(位的位置，从 0 计算)
输出：	a_l(结果)
返回：	1，如果位置 pos 上的位已设置 0，如果位置 pos 上的位未设置 E_CLINT_OFL，如果溢出

```
int
setbit_l (CLINT a_l, unsigned int pos)
{
 int res = 0;
 unsigned int i;
 USHORT shorts = (USHORT)(pos >> LDBITPERDGT);
 USHORT bitpos = (USHORT)(pos & (BITPERDGT - 1));
 USHORT m = 1U << bitpos;
```

```
if (pos >= CLINTMAXBIT)
 {
  return E_CLINT_OFL;
 }
if (shorts >= DIGITS_L (a_l))
 {
```

如果有必要，用 0 对 a_l 进行逐字填充，并将新的长度存储在 a_l[0] 中。

```
 for (i = DIGITS_L (a_l) + 1; i <= shorts + 1; i++)
  {
   a_l[i] = 0;
  }
 SETDIGITS_L (a_l, shorts + 1);
}
```

以 m 作为掩码测试 a_l 中包含指定位的数位，随后通过与 m 进行 OR(或)运算将指定位上的值设置为 1。函数返回该位置原先的状态值，结束。

```
 if (a_l[shorts + 1] & m)
  {
   res = 1;
  }
 a_l[shorts + 1] |= m;
 return res;
}
```

功能：	测试 CLINT 对象的某一二进制数字
语法：	int testbit_l (CLINT a_l, unsigned int pos);
输入：	a_l(CLINT 参数) pos(位的位置，从 0 计算)
返回：	1，如果位置 pos 上的位已设置 0，否则

```
int
testbit_l (CLINT a_l, unsigned int pos)
{
 int res = 0;
 USHORT shorts = (USHORT)(pos >> LDBITPERDGT);
 USHORT bitpos = (USHORT)(pos & (BITPERDGT - 1));
 if (shorts < DIGITS_L (a_l))
  {
   if (a_l[shorts + 1] & (USHORT)(1U << bitpos))
    res = 1;
  }
 return res;
}
```

功能：	测试并删除 CLINT 对象的某一位
语法：	int clearbit_l (CLINT a_l, unsigned int pos);

输入： a_l(CLINT 参数) pos(位的位置，从 0 计算) **输出：** a_l(结果) **返回：** 1，如果删除前位置 pos 上的位已设置 0，否则

```
int
clearbit_l (CLINT a_l, unsigned int pos)
{
 int res = 0;
 USHORT shorts = (USHORT)(pos >> LDBITPERDGT);
 USHORT bitpos = (USHORT)(pos & (BITPERDGT - 1));
 USHORT m = 1U << bitpos;

 if (shorts < DIGITS_L (a_l))
  {
```

如果 a_l 有足够多的数字，那么以 m 作为掩码测试 a_l 中包含指定位的数位，随后通过与 m 的补码进行 AND(与)运算将指定位上的值设置为 0。函数返回该位置原先的状态值，结束。

```
   if (a_l[shorts + 1] & m)
    {
     res = 1;
    }
   a_l[shorts + 1] &= (USHORT)(~m);
   RMLDZRS_L (a_l);
  }
 return res;
}
```

7.4　比较运算符

每一个程序都需要有能力去判断算术变量是否相等或者度量其大小关系，同样，对于 CLINT 对象的处理也有该要求。这里，依然遵守“编程人员不需要了解 CLINT 类型内部结构”这一原则，而对两个 CLINT 对象相关性的判断取决于专门为此目的而设计的函数。

完成这些工作的主要函数是 cmp_l()。它决定了两个 CLINT 值 a_l 和 b_l 属于 a_l< b_l、a_l ==b_l 与 a_l> b_l 中的哪种关系。为此，首先比较 CLINT 对象的位数(不考虑前导零的个数)，如果位数相等，那么从比较最高有效位开始，一旦检测出不同，则比较终止。

功能： 比较两个 CLINT 对象 **语法：** int cmp_l (CLINT a_l, CLINT b_l); **输入：** a_l、b_l(参数) **返回：** −1，如果(a_l 的值)＜(b_l 的值) 0，如果(a_l 的值)＝(b_l 的值) 1，如果(a_l 的值)＞(b_l 的值)

```
int
cmp_l (CLINT a_l, CLINT b_l)
{
 clint *msdptra_l, *msdptrb_l;
 int la = DIGITS_L (a_l);
 int lb = DIGITS_L (b_l);
```

首先检查两个参数的长度是否都为 0，也就是说，值是否都为 0。然后去除所有的前导零，并依据位数做出决策。

```
if (la == 0 && lb == 0)
 {
  return 0;
 }
while (a_l[la] == 0 && la > 0)
 {
  --la;
 }
while (b_l[lb] == 0 && lb > 0)
 {
  --lb;
 }
if (la == 0 && lb == 0)
 {
  return 0;
 }
if (la > lb)
 {
  return 1;
 }
if (la < lb)
 {
  return -1;
 }
```

如果操作数的位数相同，那么将比较其实际值。为此，我们从比较最高有效位开始，并一位一位地进行，直到出现两数值不相等或者到达最低有效位。

```
msdptra_l = a_l + la;
msdptrb_l = b_l + lb;
while ((*msdptra_l == *msdptrb_l) && (msdptra_l > a_l))
 {
  msdptra_l--;
  msdptrb_l--;
 }
```

现在我们比较两数值，做出决策并返回相应的函数值。

```
if (msdptra_l == a_l)
 {
  return 0;
 }
if (*msdptra_l > *msdptrb_l)
```

```
    {
     return 1;
    }
   else
    {
     return -1;
    }
}
```

如果我们只对两 CLINT 值是否相等感兴趣，那么函数 cmp_l()的应用就显得大材小用了。这种情况下，我们可以采用一种更简单的函数变体，该变体可避免大小比较。

> **功能：** 比较两个 CLINT 对象
>
> **语法：** int equ_l (CLINT a_l, CLINT b_l);
>
> **输入：** a_l、b_l(参数)
>
> **返回：** 0，如果(a_l 的值)≠(b_l 的值)
>
> 1，如果(a_l 的值)=(b_l 的值)

```
int
equ_l (CLINT a_l, CLINT b_l)
{
 clint *msdptra_l, *msdptrb_l;
 int la = DIGITS_L (a_l);
 int lb = DIGITS_L (b_l);
 if (la == 0 && lb == 0)
  {
   return 1;
  }
 while (a_l[la] == 0 && la > 0)
  {
   --la;
  }
 while (b_l[lb] == 0 && lb > 0)
  {
   --lb;
  }
 if (la == 0 && lb == 0)
  {
   return 1;
  }
 if (la != lb)
  {
   return 0;
  }
 msdptra_l = a_l + la;
 msdptrb_l = b_l + lb;
```

```
  while ((*msdptra_l == *msdptrb_l) && (msdptra_l > a_l))
   {
    msdptra_l--;
    msdptrb_l--;
   }
  return (msdptra_l > a_l ? 0 : 1);
}
```

这两个函数的原始形式很容易导致用户出现大量的错误。尤其是，函数 cmp_l()返回值的意义必须时刻铭记在心或者不断查阅。为了避免产生错误，创建了大量的宏，这些宏以一种更便于记忆的令人满意的方式表述大小关系(见附录 C)。例如，我们有如下的宏，它们可以比较 a_l 和 b_l 所表示的值：

GE_L(a_l, b_l)	如果 a_l≥b_l 则返回 1，否则返回 0
EQZ_L(a_l)	如果 a_l ==0 则返回 1，如果 a_l>0 则返回 0

输入、输出、赋值和转换

现在这些数已经开始自动地由二进制转换到十进制……881，883，887，907……每个数被证实为一个素数。

——*Carl Sagan，《Contact》*

我们以赋值函数这个最简单也最重要的函数来开启本章。为了将 CLINT 对象 b_l 的值赋给另一个 CLINT 对象 a_l，我们需要一个函数能将 b_l 的数字复制到 a_l 的存储空间，这一事件称为**元素赋值**。仅仅将对象 b_l 的地址复制给变量 a_l 是不够的，因为这两个对象都指向同一内存区域，即 b_l 的位置，且对 a_l 的任何改变都将反映到 b_l 上，导致 b_l的改变，反之亦然。此外，对 a_l 所指内存区域的访问权可能丢失。

当我们在本书第二部分中考虑用 C++ 实现赋值运算符“=”(参见 14.3 节)时，我们还会回到元素赋值这个问题上。

将一个 CLINT 对象的值赋给另一个 CLINT 对象，可由函数 cpy_l()来实现。

> **功能**：复制一个 CLINT 对象，作为赋值
> **语法**：void cpy_l(CLINT dest_l, CLINT src_l);
> **输入**：src_l(被赋予的值)
> **输出**：dest_l(目标对象)

```
void
cpy_l (CLINT dest_l, CLINT src_l)
{
 clint *lastsrc_l = MSDPTR_L (src_l);
 *dest_l = *src_l;
```

下一步，发现前导零并忽略。同时，调整目标对象的位数。

```
while ((*lastsrc_l == 0) && (*dest_l > 0))
 {
  --lastsrc_l;
  --*dest_l;
 }
```

现在，将源对象的相关数字复制给目标对象，然后函数结束。

```
 while (src_l < lastsrc_l)
  {
   *++dest_l = *++src_l;
  }
}
```

在宏 SWAP_L 的协助下，可以实现两个 CLINT 对象值的互换。宏 SWAP_L 是 FLINT/C 中宏 SWAP 的变体，它能以一种有趣的方式使用 XOR 操作实现两个变量值的互换，而不需要临时变量的中间存储空间。

```
#define SWAP(a, b) ((a)^=(b), (b)^=(a), (a)^=(b))
#define SWAP_L(a_l, b_l) \
  (xor_l((a_l), (b_l), (a_l)), \
   xor_l((b_l), (a_l), (b_l)), \
   xor_l((a_l), (b_l), (a_l)))
```

功能：	交换两个 CLINT 对象的值
语法：	void fswap_l (CLINT a_l, CLINT b_l);
输入：	a_l、b_l(待交换的值)
输出：	a_l，b_l

FLINT/C 库中以人类易读形式出现的用于输入/输出数值的函数并不是最令人兴奋的，但是对于许多应用程序来说它们是不可避免的。为了实用，允许通过字符串，即 char 类型数组进行输入与输出。因此，开发出了本质上互补的函数 str2clint_l()和 xclint2str_l()：前者将一个数字字符串转换成 CLINT 对象，相反，后者将一个 CLINT 对象转换成一个字符串。字符串表示的基数为 2～16。

函数 str2clint_l()以一系列基于基数 B 的乘法和加法实现了 CLINT 类型到指定基数类型的转换(参见[Knut] 4.4 节)。该函数记录任何发生的上溢、无效基的使用、空指针的传递，并返回相应的错误代码。任何说明数的类型的前缀(如“0X”、“0x”、“0B”或“0b”)都被忽略。

功能：	将一个字符串转化为一个 CLINT 对象
语法：	int str2clint_l (CLINT n_l, char *str, USHORT b);
输入：	str(指向 char 序列的指针)base(字符串的数字表示的基数，2≤base≤16)
输出：	n_l(目标 CLINT 对象)
返回：	E_CLINT_OK，如果成功
	E_CLINT_BOR，如果 base < 2 或者 base > 16 或者 str 的位数大于 base
	E_CLINT_OFL，如果溢出
	E_CLINT_NPT，如果 str 作为一个空指针被传递

```
int
str2clint_l (CLINT n_l, char *str, USHORT base)
{
 USHORT n;
 int error = E_CLINT_OK;
 if (str == NULL)
  {
   return E_CLINT_NPT;
  }
 if (2 > base || base > 16)
  {
   return E_CLINT_BOR;     /* error: invalid base */
  }
 SETZERO_L (n_l);
 if (*str == '0')
```

```
    {
     if ((tolower_l(*(str+1)) == 'x') ||
       (tolower_l(*(str+1)) == 'b'))     /* ignore any prefix */
      {
       ++str;
       ++str;
      }
    }
  while (isxdigit ((int)*str) || isspace ((int)*str))
    {
     if (!isspace ((int)*str))
      {
       n = (USHORT)tolower_l (*str);
```

在字符不是大写的情况下，许多非 ANSI 标准实现的 C 函数库中的函数 tolower()会返回不确定的结果。FLINT/C 函数 tolower_l()仅仅对大写 A～Z 才调用tolower()，否则将返回未改变的字符。

```
       switch (n)
        {
         case 'a':
         case 'b':
         case 'c':
         case 'd':
         case 'e':
         case 'f':
           n -= (USHORT)('a' -- 10);
           break;
         default:
           n -= (USHORT)'0';
        }
       if (n >= base)
        {
         error = E_CLINT_BOR;
         break;
        }
       if ((error = umul_l (n_l, base, n_l)) != E_CLINT_OK)
        {
         break;
        }
       if ((error = uadd_l (n_l, n, n_l)) != E_CLINT_OK)
        {
         break;
        }
      }
     ++str;
    }
   return error;
  }
```

函数 xclint2str_l()与 str2clint_l()互补，它返回一个指向 static(静态)存储类

的内部缓冲区的指针（参见[Harb] 4.3 节），该缓冲区包含计算出的数值表示及其值，直到 xclint2str_l()被再次调用或程序结束。

函数 xclint2str_l()通过一连串的 B 进制带余除法实现 CLINT 类型到指定基数表示的转换。

功能：	将 CLINT 对象转化为字符串
语法：	char * xclint2str_l(CLINT n_l, USHORT base, int showbase);
输入：	n_l（将要被转化的 CLINT 对象） base（指定的字符串数值表示的基数） showbase（值不为 0：若 base＝16，则数值表示带有一个“0x”做前缀；若 base＝2，则带有一个“0b”做前缀。值为 0：不带任何前缀。）
返回：	指向计算出的字符串的指针，如果成功 NULL，如果 base < 2 或者 base > 16

```
static char ntable[16] =
{'0','1','2','3','4','5','6','7','8','9','a','b','c','d','e','f'};

char *
xclint2str_l (CLINT n_l, USHORT base, int showbase)
{
 CLINTD u_l, r_l;
 int i = 0;
 static char N[CLINTMAXBIT + 3];

 if (2U > base || base > 16U)
  {
   return (char *)NULL;     /* error: invalid base */
  }

 cpy_l (u_l, n_l);

 do
  {
   (void) udiv_l (u_l, base, u_l, r_l);
   if (EQZ_L (r_l))
    {
     N[i++] = '0';
    }
    else
   {
    N[i++] = (char) ntable[*LSDPTR_L (r_l) & 0xff];
   }
 }
while (GTZ_L (u_l));

if (showbase)
 {
  switch (base)
```

```
    {
     case 2:
      N[i++] = 'b';
      N[i++] = '0';
      break;
    case 8:
      N[i++] = '0';
      break;
    case 16:
      N[i++] = 'x';
      N[i++] = '0';
      break;
   }
  }
 N[i] = '0';
 return strrev_l (N);
}
```

为了与本书第 1 版中的函数 clint2str_l()相兼容，将 clint2str_l(n_l, base)定义为宏，它调用函数 xclint2str(n_l, base, 0)。

此外，还创建了宏 HEXSTR_L()、DECSTR_L()、OCTSTR_L()和 BINSTR_L()，这些宏根据作为参数传递的 CLINT 对象，创建一个带有由宏名指定的数值表示(但不带前缀)的字符串，这将使基不用作为参数出现在表示中(参见附录 C)。

宏 DISP_L()作为 CLINT 值输出的标准形式，对作为参数传递的字符串指针和 CLINT 对象进行处理。根据设定的目标，字符串包含待输出的 CLINT 值的信息，如“a_l 和 b_l 的乘积为……”。CLINT 值的输出是十六进制，也就是说，基数为 16。另外，DISP_L()在一个新行里输出指定的 CLINT 对象的有效二进制数字(即没有前导零)的个数(参见附录 C)。

如果需要在字节数组和 CLINT 对象之间进行转换，那么可以利用函数对 byte2clint_l()和 clint2byte_l()(参照[IEEE]5.5.1 节)。

假设字节数组为 256 进制的数值表式，从右至左值逐渐增大。对于这些函数的实现，读者可参考文件 flint.c。这里我们仅给出对函数的描述。

功能：	将字节数组转化为 CLINT 对象
语法：	int byte2clint_l (CLINT n_l, UCHAR *bytestr, int len);
输入：	bytestr(指向 UCHAR 序列的指针) len(字节数组的长度)
输出：	n_l(目标 CLINT 对象)
返回：	E_CLINT_OK，如果成功 E_CLINT_OFL，如果上溢 E_CLINT_NPT，如果 bytestr 为空指针

功能：	将 CLINT 对象转化为字节数组
语法：	UCHAR * clint2byte_l (CLINT n_l, int *len);
输入：	n_l(待转化的 CLINT 对象)

输出：len(所生成的字节数组的长度)
返回：指向所求字节数组的指针
NULL(若在 len 为空指针)

最后，unsigned(无符号)值到 CLINT 数值格式的转换可以使用函数 u2clint_l()和 ul2clint_l()。函数 u2clint_l()和 ul2clint_l()分别将 USHORT 参数和 ULONG 参数转化为 CLINT 数值格式。下面将以函数 ul2clint_l()为例对其进行描述。

功能：将一个 ULONG 类型的值转化为 CLINT 对象
语法：void ul2clint_l(CLINT num_l, ULONG ul);
输入：ul(待转化的值)
输出：num_l(目标 CLINT 对象)

```
void
ul2clint_l (CLINT num_l, ULONG ul)
{
 *LSDPTR_L (num_l) = (USHORT)(ul & 0xffff);
 *(LSDPTR_L (num_l) + 1) = (USHORT)((ul >> 16) & 0xffff);
 SETDIGITS_L (num_l, 2);
 RMLDZRS_L (num_l);
}
```

在本章末尾，我们将讨论一个函数，该函数用于实现对 CLINT 数据格式的内存对象进行有效性检查。当“外来”值为了在子系统中进一步处理而被导入系统时，需要调用这种类型的控制函数。这种子系统可以是加密模块，在每一次处理输入数据前，必须检查它处理的是否是有效的值或参数。检查运行时函数输入值是否满足假设是一个很好的编程习惯，有助于避免未定义的情形发生，因此对应用程序的稳定性有决定性的作用。为了测试和调试，这种检查常常和断言一起出现，借助它可以检查运行时的状况。断言作为宏插入，通常在编译时通过#define NDEBUG 可使断言在程序真正运行时停止使用。除了 C 标准库的 assert 宏以外(参见[Pla1]第 1 章)，还有几个类似机制的实现，在测试条件不符合规则时，它们会采取各种行为，如将可识别的异常情况列入日志文件，无论错误事件是否会导致程序终止。若想得到该领域的更多信息，读者可参考[Magu]第 2 章和第 3 章，以及[Murp]第 4 章。

在被调用函数中或者调用函数中，保护 FLINT/C 软件包等程序库中的函数不传入超出参数定义域的值，而调用函数的责任在于调用该库的程序员。出于性能的考虑，在 FLINT/C 函数的开发中，我们不会对每一个被传入的 CLINT 参数进行测试来检查它是否是一个有效的地址或者是否有可能溢出。一个乘方运算包含成千上万次模乘，如果每一次模乘都需要对数值格式进行各种检查，那么程序设计人员势必会考虑将这个控制任务转交给使用 FLINT/C 函数的程序。而将 0 传递给除数是一个例外，因为这作为一个原则问题会加以检查。如果这种情况发生了，会出现一个合适的错误提醒，甚至在所有剩余类算法中也是如此。所有函数的代码都经过特别认真的测试，以确保 FLINT/C 库产生有效的格式(参见第 12 章)。

函数 vcheck_l()是专为分析 CLINT 参数格式的有效性而创建的。它有助于保护

FLINT/C 函数以防传递无效的参数作为 CLINT 值。

> **功能**：测试是否为有效的 CLINT 数值格式
> **语法**：int vcheck_l (CLINT n_l);
> **输入**：n_l（待测试的对象）
> **返回**：E_VCHECK_OK，如果格式正确
> 错误和警告，根据表 8-1

表 8-1　函数 vcheck_l()的判别值

返回值	判别	说明
E_VCHECK_OK	格式正确	信息：该数有一个有效的表示和一个在 CLINT 类型的定义域中的值
E_VCHECK_LDZ	前导零	警告：该数有前导零，但是另一方面，它有一个定义域内的有效值
E_VCHECK_MEM	内存错误	错误：传递了空指针
E_VCHECK_OFL	真正的上溢	错误：传入的值太大；不能表示为一个 CLINT 对象

```
int
vcheck_l (CLINT n_l)
{
 unsigned int error = E_VCHECK_OK;
```

检查空指针：最令人生厌的错误。

```
if (n_l == NULL)
 {
  error = E_VCHECK_MEM;
 }
else
 {
```

检查溢出：该数有太多的数字吗？

```
if (((unsigned int) DIGITS_L (n_l)) > CLINTMAXDIGIT)
 {
  error = E_VCHECK_OFL;
 }
else
 {
```

检查前导零：这是我们能忍受的；-)

```
     if ((DIGITS_L (n_l) > 0) && (n_l[DIGITS_L (n_l)] == 0))
      {
       error = E_VCHECK_LDZ;
      }
    }
  }
 return error;
}
```

函数返回值为 flint.h 文件中定义的宏。表 8-1 提供了对这些值的解释。

错误代码的数字值比 0 小，因此简单地与 0 进行比较就可以区分是错误、警告还是有效情况。

动态寄存器

"多么令人沮丧的笨机器！"Marvin 说着便拖着沉重的步伐离开了。

——*Douglas Adams*，《*The Restaurant at the End of the Universe*》

到目前为止，除了自动地或某些特殊情况下使用全局 CLINT 对象以外，有时自动创建和清除 CLINT 变量也是相当实用的。为了实现这个目的，我们将创建几个函数，用于生成、使用、清除、移动一组 CLINT 对象，即所谓的寄存器组，一种动态分配的数据结构。这里采用[Skal]描述的梗概，并致力于 CLINT 对象应用的细节。

我们将这些函数分为私有管理函数和公有函数。后者对于其他需要操纵寄存器的外部函数来说是可用的。然而，FLINT/C 函数本身并不使用寄存器，因此对寄存器使用的完全控制可由用户函数来保证。

当程序正在运行时可用寄存器的数目应该是可以设置的，因此我们需要一个静态变量 NoofRegs 来记录寄存器的数目，该变量预定义为常量值 NOOFREGS。

```
static USHORT NoofRegs = NOOFREGS;
```

现在我们定义用来管理寄存器组的主要数据结构：

```
struct clint_registers
{
  int noofregs;
  int created;
  clint **reg_l;     /* 指向CLINT地址数组的指针 */
};
```

结构 clint_registers 包含变量 noofregs、变量 created 以及指针 reg_l，其中 noofregs 是指寄存器组所包含的寄存器的数量，created 表示寄存器组是否已被分配，reg_l 指向取单个寄存器起始地址的数组。

```
static struct clint_registers registers = {0, 0, 0};
```

现在讨论私有管理函数中用于建立寄存器组的函数 allocate_reg_l()和用于清除寄存器组的函数 destroy_reg_l()。在创建了存储寄存器地址的空间后，设置一个指向变量 register.reg_l 的指针。紧接着调用 C 标准库的 malloc()为每一个寄存器分配内存。CLINT 寄存器是由 malloc()分配的内存单元，这一事实在检验 FLINT/C 函数中起着重要作用。在 13.2 节中我们将看到如何使检验每一个可能出现的内存错误成为可能。

```
static int
allocate_reg_l (void)
{
  USHORT i, j;
```

首先，为寄存器地址的数组分配内存。

```
if ((registers.reg_l = (clint **) malloc (sizeof(clint *) * NoofRegs)) == NULL)
  {
    return E_CLINT_MAL;
  }
```

现在讨论每个寄存器的分配。如果在此过程中调用 malloc()以错误告终，则所有此前分配的寄存器将被清除，且返回错误码 E_CLINT_MAL。

```
  for (i = 0; i < NoofRegs; i++)
    {
      if ((registers.reg_l[i] = (clint *) malloc (CLINTMAXBYTE)) == NULL)
        {
          for (j = 0; j < i; j++)
            {
              free (registers.reg_l[j]);
            }
          return E_CLINT_MAL;     /* malloc 错误 */
        }
    }
  return E_CLINT_OK;
}
```

函数 destroy_reg_l()本质上是函数 create_reg_l 的逆：首先用 0 重写寄存器以将寄存器的内容清空。之后每个寄存器通过 free()返回。最后，释放 registers.reg_l 指向的内存。

```
static void
destroy_reg_l (void)
{
  unsigned i;
  for (i = 0; i < registers.noofregs; i++)
    {
      memset (registers.reg_l[i], 0, CLINTMAXBYTE);
      free (registers.reg_l[i]);
    }
  free (registers.reg_l);
}
```

现在讨论用于寄存器管理的公有函数。使用函数 create_reg_l()，创建一个寄存器组，寄存器的数目由 NoofRegs 确定。需要调用私有函数 allocate_reg_l()。

功能：	CLINT 类型的寄存器组的分配
语法：	int create_reg_l (void);
返回：	E_CLINT_OK ，如果分配成功 E_CLINT_MAL，如果 malloc()出错

```
int
create_reg_l (void)
{
  int error = E_CLINT_OK;
  if (registers.created == 0)
    {
      error = allocate_reg_l ();
      registers.noofregs = NoofRegs;
    }
```

```
  if (!error)
    {
      ++registers.created;
    }
  return error;
}
```

结构 registers 涉及变量 registers.created，该变量用于对要求创建的寄存器数目进行计数。调用下面描述的函数 free_reg_l()可以在 registers.created 值为 1 时释放寄存器组。否则，registers.created 减 1。通过应用这种称为信号量的机制，我们设法阻止一个函数分配的寄存器组被另一函数不经意释放的情况。另一方面，每一个通过调用函数 create_reg_l()来申请寄存器组的函数，都应负责用 free_reg_l()释放它。此外，一般地，在一个函数被调用后，不能假定寄存器包含特定的值。

变量 NoofRegs 决定 create_reg_l()所创建的寄存器数目，它可由 set_noofregs_l()函数改变。然而，这一改变直到当前分配的寄存器组被清除以及 create_reg_l 创建一个新的寄存器组之后才生效。

功能：	设置寄存器数目
语法：	void set_noofregs_l(unsigned int nregs);
输入：	nregs(寄存器组中寄存器的数目)

```
void
set_noofregs_l (unsigned int nregs)
{
  NoofRegs = (USHORT)nregs;
}
```

既然可以分配一个寄存器组，也许有人会提出这样的问题，对于单个寄存器应该如何访问呢？对此，必须依靠由 create_reg_l()动态分配的上述定义的结构体 clint_reg 中的地址域 reg_l，这将由下面引入的函数 get_reg_l()来完成，它返回一个指向寄存器组中单个寄存器的指针，假设一个指定的序号代表一个被分配的寄存器。

功能：	输出一个指向寄存器的指针
语法：	clint * get_reg_l (unsigned int reg);
输入：	reg (寄存器号)
返回：	指向所需寄存器 reg 的指针，如果寄存器被分配 NULL，如果寄存器未被分配

```
clint *
get_reg_l (unsigned int reg)
{
  if (!registers.created || (reg >= registers.noofregs))
    {
      return (clint *) NULL;
    }
  return registers.reg_l[reg];
}
```

因为寄存器组的规模和在内存中的位置可以动态改变，所以不建议读取寄存器后存储其地址作为下次使用。对于寄存器的地址，更好的做法是随用随取。在文件 flint.h 中可以找到几个形为：

```
#define r0_l get_reg_l(0);
```

的预定义宏。借助它们，无需额外的语法就可以通过寄存器目前的实际地址来调用寄存器。下面介绍的函数 purge_reg_l()可通过重写清除单个寄存器。

功能：	通过用 0 完全重写来清除寄存器组中的一个 CLINT 寄存器
语法：	int purge_reg_l (unsigned int reg);
输入：	reg（寄存器号）
返回：	E_CLINT_OK，如果删除成功 E_CLINT_NOR，如果寄存器未被分配

```
int
purge_reg_l (unsigned int reg)
{
  if (!registers.created || (reg >= registers.noofregs))
    {
      return E_CLINT_NOR;
    }
  memset (registers.reg_l[reg], 0, CLINTMAXBYTE);
  return E_CLINT_OK;
}
```

正如单个寄存器可以用函数 purge_reg_l()清除一样，整个寄存器组可以由函数 purgeall_reg_l()进行重写清除。

功能：	用 0 重写清除所有的 CLINT 寄存器
语法：	int purgeall_reg_l (void)
返回：	E_CLINT_OK，如果删除成功 E_CLINT_NOR，如果寄存器未被分配

```
int
purgeall_reg_l (void)
{
  unsigned i;
  if (registers.created)
    {
      for (i = 0; i < registers.noofregs; i++)
        {
          memset (registers.reg_l[i], 0, CLINTMAXBYTE);
        }
      return E_CLINT_OK;
    }
  return E_CLINT_NOR;
}
```

一个好的编程风格和习惯应该使得所分配的内存在不再需要时被释放。使用函数 free_reg_l()可以释放现有的寄存器组。然而，正如我们前面所说明的，只有在结构 registers 中的信号量 registers.created 设置为 1 后，分配的内存才能被真正释放。

```
void
free_reg_l (void)
{
  if (registers.created == 1)
    {
      destroy_reg_l ();
    }
  if (registers.created)
    {
      --registers.created;
    }
}
```

现在我们展示 3 个函数，类似于对整个寄存器组的管理，它们分别生成、清除和释放单个 CLINT 寄存器。

功能：	分配一个 CLINT 类型的寄存器
语法：	clint * create_l (void);
返回：	指向分配的寄存器的指针，如果分配成功 NULL，如果 malloc()出错

```
clint *
create_l (void)
{
  return (clint *) malloc (CLINTMAXBYTE);
}
```

按这种方式处理由 create_l()返回的指针是重要的，它不会“丢失”，否则，无法访问已创建的寄存器。序列

```
clint * do_not_overwrite_l;
clint * lost_l;
/* ... */
do_not_overwrite _l = create_l();
/* ... */
do_not_overwrite _l = lost_l;
```

分配一个寄存器并将它的地址存储在一个建议称为 do _ not _ overwrite _ l 的变量中。如果这个变量包含对寄存器唯一的引用，那么在最后一条指令

```
do_not_overwrite _l = lost_l;
```

之后，寄存器丢失，这是指针管理器中的一个典型错误。

与任何其他 CLIINT 变量一样，一个寄存器可用下面的函数 purge _ l()清除，而为该寄存器所保留的内存被 0 重写，因此被清除。

功能：	通过完全用 0 重写清除一个 CLINT 对象
语法：	void purge_l (CLINT n_l);
输入：	n_l (CLINT 对象)

```
void
purge_l (CLINT n_l)
{
  if (NULL != n_l)
    {
      memset (n_l, 0, CLINTMAXBYTE);
    }
}
```

下面的函数又在指定寄存器被清除之后释放对其所分配的内存，此后，该寄存器不能再被访问。

> **功能**：清除并释放一个 CLINT 寄存器
> **语法**：void free_l (CLINT reg_l);
> **输入**：reg_l（指向一个 CLINT 寄存器的指针）

```
void
free_l (CLINT reg_l)
{
  if (NULL != reg_l)
    {
      memset (reg_l, 0, CLINTMAXBYTE);
      free (n_l);
    }
}
```

基本数论函数

我渴望听到它，因为我始终认为数论是数学的皇后，是数学最纯粹的分支，也是一个没有任何应用的数学分支。

——*D. R. Hofstadter,《Gödel, Escher, Bach》*

前面章节中给出了一个完备的运算函数的工具集，现在将把注意力从数论王国转向一些基础算法的实现上。接下来的几章将要讨论的数论函数构成一个集合，这个集合既是大整数运算的应用示例，同时也是更复杂的数论计算和密码学应用的重要基础。这里给出的源代码可以进行各种扩展，以使得在几乎所有的应用中这些必要的工具都可以按照示范的方法集成。

下面的实现中所基于的算法是参考文献[Cohe]、[HKW]、[Knut]、[Kran]和[Rose]给出的。与前面一样，我们根据效率和尽可能广泛的应用赋给参数一些特定的值。

接下来的各节包含所需要的最简洁的数学理论来解释给出的函数以及它们可能的应用。最终，读者会从处理这些材料所需的努力中收获好处。那些有兴趣彻底而深入了解数论的读者可以参考文献[Bund]和[Rose]。文献[Cohe]对数论算法方面的考虑和描述尤为清楚和准确。参考文献[Schr]给出了数论应用的一个较全面的概述，而[Kobl]则侧重于讲述数论在密码学方面的特点。

本章将阐述大整数的最大公约数和最小公倍数的计算、剩余类环的乘法性质、二次剩余的判定、在剩余类环中平方根的计算、解决线性同余的中国剩余定理以及素数的判定等问题。本书为这些问题的理论基础补充了相应的实用建议和解释。同时，本书还开发了一些函数并使之能为实际的应用程序服务，这些函数包含了本书所描述算法实现。

10.1 最大公约数

在学童时代教会孩子用素数分解来求解两个整数的最大公约数，而不是用更自然的 Euclid 算法，这是教育中一件丢脸的事。

——*W. Heise, P. Quattrocci,《Information and Coding Theory》*

简而言之，整数 a 和 b 的最大公约数(gcd)就是其公约数中能被 a 和 b 的所有公约数整除的正除数。因此，最大公约数是唯一的。在数学中，两个整数 a 和 b(不同时为 0)的最大公约数 d 可以如下定义：$d=\gcd(a, b)$：如果 $d>0$，$d|a$，$d|b$，并且对满足 $d'|a$，$d'|b$ 的所有整数 d' 都有 $d|d'$。

可以方便地将该定义扩展为包括：

$$\gcd(0,0) = 0$$

因此，最大公约数是对所有整数对定义的，尤其是用 CLINT 对象表示的整数。最大公约数满足如下性质：

1) $\gcd(a,b) = \gcd(b,a)$

2) $\gcd(a,0) = |a|$(a 的绝对值)

$$3)\ \gcd(a,b,c) = \gcd(a,\gcd(b,c))$$
$$4)\ \gcd(a,b) = \gcd(-a,b) \qquad (10\text{-}1)$$

其中，只有 1)～3)与 CLINT 对象有关。

首先应该介绍计算最大公约数的经典过程，该过程是由希腊数学家 Euclid(公元前 3 世纪)给出的，他也被 Knuth 称为所有算法的始祖(参见[Knut]第 316 页)。Euclid 算法包含了一系列带余除法。该算法从 $a \bmod b$ 的余数开始，然后是 $b \bmod (a \bmod b)$，以此类推直到余数为零。

> **计算 a，$b \geqslant 0$ 的最大公约数 $\gcd(a, b)$ 的 Euclidean 算法**
> 1) 当 $b=0$，输出 a 并结束算法。
> 2) 令 $r \leftarrow a \bmod b$，$a \leftarrow b$，$b \leftarrow r$，然后转到步骤 1。

根据 Euclidean 算法计算自然数 a_1 和 a_2 的最大公约数的过程如下：

$$\begin{aligned}
a_1 &= a_2 q_1 + a_3 & 0 &\leqslant a_3 < a_2 \\
a_2 &= a_3 q_2 + a_4 & 0 &\leqslant a_4 < a_3 \\
a_3 &= a_4 q_3 + a_5 & 0 &\leqslant a_5 < a_4 \\
&\vdots \\
a_{m-2} &= a_{m-1} q_{m-2} + a_m & 0 &\leqslant a_m < a_{m-1} \\
a_{m-1} &= a_m q_{m-1}
\end{aligned}$$

结果为：

$$\gcd(a_1, a_2) = a_m$$

以 gcd(723，288)为例，按上述过程计算：

$$\begin{aligned}
723 &= 288 \times 2 + 147 \\
288 &= 147 \times 1 + 141 \\
147 &= 141 \times 1 + 6 \\
141 &= 6 \times 23 + 3 \\
6 &= 3 \times 2
\end{aligned}$$

结果为：

$$\gcd(723, 288) = 3$$

上述过程能很好地计算最大公约数并可以让计算机执行该工作。对应的程序简短高效，并且由于其简洁，所以几乎不会出错。

整数和最大公约数的如下性质也为程序改进提供了可能(至少在理论上)：

$$1)\ a \text{ 和 } b \text{ 是偶数} \Rightarrow \gcd(a,b) = \gcd(a/2, b/2) \times 2$$
$$2)\ a \text{ 是偶数且 } b \text{ 是奇数} \Rightarrow \gcd(a,b) = \gcd(a/2, b)$$
$$3)\ \gcd(a,b) = \gcd(a-b, b) \qquad (10\text{-}2)$$
$$4)\ a \text{ 和 } b \text{ 是奇数} \Rightarrow a-b \text{ 是偶数且 } |a-b| < \max(a,b)$$

根据上述性质，如下算法的优点是只用到了大小对比、减法和 CLINT 对象移位等运算，而这些运算并不需要大量的计算时间，同时针对这些运算(尤其是不需要除法运算)还有一些高效的函数。在[Knut]4.5.2 节算法 B 中和[Cohe]1.3 节算法 1.3.5 中可以找到二进制欧几里得算法计算最大公约数的几乎完全相同的形式。

计算 a，$b \geq 0$ 的最大公约数 $\gcd(a, b)$的二进制 Euclidean 算法

1) 若 $a < b$，则交换 a 和 b 的值。当 $b=0$，输出 a 并结束算法。否则，令 $k \leftarrow 0$，并且只要 a 和 b 都是偶数，则执行如下 3 个操作：$k \leftarrow k+1$、$a \leftarrow a/2$、$b \leftarrow b/2$。(这里使用了前文描述的性质 1)，这样 a 和 b 就不再都为偶数。)

2) 只要 a 为偶数，则重复执行 $a \leftarrow a/2$ 直到 a 为奇数。或者，假如 b 为偶数，则重复执行 $b \leftarrow b/2$ 直到 b 为奇数(这里使用了前文描述的性质 2)，这样 a 和 b 就都为奇数了。)

3) 令 $t \leftarrow (a-b)/2$。若 $t=0$，则输出 $2^k a$ 并结束算法。(这里使用了性质 1)、2)和 3)。)

4) 只要 t 为偶数，则重复执行 $t \leftarrow t/2$ 直到 t 为奇数。若 $t>0$，则令 $a \leftarrow t$；否则令 $b \leftarrow -t$。然后转到第 3 步。

该算法可以逐步转换为程序函数。根据文献[Cohe]，本书在步骤 1 中额外执行了带余除法并令 $r \leftarrow a \bmod b$、$a \leftarrow b$ 和 $b \leftarrow r$。这样就使操作数 a 和 b 的大小相同以便优化程序的运行时间。

功能：最大公约数

语法：void gcd_l(CLINT aa_l, CLINT bb_l, CLINT cc_l);

输入：aa_l、bb_l(操作数)

输出：cc_l(最大公约数)

```
void
gcd_l (CLINT aa_l, CLINT bb_l, CLINT cc_l)
{
  CLINT a_l, b_l, r_l, t_l;
  unsigned int k = 0;
  int sign_of_t;
```

第 1 步：假如参数不相等，则将较小的参数赋值给 b_l。若 b_l=0，则 a_l 即为输出的最大公约数。

```
if (LT_L (aa_l, bb_l))
  {
    cpy_l (a_l, bb_l);
    cpy_l (b_l, aa_l);
  }
else
  {
    cpy_l (a_l, aa_l);
    cpy_l (b_l, bb_l);
  }

if (EQZ_L (b_l))
  {
    cpy_l (cc_l, a_l);
    return;
  }
```

下面的带余除法用于较大的操作数 a_l，目的是将 2 的幂从 a_l 和 b_l 中除去。

```
(void) div_l (a_l, b_l, t_l, r_l);
cpy_l (a_l, b_l);
cpy_l (b_l, r_l);
```

```
if (EQZ_L (b_l))
  {
    cpy_l (cc_l, a_l);
    return;
  }
while (ISEVEN_L (a_l) && ISEVEN_L (b_l))
  {
    ++k;
    shr_l (a_l);
    shr_l (b_l);
  }
```

第 2 步。

```
while (ISEVEN_L (a_l))
  {
    shr_l (a_l);
  }
while (ISEVEN_L (b_l))
  {
    shr_l (b_l);
  }
```

第 3 步：这里通过 a_l 和 b_l 的比较使得 a_l 和 b_l 的差在较小的范围内。两数之差的绝对值就存放在 t_l 中，而差的符号则存放在整型变量 sign_of_t 中。若 t_l==0，算法结束。

```
do
  {
    if (GE_L (a_l, b_l))
      {
        sub_l (a_l, b_l, t_l);
        sign_of_t = 1;
      }
    else
      {
        sub_l (b_l, a_l, t_l);
        sign_of_t = -1;
      }
    if (EQZ_L (t_l))
      {
        cpy_l (cc_l, a_l);      /* cc_l <- a */
        shift_l (cc_l, (long int) k);     /* cc_l <- cc_l*2**k */
        return;
      }
```

第 4 步：根据 t_l 的符号，将 t_l 动态分配给 a_l 或 b_l。

```
while (ISEVEN_L (t_l))
  {
    shr_l (t_l);
  }
if (-1 == sign_of_t)
  {
```

```
          cpy_l (b_l, t_l);
        }
      else
        {
          cpy_l (a_l, t_l);
        }
    }
  while (1);
}
```

尽管所使用的操作在操作数的位数上都是线性的，但是测试结果显示，作为一个FLINT/C函数，10.1节中简单的最大公约数算法并不比上述优化程序的运行效率低。对于这种奇怪的现象，排除其他更好的解释后，本书将其归因于除法程序的效率和上述优化程序算法需要更复杂的结构。

多个参数的最大公约数计算可以通过多次执行函数 gcd_l()来获得，因为式(10-1)的性质3)，而更为普遍的情形可以递归地约简为两个参数的情形：

$$\gcd(n_1,\cdots,n_r) = \gcd(n_1,\gcd(n_2,\cdots,n_r)) \tag{10-3}$$

求出了最大公约数，就可以方便地计算两个 CLINT 对象 a_l 和 b_l 的最小公倍数(lcm)。非零整数 n_1，…，n_r 的最小公倍数可以定义为集合$\{m\in\mathbb{N}^+ \mid n_i$ 整除 m，$i=1$，…，$r\}$中的最小元素。因为该集合至少包含所有数的乘积 $\prod_{i=1}^{r}|n_i|$，所以该集合非空。对于两个参数 a，$b\in\mathbb{Z}$，最小公倍数可以用它们乘积的绝对值除以最大公约数来计算：

$$\mathrm{lcm}(a,b)\cdot\gcd(a,b) = |ab| \tag{10-4}$$

利用该关系就可以方便地计算 a_l 和 b_l 的最小公倍数。

功能：最小公倍数
语法：int lcm_l(CLINT a_l, CLINT b_l, CLINT c_l);
输入：a_l、b_l(操作数)
输出：cc_l(最小公倍数)
返回：E_CLINT_OK，如果成功
E_CLINT_OFL，如果溢出

```
int
lcm_l (CLINT a_l, CLINT b_l, CLINT c_l)
{
  CLINT g_l, junk_l;
  if (EQZ_L (a_l) || EQZ_L (b_l))
    {
      SETZERO_L (c_l);
      return E_CLINT_OK;
    }
  gcd_l (a_l, b_l, g_l);
  div_l (a_l, g_l, g_l, junk_l);
  return (mul_l (g_l, b_l, c_l));
}
```

同样，多个参数的最小公约数的计算也可以递归地约简到两个参数的情形：

$$\mathrm{lcm}(n_1, \cdots, n_r) = \mathrm{lcm}(n_1, \gcd(n_2, \cdots, n_r)) \tag{10-5}$$

但是，式(10-4)却不满足多个参数的情形：简单的事实就是 lcm(2，2，2)·gcd(2，2，2)=4≠2^3。但是，确实存在多个参数的最大公约数与最小公倍数之间关系的泛化。即

$$\mathrm{lcm}(a,b,c) \cdot \gcd(ab,ac,bc) = |abc| \tag{10-6}$$

或

$$\gcd(a,b,c) \cdot \mathrm{lcm}(ab,ac,bc) = |abc| \tag{10-7}$$

最大公约数和最小公倍数的特殊而本质的二元关系在另外一个有趣的公式中表达出来。有趣之处在于，在公式中交换最大公约数和最小公倍数的作用，公式的正确性保持不变，比如式(10-6)和式(10-7)。对于最大公约数和最小公倍数，存在分布律，即

$$\gcd(a, \mathrm{lcm}(b,c)) = \mathrm{lcm}(\gcd(a,b), \gcd(a,c)) \tag{10-8}$$

$$\mathrm{lcm}(a, \gcd(b,c)) = \gcd(\mathrm{lcm}(a,b), \mathrm{lcm}(a,c)) \tag{10-9}$$

更有甚者(参见[Schr]2.4 节)：

$$\gcd(\mathrm{lcm}(a,b), \mathrm{lcm}(a,c), \mathrm{lcm}(b,c)) = \mathrm{lcm}(\gcd(a,b), \gcd(a,c), \gcd(b,c)) \tag{10-10}$$

除了其惊人的对称性使得形式非常漂亮之外，这些公式也为处理最大公约数和最小公倍数提供了出色的测试，其中运算函数也被隐式地测试了(测试这个主题参见第 12 章)。

不要责怪测试者找到了你的漏洞。

——*Steve Maguire*

10.2　剩余类环中的乘法逆

与整个自然数上的运算不同，加上一定假设条件后，在剩余类环中可以计算乘法逆。顾名思义，不是所有的自然数，而是其中有不少元素 $\overline{a} \in \mathbb{Z}_n$ 都存在一个合适的 $\overline{x} \in \mathbb{Z}_n$，使得 $\overline{a} \cdot \overline{x} = \overline{1}$。这等同于断言 $a \cdot x \equiv 1 \bmod n$ 和 $a \cdot x \bmod n = 1$ 都成立。例如，在 $\mathbb{Z}_{14}$ 中，$\overline{3}$ 和 $\overline{5}$ 互为乘法逆，因为 15 mod 14=1。

$\mathbb{Z}_n$ 中元素的乘法逆的存在性并不显而易见。在第 5 章中，结论仅仅是($\mathbb{Z}_n$，·)是以 $\overline{1}$ 为单位元的有限交换半群。通过 Euclidean 算法可以给出元素 $\overline{a} \in \mathbb{Z}_n$ 存在乘法逆的一个充分条件。10.1 节中的第 1 个 Euclidean 算法中的倒数第二个等式

$$a_{m-2} = a_{m-1} q_{m-2} + a_m \quad 0 \leqslant a_m < a_{m-1}$$

可以变换为：

$$a_m = a_{m-2} - a_{m-1} \cdot q_{m-2} \tag{1}$$

以此类推，可以获得如下等式：

$$a_{m-1} = a_{m-3} - a_{m-2} \cdot q_{m-3} \tag{2}$$

$$a_{m-2} = a_{m-4} - a_{m-3} \cdot q_{m-4} \tag{3}$$

$$\vdots$$

$$a_3 = a_1 - a_2 \cdot q_1, \tag{m-2}$$

若将式(1)中的 a_{m-1} 用式(2)的右边代替，则有：

$$a_m = a_{m-2} - q_{m-2} \cdot (a_{m-3} - q_{m-3} \cdot a_{m-2})$$

或

$$a_m = (1 + q_{m-3} \cdot q_{m-2}) a_{m-2} - q_{m-2} \cdot a_{m-3}$$

以此类推，直到式($m-2$)，读者可以得到 a_m 为 a_1 和 a_2 的线性组合，并且其中包含了组成 Euclidean 算法的商 q_i 因子的系数。

按照这种方式可以得到 $\gcd(a, b) = u \cdot a + v \cdot b := g$ 的另一种表达形式：g 是 a 和 b 的线性组合，并且以 u 和 v 为整数因子，其中 u 模 a/g 和 v 模 b/g 都是唯一的。若对于元

素 $\overline{a}\in \mathbb{Z}_n$ 有 $\gcd(a, n)=1=u\cdot a+v\cdot b$，则 $1\equiv u\cdot a \bmod n$，或 $\overline{a}\cdot\overline{n}=\overline{1}$。在这种情况下，$u$ 模 n 是唯一的，于是 $\overline{u}$ 就是 $\mathbb{Z}_n$ 中 $\overline{a}$ 的逆。这样就找到了剩余环 $\mathbb{Z}_n$ 中的元素存在乘法逆的条件，并且同时可以获得一个构造这样的逆的过程，该过程可以用如下的例子来展示。我们重新整理前面计算 gcd(723，288)的过程：

$$3=141-6\cdot 23$$
$$6=147-141\cdot 1$$
$$141=288-147\cdot 1$$
$$147=723-288\cdot 2$$

如上可以获得最大公约数的新的表示方法：

$$\begin{aligned}3&=141-23\cdot(147-141)=24\cdot 141-23\cdot 147\\&=24\cdot(288-147)-23\cdot 147=-47\cdot 147+24\cdot 288\\&=-47\cdot(723-2\cdot 288)+24\cdot 288=-47\cdot 723+118\cdot 288\end{aligned}$$

这种形式的最大公约数的快速计算过程需要保存每个商 q_i(如上所述)以提供往回计算所需的因子。由于需要大量的存储空间，这样的过程并不实用。因此，有必要在存储代价和计算时间之间寻找一个平衡点，这也是算法的设计和实现中的典型权衡。为了得到一个实用的过程，需要进一步修改 Euclidean 算法，使得最大公约数作为一个线性组合可以与最大公约数本身的值一同计算。$\mathbb{Z}_n$ 中的元素 $\overline{a}$ 若满足 $\gcd(a, n)=1$，则存在逆 $\overline{x}\in \mathbb{Z}_n$。反过来也成立：若 $\mathbb{Z}_n$ 中的元素 $\overline{a}$ 有乘法逆，则有 $\gcd(a, n)=1$(读者可以在参考文献[Nive]中找到其数学证明，定理 2.13 的证明)。这里，读者也可以看到没有公约数(即互素)问题的重要性：当考虑由元素 $\overline{a}\in \mathbb{Z}_n$ 所构成的集合的子集 $\mathbb{Z}_n^\times :=\{\overline{a}\in \mathbb{Z}_n \mid \gcd(a, n)=1\}$，即除了 1 以外该子集中元素 a 与 n 没有其他公约数时，则可以得到一个关于乘法运算的交换群，在第 5 章，我们已经用($\mathbb{Z}_n^\times$，·)表示。($\mathbb{Z}_n$，·)是带单位元的交换半群，它具有的以下性质在($\mathbb{Z}_n^\times$，·)也存在：

- ($\mathbb{Z}_n$，·)的结合律。
- ($\mathbb{Z}_n$，·)的交换律。
- 存在单位元：对于所有的 $\overline{a}\in \mathbb{Z}_n$ 存在 $\overline{1}$，使得 $\overline{a}\cdot\overline{1}=\overline{a}$。

由于精确地选择了拥有逆的元素，所以乘法逆的存在性也保证了。于是，此时只需要证明封闭性，即 $\mathbb{Z}_n^\times$ 中的两个元素 $\overline{a}$ 和 $\overline{b}$ 的乘积 $\overline{a}\cdot\overline{b}$ 也是 $\mathbb{Z}_n^\times$ 中的元素。封闭性是容易证明的：若 a 和 b 都与 n 互素，则 a 和 b 的乘积与 n 不可能有非平凡的公共因子(即除了 1 以外的公约数——译者注)，因此 $\overline{a}\cdot\overline{b}$ 也属于集合 $\mathbb{Z}_n^\times$。于是群 $\mathbb{Z}_n^\times$ 就称为与 *n* **互素的剩余类群**。

$\mathbb{Z}_n^\times$ 中元素的个数，或者说，集合{1，2，…，$n-1$}中与 n 互素的整数的个数由 Euler 函数 $\phi(n)$ 给出。由于自然数 n 可以写成 $n=p_1^{e_1}p_2^{e_2}\cdots p_t^{e_t}$，所以

$$\phi(n)=\prod_{i=1}^{t}p_i^{e_i-1}(p_i-1)$$

(参见[Nive]2.1 节和 2.4 节)。例如，这也意味着假若 p 是素数，则 $\mathbb{Z}_n^\times$ 中就有 $p-1$ 个元素[㊀]。

若 $\gcd(a, n)=1$，则根据费马(Fermat)小定理的 Euler 推广[㊁]，$a^{\phi(n)}\equiv 1 \bmod n$，于是 $a^{\phi(n)-1} \bmod n$ 的计算就决定了 $\overline{a}$ 的乘法逆。例如，当 $n=p\cdot q$ 时，其中 $p\neq q$ 且皆为素数，

㊀ 在这种情况下，$\mathbb{Z}_p$ 事实上是一个域，因为($\mathbb{Z}_p$，+)和($\mathbb{Z}_p^\times$，·)=($\mathbb{Z}\setminus\{0\}$，·)都是交换群(参见[Nive]2.11 节)。有限域非常有用，例如编码理论，同时在现代密码学中也扮演着重要的角色。

㊁ Fermat 小定理表明，对于一个素数 p 和任意整数 a，有 $a^p\equiv a \bmod p$。当 p 不是 a 的因子时，$a^{p-1}\equiv 1 \bmod p$(参见[Bund]第 2 章，§3.3)。Fermat 小定理及其 Euler 推广是数论中极其重要的定理。

$a \in \mathbb{Z}_n^{\times}$，则 $a^{(p-1)(q-1)} \equiv 1 \bmod n$，因此 $a^{(p-1)(q-1)-1} \bmod n$ 就是 a 模 n 的逆。但是，即使是在 $\phi(n)$已知的有利前提下，这个计算还要求代价为 $o(\log^3 n)$的模幂运算。

通过将前文的构造整合到 Euclidean 算法中，可以在不知道 Euler 函数值的情况下将计算代价降低到 $o(\log^2 n)$。为此引入变量 u 和 v，于是变量

$$a_i = u_i a + v_i b$$

在 10.1 节第一个 Euclidean 算法给出的过程中依然是独立的步骤，其中

$$a_{i+1} = a_{i-1} \bmod a_i$$

这些变量在算法的最后给出了所需的以 a 和 b 的线性组合形式给出的最大公约数表示，这个过程称为*扩展的 Euclidean 算法*。

下面的 Euclidean 算法的扩展是采用[Cohe]1.3 节的算法 1.3.6。前面的变量 v 只是隐含地使用，并在最后以 $v := (d - u \cdot a)/b$ 来计算。

扩展 Euclidean 算法，计算 gcd(a, b)和因子 u、v 以使 gcd(a, b)=$u \cdot a + v \cdot b$，$0 \leqslant a, b$

1) 令 $u \leftarrow 1$，$d \leftarrow a$。若 $b=0$，则令 $v \leftarrow 0$ 并结束算法；否则令 $v_1 \leftarrow 0$，$v_3 \leftarrow b$。
2) 用带余除法计算 q 和 t_3，其中 $d = q \cdot v_3 + t_3$ 并且 $t_3 < v_3$，赋值 $t_1 \leftarrow u - q \cdot v_1$，$u \leftarrow v_1$，$d \leftarrow v_3$，$v_1 \leftarrow t_1$ 和 $v_3 \leftarrow t_3$。
3) 若 $v_3 = 0$，则令 $v \leftarrow (d - u \cdot a)/b$ 并结束算法；否则，回到步骤 2。

接下来要介绍的函数 `xgcd_l()`使用了辅助函数 `sadd()`和 `ssub()`来(超常规地)计算带符号加法和减法。上述每个函数都会将符号预先作为一个传递的参数进行处理，然后再调用核心函数 `add()`和 `sub()`(参见第 5 章)。这两个核心函数分别执行加法和减法运算，且不考虑溢出问题。基于自然数的除法函数 `div_l()`还有一个辅助的函数 `smod()`，该函数用来计算 $a \bmod b$ 的余数，其中 $a, b \in \mathbb{Z}$，$b > 0$。这些辅助函数在后面的章节也会用到，在函数 `chinrem_l()`(见 10.4.3 节)中与中国剩余定理的应用连接起来。在处理整数的 FLINT/C 库的一个可能扩展中，可以将这些函数当作处理带符号整数运算的范例。

使用如下函数的方式是合理的：假如参数满足 $a, b \geqslant N_{max}/2$，作为函数 `xgcd_l()`返回值的因子 u 和 v 会发生溢出。在这种情况下，必须为 u 和 v 保留足够的空间，因此需要以 `CLINTD` 或 `CLINTQ` 类型调用函数来声明(见第 2 章)。

功能：扩展 Euclidean 算法，计算自然数 a，b 的最大公约数 gcd(a, b)=$u \cdot a + v \cdot b$

语法：`void xgcd_l (CLINT a_l, CLINT b_l, CLINT g_l, CLINT u_l, int * sign_u, CLINT v_l, int * sign_v);`

输入：a_l、b_l(操作数)

输出：g_l(a_l 和 b_l 的最大公约数)
u_l、v_l(g_l 的表示中 a_l 和 b_l 的因子)
*sign_u(u_l 的符号)
*sign_v(v_l 的符号)

```
void
xgcd_l (CLINT a_l, CLINT b_l, CLINT d_l, CLINT u_l, int *sign_u, CLINT v_l,
                                                        int *sign_v)
```

```
{
  CLINT v1_l, v3_l, t1_l, t3_l, q_l;
  CLINTD tmp_l, tmpu_l, tmpv_l;
  int sign_v1, sign_t1;
第 1 步：初始化。
cpy_l (d_l, a_l);
cpy_l (v3_l, b_l);
if (EQZ_L (v3_l))
  {
    SETONE_L (u_l);
    SETZERO_L (v_l);
    *sign_u = 1;
    *sign_v = 1;
    return;
  }
SETONE_L (tmpu_l);
*sign_u = 1;
SETZERO_L (v1_l);
sign_v1 = 1;
第 2 步：主循环；计算最大公约数和 u。
while (GTZ_L (v3_l))
  {
    div_l (d_l, v3_l, q_l, t3_l);
    mul_l (v1_l, q_l, q_l);
    sign_t1 = ssub (tmpu_l, *sign_u, q_l, sign_v1, t1_l);
    cpy_l (tmpu_l, v1_l);
    *sign_u = sign_v1;
    cpy_l (d_l, v3_l);
    cpy_l (v1_l, t1_l);
    sign_v1 = sign_t1;
    cpy_l (v3_l, t3_l);
  }
第 3 步：计算 v，并结束过程。
  mult (a_l, tmpu_l, tmp_l);
  *sign_v = ssub (d_l, 1, tmp_l, *sign_u, tmp_l);
  div_l (tmp_l, b_l, tmpv_l, tmp_l);
  cpy_l (u_l, tmpu_l);
  cpy_l (v_l, tmpv_l);
  return;
}
```

由于使用FLINT/C包处理负数需要额外的开销，所以在计算剩余类元素 $\overline{a}\in\mathbb{Z}_n^{\times}$ 的逆时只考虑最大公约数表示 $1=u\cdot a+v\cdot n$ 中的因子 u。由于总能找到这样一个正数 u，所以就可以不考虑负数的情形。下面的算法是前面算法的一个变形，使用了这里的分析并完全取消了对 v 的计算。

> **扩展 Euclidean 算法，计算 gcd(a，b)以及 a mod n 的乘法逆，其中 $0\leqslant a$，$0<n$**
>
> 1）令 $u\leftarrow 1$，$g\leftarrow a$，$v_1\leftarrow 0$ 和 $v_3\leftarrow n$。

2）用带余除法计算 q、t_3，其中 $g=q\cdot v_3+t_3$ 且 $t_3<v_3$，赋值 $t_1\leftarrow u-q\cdot v_1 \bmod n$、$u\leftarrow v_1$、$g\leftarrow v_3$、$v_1\leftarrow t_1$ 和 $v_3\leftarrow t_3$。

3）若 $v_3=0$，则输出 g 作为最大公约数 $\gcd(a, n)$ 和 u 作为 $a \bmod n$ 的逆，并结束算法，否则回到步骤 2。

取模的步骤 $t_1\leftarrow u-q\cdot v_1 \bmod n$ 保证了 t_1、v_1 和 u 都是非负的。最后将得到 $u\in\{1, \cdots, n-1\}$。该算法的编码给出了如下的函数。

功能：在 $\mathbb{Z}_n$ 中计算乘法逆

语法：void inv_l(CLINT a_l, CLINT n_l, CLINT g_l,CLINT i_l);

输入：a_l、n_l(操作数)

输出：g_l(a_l 和 n_l 的最大公约数)

i_l(a_l mod n_l 的逆，如果定义了)

```
void
inv_l (CLINT a_l, CLINT n_l, CLINT g_l, CLINT i_l)
{
  CLINT v1_l, v3_l, t1_l, t3_l, q_l;
```

测试操作数是否为 0。若其中一个操作数为 0，则不存在逆，但却存在最大公约数(参见 10.1 节)。结果变量 i_l 就没有意义了，并通过为其赋 0 来表示。

```
if (EQZ_L (a_l))
  {
    if (EQZ_L (n_l))
      {
        SETZERO_L (g_l);
        SETZERO_L (i_l);
        return;
      }
    else
      {
        cpy_l (g_l, n_l);
        SETZERO_L (i_l);
        return;
      }
  }
else
  {
    if (EQZ_L (n_l))
      {
        cpy_l (g_l, a_l);
        SETZERO_L (i_l);
        return;
      }
  }
```

第 1 步：变量初始化。

```
    cpy_l (g_l, a_l);
    cpy_l (v3_l, n_l);
    SETZERO_L (v1_l);
    SETONE_L (t1_l);
    do
      {
```

第 2 步：除法之后对 GTZ_L(t3_l)进行检验，最后一次循环时不必再调用 mmul_l()和 msub_l()。直到最后才给结果变量 i_l 赋值。

```
        div_l (g_l, v3_l, q_l, t3_l);
        if (GTZ_L (t3_l))
          {
            mmul_l (v1_l, q_l, q_l, n_l);
            msub_l (t1_l, q_l, q_l, n_l);
            cpy_l (t1_l, v1_l);
            cpy_l (v1_l, q_l);
            cpy_l (g_l, v3_l);
            cpy_l (v3_l, t3_l);
          }
      }
    while (GTZ_L (t3_l));
```

第 3 步：作为最后必需的赋值，从变量 v3_l 中获得最大公约数，而如果最大公约数为 1，则可以从变量 v1_l 中获得 a_l 的逆。

```
    cpy_l (g_l, v3_l);
    if (EQONE_L (g_l))
      {
        cpy_l (i_l, v1_l);
      }
    else
      {
        SETZERO_L (i_l);
      }
  }
```

10.3　根与对数

这一节将讨论用于计算 CLINT 对象的平方根的整数部分与以 2 为底的对数的函数。为此，首先考虑这两个函数中的后者，因为前一个函数会用到：对于一个自然数 a，需要寻找一个数 e，使得 $2^e \leqslant a < 2^{e+1}$。该数 $e = \lfloor \log_2 a \rfloor$ 就是 a 的以 2 为底取对数的结果中的整数部分，并容易由 a 的相关位数获得，可以由下面的函数 ld_l()减 1 得到。FLINT/C 包中的其他很多函数都会使用函数 ld_l()，不考虑前导零，而只对 CLINT 对象的相关二进制数进行计数。

> **功能**：CLINT 对象的二进制数字的位数
> **语法**：unsigned int ld_d(CLINT a_l);
> **输入**：n_l(操作数)
> **返回**：n_l 的二进制数字的位数

```
unsigned int
ld_l (CLINT n_l)
```

```
{
  unsigned int l;
  USHORT test;
```

第 1 步：确定以 B 为基数的相关数字的位数。

```
l = (unsigned int) DIGITS_L (n_l);
while (n_l[l] == 0 && l > 0)
  {
    --l;
  }
if (l == 0)
  {
    return 0;
  }
```

第 2 步：确定最高有效数字的相关二进制位的数目。宏 BASEDIV2 定义了最高位为 1 且其他位都为 0 的数字的值(即，$2^{\mathrm{BITPERDGT}-1}$)。

```
  test = n_l[l];
  l <<= LDBITPERDGT;
  while ((test & BASEDIV2) == 0)
    {
      test <<= 1;
      --l;
    }
  return l;
}
```

接下来介绍根据经典的 Newton 法(也称为 Newton-Raphson 法)来计算自然数的平方根的整数部分。这是通过不断逼近的方法来确定函数中零的个数：假设函数 $f(x)$在区间$[a, b]$上二次连续可导，一阶导数 $f'(x)$在$[a, b]$上为正，则有

$$\max_{[a,b]}\left|\frac{f(x)\cdot f''(x)}{f'(x)^2}\right|<1$$

若 $x_n\in[a, b]$是一个使得 $f(r)=0$ 的数 r 的近似值，则 $x_{n+1}:=x_n-f(x_n)/f'(x_n)$更接近于 r，按这种方式定义的序列收敛于 f 函数的零点 r(参见[Endl]7.3 节)。

假设 $f(x):=x^2-c$，其中 $c>0$，则对于 $x>0$，有 $f(x)$满足上述 Newton 法的收敛条件，并有：

$$x_{n+1}:=x_n-\frac{f(x_n)}{f'(x_n)}=\frac{1}{2}\left(x_n+\frac{c}{x_n}\right)$$

于是可以得到收敛于$\sqrt{c}$的序列。由于其良好的收敛行为，所以 Newton 法是逼近有理数平方根的一个有效方法。

由于只关注$\sqrt{c}$的整数部分 r，而 r 又满足 $r^2\leqslant c\leqslant(r+1)^2$，其中 c 为自然数，所以只需要计算元素在逼近序列中的整数部分。可以从数 $x_1>\sqrt{c}$开始，直到获得的数大于或等于前面一个数时，则前面的一个数即为所求。显然，选择一个尽可能接近$\sqrt{c}$的数开始该过程是一个很好的选择。对于 CLINT 对象值 c 和 $e:=\lfloor\log_2 c\rfloor$总会有$\lfloor 2^{(e+2)/2}\rfloor>\sqrt{c}$，并由前文所述，可以使用函数 ld_l()方便地计算出 e 和$\lfloor 2^{(e+2)/2}\rfloor$。算法如下。

确定自然数 $n>0$ 的平方根的整数部分 r 的算法

1) 令 $x\leftarrow\lfloor 2^{(e+2)/2}\rfloor$，其中 $e:=\lfloor\log_2 n\rfloor$。

> 2）令 $y \leftarrow \lfloor (x+n/x)/2 \rfloor$。若 $y<x$，则 $x \leftarrow y$ 并重复步骤 2。
> 3）输出 x 并结束算法。

该算法的正确性证明并不非常复杂。x 单调递减并始终为正，所以算法一定会结束。当满足 $y=\lfloor (x+n/x)/2 \rfloor \geqslant x$ 时算法结束。可以假设 $x \geqslant r+1$，而由 $x \geqslant r+1 > \sqrt{n}$，有 $x^2>n$ 或 $n-x^2<0$。

但是，

$$y-x=\left\lfloor \frac{(x+n/x)}{2} \right\rfloor - x = \left\lfloor \frac{(n-x^2)}{2x} \right\rfloor < 0$$

这与算法的结束条件相矛盾。于是之前的假设 $x \geqslant r+1$ 就是错误的，因此必有 $x=r$。下面用于确定平方根整数部分的函数对操作数 $y \leftarrow \lfloor (x+n/x)/2 \rfloor$ 使用带余数除法是有效的。

> **功能**：CLINT 对象平方根的整数部分
> **语法**：void iroot_l(CLINT n_l,CLINT floor_l);
> **输入**：n_l(操作数>0)
> **输出**：floor_l(n_l 的整数平方根)

```
void
iroot_l (CLINT n_l, CLINT floor_l)
{
  CLINT x_l, y_l, r_l;
  unsigned l;
```

使用函数 ld_l()和移位操作将 i 赋值 $\lfloor (\lfloor \log_2(n\_l) \rfloor + 2)/2 \rfloor$，而使用 setbit_l()可以将 y_l 赋值为 2^l。

```
  l = (ld_l (n_l) + 1) >> 1;
  SETZERO_L (y_l);
  setbit_l (y_l, l);
  do
    {
      cpy_l (x_l, y_l);
```

第 2 步和第 3 步，Newton 逼近法和检查算法结束。

```
        div_l (n_l, x_l, y_l, r_l);
        add_l (y_l, x_l, y_l);
        shr_l (y_l);
    }
  while (LT_L (y_l, x_l));
  cpy_l (floor_l, x_l);
}
```

该过程的推广可以用来计算 n 的 b 次根的整数部分，例如 $\lfloor n^{1/b} \rfloor$，其中 $b>1$(见[CrPa]第 3 页)。

> **计算 b 次根整数部分的算法**
> 1）令 $x \leftarrow 2^{\lceil \mathrm{ld\_l}(n)/b \rceil}$。
> 2）令 $y \leftarrow \lfloor ((b-1)x + \lfloor n/x^{b-1} \rfloor)/b \rfloor$。若 $y<x$，则 $x \leftarrow y$ 并重复步骤 2。
> 3）输出结果 x 并结束算法。

实现该算法时在步骤 2 中对 x^{b-1} 整数幂使用了模 N_{max} 的幂运算。

功能：CLINT 对象 n_l 的 b 次根的整数部分
语法：int introot_l(CLINT n_l, USHORT b, CLINT floor_l);
输入：n_l、b(操作数 s，b>0)
输出：floor_l(n_l 的 b 次根的整数部分)

```
int
introot_l (CLINT n_l, USHORT b, CLINT floor_l)
{
  CLINT x_l, y_l, z_l, junk_l, max_l;
  USHORT l;
  if (0 == b)
    {
      return -1;
    }
  if (EQZ_L (n_l))
    {
      SETZERO_L (floor_l);
      return E_CLINT_OK;
    }
  if (EQONE_L (n_l))
    {
      SETONE_L (floor_l);
      return E_CLINT_OK;
    }
  if (1 == b)
    {
      assign_l (floor_l, n_l);
      return E_CLINT_OK;
    }
  if (2 == b)
    {
      iroot_l (n_l, floor_l);
      return E_CLINT_OK;
    }
  /* step 1: set x_l ← 2^⌈ld_l(n_l)/b⌉ */
  setmax_l (max_l);
  l = ld_l (n_l)/b;
  if (l*b != ld_l (n_l)) ++l;
  SETZERO_L (x_l);
  setbit_l (x_l, l);
  /* step 2: loop to approximate the root until y_l ≥ x_l */
  while (1)
    {
      umul_l (x_l, (USHORT)(b-1), y_l);
```

```
        umexp_l (x_l, (USHORT)(b-1), z_l, max_l);
        div_l (n_l, z_l, z_l, junk_l);
        add_l (y_l, z_l, y_l);
        udiv_l (y_l, b, y_l, junk_l);
        if (LT_L (y_l, x_l))
          {
            assign_l (x_l, y_l);
          }
        else
          {
            break;
          }
        }
      cpy_l (floor_l, x_l);
      return E_CLINT_OK;
    }
```

为了判断一个数 n 是否为一个数的 b 次根，将 introot_l()的输出进行 b 次幂运算并与 n 的 b 次幂进行比较即可。假如这两个值不相等，则显然 n 不是一个根。当然，这并不是计算方根最快的方法。在很多情形下，有其他的标准可以用来识别这些数不是方根，并且不用计算平方根或者平方运算。[Cohe]中就给出了这样一个算法。它使用 4 个表，$q11$、$q63$、$q64$ 和 $q65$，其中是模 11、模 63、模 64 和模 65 的二次剩余用“1”标识，而二次非剩余则用“0”标识：

$$q11[k] \leftarrow 0, k = 0, \cdots, 10, \quad q11[k^2 \bmod 11] \leftarrow 1, k = 0, \cdots, 5$$
$$q63[k] \leftarrow 0, k = 0, \cdots, 62, \quad q63[k^2 \bmod 63] \leftarrow 1, k = 0, \cdots, 31$$
$$q64[k] \leftarrow 0, k = 0, \cdots, 63, \quad q64[k^2 \bmod 64] \leftarrow 1, k = 0, \cdots, 31$$
$$q65[k] \leftarrow 0, k = 0, \cdots, 64, \quad q65[k^2 \bmod 65] \leftarrow 1, k = 0, \cdots, 32$$

从作为完全最小剩余系的剩余类环表示可以看出用该方法获得所有的平方数。

判断整数 $n>0$ 是否为平方数的算法，并输出 n 的平方根(见[Cohe]算法 1.7.3)

1) 令 $t \leftarrow n \bmod 64$。若 $q64[t]=0$，则 n 不是平方数并结束算法。否则令 $r \leftarrow n \bmod (11 \cdot 63 \cdot 65)$。
2) 若 $q63[r \bmod 63]=0$，则 n 不是平方数并结束算法。
3) 若 $q65[r \bmod 65]=0$，则 n 不是平方数并结束算法。
4) 若 $q11[r \bmod 11]=0$，则 n 不是平方数并结束算法。
5) 使用函数 iroor_l()计算 $q \leftarrow \lfloor\sqrt{n}\rfloor$。若 $q^2 \neq n$，则 n 不是平方数并结束算法。否则，n 是平方数并输出平方根 q。

该算法中出现的特定常数使算法显得有些突兀。但是，反过来却是可以理解的：一个数 n 对于任意整数 k 都是整数中的平方数，则模 k 一定是平方数。前面已经使用过它的逆否命题：若 n 不是模 k 的平方数，则它在整数中也不是平方数。通过使用前面算法中的步骤 1 到步骤 4 可以判断 n 是否为模 64、模 63、模 65 或模 11 的平方数。模 64 中有 12 个平方数，模 63 中有 16 个平方数，模 65 中有 21 个平方数，模 11 中有 6 个平方数，因此 4 步以后一个数不是平方数而没有被确定的概率为

$$\left(1-\frac{52}{64}\right)\left(1-\frac{47}{63}\right)\left(1-\frac{44}{65}\right)\left(1-\frac{5}{11}\right)=\frac{12}{64}\cdot\frac{16}{63}\cdot\frac{21}{65}\cdot\frac{6}{11}=\frac{6}{715}$$

只有在如此较小概率下才执行步骤 5。如果测试的结果是肯定的，则 n 就是一个平方数并且 n 的平方根也可以确定。在步骤 1 到步骤 4 中被测试到的顺序由相互独立的概率决定。本书在 6.5 节中已经预言下面的函数可以排除作为模 p 的原根的候选值的平方。

功能：	判断一个 CLINT 数 n_l 是否为平方数
语法：	unsigned int issqr_l(CLINT n_l, CLINT r_l);
输入：	n_l(操作数 s，b>0)
输出：	r_l(n_l 的平方根；或若 n_l 不是平方数时，为 0)
返回：	1，如果 n_l 为平方 0，否则

```
static const UCHAR q11[11]=
  {1,1,0,1,1,1,0,0,0,1,0};
static const UCHAR q63[63]=
  {1,1,0,0,1,0,0,1,0,1,0,0,0,0,0,0,1,0,1,0,0,0,1,
    0,0,1,0,0,1,0,0,0,0,0,0,0,1,1,0,0,0,0,0,1,0,0,
    1,0,0,1,0,0,0,0,0,0,0,0,1,0,0,0,0};
static const UCHAR q64[64]=
  {1,1,0,0,1,0,0,0,0,1,0,0,0,0,0,0,1,1,0,0,0,0,0,
    0,0,1,0,0,0,0,0,0,0,1,0,0,1,0,0,0,0,1,0,0,0,0,
    0,0,0,1,0,0,0,0,0,0,0,1,0,0,0,0,0,0};
static const UCHAR q65[65]=
  {1,1,0,0,1,0,0,0,0,1,1,0,0,0,1,0,1,0,0,0,0,0,0,
    0,0,1,1,0,0,1,1,0,0,0,0,1,1,0,0,1,1,0,0,0,0,0,
    0,0,0,1,0,1,0,0,0,1,1,0,0,0,0,1,0,0, 1};
unsigned int
issqr_l (CLINT n_l, CLINT r_l)
{
  CLINT q_l;
  USHORT r;
  if (EQZ_L (n_l))
    {
      SETZERO_L (r_l);
      return 1;
    }
```

q64[n_l mod 64]的情形。

```
if (1 == q64[*LSDPTR_L (n_l) & 63])
  {
    r = umod_l (n_l, 45045);     /* n_l mod (11·63·65) */
    if ((1 == q63[r % 63]) && (1 == q65[r % 65]) && (1 == q11[r % 11]))
```

注意前面表达式的求解从左往右依次进行，参见[Harb]7.7 节。

```
{
  iroot_l (n_l, r_l);
  sqr_l (r_l, q_l);
  if (equ_l (n_l, q_l))
```

```
            {
              return 1;
            }
          }
        }
      SETZERO_L (r_l);
      return 0;
    }
```

10.4　剩余类环中的平方根

现在已经能计算所有数的平方根或者平方根的整数部分，接下来将关注剩余类，即在剩余类中计算平方根。在一些假设和限定下，剩余类环中存在平方根，尽管在大多数情况下这些平方根并不唯一确定(即一个元素可能存在多个平方根)。用代数的方法描述，该问题即确定对于一个元素 $\overline{a}\in\mathbb{Z}_m$ 是否存在根 $\overline{b}$，使得 $\overline{b}^2=\overline{a}$。在数论中(见第 5 章)，这包含在同余概念中。于是问题就变成二次同余 $x^2\equiv a \bmod m$ 是否有解，若有解，则解是什么。

若 $\gcd(a, m)=1$ 且存在解 b，使得 $b^2\equiv a \bmod m$，则 a 就称为一个模 m 的二次剩余。若对该同余没有解，则称 a 为模 m 的二次非剩余。若 b 是同余的一个解，则显然 $b+m$ 也是，于是只需要考虑与模 m 不同的剩余即可。

可以举个例子来说明：因为 $3^2\equiv 9\equiv 2 \pmod 7$，所以 2 是模 7 的二次剩余，而 3 是模 5 的二次非剩余。

当 m 是素数时，判断一个数是否为模 m 的平方根就变得很容易了，在下一章中将介绍相应的函数。但是，计算一个模合数的平方根则取决于是否知道这个数 m 的素数分解。若不知道这个合数的素数分解，则求解该大整数 m 的平方根就是在 NP 复杂度类(见第 6 章)中的数学困难问题了，而正是这种计算复杂度水平保证了现代密码系统的安全性[⊖]。在 10.4.4 节中有更多解释的例子。

判断一个数是否为一个二次剩余与计算某个数的平方根是两个不同的计算问题，且有各自不同的算法，接下来的章节将给出解释和实现。首先考虑判断一个数是否为一个给定模数的二次剩余的过程。然后计算模素数的平方根，最后给出计算合数的平方根的方法。

10.4.1　Jacobi 符号

本节的内容以一个定义开始：设 $p\neq 2$ 是一个素数，a 是一个整数，Legendre 符号 $\left(\frac{a}{p}\right)$(读作“a 对 p”)定义为当 a 是模 p 的二次剩余时该符号的值为 1，而当 a 是模 p 的二次非剩余时该符号的值为 −1。当 p 能整除 a 时，则 $\left(\frac{a}{p}\right)=0$。从定义来看，Legendre 符号并没有多大用处，因为为了知道这个符号的值必须先判断 a 是否为模 p 的一个二次剩余。但是，可以对 Legendre 符号进行计算并确定其值。只有足够深入才能理解其理论背景。关于这个，读者可以参阅[Bund]3.2 节。但是，这里将引用一些性质以使读者能对 Legendre 符号的计算有一个基本的了解：

⊖ 数学和密码学复杂度之间的模拟应该注意：在[Rein]中给出了 P≠NP 是否成立都与密码学的实际应用无关。一个因子分解的多项式算法的时间复杂度为 $O(n^{20})$，即使对相对较小的数 n 来说，运算也是不可容忍的。而幂运算算法的时间复杂度为 $O(e^{n^{0.1}})$ 可以应付即使很大的模数。密码学过程的安全性事实上并不完全取决于 P 和 NP 是否相同，尽管读者可能经常精确地看待这个公式。

1) 同余方程 $x^2 \equiv a \pmod p$ 解的个数为 $1+\left(\frac{a}{p}\right)$。

2) 模 p 的二次剩余的个数和二次非剩余的个数是相等的，都有 $(p-1)/2$ 个。

3) $a \equiv b \pmod p \Rightarrow \left(\frac{a}{p}\right)=\left(\frac{b}{p}\right)$。

4) Legendre 符号满足乘法律：$\left(\frac{ab}{p}\right)=\left(\frac{a}{p}\right)\left(\frac{b}{p}\right)$。

5) $\sum_{i=1}^{p-1}\left(\frac{i}{p}\right)=0$。

6) $a^{(p-1)/2} \equiv \left(\frac{a}{p}\right) \pmod p$（Euler 准则）。

7) 对于一个奇素数 q，$q \neq p$，则有 $\left(\frac{p}{q}\right)=(-1)^{(p-1)(q-1)/4}\left(\frac{q}{p}\right)$（Gauss 二次互反律）。

8) $\left(\frac{-1}{p}\right)=(-1)^{(p-1)/2}$、$\left(\frac{2}{p}\right)=(-1)^{(p^2-1)/8}$、$\left(\frac{1}{p}\right)=1$。

上述 Legendre 符号性质的证明可以在标准的数论参考资料中找到，例如[Bund]或[Rose]。

由上述性质立刻可以想到计算 Legendre 符号的两个想法：可以使用 Euler 准则 b)来计算 $a^{(p-1)/2} \pmod p$。该算法需要一次模幂运算（计算复杂度为 $o(\log^3 p)$）。利用互反律，可以执行如下的递归过程，该过程基于性质 3)、4)、7)和 8)。

计算整数 a 和奇素数 p 的 Legendre 符号 $\left(\frac{a}{p}\right)$ 的递归算法

1) 如果 $a=1$，则 $\left(\frac{a}{p}\right)=1$（性质 8)）。

2) 如果 a 是偶数，则 $\left(\frac{a}{p}\right)=(-1)^{(p^2-1)/8}\left(\frac{a/2}{p}\right)$（性质 4)和 8)）。

3) 如果 $a \neq 1$ 并且 $a=q_1 \cdots q_k$ 为奇素数 q_1，…，q_k 的乘积，则 $\left(\frac{a}{p}\right)=\sum_{i=1}^{k}\left(\frac{q_i}{p}\right)$。

对每个 i，使用步骤 1 到步骤 3 计算 $\left(\frac{q_i}{p}\right)=(-1)^{(p-1)(q-1)/4}\left(\frac{p \bmod q_i}{q_i}\right)$ 性质 3)、4)和 6)。

在考虑计算 Legendre 符号所需的编程技术之前，首先需要考虑能在无素数分解的情况下执行的泛化。例如上述性质 7)的互反律直接应用所需的编程技术，因为对于大整数运算需要大量的时间（如 10.4.3 节的因子分解问题）。对于该问题，可以使用非递归过程：对于整数 a 和整数 $b=p_1p_2\cdots p_k$，其中 p_i 不必互不相同，Jacobi 符号（或 Jacobi-Kronecker、Kronecker-Jacobi、Kronecker 符号）$\left(\frac{a}{b}\right)$ 定义为 Legendre 符号 $\left(\frac{a}{p_i}\right)$ 的乘积：

$$\left(\frac{a}{b}\right):=\prod_{i=1}^{k}\left(\frac{a}{p_i}\right)$$

其中

$$\left(\frac{a}{2}\right):=\begin{cases}0 & a\text{ 是偶数}\\ (-1)^{(a^2-1)/8} & a\text{ 是奇数}\end{cases}$$

为了完备性，对于所有的$a\in\mathbb{Z}$，定义$\left(\frac{a}{1}\right):=1$。若$a=\pm1$，则$\left(\frac{a}{0}\right):=1$；否则$\left(\frac{a}{0}\right):=0$。

若b本身就是奇素数(即$k=1$)，则 Jacobi 符号和 Legendre 符号的值就相同。此时，Jacobi(Legendre)符号表明a是否为模b的二次剩余，即是否存在一个整数c使得$c^2\equiv a \bmod b$，若存在则$\left(\frac{a}{b}\right)=1$，否则$\left(\frac{a}{b}\right)=-1$(或者假若$a\equiv0 \bmod b$，则$\left(\frac{a}{b}\right)=0$)。若$b$不是素数(即$k>1$)，则当且仅当$\gcd(a, b)=1$时，$a$为模$b$的二次剩余，且$a$为模$b$的所有因子的二次剩余，即对于$b$的所有因子的 Legendre 符号$(\frac{a}{p_i})$($i=1, \cdots, k$)的值都为 1。显然 Jacobi 符号$\left(\frac{a}{b}\right)$的值为 1 的情形就不同了：因为同余方程$x^2\equiv2 \bmod 3$无解，所以有$\left(\frac{2}{3}\right)=-1$。但是，由定义知$\left(\frac{2}{9}\right)=\left(\frac{2}{3}\right)\left(\frac{2}{3}\right)=1$，尽管对于同余方程$x^2\equiv2 \bmod 9$依然是无解的。另一方面，假若$\left(\frac{a}{b}\right)=-1$，则$a$无论如何都是模$b$的二次非剩余。而等式$\left(\frac{a}{b}\right)=0$也就等价于$\gcd(a, b)\neq1$。

从 Legendre 符号的性质可以推出如下 Jacobi 符号的一些性质：

1) $\left(\frac{ab}{c}\right)=\left(\frac{a}{c}\right)\left(\frac{b}{c}\right)$，并且如果$b\cdot c\neq0$，则$\left(\frac{a}{bc}\right)=\left(\frac{a}{b}\right)\left(\frac{a}{c}\right)$。

2) $a\equiv c \bmod b\Rightarrow\left(\frac{a}{b}\right)=\left(\frac{c}{b}\right)$。

3) 对于奇数$b>0$，有$\left(\frac{-1}{b}\right)=(-1)^{(b-1)/2}$，$\left(\frac{2}{b}\right)=(-1)^{(b^2-1)/8}$，$\left(\frac{1}{b}\right)=1$(见前面的性质 8))。

4) 对于奇数a、b，其中$b>0$，有互反律(见前面的性质 7))$\left(\frac{a}{b}\right)=(-1)^{(a-1)(b-1)/4}\left(\frac{b}{|a|}\right)$。

从 Jacobi 符号的性质(证明参考前面提到的参考文献)可以获得如下的 Kronecker 算法，该算法采用[Cohe]1.4 节，以非递归方式计算两个整数的 Jacobi 符号(或根据条件限制，是 Legendre 符号)。该算法考虑了b的一个可能的符号，为此对所有的$a>0$设$\left(\frac{a}{-1}\right):=1$；而所有的$a<0$，设$\left(\frac{a}{-1}\right):=-1$。

计算两个整数 a，b 的 Jacobi 符号 $\left(\frac{a}{b}\right)$ 的算法

1) 若$b=0$，则当a的绝对值$|a|$为 1 时，输出 1；否则，输出 0 并结束算法。
2) 若a、b都为偶数，则输出 0 并结束算法。否则令$v\leftarrow0$，只要b为偶数就执行$v\leftarrow v+1$和$b\leftarrow b/2$。此时若v为偶数，则令$k\leftarrow1$，否则令$k\leftarrow(-1)^{(a^2-1)/8}$。若$b<0$，则令$b\leftarrow-b$。若$a<0$则令$k\leftarrow-k$(参见性质 3))。
3) 若$a=0$，若$b>1$则输出 0，否则输出k并结束算法。否则令$v\leftarrow0$，并且只要a为偶数就执行$v\leftarrow v+1$和$a\leftarrow a/2$。此时若v为奇数，则令$k\leftarrow(-1)^{(a^2-1)/8}\cdot k$(参见性质 3))。
4) 令$k\leftarrow(-1)^{(a-1)(b-1)/4}\cdot k$，$r\leftarrow|a|$，$a\leftarrow b \bmod r$，$b\leftarrow r$，然后回到步骤 3(参见性质 2)和性质 4))。

该过程的执行时间是 $o(\log^2 N)$，其中 $N \geqslant a$，b 表示 a，b 的上界。相对于使用 Euler 准则，该算法有长足的改进。下面的算法实现方面的建议可以参考[Cohe]1.4 节。

- 在步骤 2 和步骤 3 中，$(-1)^{(a^2-1)/8}$和$(-1)^{(b^2-1)/8}$最好通过预先准备好的表来计算。
- 在步骤 4 中，$(-1)^{(a-1)(b-1)/4} \cdot k$ 的值可以由 C 表达式 `if(a&b&2)k= - k` 来计算，其中 & 为按位与运算。

这两种情况都能避免进行幂运算，这样显然可以有效地缩短算法的整个运行时间。

从如下的考虑开始理清第一个建议：假若步骤 2 中的 k 需要被赋值为$(-1)^{(a^2-1)/8}$，则 a 就是一个奇数。同理，步骤 3 中的 b 也是。对于奇数 a，有

$$2 \mid (a-1) \text{ 和 } 4 \mid (a+1)$$

或者

$$4 \mid (a-1) \text{ 和 } 2 \mid (a+1)$$

因此 8 能整除$(a-1)(a+1)=a^2-1$。于是$(-1)^{(a^2-1)/8}$就是一个整数。另外，$(-1)^{(a^2-1)/8}=(-1)^{((a \bmod 8)^2-1)/8}$(这可以看作指数中的表达式 $a=k \cdot 8+r$)。于是指数就仅仅取决于 4 个值 $a \bmod 8=\pm 1$ 和± 3，其结果为 1、-1、-1 和 1。可以将该结果放在一个数组中{0，1，0，-1，0，-1，0，1}，于是通过计算 $a \bmod 8$ 就可以获得$(-1)^{(a^2-1)/8}$的值。观察可得 $a \bmod 8$ 又可以用 `a&7` 代替，这里 `&` 依然是按位与运算，于是幂运算就简化为快得多的 CPU 操作。为了理解第二个建议，可以看到当且仅当$(a-1)/2$ 与$(b-1)/2$ 的结果都为奇数，也就是$(a-1)(b-1)/4$ 为奇数时，有$(a\&b\&2) \neq 0$。

最后，可以使用辅助函数 `twofact_l()`来确定步骤 3 中当 b 为偶数时 v 和 a 的值，同理，步骤 3 中 v 和 b 的值，这里简单介绍该函数。函数 `twofact_l()`将一个 `CLINT` 值分解为包含 2 的幂和一个奇数的乘积。

功能：将一个 CLINT 数分解为 $a=2^k u$，其中 u 为奇数
语法：`int twofact_l(CLINT a_l,CLINT b_l);`
输入：a_l(操作数)
输出：b_l(a_l 的奇数部分)
返回：k(a_l 两部分中以 2 为底的指数)

```
int
twofact_l (CLINT a_l, CLINT b_l)
{
  int k = 0;
  if (EQZ_L (a_l))
    {
      SETZERO_L (b_l);
      return 0;
    }
  cpy_l (b_l, a_l);
  while (ISEVEN_L (b_l))
    {
      shr_l (b_l);
      ++k;
    }
  return k;
}
```

有了上面的辅助函数，就可以构造一个高效的函数 jacobi_l()来计算 Jacobi 符号了。

功能：计算两个 CLINT 对象的 Jacobi 符号
语法：int jacobi_l(CLINT aa_l,CLINT bb_l);
输入：aa_l，bb_l(操作数)
返回：±1(aa_l 对 bb_l 的 Jacobi 符号的值)

```
static int tab2[] = 0, 1, 0, -1, 0, -1, 0, 1;
int
jacobi_l (CLINT aa_l, CLINT bb_l)
{
  CLINT a_l, b_l, tmp_l;
  long int k, v;
```

第 1 步：bb_l=0 的情形。

```
if (EQZ_L (bb_l))
  {
    if (equ_l (aa_l, one_l))
      {
        return 1;
      }
    else
      {
        return 0;
      }
  }
```

第 2 步：去除 bb_l 中的偶数部分。

```
if (ISEVEN_L (aa_l) && ISEVEN_L (bb_l))
  {
    return 0;
  }
cpy_l (a_l, aa_l);
cpy_l (b_l, bb_l);
v = twofact_l (b_l, b_l);
if ((v & 1) == 0)     /* v even? */
  {
    k = 1;
  }
else
  {
    k = tab2[*LSDPTR_L (a_l) & 7];   /* *LSDPTR_L (a_l) & 7 == a_l % 8 */
  }
```

第 3 步：若 a_l=0，则算法结束；否则 a_l 的偶数部分已经被去除。

```
while (GTZ_L (a_l))
  {
    v = twofact_l (a_l, a_l);
    if ((v & 1) != 0)
      {
        k = tab2[*LSDPTR_L (b_l) & 7];
      }
```

第 4 步：应用二次互反律。

```
if (*LSDPTR_L (a_l) & *LSDPTR_L (b_l) & 2)
  {
    k = -k;
  }
      cpy_l (tmp_l, a_l);
      mod_l (b_l, tmp_l, a_l);
      cpy_l (b_l, tmp_l);
    }
  if (GT_L (b_l, one_l))
    {
      k = 0;
    }
  return (int) k;
}
```

10.4.2　模 p^k 的平方根

现在已经知道一个整数是否为模另一个整数的二次剩余所具备的相应性质，并且已经清楚各种情况下所应采用的高效程序。但是，即使已经知道一个整数 a 是模 n 的二次剩余，依然无法计算 a 的平方根，尤其是当整数 n 较大时。为了简单起见，可以首先从 n 为素数的情形开始尝试。接下来的任务就是解二次同余方程

$$x^2 \equiv a \bmod p \tag{10-11}$$

其中，假设 p 为奇素数，而 a 为模 p 的二次剩余，这样可以保证同余方程有解。需要区分 $p\equiv 3 \bmod 4$ 和 $p\equiv 1 \bmod 4$ 这两种情形。前者更简单：$x := a^{(p+1)/4} \bmod p$ 是同余方程的解，因为

$$x^2 \equiv a^{(p+1)/2} \equiv a \cdot a^{(p-1)/2} \equiv a \bmod p \tag{10-12}$$

其中 $a^{(p-1)/2} \equiv \left(\frac{a}{p}\right) \equiv 1 \bmod p$，该式是 Legendre 符号的性质 5)，即前面给出的 Euler 准则。

根据[Heid]我们有如下考虑，导出一个解同余方程的通用过程，特别是对解第二种情形的同余方程，$p\equiv 1 \bmod 4$：记 $p-1=2^k q$，其中 $k\geqslant 1$ 且 q 为奇数。然后观察一个任意的二次非剩余 $n \bmod p$，其中 n 为选择的一个随机整数且 $1\leqslant n<p$，同时计算其 Legendre 符号 $\left(\frac{n}{p}\right)$。这就有 $\frac{1}{2}$ 的概率使得其值为 -1，因此能较快地找到这样的 n。令：

$$\begin{aligned} x_0 &\equiv a^{(q+1)/2} \bmod p \\ y_0 &\equiv n^q \bmod p \\ z_0 &\equiv a^q \bmod p \\ r_0 &:= k \end{aligned} \tag{10-13}$$

由 Fermat 小定理可知，对于余数为 a 的式(10-11)的解，有 $a^{(p-1)/2} \equiv x^{2(p-1)/2} \equiv x^{p-1} \equiv 1 \bmod p$。同时，对于二次非剩余 n 有 $n^{(p-1)/2} \equiv -1 \bmod p$。于是有：

$$\begin{aligned} az_0 &= x_0^2 \bmod p \\ y_0^{2^{r_0-1}} &\equiv -1 \bmod p \\ z_0^{2^{r_0-1}} &\equiv 1 \bmod p \end{aligned} \tag{10-14}$$

如果 $z_0 \equiv 1 \bmod p$，则 x_0 是同余式(10-11)的一个解。否则，可以如下递归定义 x_i、y_i、z_i、r_i，使得

$$\begin{aligned} az_i &= x_i^2 \bmod p \\ y_i^{2^{r_i-1}} &\equiv -1 \bmod p \\ z_i^{2^{r_i-1}} &\equiv 1 \bmod p \end{aligned} \tag{10-15}$$

其中 $r_i > r_{i-1}$。最多 k 步后就有 $z_i \equiv 1 \bmod p$，且 x_i 是式(10-11)的一个解。最后选择 m_0 为满足 $z_0^{2^{m_0}} \equiv 1 \bmod p$ 的最小自然数，其中 $m_0 \leqslant r_0 - 1$。令：

$$\begin{aligned} x_{i+1} &= x_i y_i^{2^{r_i-m_i-1}} \bmod p \\ y_{i+1} &\equiv y_i^{2^{r_i-m_i}} \bmod p \\ z_{i+1} &\equiv z_i y_i^{2^{r_i-m_i}} \bmod p \end{aligned} \tag{10-16}$$

其中 $r_{i+1} := m_i := \min\{m \geqslant 1 \mid z_i^{2^m} \equiv 1 \bmod p\}$。于是

$$\begin{aligned} x_{i+1}^2 &= x_i^2 y_i^{2^{r_i-m_i}} \equiv az_i y_i^{2^{r_i-m_i}} \equiv az_{i+1} \bmod p \\ y_{i+1}^{2^{r_{i+1}-1}} &\equiv y_{i+1}^{2^{m_i-1}} \equiv (y_i^{2^{r_i-m_i}})^{2^{m_i-1}} \equiv y_i^{2^{r_i-1}} \equiv -1 \bmod p \\ z_{i+1}^{2^{r_{i+1}-1}} &\equiv z_{i+1}^{2^{m_i-1}} \equiv (z_i y_i^{2^{r_i-m_i}})^{2^{m_i-1}} \equiv -z_i^{2^{m_i-1}} \equiv 1 \bmod p \end{aligned} \tag{10-17}$$

由于 $(z_i^{2^{m_i-1}})^2 \equiv z_i^{2^{m_i}} \equiv 1 \bmod p$，所以只有可能是满足由 $z_i^{2^{m_i-1}} \equiv -1 \bmod p$ 的 m_i 中的最小值。

至此就证明了一个解同余方程过程的正确性。基于该过程可以有如下的 D. Shanles 算法(参见[Cohe]算法 1.5.1)。

计算一个整数 a 模奇素数 p 的平方根算法

1) 记 $p-1=2^k q$，其中 q 为奇数。选择一个随机数 n，直到 $\left(\frac{n}{p}\right) = -1$。

2) 令 $x \leftarrow a^{(p-1)/2} \bmod p$，$y \leftarrow n^q \bmod p$，$z \leftarrow a \cdot x^2 \bmod p$，$x \leftarrow a \cdot x \bmod p$ 和 $r \leftarrow k$。

3) 如果 $z \equiv 1 \bmod p$，则输出 x 并结束算法。否则，寻找满足 z^{2^m} 1 mod p 的最小的 m。如果 $m=r$，则输出信息：a 为模 p 的二次非剩余并结束算法。

4) 令 $t \leftarrow y^{2^{r-m-1}} \bmod p$，$y \leftarrow t^2 \bmod p$，$r \leftarrow m \bmod p$，$x \leftarrow x \cdot t \bmod p$，$z \leftarrow z \cdot y \bmod p$ 并回到步骤 3。

显然，若 x 是同余方程的一个解，则 $-x \bmod p$ 也是一个解，因为 $(-x)^2 \equiv x^2 \bmod p$。

在如下的实现中鉴于需要寻找模 p 的二次非剩余，可以从 2 开始测试每一个自然数的 Legendre 符号，以便在多项式时间内找到一个二次非剩余。事实上，如果已知虽未被理论证明的扩展 Riemann 假设成立(参见如[Bund] 7.3 节，定理 12；或[Kobl] 5.1 节；或[Kran] 2.10 节)，则一定能在多项式时间内找到这样的二次非剩余。如果在某种程度上对扩展 Riemann 假设的正确性持怀疑态度，则 Shanks 算法就是一个概率性的算法。

在构造如下函数 `proot_l()` 的实际应用中可忽略上述的考虑并简单地认为计算时间为多项式的。更多的细节请参考[Cohe]第 33 页。

功能：计算 a 模 p 的平方根 **语法**：int proot_l(CLINT a_l,CLINT p_l,CLINT x_l); **输入**：a_l、p_l(操作数，p_l 是大于 2 的素数) **输出**：x_l(a_l 模 p_l 的平方根) **返回**：假若 a_l 是模 p_l 的二次剩余，则返回 0；否则返回－1

```
int
proot_l (CLINT a_l, CLINT p_l, CLINT x_l)
{
  CLINT b_l, q_l, t_l, y_l, z_l;
  int r, m;

  if (EQZ_L (p_l) || ISEVEN_L (p_l))
    {
      return -1;
    }
```

如果 a_l== 0，则结果为 0。

```
if (EQZ_L (a_l))
  {
    SETZERO_L (x_l);
    return 0;
  }
```

第 1 步：找到一个二次非剩余。

```
cpy_l (q_l, p_l);
dec_l (q_l);
r = twofact_l (q_l, q_l);
cpy_l (z_l, two_l);
while (jacobi_l (z_l, p_l) == 1)
  {
    inc_l (z_l);
  }

mexp_l (z_l, q_l, z_l, p_l);
```

第 2 步：递归的初始化。

```
cpy_l (y_l, z_l);
dec_l (q_l);
shr_l (q_l);
mexp_l (a_l, q_l, x_l, p_l);
msqr_l (x_l, b_l, p_l);
mmul_l (b_l, a_l, b_l, p_l);
mmul_l (x_l, a_l, x_l, p_l);
```

第 3 步：结束过程；否则找到满足 $z^{2^m} \equiv 1 \bmod p$ 的最小的 m。

```
mod _l (b_l, p_l, q_l);
while (!equ_l (q_l, one_l))
  {
    m = 0;
    do
      {
```

```
        ++m;
        msqr_l (q_l, q_l, p_l);
      }
    while (!equ_l (q_l, one_l));
    if (m == r)
      {
        return -1;
      }
```

第 4 步：对 x、y、z 和 r 进行递归计算。

```
      mexp2_l (y_l, (ULONG)(r - m - 1), t_l, p_l);
      msqr_l (t_l, y_l, p_l);
      mmul_l (x_l, t_l, x_l, p_l);
      mmul_l (b_l, y_l, b_l, p_l);
      cpy_l (q_l, b_l);
      r = m;
    }
  return 0;
}
```

现在可以以模 p 的结果为基础来计算模素数次幂 p^k 的平方根了。首先考虑同余方程

$$x^2 \equiv a \bmod p^2 \tag{10-18}$$

所给出的方法和思路：给定一个前面同余方程 $x^2 \equiv a \bmod p$ 的一个解 x_1，可以令 $x := x_1 + p \cdot x_2$，就有

$$x^2 - a \equiv x_1^2 - a + 2px_1x_2 + p^2x_2^2 = p\left(\frac{x_1^2 - a}{p} + 2x_1x_2\right) \bmod p^2$$

于是可以将式(10-18)的求解简化为解 x_2 的线性同余

$$x \cdot 2x_1 + \frac{x_1^2 - a}{p} \equiv 0 \bmod p$$

递归地执行该过程可以在有限步以后得到任意 $k \in \mathbb{N}$ 的同余方程 $x^2 \equiv a \bmod p^k$ 的一个解。

10.4.3　模 n 的平方根

计算模素数次幂的平方根是朝着解决问题的方向迈出的重要一步。这个问题就是更一般地求解一个合数 n 的同余方程 $x^2 \equiv a \bmod n$。当然，首先需要说明的是求解这样的二次剩余通常是非常困难的。基本上，该问题的求解需要大量的计算时间且其计算时间会随着模数 n 的增加而呈指数增长。从复杂度理论的角度来看，同余方程的求解与对整数 n 进行素数分解的难度是相当的。这两个问题都属于 NP 类难题(参见第 6 章)。因此，模合数的平方根的计算与那些还未发现多项式时间算法解决的问题难度相当。因此，对于大整数 n 不能指望在一般情形下找到一个快速的解法。

尽管如此，仍然有可能通过将两个互素的模数 r 和 s 的同余方程 $y^2 \equiv a \bmod r$ 和 $z^2 \equiv a \bmod s$ 结合起来以获得同余方程 $x^2 \equiv a \bmod rs$ 的解。这里需要用到中国剩余定理：

> 给定同余方程组 $x^2 \equiv a_i \bmod m_i$，其中自然数 m_1，…，m_i 是两两互素的(即对于任意的 $i \neq j$，有 $\gcd(m_i, m_j) = 1$)，则对于整数 a_1，…，a_r 存在一个该方程组的公共解，并且该解模这些自然数的乘积 $m_1 \cdot m_2 \cdots m_r$ 是唯一的。

接下来将花一些时间考虑该定理的证明，因为该定理中本身就包含一个求解的有效方法：令 $m := m_1 \cdot m_2 \cdots m_r$ 而 $m_j' := m/m_j$，则 m_j 是一个整数且 $\gcd(m_j', m_j) = 1$。由本书

10.2节可知，对于$j=1, \cdots, r$，存在整数对u_j和v_j，使得$1=m_j' u_j+m_j v_j$。问题在于如何计算这些整数。

首先构造一个和

$$x_0 := \sum_{j=1}^{r} m_j' u_j a_j$$

由于等式$m_j' u_j \equiv 0 \bmod m_i$对于任意的$i \neq j$都成立，所以有

$$x_0 \equiv \sum_{j=1}^{r} m_j' u_j a_j \equiv m_i' u_i a_i \equiv a_i \bmod m_i \tag{10-19}$$

于是就可构造该问题的一个解。对于两个同余方程$x_0 \equiv a_i \bmod m_i$和$x_1 \equiv a_i \bmod m_i$的解，有$x_0 \equiv x_1 \bmod m_i$。这等价于$x_0 - x_i$的差值能同时被所有的m_i整除，也就是可以被m_i的最小公倍数整数。由于m_i之间是两两互素的，所以其最小公倍数就是所有m_i的乘积。因此最后就有$x_0 \equiv x_1 \bmod m$成立。

现在可以应用中国剩余定理来解同余方程$x^2 \equiv a \bmod rs$，其中$\gcd(r, s)=1$，而r和s为不同的奇素数且均不能整除a。假设现在已经知道方程$y^2 \equiv a \bmod r$和$z^2 \equiv a \bmod s$的根，则可以用如上方法构造一个解满足同余方程组

$$x \equiv y \bmod r$$

$$x \equiv z \bmod s$$

其中，需要用到$x_0 := (zur + yvs) \bmod rs$，而$1 = ur + vs$。于是有$x_0^2 \equiv a \bmod r$且$x_0^2 \equiv a \bmod s$，又因为$\gcd(r, s)=1$，所以有$x_0^2 \equiv a \bmod rs$。至此就找到了上述二次同余方程的解。由前面可知，模r和模s的二次同余方程各自都有两个解，即$\pm y$和$\pm z$，则模rs的同余方程就有4个解。由$\pm y$和$\pm z$组成：

$$x_0 := zur + yvs \bmod rs \tag{10-20}$$

$$x_1 := -zur - yvs \bmod rs = -x_0 \bmod rs \tag{10-21}$$

$$x_2 := -zur + yvs \bmod rs \tag{10-22}$$

$$x_3 := zur - yvs \bmod rs = -x_2 \bmod rs \tag{10-23}$$

于是就有了一个将模奇数n的二次剩余方程$x^2 \equiv a \bmod n$的求解转化为对模素数p的求解。为此需要素数分解$n = p_1^{k_1} \cdots p_t^{k_t}$并计算模$p_i$的根。于是可以通过10.4.2小节介绍的递归得到同余方程$x_2 \equiv a \bmod p_i^{k_i}$的解，然后再运用中国剩余定理将这些解构造成方程$x^2 \equiv a \bmod n$的解。这里的函数正是为解同余方程$x^2 \equiv a \bmod n$作铺垫的。在此之前，需要有一个严格的假设：$n = p \cdot q$是两个奇素数$p$和$q$的乘积，并计算同余方程

$$x^2 \equiv a \bmod p$$

$$x^2 \equiv a \bmod q$$

的根x_1和x_2。由x_1和x_2可以根据前面的方法构造同余方程

$$x^2 \equiv a \bmod pq$$

的根，并输出模pq的a的最小平方根。

功能：对奇素数p和q计算模$p \cdot q$的a的平方根

语法：`int root_l(CLINT a_l,CLINT p_l,CLINT q_l,CLINT x_l);`

输入：a_l，p_l，q_l(操作数，p_l，q_l是大于2的素数)

输出：x_l(模p_l*q_l下a_l的平方根)

返回：0，假若a_l是模p_l*q_l的二次剩余

-1，否则

```
int
root_l (CLINT a_l, CLINT p_l, CLINT q_l, CLINT x_l)
 {
  CLINT x0_l, x1_l, x2_l, x3_l, xp_l, xq_l, n_l;
  CLINTD u_l, v_l;
  clint *xptr_l;
  int sign_u, sign_v;
```

用函数 proot_l()计算模 p_l 和 q_l 的平方根。假若 a_l== 0，则结果为 0。

```
if (0 != proot_l (a_l, p_l, xp_l) || 0 != proot_l (a_l, q_l, xq_l))
  {
    return -1;
  }
if (EQZ_L (a_l))
  {
    SETZERO_L (x_l);
    return 0;
  }
```

基于中国剩余定理需要考虑因子 u_l 和 v_l 的符号，并用额外的变量 sign_u 和 sign_v表示，而这两个值是由函数 xgcd_l()计算获得。这一步的结果是根 x_0。

```
mul_l (p_l, q_l, n_l);
xgcd_l (p_l, q_l, x0_l, u_l, &sign_u, v_l, &sign_v);
mul_l (u_l, p_l, u_l);
mul_l (u_l, xq_l, u_l);
mul_l (v_l, q_l, v_l);
mul_l (v_l, xp_l, v_l);
sign_u = sadd (u_l, sign_u, v_l, sign_v, x0_l);
smod (x0_l, sign_u, n_l, x0_l);
```

现在计算根 x_1、x_2 和 x_3。

```
sub_l (n_l, x0_l, x1_l);
msub_l (u_l, v_l, x2_l, n_l);
sub_l (n_l, x2_l, x3_l);
```

将最小的根作为结果返回。

```
  xptr_l = MIN_L (x0_l, x1_l);
  xptr_l = MIN_L (xptr_l, x2_l);
  xptr_l = MIN_L (xptr_l, x3_l);
  cpy_l (x_l, xptr_l);
  return 0;
}
```

由此可以将前面函数的代码序列扩展为多个同余方程同时满足，并以此简化中国剩余定理的实现。这样的处理过程由如下算法描述，该算法由 Garner 给出(参见[MOV]第 162 页)，它在对中国剩余定理的应用方面更有优势。因为相对于在模 $m=m_1m_2\cdots m_r$，模 m_i 运算能在时间上节省很大的成本。

解线性同余方程组 $x\equiv a_i \bmod m_i$，$1\leqslant i\leqslant r$ 且对 $i\neq j$ 满足 $\gcd(m_i, m_j)=1$ 的算法 1

1）令 $u\leftarrow a_1$、$x\leftarrow u$ 和 $i\leftarrow 2$。

2）令 $C_i\leftarrow 1$，$j\leftarrow 1$。

3) 令 $u \leftarrow m_j^{-1} \bmod m_i$(用 Euclidean 算法计算)$C_i \leftarrow uC_i \bmod m_i$。
4) 令 $j \leftarrow j+1$；假若 $j \leqslant i-1$，则回到步骤 3。
5) 令 $u \leftarrow (a_i - x)C_i \bmod x_i$ 和 $x \leftarrow x + u\prod_{j=1}^{i-1} m_j$ 。
6) 令 $i \leftarrow i+1$；假若 $i \leqslant r$，则回到步骤 2。否则，输出 x。

粗略地看，该算法似乎并不能达到所期望的结果，但事实上却可用归纳法来证明。为此令 $r=2$，于是在第 5 步中有

$$x = a_1 + ((a_2 - a_1)u \bmod m_2) \bmod m_1$$

于是就有 $x=a_1 \bmod m_1$。然而，我们有

$$x = a_1 + (a_2 - a_1)m_1(m_1^{-1} \bmod m_2) \equiv a_2 \bmod m_2$$

从 r 到 $r+1$ 直到归纳结束，假设算法能对某个 $r \geqslant 2$ 返回目标值 x_r，然后追加一个同余式 $x \equiv a_{r+1} \bmod m_{r+1}$。然后回到步骤 5 有

$$x \equiv x_r + ((a_{r+1} - x)\prod_{j=1}^{r} m_j^{-1}) \bmod m_{r+1}) \cdot \prod_{j=1}^{r} m_j$$

这里根据假设对 $i=1$，…，r 都有 $x \equiv x_r \equiv a_i \bmod m_i$。但我们有

$$x \equiv x_r + ((a_{r+1} - x)\prod_{j=1}^{r} m_j \cdot \prod_{j=1}^{r} m_j^{-1}) \equiv a_{r+1} \bmod m_{r+1}$$

至此该证明就结束了。

由于在程序中应用了中国剩余定理，所以函数会特别有用。因为它不再依赖于事先确定好的同余式的数目，所以允许在执行过程中指定同余式的数目。这种方法采用了前文的构造过程。遗憾的是，该过程并不具备只需在模 m_i 运算的优势，但它仍可以以常数级的内存开销来处理同余方程组的参数 a_i 和 m_i，其中 $i=1$，…，r，而 r 则为变量。这样的解法包含在如下的算法中，该算法来自[Cohe] 1.3.3 节。

解线性同余方程组 $x \equiv a_i \bmod m_i$，$1 \leqslant i \leqslant r$ 且对 $i \neq j$ 满足 $\gcd(m_i, m_j)=1$ 的算法 2

1) 令 $i \leftarrow 1$、$m \leftarrow m_1$ 和 $x \leftarrow a_1$。
2) 假若 $i=r$，则输出 x 并结束算法。否则，$i \leftarrow i+1$ 并对 $1=um+vm_i$ 使用扩展 Euclidean 算法计算 u 和 v。
3) 令 $x \leftarrow uma_i + vm_i x$，$m \leftarrow mm_i$，$x \leftarrow x \bmod m$ 并回到步骤 2。

如果为 3 个方程 $x=a_i \bmod m_i (i=1, 2, 3)$执行计算步骤，就能立即理解该算法。在步骤 2 中，当=2 时，有

$$1 = u_1 m_1 + v_1 m_2$$

在步骤 3 中，有

$$x_1 = u_1 m_1 a_2 + v_1 m_2 a_1 \bmod m_1 m_2$$

在循环的下一次中，$i=3$ 是处理参数 a_3 和 m_3。在步骤 2 中有

$$1 = u_2 m + v_2 m_3 = u_2 m_1 m_2 + v_2 m_3$$

在步骤 3 中，有

$$\begin{aligned} x_2 &= u_2 m a_3 + v_2 m_3 x_1 \bmod mm_1 \\ &= u_2 m_1 m_2 a_3 + v_2 m_3 u_1 m_1 a_2 + v_2 m_3 u_1 m_2 a_1 \bmod m_1 m_2 m_3 \end{aligned}$$

在生成模 m_1 的剩余 x_2 时，被加数 $u_2m_1m_2a_3$ 和 $v_2m_3u_1m_1a_2$ 就没有了，而且通过构造 $v_2m_3 \equiv v_1m_2 \equiv 1 \bmod m_1$，$x_2 \equiv a_1 \bmod m_1$ 就是第一个同余方程的解。同样可知，x_2 是其余的同余方程的解。

在接下来的函数 chinrem_l()中，将根据中国剩余定理实现构造理论归纳变种，该函数接口允许传递同余的变量数的系数。为此需要传递一个由偶数个指向 CLINT 对象的指针组成的数组，其中依次以 a_1，m_1，a_2，m_2，a_3，m_3，…作为同余方程组 $x \equiv a_i \bmod m_i$ 的系数。由于同余方程组 $x \equiv a_i \bmod m_i$ 解的数字的个数是以 $\sum_i \log(m_i)$ 为阶的，所以该过程由于依赖于同余方程的个数和参数的大小而导致容易发生溢出。因此，应该注意这样的错误并将错误信息作为函数的返回值返回。

功能：	用中国剩余定理解线性同余方程组
语法：	int chinem_l(int noofeq,clint * * coeff_l,CLINT x_l);
输入：	noofeq(同余方程的个数)
	coeff_l(指向同余方程组 $x \equiv a_i \bmod m_i$，$i=1$，…，noofeq 的系数 CLINT a_i 和 m_i 的指针数组)
输出：	x_l(同余方程组的解)
返回：	E_CLINT_OK，如果成功
	E_CLINT_OFL，如果溢出
	1，如果 noofeq 为 0
	2，如果 m_i 不是两两互素

```
int
chinrem_l (unsigned int noofeq, clint** coeff_l, CLINT x_l)
{
  clint *ai_l, *mi_l;
  CLINT g_l, u_l, v_l, m_l;
  unsigned int i;
  int sign_u, sign_v, sign_x, err, error = E_CLINT_OK;
  if (0 == noofeq)
    {
      return 1;
    }
```

初始化：输入第一个同余方程的系数。

```
cpy_l (x_l, *(coeff_l++));
cpy_l (m_l, *(coeff_l++));
```

假若还有其他的同余方程，即如果 no_of_eq> 1，则剩下的同余方程的参数继续该运算。假若 mi_l 与前面乘积 m_l 中的模数不互素，则函数结束并且将 2 作为错误码返回。

```
for (i = 1; i < noofeq; i++)
  {
    ai_l = *(coeff_l++);
    mi_l = *(coeff_l++);
    xgcd_l (m_l, mi_l, g_l, u_l, &sign_u, v_l, &sign_v);
    if (!EQONE_L (g_l))
```

```
    {
      return 2;
    }
```

下面的程序记录了溢出错误。在程序的最后，返回状态由存储在 error 中错误码表示。

```
err = mul_l (u_l, m_l, u_l);
if (E_CLINT_OK == error)
  {
    error = err;
  }
err = mul_l (u_l, ai_l, u_l);
if (E_CLINT_OK == error)
  {
    error = err;
  }
err = mul_l (v_l, mi_l, v_l);
if (E_CLINT_OK == error)
  {
    error = err;
  }
err = mul_l (v_l, x_l, v_l);
if (E_CLINT_OK == error)
  {
    error = err;
  }
```

辅助函数 sadd()和 s mod()分别处理变量 u_l 和 v_l 的符号 sign_u 和 sign_v。

```
      sign_x = sadd (u_l, sign_u, v_l, sign_v, x_l);
      err = mul_l (m_l, mi_l, m_l);
      if (E_CLINT_OK == error)
        {
          error = err;
        }
      smod (x_l, sign_x, m_l, x_l);
    }
  return error;
}
```

10.4.4 基于二次剩余的密码学

本小节将介绍二次剩余及其根在密码学应用方面的有趣例子。为此首先介绍 Rabin 加密过程，然后阐述 Fiat 和 Shamir 认证方案[⊖]。

1979 年，Michael Rabin 发表的加密过程(见[Rabi])正是基于在 $\mathbb{Z}_{pq}$ 上计算平方根的困难性上。其最重要的属性是可以证明其计算复杂度等同于素数分解问题(参见[Kran] 5.6 节)。由于对于加密而言该过程只需要在模 n 下进行平方，所以这是易于实现的，如下所述。

⊖ 8 非对称加密的基本概念，参见第 17 章。

Rabin 密钥生成

1）A 生成两个大素数 $p \approx q$ 并计算 $n = p \cdot q$。

2）A 将 n 作为公钥公开，并将 $\langle p, q \rangle$ 对用作私钥。

B 可以用公钥 n_A 对明文消息 $M \in \mathbb{Z}_n$ 以如下方式进行编码（加密）并发送给 A。

Rabin 加密

1）B 用函数 msqr_l() 计算 $C := M^2 \bmod n_A$ 并将加密后的文本 C 发送给 A。

2）为了解码消息，A 从 C 计算模 n_A 的 4 个平方根 $M_i (i=1, \cdots, 4)$，其中使用了函数 root_l()。这里进行适当的修改使得除了最小的根以外，其他 3 个根也作为函数的输出[⊖]。其中的一个根就是明文 M。

A 现在的问题是确定这 4 个根 M_i 中到底哪个才是明文 M。若 B 在对消息进行编码之前加入以下冗余信息，例如将最后 r 位重复一次，并将此通知给 A，那么 A 就可以顺利地选择正确的明文，因为另一个根恰好也有这样特征的概率微乎其微。

同时，冗余也能防止如下针对 Rabin 过程的攻击：假若一个攻击者 X 选择一个随机数 $R \in \mathbb{Z}_{n_A}^{\times}$ 并且可以从 A 获得方程 $X := R^2 \bmod n_A$ 的一个根 R_i（不论他如何说服 A 并获得该消息的），则 $R_i \neq R \bmod n_A$ 的概率依然有 1/2。

但是，由 $n_A = p \cdot q \mid (R_i^2 - R^2) = (R_i - R)(R_i + R) \neq 0$ 可知，$1 \neq \gcd(R - R_i, n_A) \in \{p, q\}$，则攻击者 X 就可以通过分析 n_A 来破解该密码（参见[Bres] 5.2 节）。另一方面，若明文中带有冗余，则 A 始终能分辨出哪个根代表了合法的明文。于是最多只有 A 能恢复 R（假设 R 的格式是正确的），而攻击者 X 却得不到任何有用的信息。

在现实世界中，使用该过程的一个必要条件是，能防止其他用户有意或无意地访问代表明文信息的根。

接下来基于二次剩余密码学应用的例子是，1986 年 Amos Fiat 和 Adi Shamir 提出的关于认证的方案。该过程在与智能卡连接的应用中特别适用。其方法为：令 I 是一个标识用户 A 身份信息的一系列字符，而 m 为两个大素数 p 和 q 的乘积。$f(Z, n) \rightarrow \mathbb{Z}_m$ 为一个随机函数，它将任意有限长度的字符 Z 和以某种不可预测的方式生成的自然数 n 映射成剩余类环 $\mathbb{Z}_m$ 中的元素。模数 m 的素数因子 p 和 q 只有认证中心知道，其他任何人都不知道。对于代表身份的 I 和已经确定的 $k \in \mathbb{N}$，认证中心的任务是以如下的过程生成密钥组件。

Fiat-Shamir 过程中的密钥生成算法

1）对 $i \geqslant k \in \mathbb{N}$，计算 $v_i = f(I, i) \in \mathbb{Z}_m$。

2）从 v_i 中选择 k 个互不相同的二次剩余 $v_{i_1}, \cdots, v_{i_k}$，并在 $\mathbb{Z}_m$ 中计算 $v_{i_1}^{-1}, \cdots, v_{i_k}^{-1}$ 的平方根 $s_{i_1}, \cdots, s_{i_k}$。

3）将值 I 和 $s_{i_1}, \cdots, s_{i_k}$ 安全地存储起来以防止未授权的访问（例如，存储在智能卡中）。

⊖ 设 $\gcd(M, n_A) = 1$ 且确实存在 C 的 4 个不同的根。否则发送者 B 就可以通过计算 $\gcd(M, n_A)$ 来分解接收者 A 的模数 n_A。这当然是公钥密码系统不允许的。

可以使用前面介绍的函数 jacobi_l()和 root_l()来生成密钥 s_{i_j}，而函数 f 可以使用第 17 章介绍的各种散列函数，例如 RIPEMD-160。正如 Adi Shamir 在一次会议中说道："任何疯狂的函数都可以胜任。"

在认证中心将敏感信息存储在智能卡中，A 就可以向通信的对方 B 证明自己的身份。

Fiat-Shamir 认证协议

1) A 将 I 和数 $i_j(j=1, \cdots, k)$ 发送给 B。

2) B 对 $j=1, \cdots, k$ 生成 $v_{i_j}=f(I, i_j)\in \mathbb{Z}_m$。接下来的步骤 3～步骤 6 从 $\tau=1$～t 重复执行 t 次(而 $t\in \mathbb{N}$ 的值已经确定了)：

3) A 选择一个随机数 $r_\tau\in \mathbb{Z}_m$ 并将 $x_\tau=r_\tau^2$ 发送给 B。

4) B 给 A 发送一个二进制向量$(e_{\tau_1}, \cdots, e_{\tau_k})$。

5) A 将 $y_\tau := r_\tau \prod_{e_{\tau_i}=1} s_i \in \mathbb{Z}_m$ 发送给 B。

6) B 验证 $x_\tau = y_\tau^2 \prod_{e_{\tau_i}=1} v_i$ 是否成立。

若 A 确实持有值 $s_{i_1}, \cdots, s_{i_k}$，则在步骤 6 中有

$$y_\tau^2 \prod_{e_{\tau_i}=1} v_i = r_\tau^2 \prod_{e_{\tau_i}=1} s_i^2 \cdot \prod_{e_{\tau_i}=1} v_i = r_\tau^2 \prod_{e_{\tau_i}=1} v_i^{-1} v_i = r_\tau^2$$

成立(所有计算都在 $\mathbb{Z}_m$ 中进行)，于是 A 就向 B 证明了自己的身份。一个企图仿冒 A 的攻击者只有 2^{-kt} 的概率能猜对每次在步骤 4 中 B 发送的向量$(e_{\tau_1}, \cdots, e_{\tau_k})$，作为预防措施攻击者在步骤 3 中将值 $x_\tau = r_\tau^2 \prod_{e_{\tau_i}=1} v_i$ 发送给 B，因为若 $k=t=1$ 则攻击者就有 1/2 的优势能攻击成功。因此 k 和 t 值的选择应该能够使攻击者没有成功的可能，同时也应根据应用的需要选择：

- 密钥的大小。
- A 与 B 之间交互的数据集合。
- 所需的计算时间，以乘法次数度量。

[Fiat]中给出了各种 k 和 t 且满足 $k\cdot t=72$。

总的来说，该过程的安全性依赖于秘密值 s_{i_j} 的存储、k 和 t 的选择以及大数分解难题：任何能将模数 m 分解为两个因子 p 和 q 的人都可以计算出密钥成分 s_{i_j}，那样这个过程就被破解了。因此，选择一个难以分解的模数就至关重要。关于这个问题，读者同样可以参考第 17 章，该章讨论的 RSA 模数的生成也有相同的要求。

Fait 和 Shamir 过程的另一个安全性是，A 可以任意多次重复地证明自己的身份而不用担心会泄漏自己的私钥信息。具有这样性质的算法称为零知识过程(参见[Schn] 32.11 节)。

10.5　素性检验

素数在 P 中。

——*M. Agrawa, N. Kaval, N. Saxena, 2002*

并非为了松弛悬念，最大的 Mersenne 素数为 M_{11213}，我相信它是目前为止已知的最大素数。它有 3375 位，因此为 $T-281\frac{1}{4}$ ⊖。

——*Isaac Asimov,《Adding a Dimension》, 1964*

找到了第 41 个公认的 Mersenne 素数!!!

——*http://www.mersenne.org/prime.htm(May2004)*

对素数及其性质的研究是数论中最古老的分支之一，同时也是密码学的基石之一。从将素数合适地定义为大于 1 且除了 1 和本身以外没有约数的自然数开始，涌现了一系列困扰数学家多个世纪的疑问和问题，其中的许多至今都未被解答或未能解决。这样的疑问包括："素数的个数是无穷的吗?""素数在自然数中是如何分布的?""如何判断一个数是否是素数?""如何确定一个数不是素数，即为合数?""如何找到一个合数的所有素数因子?"

Euler 在大约 2300 多年前就证明了有无穷多个素数存在的结论(参见[Bund]第 5 页，尤其是第 39 页和第 40 页有趣的证明变种和严格的证明变种)。另一个需要明确给出的重要事实(尽管至今为止，该事实只是谨慎的猜想，尚未被理论证明)是：算术基本定理表明每一个大于 1 的自然数都可以唯一地表示为有限多个素数相乘的形式，而其唯一性正是由这些因子的阶所决定的。因此，事实上素数就是构造整个自然数的基础成分。

只有注意力集中在自然数的本质上而不是因为那些难以处理的大整数而分散精力，就可以接近以经验为主的一系列疑问并进行具体的计算。但值得注意的是，问题解决的水平很大程度依赖于所使用算法的有效性和可用的计算机的能力。

因特网上公布的已被确认为素数的大整数的列表表明近年来所发现的大素数所具有的惊人的规模(见表 10-1 和 http://www.mersenne.org)。

表 10-1　10 个公认的最大的素数(截至 2004 年 12 月)

素数	位数	发现者	发现年份
$2^{24\,036\,583}-1$	7 235 733	Findley	2004
$2^{20\,996\,011}-1$	6 320 430	Shafer	2003
$2^{13\,466\,917}-1$	4 053 946	Cameron、Kurowski	2001
$2^{6\,972\,593}-1$	2 098 960	Hajratwala、Woltman、Kurowski	1999
$5539\cdot 2^{5\,054\,502}+1$	1 521 561	Sundquist	2003
$2^{3\,021\,377}-1$	909 526	Clarkson、Woltman、Kurowski	1998
$2^{2\,976\,221}-1$	895 932	Spence、Woltman	1997
$1\,372\,930^{131\,072}+1$	804 474	Heuer	2003
$1\,361\,244^{131\,072}+1$	803 988	Heuer	2004
$1\,176\,694^{131\,072}+1$	795 695	Heuer	2003

公认的最大的素数都是以 2^p-1 的形式出现的。可以以此方式表示的素数称为 Mersenne 素数，以 Marin Mersennede(1588—1648)的名字命名，他在完美数的研究中发现了素数的这种特殊结构。(如果一个自然数的值等于其因子值的和，则称这个数为完美数。例如 496 就是一个完美数，因为 496=1+2+4+8+16+31+62+124+248。)

对于 p 的每一个因子 t，都有 2^t-1 也是 2^p-1 的因子。因为假设 $p=ab$，所以

$$2^p-1=(2^a-1)(2^{a(b-1)}+2^{a(b-2)}+\cdots+1)$$

⊖　T 代表万亿，按照 Asimov 定义的数量级，$1T=10^{12}$。因此 $T-281\frac{1}{4}$表示 $10^{12\cdot 281.25}=10^{3375}\approx 2^{11\,211.5}$。

因此，只有当 p 是素数时，2^p-1 才为素数。Mersenne 本人在 1644 年声称(当时还未完全证明)对于 $p\leqslant 257$，只有当 $p\in\{2, 3, 5, 7, 13, 17, 19, 31, 67, 127, 257\}$时，才有 2^p-1 也是素数。除了对 $p=67$ 和 $p=257$ 最后证实 2^p-1 不是素数以外，Mersenne 推测的其他情形都被证明是正确的，同时对许多其他指数也有类似的结果(参见[Knut] 4.5.4 节和[Bund] 3.2.12 节)。

根据目前 Mersenne 素数的发现可以推测存在无穷多个素数 p 可以构造 Mersenne 素数。但是事实上该猜想并未被证明(参见[Rose] 1.2 节)。在[Rose]第 12 章中还可以看到，素数理论王国中其他一些尚未解决问题的一个有趣的概述。

由于在密码学公钥算法中的重要性，素数及其性质越来越受到大家的关注。分析算法数论在公钥密码学及其他话题中的应用变得前所未有受欢迎挺是挺有意思的。如何判断一个数是否为素数以及如何将一个数分解为素数乘积的形式是最受关注的两个问题。许多公钥算法(其中最著名的 RSA 过程)的密码学可靠性都基于分解素因子是一个困难问题(从计算复杂度的角度)的事实。至少迄今为止该问题在多项式时间内是无法求解的[⊖]。

直到最近，判断一个数是否为素数并找到一个确定的证明来说它是一个素数，在较弱的情形下也没有多项式时间算法。但是依然存在一些检验能以非常小的不确定性判断一个数是否为素数，并且一旦确定该数为合数，则该判断就确定了。这样的概率检验可以在多项式时间内执行以补偿元素的些许不确定性，并且可以看到这种“假阳性”(即错误地将一个合数判断为素数。——译者注)的概率可以通过重复足够多次的检验而将其控制到任意小的正数内。

一个判定某给定自然数 N 以内的所有素数的珍贵而有效的方法是由古希腊哲学家和天文学家 Eratosthenes(公元前 276—公元前 195，参见[Saga])提出，并为了纪念他而取名为 Eratosthenes *筛法*。首先用一张包含所有大于 1 而小于或等于 N 的自然数的表，然后从第一个素数 2 开始将表中所有比 2 大的 2 的倍数除去。第一个剩下的比刚才用的素数(刚才的例子中是 2)大的数即为素数 p，于是它的倍数 $p(p+2i)(i=0, 1, \cdots)$也同样从表中除去。该过程持续到找到第一个比$\sqrt{N}$大的素数为止。于是表中剩下而未被除去的数就是小于或等于 N 的所有素数。它们是被筛子“筛住”的。

下面简要地阐述为什么 Eratosthenes 筛法能如其声称的那么有效：首先，归纳法可以立即证明某个素数上未被除去的第一个数也是素数。因为如果不是，该数就有一个更小的素因子而应该早在之前就已经因该素因子的倍数而被除去。因为只有合数才会被除去，所以在这个过程中不会有素数被遗漏。

另外，只需对 $p\leqslant\sqrt{N}$中的每个素数 p 的倍数进行除去操作就够了。因为如果 T 是 N 最小的合适的因子，所以 $T\leqslant\sqrt{N}$。因此如果一个合数 $n\leqslant\sqrt{N}$仍然未被除去，则该数会有一个最小的素数因子 $p\leqslant\sqrt{n}\leqslant\sqrt{N}$，那么 n 就会早在作为 p 的倍数时就被除去了，这与假设相矛盾。接下来要考虑的是，如何实现这样的筛选过程。作为准备，首先需要设计可编程的算法。为此考虑以下几点：因为除了 2 以外没有偶数的素数，所以只需要将奇数作为素性检验的对象。可以构造表 f_i，$1\leqslant i\leqslant\lfloor(N-1)/2\rfloor$来表示数 $2i+1$ 的素数性质而不需要列出所有的奇数。其次，可以用变量 p 包含当前 $2i+1$ 的值，该值是(想象中)刚才奇数表中的一个，而变量 s 满足 $2s+1p^2=(2i+1)^2$，即 $s=2i^2+2i$。于是就可以构造如如下算法

⊖ 如果想了解密码学复杂度理论方面的讨论，可以参阅[HKW]第 6 章或[Schn] 19.3 节和 20.8 节。并且其中有许多更进一步的参考文献。同时读者也可以阅读本书 10.4 节的脚注。

（参见[Knut] 4.5.4节习题8）。

Eratosthenes 筛法，计算小于或等于 N 自然数的所有素数

1) 令 $L \leftarrow \lfloor (N-1)/2 \rfloor$，$B \leftarrow \lceil \sqrt{N}/2 \rceil$。对 $1 \leqslant i \leqslant L$，令 $f_i \leftarrow 1$。并令 $i \leftarrow 1$，$p \leftarrow 3$ 和 $s \leftarrow 4$。
2) 假若 $f_i = 0$，则跳到步骤4。否则，输出 p 作为一个素数并令 $k \leftarrow s$。
3) 假若 $k \leqslant L$，则令 $f_k \leftarrow 0$、$k \leftarrow k+p$ 并重复步骤3。
4) 假若 $i \leqslant B$，则令 $i \leftarrow i+1$、$s \leftarrow s+2p$ 和 $p \leftarrow p+2$ 并回到步骤2；否则，算法结束。

该算法可以转换为如下的程序，该程序返回一个指向 ULONG 值列表的指针。而该列表中的值是以升序排列的所有小于输入值的素数。

功能：素数生成器（Eratosthenes 筛法）
语法：ULONG* genprimes (ULONG N);
输入：N（素数搜索的上界）
返回：一个指向小于或等于 N 的素数（ULONG 类型）组成的数组的指针。（在 0 的位置表示找到的素数的个数。）
NULL，如果 malloc() 出错

```
ULONG *
genprimes (ULONG N)
{
  ULONG i, k, p, s, B, L, count;
  char *f;
  ULONG *primes;
```

第1步：变量初始化。辅助函数 ul_iroot() 用来计算一个 ULONG 变量平方根的整数部分。为此使用了10.3节中阐述的过程。然后为合数动态分配一个数组 f。

```
B = (1 + ul_iroot (N)) >> 1;
L = N >> 1;
if (((N & 1) == 0) && (N > 0))
  {
    --L;
  }

if ((f = (char *) malloc ((size_t) L+1)) == NULL)
  {
    return (ULONG *) NULL;
  }

for (i = 1; i <= L; i++)
  {
    f[i] = 1;
  }
p = 3;
s = 4;
```

第 2、3 和 4 步包含真正的筛选。变量 i 表示数值 2i+ 1。

```
for (i = 1; i <= B; i++)
  {
    if (f[i])
      {
        for (k = s; k <= L; k += p)
          {
            f[k] = 0;
          }
      }

    s += p + p + 2;
    p += 2;
}
```

现在可以报告素数的个数，并分配相应数量的 ULONG 变量的空间。

```
for (count = i = 1; i <= L; i++)
  {
    count += f[i];
  }

if ((primes = (ULONG*)malloc ((size_t)(count+1) * sizeof (ULONG))) == NULL)
  {
    return (ULONG*)NULL;
  }
```

对 f[]字段进行评估，在 primes 字段存储所有标识为素数的数 2i+1。假若 N≥2，则 2 也被计数。

```
for (count = i = 1; i <= L; i++)
  {
    if (f[i])
      {
        primes[++count] = (i << 1) + 1;
      }
  }

if (N < 2)
  {
    primes[0] = 0;
  }
else
  {
    primes[0] = count;
    primes[1] = 2;
  }

  free (f);
  return primes;
}
```

根据前文所述，用所有小于或等于$\sqrt{N}$的素数除整数 n，可以判断一个整数 n 是否为合数。假如没有找到这样的因子，则 n 本身就是一个素数，而素数检验使用的因子正是由 Eratosthenes 筛法给出的。但是这个方法并不实用，因为需要检验的素数的个数会很快增长到非常大的规模。特别是，根据 A. M. Legendre 提出的猜想，即素数定理，随着 x 无限增大，素数 $p(2\leqslant p\leqslant x)$的 $\pi(x)$值会接近到 $x/\ln x$(参见，[Rose]第 12 章)[⊖]。小于给定数 x 的素数的一部分数的值可以用来弄清楚将要处理的数的大小。表 10-2 给出了 $\pi(x)$和 $x/\ln x$，前者为小于或等于 x 的素数的确切个数，后者为近似值。最后一个单元格中的问号表示希望有读者来计算并填上。

表 10-2　小于各种限制 x 的素数个数

x	10^2	10^4	10^8	10^{16}	10^{18}	10^{100}
$x/\ln x$	22	1086	5 428 681	271 434 051 189 532	24 127 471 216 847 323	4×10^{97}
$\pi(x)$	25	1229	5 761 455	279 238 341 033 925	24 739 954 287 740 860	?

随着 x 位数的增长需要为除法测试而进行运算的次数会呈指数增长。因此单纯地使用除法测试对于大整数的素性判断而言是不实用的。应该看到的，实际上除法检测是其他检验方法的一个辅助。但是通常的素性检验只满足于检验一个数是否为素数，而不希望直接对其进行分解。该情形下的改进由 Fermat 小定理给出，它指出对于一个素数 p 和所有不是 p 的倍数的自然数 a，满足 $a^{p-1}\equiv 1 \bmod p$。

由上述事实可以得到一个素数检验的方法，称为 Fermat 检验：如果对某个数 a 有 $\gcd(a，n)\neq 1$或者当 $\gcd(a，n)=1$ 时有同余式 $1\equiv a^{n-1} \bmod n$ 不成立，则 n 即为合数。幂运算 $a^{n-1}\equiv 1 \bmod n$ 需要 $O(\log^3 n)$的 CUP 操作，并且经验表明只有极少的合数表现出不是素数的性质。但是，也有例外，这些例外也就限制了 Fermat 检验的可用性。因此需要特别关注这些问题。

首先应该明白 Fermat 小定理的逆命题并不成立：不是所有的整数 n $(1\leqslant a\leqslant n-1)$，当 $\gcd(a，n)=1$ 且 $a^{n-1}\equiv 1 \bmod n$ 时就认为 n 为素数。只要 a 和 n 互素时合数 n 就可以通过 Fermat 检验。这些数称为 Carmichael 数，为了纪念发现者 Robert Daniel Carmichael (1879—1967)。这些有意思的对象中最小的为

$$561=3\cdot 11\cdot 17,1105=5\cdot 13\cdot 17,1729=7\cdot 13\cdot 19$$

所有 Carmichael 数都有一个共同的性质，即都有至少 3 个不同的素数因子(参见[Kobl]第 5 章)。直到 20 世纪 90 年代才证明 Carmichael 数存在无限多个(参见[Bund] 2.3 节)。

小于 n 的数与 n 互素的相对概率为

$$1-\frac{\phi(n)}{n-1} \tag{10-24}$$

(函数 ϕ 表示 Euler 函数)，所以与其不互素的大整数 n 的数的比例接近 0。因此，在大多数情形下，需要多次遍历 Fermat 检验来确定一个 Carmichael 数是否为合数。假设 a 遍历 $(2\leqslant a\leqslant n-1)$，最终找到一个 n 的最小素因子，那么只可能当 a 假定为该值时揭示 n 为合数。

除了 Carmichael 数以外，还有其他奇合数 n，存在自然数 a，使得 $\gcd(a，n)=1$ 且 $a^{n-1}\equiv 1 \bmod n$ 成立。这些数称为以 a 为底的伪素数。显然，可以观察到只有少数以 2 或以 3 为底的伪素数，例如直到 25×10^9 为止也只有 1770 个整数同时是以 2、3、5 和 7 为底的伪素数(参见[Rose] 3.4 节)，但遗憾的是，仍然没有一个通用的评估方法来判定合数的 Fermat 同余解的个数。因此 Fermat 检验的问题在于其不确定性，即随机检验的方法是否能检查出合数，同时检查的次数是否与结果无关。

⊖ 素数定理分别由 Jacques Hadamard 和 Charles-Jacques de la vallee Poussin 在 1896 年各自独立证明了(参见[Bund] 7.3 节)。

但是，根据 Euler 准则可以提供这样的联系(参见 10.4.1 节)：对于一个奇素数 p，所有不是 p 的倍数的整数 a，都有

$$a^{(p-1)/2} \equiv \left(\frac{a}{p}\right) \bmod p \tag{10-25}$$

其中 $\left(\frac{a}{p}\right) \equiv \pm 1 \bmod p$ 表示 Legendre-Jacobi 符号。同理，根据 Fermat 小定理可以通过如下逆否命题获得一个排除准则：

如果对于一个自然数 n 存在一个整数 a，满足 $\gcd(a, n)=1$ 且 $a^{(n-1)/2} \equiv \left(\frac{a}{n}\right) \bmod n$，则 n 不可能为素数。

建立该准则所需的计算代价与 Fermat 检验相同，也是 $O(\log^3 n)$。

正如 Fermat 检验中存在伪素数问题一样，对于合数 n，依然存在一个确定的数 a，满足 Euler 准则。这样的数 n 称为以 a 为底的 *Euler 伪素数*。一个例子是 $n=91=7 \cdot 13$ 是以 9 和 10 为底的 Euler 伪素数，因为有 $9^{45} \equiv \left(\frac{9}{91}\right) \equiv 1 \bmod 91$ 和 $10^{45} \equiv \left(\frac{10}{91}\right) \equiv -1 \bmod 91$ ⊖。

以 a 为底的 Euler 伪素数一定是以 a 为底的伪素数，因为对 $a^{(n-1)/2} \equiv \left(\frac{a}{n}\right) \bmod n$ 两边同时平方就有 $a^{(n-1)} \equiv 1 \bmod n$。

但是，对于 Euler 准则没有 Carmichael 数的对应部分，并且根据 R. Solovay 和 V. Strassen 的观察可以看到，对 Euler 伪素数误判的风险容易从上述的讨论中得到界定。

1) 对于一个合数 n，满足 $a^{(n-1)/2} \equiv \left(\frac{a}{n}\right) \bmod n$ 且与其互素的整数 a 的个数不超过 $\frac{1}{2}\phi(n)$(参见[Kobl] 2.2 节，习题 21)。由此可以得到下面的命题。

2) 对于一个合数 n，随机选择 k 个自然数 a_1，…，a_k 与 n 互素且存在 $1 \leqslant r \leqslant k$，使得 ${a_r}^{(n-1)/2} \equiv \left(\frac{a_r}{n}\right) \bmod n$ 的概率不超过 2^{-k}。

这些结论可以帮助实现 Euler 准则作为一个概率素数检验的方法，其中"概率"表明如果检验返回的结果是"n 不是一个素数"，则该结果是确定的，但是当判断 n 确实为一个素数时会有一定的出错概率。

算法：概率素性检验 Solvay-Sreassen，用来检验一个自然数 n 是否为合数

1) 选择一个随机数 $a \leqslant n-1$，满足 $\gcd(a, n)=1$。

2) 如果满足 $a^{(n-1)/2} \equiv \left(\frac{a}{n}\right) \bmod n$，则输出"$n$ 可能为一个素数"。否则，输出"n 为合数"。

这个检验需要 $O(\log^3 n)$ 的计算时间来进行指数运算和 Jacobi 符号计算。通过重复运用该检验可以降低步骤 2 中的错误概率。例如，对于 $k=60$，有小于 $2^{-60} \approx 10^{-18}$ 的几乎可以忽略的错误概率，同时 D. Knuth 还指出该值小于瞬态硬件错误的概率，例如由一个 α 粒

⊖ 因为在 $\mathbb{Z}_{91}$ 中 3 是 9 的阶、6 是 10 的阶，所以有 $9^3 \equiv 10^6 \equiv 1 \bmod 91$。因此 $9^{45} \equiv 9^{3 \cdot 15} \equiv 1 \bmod 91$ 和 $10^{45} \equiv 10^{6 \cdot 7+3} \equiv 10^3 \equiv -1 \bmod 91$。

子侵入计算机 CPU 或内存而改变一位的值而导致的错误。

现在可以满足于该检验，因为可以控制错误的概率并对所需的运算具备有效的算法。但是，还有一些结论可以导出更加高效的算法。为此有必要介绍可以帮助读者理解那些使用最为广泛的概率素性检验的一些考虑。

首先假设 n 是素数。则根据 Fermat 小定理，对不是 n 的倍数的整数 a，有 $a^{n-1}\equiv 1 \bmod n$。于是 $a^{n-1} \bmod n$ 的平方根就只能是 1 或 −1，因为这是同余方程 $x^2\equiv 1 \bmod n$ 唯一的解(参见 10.4.1 节)。若从 $a^{n-1} \bmod n$ 的平方根开始逐个计算后续的平方根

$$a^{(n-1)/2} \bmod n, a^{(n-1)/4} \bmod n, \cdots, a^{(n-1)/2^t} \bmod n$$

直到 $(n-1)/2^t$ 为奇数为止，假如在此过程中有一个剩余不为 1，则这个剩余的值只能为 −1，否则 n 就不可能为素数，这是前面所假设的。针对第一个平方根不同于 1 而是 −1 的情形，坚持假设 n 是一个素数。不过，若 n 是一个合数，则称 n 是基于这种特殊性质的一个以 a 为底的**强伪素数**。以 a 为底的强伪素数一定是以 a 为底的 Euler 伪素数(参见[Kobl]第 5 章)。

可以将这个思想融入下面的概率素性检验中，尽管为了较高的效率需要首先计算幂 $b=a^{(n-1)/2^t} \bmod n$，其中 $(n-1)/2^t$ 为奇数，并且若这个值不为 1，则继续对 b 进行平方运算直到获得一个值为 ±1 或达到 $a^{(n-1)/2} \bmod n$。最后就有要么 $b=-1$ 要么 n 为合数。该缩短算法的思想(使得不需要计算最后的平方)来自于[Cohe] 8.2 节。

对奇数 $n>1$ 的概率素性检验的 Miller-Rabin 算法

1) 用 $n-1=2^t q$ 确定 q 和 t，其中 q 为奇数。
2) 选择一个随机整数 a，$1<a<n$。令 $e\leftarrow 0$，$b\leftarrow a^q \bmod n$。如果 $b=1$，输出“n 可能是一个素数”并结束算法。
3) 只要 $b\not\equiv \pm 1 \bmod n$ 且 $e<t-1$，则令 $b\leftarrow b^2 \bmod n$，$e\leftarrow e+1$。如果此时 $b\neq n-1$，则输出“n 为合数”。否则，输出“n 可能是一个素数”。

Miller-Rabin 检验(简称 MR 检验)也需要 $O(\log^3 n)$ 的指数运算时间，因此在复杂度上与 Solovay-Steassen 检验的数量级是相同的。

强伪素数的存在意味着 Miller-Rabin 素性检验值提供了对合数的确定性判断。例如，上文提到的例子 91，它既是以 9 为底的 Euler 伪素数，同时也是以 9 为底的强伪素数。更多的强伪素数的例子有

$$2\,152\,302\,898\,747 = 6763 \cdot 10\,627 \cdot 29\,947$$

和

$$3\,474\,749\,660\,383 = 1303 \cdot 16\,927 \cdot 157\,543$$

这两个数也是 10^{13} 以下以 2、3、5、7 为底的仅有的两个伪素数(参见[Rose] 3.4 节)。

幸运的是，强伪素数的个数也因为这些数的存在而变少了。M. Rabin 证明了对于一个合数 n，存在小于 $n/4$ 个的底数 $a(2\leqslant a\leqslant n-1)$，而此时 n 为强伪素数(参见[Knut] 4.5.4 节、练习 22 和[Kobl]第 5 章)。由此可以通过选择 k 个随机的底数 $a_1, \cdots, a_k$ 而得到一个 k 层的重复检验，该检验能以小于 4^{-k} 的概率检验出被错误地当作素数的强伪素数。因此，对于相同的工作量，Miller-Rabin 检验比 Solovay-Steassen 检验更优，因为 k 次重复检验能将错误的概率限定在 2^{-k} 以内。

实际上，Miller-Rabin 检验比声称做得还要好，因为在绝大多数情况下实际错误的概

率比 Rabin 定理所保证的概率要小得多(参见[MOV] 4.4 节和[Schn] 11.5 节)。

在实现 Miller-Rabin 检验之前，先看两个优化效率的方法。

以除法筛选作为 Miller-Rabin 检验的开始，该筛选能将素数候选数除小素数，于是可以有一个好处：假若在这个过程中找到一个因子，则这个候选数就可以直接排除而不需要用 Miller-Rabin 检验处理。于是问题立刻变为在执行 MR 检验之前能有多少个素数可以用来除其他的数。根据 A. K. Lenstra，可以给出一个建议：假若用 2000 以内的 303 个素数去除会有最高的效率(参见[Schn] 11.5 节)。这个结论所基于的理由是，在 n 以内的奇数没有素数因子的相对频率大约为 $1.12/\ln n$。用 2000 以内的素数删除合数可以在使用 MR 检验之前删除 85%的合数，于是 MR 检验只需要作用于剩余的候选数。

每一次用小除数做除法只需要 $O(\ln n)$阶的计算时间。因此可以用高效的除法例程(尤其是小除数)来构建除法筛选。

除法筛选可以用如下的函数 sieve_l()实现。函数中将小于 65 536 的素数依次存放在 smallprimes[NOOFSMALLPRIMES]字段中。这些素数分别存储，其中每个素数值需 1 字节的存储空间。对这些素数的少量访问并非一个严重的问题，因为都是按它们的实际顺序使用的。值得注意的是，如果候选数本身就是包含在其中的小素数，则需要特别指出。

最后，还可以在应用 MR 检验时从小底数也是小素数 2，3，4，5，7，11，$\cdots < B$ 的指数函数中获得更好的效率而不是计算随机选择的底数(参见第 6 章)。根据经验，这样做不会影响检验的结果。

现在介绍除法检验。该函数使用从函数 div_l()发展而来的对小除数的除法例程。

功能：	除法筛选
语法：	ULONG sieve_l(CLINT a_l,unsigned no_of_smallprimes);
输入：	a_l(素性搜索的候选数) no_of_smallprimes(除了 2 以外，作为除数的素数)
返回：	素数因子，如果找到一个 1，如果候选数本身就是素数 0，如果未找到因子

```
USHORT
sieve_l (CLINT a_l, unsigned int no_of_smallprimes)
{
  clint *aptr_l;
  USHORT bv, rv, qv;
  ULONG rhat;
  unsigned int i = 1;
```

为了完备性，首先检验 a_l 是否为 2 的倍数。假若 a_l 中有值 2，则返回 1，而若 a_l 比 2 大且为偶数，则将 2 作为因子返回。

```
if (ISEVEN_L (a_l))
  {
    if (equ_l (a_l, two_l))
      {
        return 1;
      }
    else
```

```
          {
            return 2;
          }
      }
    bv = 2;
    do
      {
```

这些素数是由存储在 smallprimes[]中的素数和存储在变量 bv 中的值相加而得到的。第一个用作除数的素数是 3。使用一个 USHORT 类型来做快速的除法（参见 4.3 节）。

```
        rv = 0;
        bv += smallprimes[i];
        for (aptr_l = MSDPTR_L (a_l); aptr_l >= LSDPTR_L (a_l); aptr_l--)
          {
            qv = (USHORT)((rhat = ((((ULONG)rv) << BITPERDGT) + (ULONG)*aptr_l)) / bv);
            rv = (USHORT)(rhat - (ULONG)bv * (ULONG)qv);
          }
      }
    while (rv != 0 && ++i <= no_of_smallprimes);
```

如果找到一个实际的除数（rv== 0 且 bv≠a_l；否则，a_l 本身就是一个素数!），则返回此除数。如果 a_l 本身就是一个小素数，则返回 1，否则，返回 0。

```
  if (0 == rv)
    {
      if (DIGITS_L (a_l) == 1 && *LSDPTR_L (a_l) == bv)
        {
          bv = 1;
        }
      /* else: result in bv is a prime factor of a_l */
    }
  else /* no factor of a_l was found */
    {
      bv = 0;
    }
  return bv;
}
```

函数 sieve_l()可以用来将 CLINT 对象中小于 65536 的素数因子分离出来。为此，在 flint.h 中定义了宏 SFACTOR_L(n_l)来调用 sieve_l(n_l, NOOFSMALLPRIMES)以便用存储在 smallprimes[]中的素数来检验是否能整除 n_l。通过重复调用 SFACTOR_L()寻找因子来除操作数就可以将小于 2^{32} 的整数（即在标准整型变量所能表达的整数）都分解。如果未找到因子，则认为正在处理一个素数。

成熟的检验函数 prime_l()整合了除法筛选和 Miller-Rabin 检验。为了保持其最大的可用性，构造函数时将检验前的除法次数和通过 Miller-Rabin 检验的次数作为参数传递。为了简化应用，可以调用宏 ISPRIME_L(CLINT n_l)来调用预先设置参数的函数 prime()。

关于到底需要重复多少次 Miller-Rabin 检验来保证可靠的结果是一个开放性问题，在不同的文献中有不同的建议。例如，[Gord]和[Schn]建议为了密码学的目的可以重复 5 次，而[Cohe]中的算法却规定需要 25 次。[Knut]的建议认为检验中使用 25 次可以使得 10 亿个候选数中将合数错误地接受为素数的可能性小于 10^{-6}，尽管这个次数 25 并非明确地被赞同，以至于作者甚至提出一个较有哲理的疑问："我们是否真的需要对素数进行严

格的证明?” ⊖

在数字签名的应用领域，有一种观点认为素数生成的错误概率在 $2^{-80}\approx10^{-24}$ 以下就可以接受了(在欧洲，也正在讨论这个界限可以为 $2^{-60}\approx10^{-18}$)，这样就保证在生成大量的密钥时，错误几乎完全可以被排除。而文献[RegT]在 2010 年建议这个阈值应该低于 2^{-100}。具体到 Rabin 对错误概率的估计，意味着需要进行 40 或 30 次 Miller-Rabin 检验，这会随着被检验数的增大而使计算时间大大增加。但事实上，也存在灵敏的评估，它们不仅仅依赖于检验的次数，同时也依赖于素数候选数的长度(参见[DaLP]和[Burt])。在[DaLP]中证明了如下的不等式，其中 $p_{l,k}$ 表示随机选择 l 位二进制长度的奇数在通过 k 次 Miller-Rabin 检验后依然为合数的概率：

$$p_{l,k} < l^2 4^{2-\sqrt{l}} \quad l \geqslant 2 \tag{10-26}$$

$$p_{l,k} < l^{3/2} 2^k k^{-1/2} 4^{2-\sqrt{kl}} \quad k=2,\ l\geqslant 88,\ \text{或}\ 3\leqslant k\leqslant l/9,\ l\geqslant 21 \tag{10-27}$$

$$p_{l,k} < \frac{7}{20} l \cdot 2^{-5k} + \frac{1}{7} l^{15/4} 2^{l/2-2k} + 12 \cdot l \cdot 2^{-l/4-3k} \quad l/9\leqslant k\leqslant l/4,\ l\geqslant 21 \tag{10-28}$$

$$p_{l,k} < \frac{1}{7} l^{15/4} 2^{-l/2-2k} \quad k\geqslant l/4,\ l\geqslant 21 \tag{10-29}$$

从上述不等式可以计算对于给定位数的数字进行多少次 Miller-Rabin 检验可以将错误概率控制到多低的程度，或者对于给定错误概率的要求需要进行多少次检验。这些结论远胜于 Rabin 的推断，根据 Rabin 的断言需要 k 次重复才能将错误概率控制在 4^{-k} 以下。表 10-3说明为了达到错误概率小于 2^{-80} 和 2^{-100}，所需要检验的次数 k 和检验数 l 的二进制长度的关系。

表 10-3 为了达到错误概率小于 2^{-80} 和 2^{-100}，所需要检验的次数 k 和检验数 l 的二进制长度的关系(根据[DaLP])

概率 $<2^{-80}$		概率 $<2^{-100}$	
l	k	l	k
49	37	49	47
73	32	73	42
105	25	105	35
137	19	132	29
197	15	198	23
220～234	13	223	20
235～251	12	242	18
252～272	11	253	17
273～299	10	265	16
300～331	9	335	12
332～374	8	480～542	8
375～432	7	543～626	7
433～513	6	627～746	6
514～637	5	747～926	5
638～846	4	927～1232	4
847～1274	3	1233～1853	3
1275～2860	2	1854～4095	2
⩾2861	1	⩾4096	1

⊖ 文献[BCGP]提到的 Knuth 的断言仅仅因为对大多数合数发生错误的概率足够小于 1/4 以下才成立，否则 Knuth 给出的错误上界将很大程度上依赖于给定的这个数。

在式(10-26)～式(10-29)中并未考虑在 Miller-Rabin 检验之前进行的除法筛选。由于该筛选能以很高的频率降低合数候选数的个数，所以可以认为对于给定的 l 和 k 所能期望的错误概率还要低很多。

关于在随机选择素数的生成过程中与错误概率相关的条件概率的微妙问题的讨论，请参考[BCGP]和[MOV]4.4节。

在如下的函数 prime_l()中，将考虑表10-3中的值。其中使用了幂运算函数 wmexp_()，该函数结合了 Montgomery 算法，它利用从小底数进行幂运算的优势(参见第6章)。

功能：带除法筛选的 Miller-Rabin 概率素性检验

语法：
```
int  prime_l(CLINT a_l,
          unsigned int no_of_smallprimes,
          unsigned int iterations);
```

输入：n_l(素性候选数)
no_of_smallprimes(用于除法筛选的素数个数)
iterations(Miller-Rabin 检验的迭代次数；如果 iterations== 0 它由表10-3决定)

返回：1，如果候选数可能是素数
0，如果候选数为合数或等于1

```
int
prime_l (CLINT n_l, unsigned int no_of_smallprimes, unsigned int iterations)
{
  CLINT d_l, x_l, q_l;
  USHORT i, j, k, p;
  int isprime = 1;

  if (EQONE_L (n_l))
    {
      return 0;
    }
```

现在执行除法检验。如果找到因子，则函数结束并返回0。如果 sieve_l()返回1，则表示 n_l 本身就是素数，于是函数结束并返回1；否则，执行 Miller-Rabin 检验。

```
k = sieve_l (n_l, no_of_smallprimes);
if (1 == k)
  {
    return 1;
  }
if (1 < k)
  {
    return 0;
  }
else
  {
    if (0 == iterations)
```

如果传递参数 iterations == 0，则根据 n_l 的位数可以确定错误率在 2^{-80} 以内所需的最优的迭代次数。

```
{
  k = ld_l (n_l);
  if (k < 73) iterations = 37;
  else if (k < 105) iterations = 32;
  else if (k < 137) iterations = 25;
  else if (k < 197) iterations = 19;
  else if (k < 220) iterations = 15;
  else if (k < 235) iterations = 13;
  else if (k < 253) iterations = 12;
  else if (k < 275) iterations = 11;
  else if (k < 300) iterations = 10;
  else if (k < 332) iterations = 9;
  else if (k < 375) iterations = 8;
  else if (k < 433) iterations = 7;
  else if (k < 514) iterations = 6;
  else if (k < 638) iterations = 5;
  else if (k < 847) iterations = 4;
  else if (k < 1275) iterations = 3;
  else if (k < 2861) iterations = 2;
  else iterations = 1;
}
```

第 1 步，执行函数 twofact_l()将 $n-1$ 分解为 $n-1=2^k q$，其中 q 为奇数。将值 $n-1$ 存入变量 d_l 中。

```
cpy_l (d_l, n_l);
dec_l (d_l);
k = (USHORT)twofact_l (d_l, q_l);
p = 0;
i = 0;
isprime = 1;
do
  {
```

第 2 步，底数 p 来自存储在 smallprimes[]字数中差值。对于幂运算，可以使用 Montgomery 函数 wmexpm_l()，因为底数总是 USHORT 类型且在对素数候选数 n_l 做完除法筛选后总是奇数。如果之后指数 x_l 等于 1，则开始下一次迭代。

```
p += smallprimes[i++];
wmexpm_l (p, q_l, x_l, n_l);
if (!EQONE_L (x_l))
  {
    j = 0;
```

第 3 步，平方运算。只要 x_l 不等于±1，则还要执行 $k-1$ 次迭代。

```
while (!EQONE_L (x_l) && !equ_l (x_l, d_l) && ++j < k)
  {
      msqr_l (x_l, x_l, n_l);
    }

if (!equ_l (x_l, d_l))
  {
    isprime = 0;
```

```
            }
        }
    }
    循环 iterations 次迭代。
      while ((--iterations > 0) && isprime);
      return isprime;
    }
}
```

对于需要给出确定性检验结果的情形，1981年由其发现者L. Adleman、C. Pomerance、R. rumely、H. Cohen和A. K. Lenstra提出的APRCL检验给出了向该目标检验发展的方向。H. Riesel赞赏该检验为一个突破，它提供了快速、通用和确定性检测的可能性(见[Ries]第131页)。该检测能在$o((\ln n)^{c \ln \ln \ln n})$的时间复杂度上确定一个整数$n$是否为素数，其中$c$为一个合适的常数。由于指数$\ln \ln \ln n$在所有的实际应用中都被看作常数级别，所以可以将其看作一个多项式时间过程，该过程能将长达数百位的十进制数以概率检测相当的时间来确定性地判断其是否为素数[⊖]。该算法对更高级的代数结构使用了Fermat小定理，因此在理论上复杂并难以实现。更多信息请参阅[Cohe]第9章，或者其中引用的原文和[Ries]中的解释。

读者可能会问，在通过用足够多的底数进行Miller-Rabin检验以后是否能获得对某个数为素数的确定性证明。事实上，G. Miller已经基于扩展Riemann假设证明了当且仅当对所有的底数$a(1 \leqslant a \leqslant C \cdot \ln^2 n)$，Miller-Rabin检验都表明其为素数时该奇数n才为素数(其中常数C在[Kobl]中有说明，见5.2节)。在这个意义上，Miller-Rabin检验就是一个确定性多项式时间素性检验算法，只是对于1024位数需要进行大约10^6次迭代来产生一个确定性的结果。假设每次迭代需要10^{-3}秒的时间(这是在一个快速PC上进行一次幂运算所需要的运算时间量级，参见附录D)，那么一个确定性检验大约需要1小时。考虑到其依然是基于一个未被证明的假设之上，因此这个理论的结果既不能满足数学上的追求也不能吸引计算实用主义者在快速处理方面的兴趣。

2002年，迎来了一个数学上的惊人突破，来自坎普尔印度理工学院的Mandida Agrawal、Neeraj Kayal和Nitin Saxena发表一个可以在多项式时间内提供素数确定性证明的算法，从而也证明了确认一个数属于素数在计算复杂度理论中属于P类复杂度问题。该算法被Carl Pomerance赞誉为是“天才般的和漂亮的”。其证明也是优雅而令人惊奇的简洁，这与之前的想象正好相反，因为人们对该问题的求解已经努力了好几个世纪。总之，该证明不基于任何未证明的推断(参见[AgKS])。

确定一个整数 n 是否为素数的AKS算法

1）如果n是一个自然数的幂，则转到步骤8。

2）令$r \leftarrow 2$。

3）如果$\gcd(r, n) \neq 1$，则转到步骤8。

4）如果r不是素数，则转到步骤5。否则，令q为$r-1$的最大素数因子。如果$q \geqslant \sqrt[4]{r} \log n$且$n^{(r-1)/q} \neq r$，则转到步骤6。

⊖ Cohen认为APRCL算法的可实用变种依然是一个概率算法，但尽管如此，依然存在一个不怎么实用却是确定性的算法版本(参见[Cohe]第9章)。

> 5）令 $r \leftarrow r+1$ 并转到步骤 3。
>
> 6）如果集合$\{1, \cdots, \lfloor 2\sqrt{r}\log n \rfloor\}$中的某个数 a，有$(X-a)^n \not\equiv X^n - a(\bmod X^r-1, n)$，则转到步骤 8[㊀]。
>
> 7）输出“n 是素数”。
>
> 8）输出“n 是合数”。

为了检验对于 $2 \leqslant b < \log n$，是否有$\lfloor n^{1/b} \rfloor^b \neq b$，在 AKS 检验的步骤 1 中除去自然数的幂。根$\lfloor n^{1/b} \rfloor$的整数部分的计算在本章所介绍的算法中有精确的描述。

AKS 算法基于 Fermat 小定理的变种和二项式定理，据此对于 $1 < n \in \mathbb{N}$ 和 $a \in \mathbb{Z}_n^{\times}$，整数 n 为素数仅当在多项式环 $\mathbb{Z}_n[X]$（参见[AgKS]第 2 页）中有

$$(X+a)^n = (X^n + a) \tag{10-30}$$

基于上述事实，利用 $\mathbb{Z}_n[X]$中元素 a 的检验就能确定性地判断一个整数 n 是否为一个素数。但是，确定多项式$(X+a)^n$ 中 n 的系数却需要相当多的计算，甚至比使用 Eratosthenes 筛法的时间更多。遵循 Agrawal、Kayal 和 Saxena 的思路，式(10-30)的两边都可以用一个合适 r 值来降低模数(X^r-1)。如果为了*必然性*，则对于许多的 a 值都有等式

$$(X+a)^n = (X^n + a) \tag{10-31}$$

在 $\mathbb{Z}_n[X]/(X^r-1)$中成立，则 n 即为素数。相反，对于一个合数 n，$\mathbb{Z}_n[X]/(X^r-1)$中存在 a 和 r，有$(X+a)^n \neq (X^n+a)$。这里可以确定的是，若 n 不是素数，这样的值 a 和 r 可以在多项式时间内找到；而若 n 是素数，则可以在多项式时间内证明不存在这样的值。这个多项式的系数由 r 来界定，因此 r 越小，计算就越快速。若 r 是 $\log n$ 阶的，则该多项式剩余可以在多项式时间内计算。

Agrawal、Kayal 和 Saxena 指出 r 可以在 $o(\log^5 n)$内找到，且 AKS 检验只需对 $1 \leqslant a \leqslant 2\sqrt{r}\log n$ 的值进行。因此 AKS 检验的运行时间为 $\log_2 n$ 的多项式，由 $o(\log^{7.5+\varepsilon} n)$给出[㊁]。于是该问题就解决了。

从密码学的角度，依然存在对 AKS 检验实际应用方面不可避免的问题：所需要的计算时间是否能满足实际应用。

Crandall 根据对较小的数 n 用 C 语言在“合适的工作站”上实现的小程序进行实验，给出了表 10-4 中的数值。

表 10-4 AKS 检验的近似计算时间(根据[CrPa])

n	近似时间
70 001	3 秒
700 001	15 秒
2 147 483 647	200 秒
1 125 899 906 842 679	4000 秒(约 1 小时)
618 970 019 642 690 137 449 562 111	100 000 秒(约 1 天)

㊀ 根据 Agrawal、Kayal 和 Saxena 的记号法，$p(x) \equiv q(x)(\bmod x^r-1, n)$表示 $p(x)$和 $q(x)$在被 x^r-1 和 n 除时所得的余数相同。

㊁ 在这些数上的改进基于 H. Lenstra 和 D. Bernstein 的建议(参见[Bern])。如果考虑 Hardy 和 Littlewood 提出的 Sophie Germain 素数(素数 n 和 $2n+1$ 都是素数)的猜想，则 AKS 检验的运行时间为 $o(\log^{6+\varepsilon} n)$。Hardy 和 Littlewood 推断集合$\{p \leqslant x \mid p$ 和 $2p+1$ 都是素数$\}$的基数逼近 $2C_2/\ln^2 x$，其中 $C_2=0.660\,161\,815\,8\cdots$，这也称为是孪生素数对常数。该推论已经被验证到 $x=10^{10}$ 以上的数，因此 AKS 检验更诱人的运行时间可以在被检验数至少达到 100 000 位时依然存在(参见[Born])。

表中的时间大约对应于 $10^{-6}\log^6 n$ 秒。由 F. Bornemann 基于 Pari-GP 库的一个实现在 1.7GHz PC 上对 628 362 443 011 进行的素性证明(参见 http://www-m3.ma.tum.de/m3/ftp/bornemann/PARI/ask2.txt)只用了 9 秒。512 位素数所需的运行时间则需要几天。至此，可以得到确定性的结果，而该结果之前的概率素性检验算法只能逼近其确定性。因为使用 Miller-Rabin 检验可以将剩余的错误概率控制到任意小，所以在实际应用中这种极小的不确定性的劣势也就显得无足轻重了。

总的来说，AKS 检验从复杂度理论的角度代表了一个令人振奋的结果，但是由于在速度方面的巨大优势 Miller-Rabin 检验依然是密码学应用所选择的检验方法，即使当 Henri Cohen 似乎想要回答前文引用的 Knuth 的问题时他直截了当地断言：“但是，素性检验需要严格的数学证明”(参见[Cohe]8.2 节)。

Rijndael：数据加密标准的后继者

我不知道我们是否还有机会。他可以做乘法而我们所能做的只是加法。他代表进步而我只是蹒跚前进。

——Sten Nadolny,《God of Impertinence》(Breon Mitchell 译)

1997年，美国国家标准技术研究所(NIST)在高级加密标准(AES)项目的资助下发起了一项密码算法的竞选，该项目旨在产生一个新的对称加密算法的国家标准(联邦信息处理标准，FIPS)。尽管本书更加关注于非对称密码学，但是AES的发展是如此重要以至于即使再漠然也会对此有所关注。从整个新标准FIPS 197［F197］中，可以构建足以应付所有当今安全需要的加密算法，并且该算法的设计和实现的所有方面都可以全球免费获得。最后，AES也取代了过时的数据加密标准(DES)，尽管3DES依然在政府部门中使用。但是，AES代表了当年美国政府对保护敏感数据所用的密码学基础。

AES竞选受到了美国乃至全球的广泛关注，不仅因为美国密码学界的一举一动都会产生全世界的影响，新分组加密程序的发展对全球参与该活动的推动作用也是原因之一。

从一开始1998年有15个算法入选，到1999年淘汰了10个算法，该过程涉及全球范围的专家。然后竞选中只剩下IBM的MARS；RSA实验室的RC6；Joan Daemen和Vincent Rijmen的Rijndael；Ross Anderson、Eli Biham和Lars Knudson的Serpent；以及Bruce Schneier等人的Twofish这几个算法。最后，2000年10月宣布了竞选的获胜结果。由比利时密码学家Joan Daemen和Vincent Rijmen提出的“Rijndael”被定义为未来的高级加密标准(详见［NIST］)[㊀]。Rijndael是分组密码“Square”的后继者，而其中由相同作者提出的“Square”(详见［Squa］)早先被证明并不足够强大。Rijndael则相应加固了对Square易受攻击弱点的保护。NIST的AES报告给出了其选择该算法所基于的考虑。

1. 安全性

所有的候选算法在安全性方面都能抵抗已知的攻击。相对于其他的候选算法，Serpent和Rijndael的实现能以最小的代价抵抗基于对硬件行为时间测量的攻击(所谓的时间攻击)或抵抗基于对电流使用变化测量的攻击(所谓的功耗或差分功耗分析攻击)[㊁]。针对这些攻击的保护是Rijndael、Serpent和Twofish的性能退化最少，这对Rijndael而言有很大的优势。

2. 速度

Rijndael是候选算法中允许快速实现的算法之一，并且该算法可以在所考虑的不同平台上都有同样好的性能，例如32位处理器、8位微控制器、智能卡和硬件实现(见下文)。在所有的候选算法中，Rijndael可以最快地进行轮密钥计算。

㊀ “Rijndael”是由作者名字派生出来的混成词。资料显示该单词的正确发音介于“rain doll”和“Rhine dahl”。或许NIST应该在标准中包含该单词的国际音标的发音。

㊁ 功耗分析攻击(简单的PA/差分PA)基于独立的位或密钥的位组与依赖于密钥的单独指令或代码序列的执行所需的平均电量消耗之间的相关性分析(见，［KoJJ］、［CJRR］、［CoPa］)。

3. 内存要求

Rijndael 使用了非常有限的 RAM 和 ROM，因此在资源受限的环境中是非常出色的候选方案。特别是，该算法提供了为每一轮分别进行轮密钥快速计算的可能性。这些属性在智能卡等微处理器的应用中有重要的意义。由于该算法的结构特点，当只需要实现一个方向(例如，只加密或只解密)时，ROM 的存储需求最少；而当两个功能兼备时，存储需求会增加。尽管如此，在资源需求方面，Rijndael 依然不输于其余 4 个竞争者。

4. 硬件中的实现

Rijndael 和 Serpent 在硬件实现方面是性能最佳的候选方案，并且由于其在输出中的良好性能和分块反馈模式，Rijndael 还有一些优势。

该报告进一步给出了选择 Rijndael 算法的决定时采用的准则，这些都包括在其总结中(见[NIST]，第 7 章)：

> 考虑到 AES 将在未来的计算平台和广泛的环境中实现，依然有很多未知的情形。但是，综合考虑 Rijndael 的安全性、性能、效率、可实现性和灵活性，使其成为 AES 能在当今和未来的技术中使用的合适选择。

由于筛选过程的公开性和一件政治上很有趣的事实，即一个欧洲葡萄酒庄园的算法与 Rijndael 一起入选，人们对可能存在的投机猜疑也消除了。这种猜疑包括安全属性、隐藏的陷门和故意嵌入的脆弱性，而这些猜疑在 DES 的使用中一直都有。

在介绍 Rijndael 的工作原理前，需要大致了解有限域上的多项式运算。这一部分的内容借鉴了[DaRi]第 2 章。

11.1 多项式运算

首先从介绍有限域$\mathbb{F}_{2^n}$上的运算开始。该有限域有 2^n 个元素，其中每个元素都用一个多项式 $f(x)=a_{n-1}x^{n-1}+a_{n-2}x^{n-2}+\cdots+a_1x+a_0$ 来表示，而系数 a_i 则为有限域$\mathbb{F}_2$(该有限域与$\mathbb{Z}_2$同构)中的元素。同样，$\mathbb{F}_{2^n}$中的一个元素可以简单地表示为一个 n 元多项式的系数。每种表示方法都有其各自的优势，多项式表示非常适合手工计算，而系数元组则相应地适用于计算机中用二进制来表示数。为了更好地解释，这里用符号$\mathbb{F}_{2^3}$表示由 8 个多项式组成的序列及对应的 8 个 3 元组，每个 3 元组都有与其相关联的自然数的值(见表 11-1)。

表 11-1 $\mathbb{F}_{2^3}$ 中的元素

$\mathbb{F}_{2^3}$ 中的多项式	$\mathbb{F}_{2^3}$ 中的 3 元组	自然数的值
0	0 0 0	‘00’
1	0 0 1	‘01’
x	0 1 0	‘02’
$x+1$	0 1 1	‘03’
x^2	1 0 0	‘04’
x^2+1	1 0 1	‘05’
x^2+x	1 1 0	‘06’
x^2+x+1	1 1 1	‘07’

多项式的加法由系数在$\mathbb{F}_2$上的加法来定义：假如 $f(x):=x^2+x$ 和 $g(x):=x^2+x+1$，则 $f(x)+g(x)=2x^2+2x+1=1$，因为在$\mathbb{F}_2$上 $1+1=0$。可以对$\mathbb{F}_{2^3}$中的 3 元组逐列相加。于是可以看到，例如，(1 1 0)与(1 1 1)的和为(0 0 1)：

$$\begin{array}{r} 110 \\ \oplus\ 111 \\ \hline 001 \end{array}$$

数字的加法在$\mathbb{Z}_2$上，请勿与二进制加法混淆，后者涉及进位。该过程让人联想起 7.2 节中的异或运算，这与大整数 n 在$\mathbb{Z}_n$上的运算是一样的。

$\mathbb{F}_{2^3}$上的乘法是通过将第一个多项式中的每一项乘以第二个多项式中的每一项并将所有部分积求和而得到的。然后这个和式对一个 3 阶既约多项式求余即可得到乘法运算的结果。此处，选择 $m(x):=x^3+x+1$ 作为既约多项式[⊖]：

$$\begin{aligned} f(x)\cdot g(x) &= (x^2+x)\cdot(x^2+x+1)\bmod(x^3+x+1) \\ &= x^4+2x^3+2x^2+x \bmod(x^3+x+1) \\ &= x^4+x \bmod(x^3+x+1) \\ &= x^2 \end{aligned}$$

该过程对应于求 3 元组的乘积(1 1 0)•(1 1 1)=(1 0 0)或者是所表示的数值的乘积‘06’•‘07’=‘04’。

$\mathbb{F}_{2^3}$上的加法和$\mathbb{F}_{2^3}\setminus\{0\}$的乘法都构成交换群(参见第 5 章)。同时，也满足域上的分配律。

$\mathbb{F}_{2^3}$上的结构和运算可以直接运用到有限域$\mathbb{F}_{2^8}$上，而后者正是研究 Rijndael 所用的代数结构。加法和乘法可以如上述的例子那样执行，唯一的区别在于$\mathbb{F}_{2^8}$有 256 个元素且用来求余的既约多项式为 8 阶。对于 Rijndael，既约多项式为 $m(x):=x^8+x^4+x^3+x+1$，其代表的元组为(1 0 0 0 1 1 0 1 1)，对应的十六进制数字为‘011B’。

多项式 $f(x)=a_7x^7+a_6x^6+a_5x^5+a_4x^4+a_3x^3+a_2x^2+a_1x+a_0$ 乘以 x(对应于一个多项式乘以•‘02’)是非常简单的：$f(x)\cdot x=a_7x^8+a_6x^7+a_5x^6+a_4x^5+a_3x^4+a_2x^3+a_1x^2+a_0x \bmod m(x)$，其中模 $m(x)$的余数只要求 $a_7\neq 0$，它可以通过减 $m(x)$来求得，即通过简单的系数异或运算。

当进行编程时，可以将多项式的系数当作整数的二进制数字，于是可以通过左移 1 位来计算与 x 的乘积。而当 $a_7=1$ 时，约简可以通过与对应于 $m(x)$的数‘011B’中的 8 个最低有效位‘1B’异或而得到(其中 a_7 可以忽略)。对于多项式 f 或数值 a，运算 a•‘02’由 Daeman 和 Rijmen 定义为 b=xtime(a)。乘以 x 的幂可以通过连续应用 xtime()获得。

例如，计算 $f(x)$乘以 $x+1$(或‘03’)可以通过将 f 中的数值 a 的二进制向左移动 1 位并将结果与 a 异或得到。模 $m(x)$约简通过 xtime()即可得到。该过程对应的两行 C 代码如下所示：

```
f ^= f << 1;     /* multiplication of f by (x + 1) */
if (f & 0x100) f ^= 0x11B;     /* reduction modulo m(x) */
```

$\mathbb{F}_{2^3}\setminus\{0\}$上的两个多项式 f 和 h 的乘法运算可以通过使用如下算法加速：令 $g(x)$为$\mathbb{F}_{2^3}\setminus\{0\}$上的一个生成多项式[⊜]，则存在 m 和 n，使得 $f\equiv g^m$ 和 $h\equiv g^n$，因此 $f\cdot h\equiv g^{m+n} \bmod m(x)$。

从程序设计的角度，上述过程可以使用两个表，其中一个填入生成多项式 $g(x):x+1$ 的 255 个幂，而另一个表则填入以 $g(x)$为底的对数(见表 11-2 和表 11-3)。现在 $f\cdot h$ 的乘积可以通过访问这两个表获得：对 $f\equiv g^m$ 和 $h\equiv g^n$，从对数表中取出值 m 和 n，从幂表中取出值 $g^{((n+m)\bmod 255)}$(注意 $g^{\mathrm{ord}(g)}=1$)。表 11-2依次给出了 g 的幂两次，以避免在 $f\cdot h\equiv$

[⊖] 一个多项式称为既约多项式，当其只能被自己或 1 整除(没有余数)时。

[⊜] g 是$\mathbb{F}_{2^8}\setminus\{0\}$的生成多项式，当且仅当 g 的阶为 255。即，g 的幂遍历$\mathbb{F}_{2^8}\setminus\{0\}$中所有的元素。

g^{m+n} 中 g 的指数降低。

表 11-2　$g(x)=x+1$ 的幂，从左至右升序排列

01	03	05	0F	11	33	55	FF	1A	2E	72	96	A1	F8	13	35
5F	E1	38	48	D8	73	95	A4	F7	02	06	0A	1E	22	66	AA
E5	34	5C	E4	37	59	EB	26	6A	BE	D9	70	90	AB	E6	31
53	F5	04	0C	14	3C	44	CC	4F	D1	68	B8	D3	6E	B2	CD
4C	D4	67	A9	E0	3B	4D	D7	62	A6	F1	08	18	28	78	88
83	9E	B9	D0	6B	BD	DC	7F	81	98	B3	CE	49	DB	76	9A
B5	C4	57	F9	10	30	50	F0	0B	1D	27	69	BB	D6	61	A3
FE	19	2B	7D	87	92	AD	EC	2F	71	93	AE	E9	20	60	A0
FB	16	3A	4E	D2	6D	B7	C2	5D	E7	32	56	FA	15	3F	41
C3	5E	E2	3D	47	C9	40	C0	5B	ED	2C	74	9C	BF	DA	75
9F	BA	D5	64	AC	EF	2A	7E	82	9D	BC	DF	7A	8E	89	80
9B	B6	C1	58	E8	23	65	AF	EA	25	6F	B1	C8	43	C5	54
FC	1F	21	63	A5	F4	07	09	1B	2D	77	99	B0	CB	46	CA
45	CF	4A	DE	79	8B	86	91	A8	E3	3E	42	C6	51	F3	0E
12	36	5A	EE	29	7B	8D	8C	8F	8A	85	94	A7	F2	0D	17
39	4B	DD	7C	84	97	A2	FD	1C	24	6C	B4	C7	52	F6	01
03	05	0F	11	33	55	FF	1A	2E	72	…	…	…	F6		

表 11-3　以 $g(x)=x+1$ 为底的对数(如 $\log_{g(x)}2=25=19$(十六进制)，$\log_{g(x)}255=7$)

	00	19	01	32	02	1A	C6	4B	C7	1B	68	33	EE	DF	03
64	04	E0	0E	34	8D	81	EF	4C	71	08	C8	F8	69	1C	C1
7D	C2	1D	B5	F9	B9	27	6A	4D	E4	A6	72	9A	C9	09	78
65	2F	8A	05	21	0F	E1	24	12	F0	82	45	35	93	DA	8E
96	8F	DB	BD	36	D0	CE	94	13	5C	D2	F1	40	46	83	38
66	DD	FD	30	BF	06	8B	62	B3	25	E2	98	22	88	91	10
7E	6E	48	C3	A3	B6	1E	42	3A	6B	28	54	FA	85	3D	BA
2B	79	0A	15	9B	9F	5E	CA	4E	D4	AC	E5	F3	73	A7	57
AF	58	A8	50	F4	EA	D6	74	4F	AE	E9	D5	E7	E6	AD	E8
2C	D7	75	7A	EB	16	0B	F5	59	CB	5F	B0	9C	A9	51	A0
7F	0C	F6	6F	17	C4	49	EC	D8	43	1F	2D	A4	76	7B	B7
CC	BB	3E	5A	FB	60	B1	86	3B	52	A1	6C	AA	55	29	9D
97	B2	87	90	61	BE	DC	FC	BC	95	CF	CD	37	3F	5B	D1
53	39	84	3C	41	A2	6D	47	14	2A	9E	5D	56	F2	D3	AB
44	11	92	D9	23	20	2E	89	B4	7C	B8	26	77	99	E3	A5
67	4A	ED	DE	C5	31	FE	18	0D	63	8C	80	C0	F7	70	07

在这种机制帮助下，也可以在 $\mathbb{F}_{2^8}$ 上执行除法运算。于是，对于 f，$h\in\mathbb{F}_{2^8}\setminus\{0\}$，有

$$\frac{f}{h}=fh^{-1}=g^m\ (g^n)^{-1}=g^{m-n}=g^{(m-n)\bmod 255}$$

$\mathbb{F}_{2^8}$ 上的多项式乘法运算在函数 polymul() 中阐述：

功能：$\mathbb{F}_{2^8}$ 上的多项式乘法

语法：`UCHAR polymul(unsigned int f, unsigned int h);`

输入：unsigned int f（被乘数），unsigned int h(乘数)

返回：f • h 的积

```
UCHAR
polymul (unsigned int f, unsigned int h)
{
  if ((f != 0) && (h != 0))
    {
```

注意：对于如下访问 g 的幂的表，不需要指数 m+ n= LogTable[f]+ LogTable[h]的约简。

```
      return (AntiLogTable[LogTable[f] + LogTable[h]]);
    }
  else
    {
      return 0;
    }
}
```

接下来考虑的$\mathbb{F}_{2^8}$上带系数 f_i 的 $f(x)=f_3x^3+f_2x^2+f_1x++f_0$ 形式的多项式运算就没那么复杂了，其中系数本身就代表了多项式。每一个这样的多项式系数都可以用 4 字节字段表示。现在问题开始变得越来越有趣了：尽管这样的多项式加法 $f(x)+g(x)$依然可以用系数的逐位异或而得到，但是多项式的积 $h(x)=f(x)\cdot g(x)$则计算为

$$h(x) = h_6x^6 + h_5x^5 + h_4x^4 + h_3x^3 + h_2x^2 + h_1x + h_0$$

其中系数 $h_k := \sum_{i+j=0}^{k} f_i \cdot g_j$，而求和符号表示在$\mathbb{F}_{2^8}$上的$\oplus$运算。

用一个 4 阶多项式对 $h(x)$约简后，可以得到一个$\mathbb{F}_{2^8}$上的 3 阶多项式。

Rijndael 中使用的既约多项式为 $M(x) := x^4+1$。非常有用的是，$x^j \bmod M(x) = x^{j \bmod 4}$，这样 $h(x) \bmod M(x)$可以简单地计算为

$$d(x) := f(x) \otimes g(x) := h(x) \bmod M(x) = d_3x^3 + d_2x^2 + d_1x + d_0$$

其中

$$\begin{aligned}
d_0 &= a_0 \cdot b_0 \oplus a_3 \cdot b_1 \oplus a_2 \cdot b_2 \oplus a_1 \cdot b_3,\\
d_1 &= a_1 \cdot b_0 \oplus a_0 \cdot b_1 \oplus a_3 \cdot b_2 \oplus a_2 \cdot b_3,\\
d_2 &= a_2 \cdot b_0 \oplus a_1 \cdot b_1 \oplus a_0 \cdot b_2 \oplus a_3 \cdot b_3,\\
d_3 &= a_3 \cdot b_0 \oplus a_2 \cdot b_1 \oplus a_1 \cdot b_2 \oplus a_0 \cdot b_3.
\end{aligned}$$

由此可以得出系数 d_i 可以用$\mathbb{F}_{2^8}$上的矩阵乘法来计算：

$$\begin{bmatrix} d_0 \\ d_1 \\ d_2 \\ d_3 \end{bmatrix} = \begin{bmatrix} a_0 & a_3 & a_2 & a_1 \\ a_1 & a_0 & a_3 & a_2 \\ a_2 & a_1 & a_0 & a_3 \\ a_3 & a_2 & a_1 & a_0 \end{bmatrix} \cdot \begin{bmatrix} b_0 \\ b_1 \\ b_2 \\ b_3 \end{bmatrix} \tag{11-1}$$

在所谓的 MixColumns 转换中执行的正是这个使用了不变而可逆的模 $M(x)$的$\mathbb{F}_{2^8}$上的多项式 $a(x)$:$a_3x^3+a_2x^2+a_1x+a_0$，其中系数 $a_0(x)=x$、$a_1(x)=1$、$a_2(x)=1$、$a_3(x)=x+1$，而该转换即为 Rijndael 中的轮转换的基本组成部分。

11.2 Rijndael 算法

Rijndael 是一个对称的分组加密算法，并且其分组大小和密钥长度都是可变的。它可以处理的分组大小为 128 位、192 位和 256 位且密钥也可以是相同的长度取值范围，而分组大小和密钥长度的所有组合都是可以的。尽管“官方的”分组大小只有 128 位，但是根

据 AES 的指导文件可以使用不同长度的密钥。明文的每一个分组都会被加密多次，在每一个所谓的轮中，可以用一个重复序列的不同函数进行运算。而轮数则取决于分组的大小和密钥的长度(见表 11-4)。

表 11-4　Rijndael 轮数作为分组大小与密钥长度的函数

	分组大小(位)		
密钥长度(位)	128	192	256
128	10	12	14
192	12	12	14
256	14	14	14

Rijndael 不是 Feistel 结构的算法，该结构的基本特征是将分组划分为左右两半，将其中一半进行轮转换并将结果与剩下的一半进行异或，于是两半都被改变了。DES 就是以此结构构造的最著名的分组加密算法。不同的是，Rijndael 采用分层的结构，它连续地对整个分组应用不同的操作。对一个分组的加密，会循环地应用如下转换：

1) 用第一个轮密钥与分组进行异或。

2) 执行 L_r-1 常规轮变换。

3) 执行结束的轮变换，其中将常规轮变换中的 MixColumns 变换删去。

步骤 2 中的每一个常规轮变换包含 4 个独立步骤：

1) **替换**：使用 S 盒替换分组的每个字节。

2) **置换**：在行位移变换(shiftRows)中置换分组的字节。

3) **扩散**：执行列混合(MixColumns)变换

4) **轮密钥加**：用当前的轮密钥与分组进行异或。

每一轮中分层变换如图 11-1 所示。

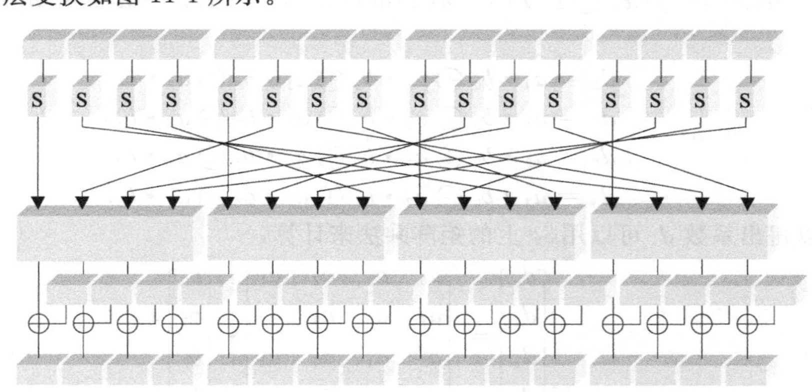

图 11-1　Rijndael 轮中的分层变换

每层都在一轮中进行某种特定的操作，因此对于明文的每一个分组：

1. 密钥的影响

在第一轮之前用轮密钥与分组进行异或，并且在每一轮中的最后一步对轮结果的每一位都产生影响。在对分组进行加密的过程中没有哪一步的结果不受到密钥每一位的影响。

2. 非线性层

通过 S 盒的替换作用是一个非线性操作。S 盒的构造提供了一个近似理想的抗差分攻击和抗线性攻击的保护(见[BiSh]和[NIST])。

3. **线性层**

行位移变换和列混合变换保证分组中所有位达到充分的混合。

在下文描述内部 Rijndael 函数时，L_b 用来表示以 4 字节的字为单位的分组长度，L_k 用来表示以 4 字节的字为单位的用户密钥长度(即 L_b，$L_k \in \{4, 6, 8\}$)，而 L_r 则表示轮的数量，如表 11-4 所示。

明文和密文分以字节字段的形式进行输入并得到对应的输出。一个以字段 m_0，…，m_{4L_b-1}传递的明文分组，将以如下的二维结构 $\mathfrak{B}$ 来考虑，如表 11-5 所示。

表 11-5 消息分组的表示

$b_{0,0}$	$b_{0,1}$	$b_{0,2}$	$b_{0,3}$	$b_{0,4}$	…	b_{0,L_b-1}
$b_{1,0}$	$b_{1,1}$	$b_{1,2}$	$b_{1,3}$	$b_{1,4}$	…	b_{1,L_b-1}
$b_{2,0}$	$b_{2,1}$	$b_{2,2}$	$b_{2,3}$	$b_{2,4}$	…	b_{2,L_b-1}
$b_{3,0}$	$b_{3,1}$	$b_{3,2}$	$b_{3,4}$	$b_{3,4}$	…	b_{3,L_b-1}

其中明文的字节以如下的顺序存储：

$$m_0 \rightarrow b_{0,0}, m_1 \rightarrow b_{1,0}, m_2 \rightarrow b_{2,0}, m_3 \rightarrow b_{3,0},$$

$$m_4 \rightarrow b_{0,1}, m_5 \rightarrow b_{1,0}, \cdots m_n \rightarrow b_{i,j}, \cdots$$

其中 $i=n \bmod 4$，$j=\lfloor n/4 \rfloor$。

根据操作需要，在 Rijndael 函数中将以不同的方式访问该二维结构 $\mathfrak{B}$。S 盒变换逐字节进行操作，行位移变换以 $\mathfrak{B}$ 中的行($b_{i,0}$，$b_{i,1}$，$b_{i,2}$，…，b_{i,L_b-1})为单位操作，而函数轮密钥加和列混合才以 4 字节的字为单位并按列($b_{0,j}$，$b_{1,j}$，$b_{2,j}$，$b_{3,j}$)访问 $\mathfrak{B}$ 中的值。

11.3 计算轮密钥

加密和解密都需要产生 L_r 个轮密钥，合起来称作*密钥表*。轮密钥的生成贯穿于秘密用户密钥扩展的整个过程，其中密钥扩展是通过附加递归产生的 4 字节字 $k_i=(k_{0,i}$，$k_{1,i}$，$k_{2,i}$，$k_{3,i})$进行的。

密钥表中最开始的 L_k 个字 k_0，…，k_{L_k-1}是由秘密用户密钥自己生成。对于 $L_k \in \{4, 6\}$，接下来的 4 字节字 k_i 是通过将前面的字 k_{i-1}与 k_{i-L_k}异或而得到的。若 $i \equiv 0 \bmod L_k$，则在异或操作之前执行函数 $F_{L_k}(k, i)$，该函数由 $r(k)$循环左移 k 字节、用 Rijndael S 盒替换 $S(r(k))$(下文将详细阐述)以及与常数 $c(\lfloor i/L_k \rfloor)$进行异或等组成。因此合起来的函数 F 可以定义为 $F_{L_k}(k, i) := S(r(k)) \oplus c(\lfloor i/L_k \rfloor)$。

常数 $c(j)$可以定义为 $c(j) := (\mathrm{rc}(j), 0, 0, 0)$，其中 $\mathrm{rc}(j)$是从$\mathbb{F}_{2^8}$上递归决定的元素：$\mathrm{rc}(1) := 1$，$\mathrm{rc}(j) := \mathrm{rc}(j-1) \cdot x = x^{j-1}$。用数值表示，上述定义等同于 $\mathrm{rc}(1) :=$ ‘01’，$\mathrm{rc}(j) := \mathrm{rc}(j-1) \cdot$ ‘02’。从程序设计的角度，$\mathrm{rc}(j)$是通过上文描述的函数 xtime 的(j−1)重执行而得到的，其中初始参数为 1，或者也可以从访问一个表来更快地得到(见表 11-6 和表 11-7)。

表 11-6 rc(*j*)常数(十六进制)

‘01’	‘02’	‘04’	‘08’	‘10’	‘20’	‘40’	‘80’	‘1B’	‘36’
‘6C’	‘D8’	‘AB’	‘4D’	‘9A’	‘2F’	‘5E’	‘BC’	‘63’	‘C6’
‘97’	‘35’	‘6A’	‘D4’	‘B3’	‘7D’	‘FA’	‘EF’	‘C5’	‘91’

表 11-7　rc(j)常数(二进制)

00000001	00000010	00000100	00001000	00010000
00100000	01000000	10000000	00011011	00110110
01101100	11011000	10101011	01001101	10011010
00101111	01011110	10111100	01100011	11000110
10010111	00110101	01101010	11010100	10110011
01111101	11111010	11101111	11000101	10010001

对于长度为 256 位(即 $L_k=8$)的密钥，需要插入一个额外的 S 盒操作：若 $i \equiv 4 \bmod L_k$，则在异或操作之前用 $S(k_{i-1})$替换 k_{i-1}。

因此，密钥表示由 $L_b \cdot (L_r+1)$个 4 字节字组成，其中包括了秘密用户密钥。在每一轮 $i=0, \cdots, L_r-1$，接下来的 L_b 个 4 字节字从 $kL_{b} \cdot {}_i$ 到 $kL_{b} \cdot {}_{(i+1)}$ 从密钥表中取出，作为轮密钥。类似于消息分组的结构化，轮密钥也可以概念化为一个二维结构，形式如表 11-8 所示。

表 11-8　轮密钥的表示

$k_{0,0}$	$k_{0,1}$	$k_{0,2}$	$k_{0,3}$	$k_{0,4}$	…	k_{0,L_b-1}
$k_{1,0}$	$k_{1,1}$	$k_{1,2}$	$k_{1,3}$	$k_{1,4}$	…	k_{1,L_b-1}
$k_{2,0}$	$k_{2,1}$	$k_{2,2}$	$k_{2,3}$	$k_{2,4}$	…	k_{2,L_b-1}
$k_{3,0}$	$k_{3,1}$	$k_{3,2}$	$k_{3,4}$	$k_{3,4}$	…	k_{3,L_b-1}

对于密钥长度为 128 位的密钥生成可以通过图 11-2 来理解。

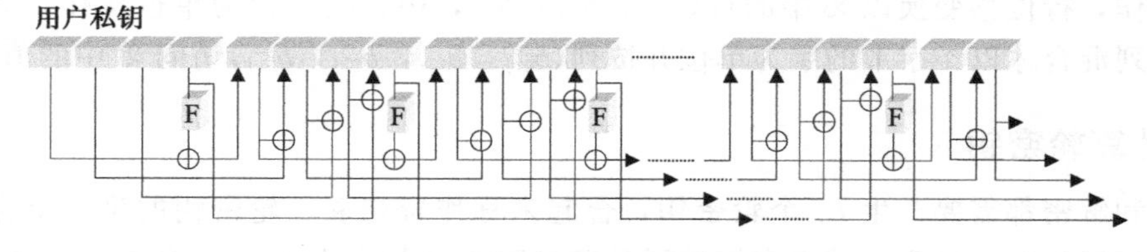

图 11-2　$L_k=4$ 的轮密钥图解

目前并不存在已知的可能弱化这个过程安全性的弱密钥。

11.4　S 盒

Rijndael 算法中的替换盒或称为 S 盒，规定了一个分组中的每一字节在每一轮中如何替换为另一个值。

S 盒负责将针对该算法的线性和差分密码分析与代数攻击的敏感性降到最低。为此，S 盒操作应该在$\mathbb{F}_{2^8}$上拥有很强的代数复杂度，以便对 `ShiftRows` 和 `MixColumns` 操作有一个很好的扩展作用。这样就能保证在$\mathbb{F}_{2^8}$上不存在一个可以支撑上述致命性地减弱这个方案安全性的攻击函数来。

除了复杂度方面的要求外，S 盒函数还必须具有可逆性，同时不能有定点 $S(a)=a$ 或互补定点 $S(a)=\overline{a}$，并且该函数还必须能快速执行且易于实现。

通过将$\mathbb{F}_{2^8}$上的乘法逆与之前提到的从$\mathbb{F}_{2^8}$到自身的仿射映射相结合，上述的一些要求都满足了。S 盒包含一个 256 字节的列表，构造该列表时，先把每个非零字节当作$\mathbb{F}_{2^8}$的元素，再用其乘法逆替换它(其中零保持不变)。于是一个$\mathbb{F}_2$上的仿射变换就可以用一个矩阵乘法加上(1 1 0 0 0 1 1 0)来计算：

$$
\begin{bmatrix} y_0 \\ y_1 \\ y_2 \\ y_3 \\ y_4 \\ y_5 \\ y_6 \\ y_7 \end{bmatrix} = \begin{bmatrix} 1 & 0 & 0 & 0 & 1 & 1 & 1 & 1 \\ 1 & 1 & 0 & 0 & 0 & 1 & 1 & 1 \\ 1 & 1 & 1 & 0 & 0 & 0 & 1 & 1 \\ 1 & 1 & 1 & 1 & 0 & 0 & 0 & 1 \\ 1 & 1 & 1 & 1 & 1 & 0 & 0 & 0 \\ 0 & 1 & 1 & 1 & 1 & 1 & 0 & 0 \\ 0 & 0 & 1 & 1 & 1 & 1 & 1 & 0 \\ 0 & 0 & 0 & 1 & 1 & 1 & 1 & 1 \end{bmatrix} \cdot \begin{bmatrix} x_0 \\ x_1 \\ x_2 \\ x_3 \\ x_4 \\ x_5 \\ x_6 \\ x_7 \end{bmatrix} + \begin{bmatrix} 1 \\ 1 \\ 0 \\ 0 \\ 0 \\ 1 \\ 1 \\ 0 \end{bmatrix} \tag{11-2}
$$

在这个公式中，x_0 和 y_0 表示一个字节中的最低有效位，而 x_7 和 y_7 则表示一个字节中的最高有效位，其中(1 1 0 0 0 1 1 0)对应于十六进制值‘63’。

通过以上构造，所有必备的设计准则都满足了，因此替换是该算法的一个理性的增强。对 0～255 的值连续地应用这个构造方法可以得到表 11-9(以十六进制表示，水平方向从左到右的顺序)。

表 11-9　S 盒的值

63	7C	77	7B	F2	6B	6F	C5	30	01	67	2B	FE	D7	AB	76
CA	82	C9	7D	FA	59	47	F0	AD	D4	A2	AF	9C	A4	72	C0
B7	FD	93	26	36	3F	F7	CC	34	A5	E5	F1	71	D8	31	15
04	C7	23	C3	18	96	05	9A	07	12	80	E2	EB	27	B2	75
09	83	2C	1A	1B	6E	5A	A0	52	3B	D6	B3	29	E3	2F	84
53	D1	00	ED	20	FC	B1	5B	6A	CB	BE	39	4A	4C	58	CF
D0	EF	AA	FB	43	4D	33	85	45	F9	02	7F	50	3C	9F	A8
51	A3	40	8F	92	9D	38	F5	BC	B6	DA	21	10	FF	F3	D2
CD	0C	13	EC	5F	97	44	17	C4	A7	7E	3D	64	5D	19	73
60	81	4F	DC	22	2A	90	88	46	EE	B8	14	DE	5E	0B	DB
E0	32	3A	0A	49	06	24	5C	C2	D3	AC	62	91	95	E4	79
E7	C8	37	6D	8D	D5	4E	A9	6C	56	F4	EA	65	7A	AE	08
BA	78	25	2E	1C	A6	B4	C6	E8	DD	74	1F	4B	BD	8B	8A
70	3E	B5	66	48	03	F6	0E	61	35	57	B9	86	C1	1D	9E
E1	F8	98	11	69	D9	8E	94	9B	1E	87	E9	CE	55	28	DF
8C	A1	89	0D	BF	E6	42	68	41	99	2D	0F	B0	54	BB	16

在解密时 S 盒必须倒过来使用：使用仿射的逆变换，然后在 $\mathbb{F}_{2^8}$ 上进行乘法逆运算。逆 S 盒如表 11-10 所示。

表 11-10　逆 S 盒的值

52	09	6A	D5	30	36	A5	38	BF	40	A3	9E	81	F3	D7	FB
7C	E3	39	82	9B	2F	FF	87	34	8E	43	44	C4	DE	E9	CB
54	7B	94	32	A6	C2	23	3D	EE	4C	95	0B	42	FA	C3	4E
08	2E	A1	66	28	D9	24	B2	76	5B	A2	49	6D	8B	D1	25
72	F8	F6	64	86	68	98	16	D4	A4	5C	CC	5D	65	B6	92
6C	70	48	50	FD	ED	B9	DA	5E	15	46	57	A7	8D	9D	84
90	D8	AB	00	8C	BC	D3	0A	F7	E4	58	05	B8	B3	45	06
D0	2C	1E	8F	CA	3F	0F	02	C1	AF	BD	03	01	13	8A	6B
3A	91	11	41	4F	67	DC	EA	97	F2	CF	CE	F0	B4	E6	73
96	AC	74	22	E7	AD	35	85	E2	F9	37	E8	1C	75	DF	6E

（续）

47	F1	1A	71	1D	29	C5	89	6F	B7	62	0E	AA	18	BE	1B
FC	56	3E	4B	C6	D2	79	20	9A	DB	C0	FE	78	CD	5A	F4
1F	DD	A8	33	88	07	C7	31	B1	12	10	59	27	80	EC	5F
60	51	7F	A9	19	B5	4A	0D	2D	E5	7A	9F	93	C9	9C	EF
A0	E0	3B	4D	AE	2A	F5	B0	C8	EB	BB	3C	83	53	99	61
17	2B	04	7E	BA	77	D6	26	E1	69	14	63	55	21	0C	7D

11.5　行移位变换

在一轮周期中的下一步是将分组以字节为单位进行置换。为此，分组中的字节将根据表11-11～表11-13所示以行($b_{i,0}$，$b_{i,1}$，$b_{i,2}$，…，b_{i,L_b-1})为单位进行交换。

表11-11　128位分组($L_b=4$)的行位移变换

ShiftRows之前				ShiftRows之后			
0	4	8	12	0	4	8	12
1	5	9	13	5	9	13	1
2	6	10	14	10	14	2	6
3	7	11	15	15	3	7	11

表11-12　192位分组($L_b=6$)的行位移变换

ShiftRows之前						ShiftRows之后					
0	4	8	12	16	20	0	4	8	12	16	20
1	5	9	13	17	21	5	9	13	17	21	1
2	6	10	14	18	22	10	14	18	22	2	6
3	7	11	15	19	23	15	19	23	3	7	11

表11-13　256位分组($L_b=8$)的行位移变换

ShiftRows之前								ShiftRows之后							
0	4	8	12	16	20	24	28	0	4	8	12	16	20	24	28
1	5	9	13	17	21	25	29	5	9	13	17	21	25	29	1
2	6	10	14	18	22	25	30	14	18	22	26	30	2	6	10
3	7	11	15	19	23	27	31	19	23	27	31	3	7	11	15

在每一个第一行(行索引$i=0$)都不发生改变。在第($i=1$，2，3)行，字节循环左移$c_{L_b,j}$个位置，从第j个位置移动到第$j-c_{L_b,i} \bmod L_b$个位置，其中$c_{L_b,i}$的值从表11-14中获得。

表11-14　行位移变换中行循环的距离

L_b	$c_{L_b,1}$	$c_{L_b,2}$	$c_{L_b,3}$
4	1	2	3
6	1	2	3
8	1	3	4

这一步的逆是将第($i=1$，2，3)行中的第j个位置的值移动到第$j-c_{L_b,i} \bmod L_b$个位置。

11.6　列混合变换

在行位移变换中最后一步行置换结束后，分组的每一列($b_{i,j}$)($i=0$，…，3，

$j=0,\cdots,L_b$)都可以看作$\mathbb{F}_{2^8}$上的多项式并用其乘以常数多项式 $a(x):=a_3x^3+a_2x^2+a_1x+a_0$，其中系数 $a_0(x)=x$、$a_1(x)=1$、$a_2(x)=1$、$a_3(x)=x+1$，而约简的模 $M(x):=x^4+1$。于是，一列中的每个字节与该列中的其他每一个字节都相互作用。逐行操作 ShiftRows 转换在每一轮中都起作用，使每个字节都与其他字节混合，这样能产生强扩散。

通过前面的描述(参见 11.2 节)已经看到如何将这一步转换为一个矩阵乘法，其中的乘法和加法都在$\mathbb{F}_{2^8}$上进行。对于乘'02'(即 x)可以使用之前定义的函数 xtime()，乘'03'(即 $x+1$)也已经给出了类似的处理(参见 11.3 节)。

$$\begin{bmatrix} b_{0,j} \\ b_{1,j} \\ b_{2,j} \\ b_{3,j} \end{bmatrix} \leftarrow \begin{bmatrix} 02 & 03 & 01 & 01 \\ 01 & 02 & 03 & 01 \\ 01 & 01 & 02 & 03 \\ 03 & 01 & 01 & 02 \end{bmatrix} \cdot \begin{bmatrix} b_{0,j} \\ b_{1,j} \\ b_{2,j} \\ b_{3,j} \end{bmatrix} \tag{11-3}$$

MixColumns 的逆变换则是将分组中的每一列($b_{i,j}$)乘以多项式 $r(x):=r_3x^3+r_2x^2+r_1x+r_0$，其中系数 $r_0(x)=x^3+x^2+x$、$r_1(x)=x^3+1$、$r_2(x)=x^3+x^2+1$、$r_3(x)=x^3+x+1$，而约简的模 $M(x):=x^4+1$。对应的矩阵为

$$\begin{bmatrix} \text{'0E'} & \text{'0B'} & \text{'0D'} & \text{'09'} \\ \text{'09'} & \text{'0E'} & \text{'0B'} & \text{'0D'} \\ \text{'0D'} & \text{'09'} & \text{'0E'} & \text{'0B'} \\ \text{'0B'} & \text{'0D'} & \text{'09'} & \text{'0E'} \end{bmatrix} \tag{11-4}$$

11.7　轮密钥加

轮的最后一步执行轮密钥与分组异或：

$$(b_{0,j},b_{1,j},b_{2,j},b_{3,j}) \leftarrow (b_{0,j},b_{1,j},b_{2,j},b_{3,j}) \oplus (k_{0,j},k_{1,j},k_{2,j},k_{3,j})$$

其中 $j=0,\cdots,L_{b-1}$。这样，轮的结果中每一位都依赖于每一个密钥位。

11.8　一个完整的加密过程

根据[DaRi]4.2 节～4.4 节，Rijndael 加密封装在如下的伪代码中。参数传递是通过指向字节字段或 4 字节字的指针完成的。所用的字段、变量和函数如表 11-15～表 11-17 所示。

表 11-15　变量的解释

变量	解释
Nk	以 4 字节字为单位的秘密用户密钥的长度 L_k
Nb	以 4 字节字为单位的分组长度 L_b
Nr	轮数 L_r

表 11-16　域的解释

变量	长度(字节)	解释
CipherKey	4*Nk	秘密用户密钥
ExpandedKey	4*Nb * (Nr+ 1)	存储轮密钥的 4 字节字的字段

（续）

变量	长度（字节）	解释
Rcon	⌊4* Nb * (Nr+ 1)/Nk⌋	用作常数 $c(j):=(rc(j), 0, 0, 0)$[⊖]的 4 字节字的字段
State	4* Nb	明文或密文分组的输入/输出字段
RoundKey	4* Nb	轮密钥，ExpandedKey 的分片

表 11-17　函数的解释

函数	解释
KeyExpansion	生成轮密钥
RotBytes	一个 4 字节字循环左移一字节：(abcd)→(bcda)
SubBytes	字段中所有字节的 S 盒替换
Round	正常的轮
FinalRound	最后一轮，其中没有 MixColumns
ShiftRows	行位移变换
MixColumns	列混合变换
AddRoundKey	与轮密钥相加

密钥生成：

```
KeyExpansion (byte CipherKey, word ExpandedKey)
{
  for (i = 0; i < Nk; i++)
    ExpandedKey[i] = (CipherKey[4*i], CipherKey[4*i + 1],
      CipherKey[4*i + 2], CipherKey[4*i + 3]);
  for (i = Nk; i < Nb * (Nr + 1); i++)
  {
    temp = ExpandedKey[i - 1];
    if (i % Nk == 0)
      temp = SubBytes (RotBytes (temp)) ^ Rcon[i/Nk];
    else if ((Nk == 8) && (i % Nk == 4))
      temp = SubBytes (temp);
    ExpandedKey[i] = ExpandedKey[i - Nk] ^ temp;
  }
}
```

轮函数：

```
Round (word State, word RoundKey)
{
  SubBytes (State);
  ShiftRows (State);
  MixColumns (State);
  AddRoundKey (State, RoundKey)
}

FinalRound (word State, word RoundKey)
```

⊖ 存储常数 rc(*j*)的字段长度⌊Nb * (Nr+ 1)/Nk⌋≤30 字节。若这个字段是以 0 开始的，则该字节空闲，因为索引 *j* 从 1 开始。那么其长度为 31 字节。

```
{
  SubBytes (State);
  ShiftRows (State);
  AddRoundKey (State, RoundKey)
}
```

加密分组的全部操作

```
Rijndael (byte State, byte CipherKey)
{
  KeyExpansion (CipherKey, ExpandedKey);
  AddRoundKey (State, ExpandedKey);
  for (i = 1; i < Nr; i++)
    Round (State, ExpandedKey + Nb*i);
  FinalRound (State, ExpandedKey + Nb*Nr);
}
```

有可能在函数 Rijndael 外准备轮密钥，传递密钥表 `ExpandedKey` 而不是用户密钥 `Cipherkey`。当需要加密的文本比用相同的用户密钥多次调用 `Rijndael` 的块长时，在 Rijndael 外准备轮密钥是有利的。

```
Rijndael (byte State, byte ExpandedKey)
{
  AddRoundKey (State, ExpandedKey);
  for (i = 1; i < Nr; i++)
    Round (State, ExpandedKey + Nb*i);
  FinalRound (State, ExpandedKey + Nb*Nr);
}
```

特别是对于 32 位的处理器，预先计算轮变换并将结果存放在表中是非常有利的。将置换和矩阵操作替换成访问表操作可以节省大量的 CPU 时间，并能更好地加密和解密。在 4 张由 256 个 4 字节字组成的表的帮助下，分组 $b=(b_{0,j},\ b_{1,j},\ b_{2,j},\ b_{3,j})$，$j=0,\ \cdots,\ L_{b-1}$ 可以在每一轮中由替换操作快速地确定：

$$b_j := (b_{0,j},b_{1,j},b_{2,j},b_{3,j}) \leftarrow T_0[b_{0,j}] \oplus T_1[b_{1,d(1,j)}] \oplus T_2[b_{2,d(2,j)}] \oplus T_3[b_{3,d(3,j)}] \oplus k_j$$

其中

$$T_0(w) := \begin{bmatrix} S(w) \bullet \text{'02'} \\ S(w) \\ S(w) \\ S(w) \bullet \text{'03'} \end{bmatrix},\quad T_1(w) := \begin{bmatrix} S(w) \bullet \text{'03'} \\ S(w) \bullet \text{'02} \\ S(w) \\ S(w) \end{bmatrix}$$
$$T_2(w) := \begin{bmatrix} S(w) \\ S(w) \bullet \text{'03'} \\ S(w) \bullet \text{'02} \\ S(w) \end{bmatrix},\quad T_3(w) := \begin{bmatrix} S(w) \\ S(w) \\ S(w) \bullet \text{'03'} \\ S(w) \bullet \text{'02} \end{bmatrix} \tag{11-5}$$

对于 $w=0,\ \cdots,\ 255$，$S(w)$表示 S 盒替换。$d(i,\ j):=j+c_{L_b,i} \bmod L_b$(详见表 11-14，行位移变换)，$k_j=(k_{0,j},\ k_{1,j},\ k_{2,j},\ k_{3,j})$为轮密钥中第 j 列。

以上结果更详细的解释，请参见[DaRi]5.2.1 节。在最后一轮中 `MixColumns` 变换被删除了，因此其结果为

$$b_j \leftarrow (S(b_{0,j}),S(b_{1,d(1,j)}),S(b_{2,d(2,j)})S(b)_{3,d(3,j)}) \oplus k_j$$

显然，也可以使用由 256 个 4 字节字组成的表，其中

$$b_j \leftarrow T_0[b_{0,j}] \oplus r(T_0[b_{1,d(1,j)}] \oplus r(T_0[b_{2,d(2,j)}] \oplus r(T_0[b_{3,d(3,j)}])) \oplus k_j$$

其中 $r(a, b, c, d)=(d, a, b, c)$循环右移一个字节。对于存储受限的环境，上述的方法是一个非常有效的权衡，代价仅仅是计算 3 次循环移动带来的微小的计算增长。

11.9　解密

对于 Rijndael 解密只需要以相反的顺序执行加密过程中的变换的逆。前面已经讨论了 SubBytes、ShiftRows 和 MixColumns 变换的逆，下面直接给出函数 InvSubBytes、InvShiftRows 和 InvMixColumns 的伪代码。S 盒的逆、逆的距离、ShiftRows 变换和 Minxolumns 变换的逆矩阵等都在 11.6 节中给出。其逆轮函数如下所示：

```
InvFinalRound (word State, word RoundKey)
{
  AddRoundKey (State, RoundKey);
  InvShiftRows (State);
  InvSubBytes (State);
}
InvRound (word State, word RoundKey)
{
  AddRoundKey (State, RoundKey);
  InvMixColumns (State);
  InvShiftRows (State);
  InvSubBytes (State);
}
```

一个分组的解密操作如下所示：

```
InvRijndael (byte State, byte CipherKey)
{
  KeyExpansion (CipherKey, ExpandedKey);
  InvFinalRound (State, ExpandedKey + Nb*Nr);
  for (i = Nr - 1; i > 0; i--)
    InvRound (State, ExpandedKey + Nb*i);
  AddRoundKey (State, ExpandedKey);
}
```

Rijndael 的代数结构使它可以用表来实现加密的变换。在此，值得注意的是，在一轮中替换 S 和 InvShiftRows 变换的顺序是可以互换。这是因为 InvMixColumns 变换作为线性变换具有同态性 $f(x+y)=f(x)+f(y)$，且当 InvMixColumns 在轮密钥之前使用时可以改变轮密钥加。在一轮中，可以采用如下过程：

```
InvFinalRound (word State, word RoundKey)
{
  AddRoundKey (State, RoundKey);
  InvSubBytes (State);
  InvShiftRows (State);
}

InvRound (word State, word RoundKey)
{
  InvMixColumns (State);
  AddRoundKey (State, InvMixColumns (RoundKey));
  InvSubBytes (State);
  InvShiftRows (State);
}
```

可以不改变两个函数中变换的顺序而直接如下重新定义过程：

```
AddRoundKey (State, RoundKey);

InvRound (word State, word RoundKey)
{
  InvSubBytes (State);
  InvShiftRows (State);
  InvMixColumns (State);
  AddRoundKey (State, InvMixColumns (RoundKey));
}

InvFinalRound (word State, word RoundKey)
{
  InvSubBytes (State);
  InvShiftRows (State);
  AddRoundKey (State, RoundKey);
}
```

使用这个与加密相类似的结构，出于效率因素的考虑，可以将 `InvRound()` 中的 `InvMixColumns` 推迟到密钥生成时，此时 `InvMixColumns` 的第一轮和最后一轮密钥都没有用到。轮密钥的“逆”可以用如下过程生成：

```
InvKeyExpansion (byte CipherKey, word InvEpandedKey)
{
  KeyExpansion (CipherKey, InvExpandedKey);
  for (i = 1; i < Nr; i++)
    InvMixColumns (InvExpandedKey + Nb*i);
}
```

此时，一个分组的解密操作如下：

```
InvRijndael (byte State, byte CipherKey)
{
  InvKeyExpansion (CipherKey, InvExpandedKey);
  AddRoundKey (State, InvExpandedKey + Nb*Nr);
  for (i = Nr - 1; i > 0; i--)
    InvRound (State, InvExpandedKey + Nb*i);
  InvFinalRound (State, InvExpandedKey);
}
```

与加密相类似，可以用表来为解密进行预计算。一个分组 $b=(b_{0,j}, b_{1,j}, b_{2,j}, b_{3,j})$，$j=0, \cdots, L_{b-1}$ 的逆轮操作后的结果可以如下确定：

$$b_j \leftarrow T_0^{-1}[b_{0,j}] \oplus T_1^{-1}[b_{1,d^{-1}(1,j)}] \oplus T_2^{-1}[b_{2,d^{-1}(2,j)}] \oplus T_3^{-1}[b_{3,d^{-1}(3,j)}] \oplus k_j^{-1}$$

其中

$$T_0^{-1}(w) := \begin{bmatrix} S^{-1}(w)\cdot \text{'0E'} \\ S^{-1}(w)\cdot \text{'09'} \\ S^{-1}(w)\cdot \text{'0D'} \\ S^{-1}(w)\cdot \text{'0B'} \end{bmatrix}, \quad T_1^{-1}(w) := \begin{bmatrix} S^{-1}(w)\cdot \text{'0B'} \\ S^{-1}(w)\cdot \text{'0E'} \\ S^{-1}(w)\cdot \text{'09'} \\ S^{-1}(w)\cdot \text{'0D'} \end{bmatrix}$$
$$T_2^{-1}(w) := \begin{bmatrix} S^{-1}(w)\cdot \text{'0D'} \\ S^{-1}(w)\cdot \text{'0B'} \\ S^{-1}(w)\cdot \text{'0E'} \\ S^{-1}(w)\cdot \text{'09'} \end{bmatrix}, \quad T_3^{-1}(w) := \begin{bmatrix} S^{-1}(w)\cdot \text{'09'} \\ S^{-1}(w)\cdot \text{'0D'} \\ S^{-1}(w)\cdot \text{'0B'} \\ S^{-1}(w)\cdot \text{'0E'} \end{bmatrix} \quad (11\text{-}6)$$

对于 $w=0, \cdots, 255$，$S^{-1}(w)$ 表示逆 S 盒替换。$d^{-1}(3, j) := j - c_{L_b,i} \bmod L_b$（详见

表 11-9)，$j=0$，…，$<b-1$，k_j^{-1}为“逆”轮密钥的第 j 列。

同样，由于在最后一轮中的 `MixColumns` 变换被忽略了，所以最后一轮的结果可以如下给出：

$$b_j \leftarrow (S^{-1}(b_{0,j}), S^{-1}(b_{1,d^{-1}(1,j)}), S^{-1}(b_{2,d^{-1}(2,j)}), S^{-1}(b)_{3,d^{-1}(3,j)}) \oplus k_j^{-1}$$

其中 $j=0$，…，L_{b-1}。

为了节省内存，依然可以用 256 个 4 字节字组成的表来解密，即

$$b_j \leftarrow T_0^{-1}[b_{0,j}] \oplus r(T_0^{-1}[b_{1,d^{-1}(1,j)}] \oplus r(T_0^{-1}[b_{2,d^{-1}(2,j)}] \oplus r(T_0^{-1}[b_{3,d^{-1}(3,j)}]))) \oplus k_j^{-1}$$

其中 $r(a, b, c, d)=(d, a, b, c)$循环右移一个字节。

11.10　性能

在多个平台上的实现验证了 Rijndael 的优良性能。带宽足以在 8 位的处理器上使用少量的存储空间来实现 AES，并且密钥生成可以在当前的 32 位处理器上快速完成。为了比较，表 11-18 给出了候选算法 RC6、Rijndael 和 Twofish 在旧式的 8051 控制器和当代的 32 位芯片控制器 ARM 上各自的加密速度。

由于 `InvMixColumns` 操作更复杂，所以解密和加密所用的时间根据实现情况会有所不同。当然，这个不同也完全可以通过前面描述的使用表的方法进行补偿。另外，加密和解密的时间也还取决于密钥长度、分组大小以及轮数(见表 11-4)。为了比较，在 Pentium III/200 MHz 的环境下，分组大小为 128 位时，密钥长度为 128 位的吞吐量大约为 8MB/s；密钥长度为 192 位的吞吐量大约为 7MB/s，而密钥长度为 256 位的吞吐量大约为 6MB/s。在相同的平台上，用 C 实现的 DES 的加密或解密吞吐量为 3.8MB/s(见[Gldm]，http://fp.gladman.plus.com)。

表 11-18　根据[Koeu]，Rijndael 的性能对比(字节/每秒)

	8051 (3.57MHz)	ARM (28.56MHz)
RC6	165	151260
Rijndael	3005	311492
Twofish	525	56289

11.11　运行模式

为了使用 AES，NIST 更新了经典的工作模式：电码本(ECB)、密文分组链(CBC)、密文反馈(CFB)和输出反馈(OFB)，并提供了相应的测试向量(见[FI81，N38A])。考虑到 AES 标准化框架下使用的额外的工作模式且这些模式与因特网通信有关，于是有了如下的工作模式：

- **计数器模式**(CTR)：生成一个分组密钥流，并使用异或与明文分组进行连接。
- **CCM 模式**：为了保证消息的可靠性与完整性，根据密文分组链将计数器模式与消息认证码(MAC)结合(见[N38C])。
- **RMAC**：使用一项正在发展的技术——随机化的消息认证码，它可以同时从消息的内容和来源两个角度验证消息的合法性(见[N38B])。

如果想要了解更多的细节、安全性和密码分析的调查、计算时间以及 AES 和 Rijndael 的当前信息，读者可以参考前面引用的文献和 NIST 及 Vincent Rijmen 的网站，这些网站也包含进一步信息资源的如下链接：

http://csrc.nist.gov/CryptoToolkit/tkencyption.html

http://csrc.nist.gov/CryptoToolkit/modes

http://www.esat.kuleuven.ac.be/～rijmen/rihndael

在本书可下载资源中的文件 `aes.c` 包含了 AES 的实现，可以用其加深对该过程的理解并做一些试验。

大随机数

数学中随处可见伪随机性——足以供给任何时代的所有有志的创造者。

——*D. R. Hofstadter，《Gödel, Escher, Bach》*

可以肯定的是，任何试图用算术方法产生随机数字的人都是在犯错。

——*John Von Neumann*

“随机的”数值序列在很多领域中都会使用到，例如在统计学过程、数值数学、物理学以及数论的应用中，以代替统计观察或者使输入的可变数量自动化。随机数用于：

- 从大的集合中选择随机样本。
- 在密码学中生成密钥和运行安全协议。
- 作为过程的初始值生成素数。
- 测试计算机程序(这个主题后面会讨论)。
- 娱乐活动。

以及其他的许多应用领域。在用计算机仿真自然现象时，随机数可以用来代表测量值，以此来代表一个自然过程(Monte Carlo 方法)。甚至当要求任意选取数字时，随机数也是很有用的。在本章开始阐述大随机数生成的一些函数之前，先做一些方法上的准备，特别是，对于密码学的应用，大随机数的生成是非常有用的。

随机数的来源有很多，但是需要区分由随机试验产生的真实随机数与用算法生成的伪随机数。真实的随机数可以由如下过程产生：抛硬币或骰子、旋转轮盘、用适当的测量仪器观察放射性衰变以及评估电子元件的输出等。相反，伪随机数则是由算法计算、由伪随机数生成器帮助生成的。因为伪随机数生成器是确定性的，其依赖于初始状态和初始值(种子)，所以是可以预测和再生的。因此，伪随机数并不是严格意义上随机产生的。这种情形经常被忽视的主要原因是，现在拥有的算法能生成“高质量”的伪随机数，因此这里需要解释这个术语。

首先需要说明的是，事实上，当谈论的对象只是一个单一的数时就没有“随机”可言了，数学上要求的随机性总是由数的序列来满足的。Knuth 说：“一系列独立的随机数是一个特殊的分布，其中每个数都是随机的产生且与序列中其他的所有数都相互独立”，而每一个数的值以一定的概率出现在一个值的区间中(见[Knuth]3.1 节)。这里使用“随机”和“独立”的术语是指导致选择具体数字的事件在其形成和交互过程中是如此复杂，以至于用统计或其他测试方法都很难检测到。

用确定性的过程来生成随机数的想法在理论上是行不通的。但许多不同算法技术的目的却是向这个想法尽可能地靠近。确定性随机数生成器的逻辑结构可以用一个五元组(S，R，ϕ，ψ，P_{start})来描述，其中 S 表示生成器内部状态的有限集，R 表示可能的输出值的集合，ϕ：$S\rightarrow S$ 表示状态函数，ψ：$S\rightarrow R$ 表示输出函数，而P_{start}是初始状态s_0 的分布概率度量。初始化后，在每一步 $n\geqslant 1$ 时，首先计算新的状态 $s_n:=\phi(s_{n-1})$，然后从该状态输出值 $r_n:=\psi(s_n)$(见[BSI2])。为了评价随机数生成器，这里先假设初始状态在集合 S 中是均匀分布的，并用符号 μ_S(对 P_{start})表示。下一章将讨论测试 FLINT/C 函数。为此，将使用不满足任何密码学安全性要求的大随机数。

因此，可以从许多可能性中选择一个已经过证明且经常使用的伪随机数生成过程(为了简洁起见，后面将经常省略“伪”字而直接说成随机数、随机序列和随机数生成器)并花些时间讨论线性同余。从初始值 X_0 开始用线性递归来生成一个序列的元素：

$$X_{i+1} = (X_i a + b) \bmod m \tag{12-1}$$

该过程在 1951 年由 D. Lehmer 开发，并由此广为流行。因为尽管这个过程很简单，但是线性同余却可以产生优良统计性能的随机序列，而正如读者所料，其性能即取决于参数 a、b 和 m 的选择。[Knut]表明当用心选择好的参数时，线性同余可以出色地通过统计测试，但是参数的随机选择总是会导致一个较差的生成器。因此，该过程的关键在于：小心地选择参数！

选择 m 时取 2 的幂则立刻会有这样的好处，即求模 m 的剩余可以通过算术“与”完成。同时也会带来一个不利情况，即生成的随机数二进制的最低有效位比最高有效位的随机行为弱。因此，在处理这样的数时要特别注意。通常，必须注意若线性同余的模数是 m 的一个素数因子，则生成的序列的值在随机性方面较弱，因此也需要考虑将 m 选择为一个素数，因为这样单独的二进制数字都不会比其他任何数字差。

参数 a 和 m 的选择会对序列的周期性行为产生影响：因为只有有限多个不同的值出现在序列中，即最多 m 个，而后序列至少会从第 $m+1$ 个数开始重复。即，序列是周期性的。(或者说，序列存在周期或循环。)这个循环的进入点可以不是初始值 X_0，而是后续的某个值 X_μ。于是数字 X_0，X_1，X_2，…，$X_{\mu-1}$ 称为不重复元素(nonrecurring element)。可以如图 12-1 所示来表示序列的周期性行为。

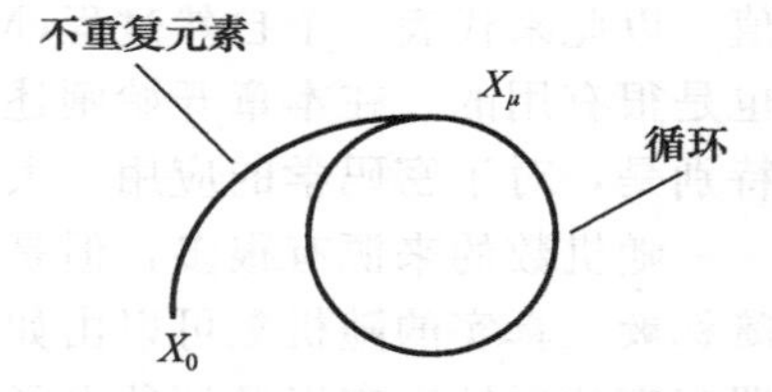

图 12-1　伪随机序列的周期性行为

因为根据所有的合理准则，在短循环内产生规律的重复数就代表了随机行为差，所以必须努力将循环的长度最大化或者找到能拥有最大循环长度的生成器。可以建立准则，使得根据此准则参数为 a、b 和 m 的线性同余序列恰好拥有最长的周期。即，应该满足如下条件：

1) $\gcd(b, m)=1$。
2) 对于所有素数 p，有 $p|m \Rightarrow p|(a-1)$。
3) $4|m \Rightarrow 4|(a-1)$。

更多细节和证明请参考[Knut]3. 2. 1. 2 小节。

作为一个满足上述条件的参数例子，可以考虑 ISO -C 标准建议的将线性同余作为函数 rand()的例子：

$$X_{i+1} = (X_i \cdot 1\,103\,515\,245 + 12\,345) \bmod m \tag{12-2}$$

其中 $m=2^k$，这里 2^k-1 确定 k 是 unsigned int 类型数据的最大值。数 X_{i+1} 并不是函数 rand()的返回值，其返回值为 $X_{i+1}/2^{16} \bmod$ (RAND_MAX$+1$)，这样函数 rand()生成所有 0～RAND_MAX 的数。而宏 RAND_MAX 定义在 stdio.h 文件中且其值至少为 32267(见[Pla1]，第 337 页)。这里 Knuth 建议除去二进制的最低有效位显然是考虑到了 2 的幂的情形。读者可以很容易地确定该函数满足上述 1)～3)的条件，因此由该生成器生成的序列拥有最大周期长度 2^k。

这样的结果是否能在一个特定的 C 函数库中实现是可以在所选环境下测试的。C 函数库源代码通常是不公开的[⊖]，而测试可以借助如下的 R. P. Brent 算法。Brent 算法可以通过递归公式 $X_{i+1}=F(X_i)$确定序列的周期长度λ，其中生成函数 $F:D\to D$ 作用在值的集合 D 上，而初始值 $X_0\in D$。测试过程中至多需要计算 F 函数 $2\cdot\max\{\mu,\lambda\}$次(详见[HKW]4.2 节)。

Brent 算法，用以确定序列的周期长度 λ，通过 X_0，$X_{i+1}=F(X_i)$生成

1) 令 $y\leftarrow X_0$，$r\leftarrow 1$，$k\leftarrow 0$。
2) 令 $x\leftarrow y$，$j\leftarrow k$，$r\leftarrow r+r$。
3) 令 $k\leftarrow k+1$，$y\leftarrow F(y)$，重复此步骤直到 $x=y$ 或 $k\geqslant r$。
4) 若 $x\neq y$，回到步骤 2；否则，输出 $\lambda=k-j$。

根据上文的 ISO 建议，只有当步骤 3 中能看到序列的值 $F(y)$，而不是最高有效位才表明该过程是成功的。

我们回到本章的主要话题并给出以 CLINT 整数格式生成随机数的函数。以生成素数为出发点，我们希望能产生指定的二进制数字的大数。为此，最高位应该设置为 1，而其他位应该随机地生成。

12.1 一个简单的随机数生成器

首先，构造一个线性同余生成器，从其生成的序列值中可以选择 CLINT 随机数的数字。根据 Knuth([Knut]，第 102～104 页)的光谱测试结果表，该生成器的参数选择为$a=$ 6 364 136 223 846 793 005，$m=2^{64}$。于是，根据显示在表中的测试结果，由 $X_{i+1}=(X_i\cdot a+1)\bmod m$ 生成的序列拥有最大的周期长度 $\lambda=m$ 和尽可能好的统计特性。该生成器是由如下函数 rand64_l()实现的。每次调用 rand64_l()就会生成序列中的下一个数并将其存储在全局 CLINT 对象 SEED64 中，该对象被声明为 static(静态对象)。参数 a 存储在全局变量 A64 中。该函数返回一个指向 SEED64 的指针。

功能：周期长度为 2^{64} 的线性同余生成器
语法：clint * rand64_l(void);
返回：指向 SEED64 的指针，其中存储计算得到的随机数

```
clint *
rand64_l (void)
{
  mul_l (SEED64, A64, SEED64);
  inc_l (SEED64);
```

可以通过简单地设置 SEED64 的长度字段来执行模 2^{64} 的约简操作，该操作几乎不消耗计算时间。

```
  SETDIGITS_L (SEED64, MIN (DIGITS_L (SEED64), 4));
  return ((clint *)SEED64);
}
```

接下来，需要一个函数来为 rand64_l()设置初始值。该函数称为 seed64_l()，它将

⊖ 自由软件基金会的 GNU-C 函数库和由 Eberhard Mattes 开发的 EMX-C 函数库是优秀的例外。EMX 函数库中的 rand()函数使用的参数为 $a=69069$、$b=5$、$m=2^{32}$。G. Marsaglia 建议的乘数 $a=69069$、模数 $m=2^{32}$ 能产生良好的统计结果和最大的周期长度(见[Knut]，第 102～104 页)。

一个 CLINT 对象作为输入并从中选取最多 4 位最高位作为 SEED64 的初始值。以前的 SEED64 值被复制到静态 CLINT 对象 BUFF64 中，并返回指向 BUFF64 的指针。

> **功能**：为 rand64_l()设置初始值
> **语法**：clint * seed64_l(CLINT seet_l);
> **输入**：seed_l(初始值)
> **返回**：指向 BUFF64 的指针，其中存储以前的 SEED64 值

下一个函数返回 ULONG 类型的随机数。所有的数都是通过调用 rand64_l()生成的，其中 SEED64 的最高位用来确定所需要的类型。

> **功能**：生成 unsigned long 类型的随机数
> **语法**：unsigned long ulrand64_l(void)
> **返回**：unsigned long 类型的随机数

```
ULONG
ulrand64_l (void)
{
  ULONG val;
  USHORT l;
  rand64_l();
  l = DIGITS_L (SEED64);
  switch (l)
    {
      case 4:
      case 3:
      case 2:
        val = (ULONG)SEED64[l-1];
        val += ((ULONG)SEED64[l] << BITPERDGT);
        break;
      case 1:
        val = (ULONG)SEED64[l];
        break;
      default:
        val = 0;
    }
  return val;
}
```

另外，FLINT/C 包还含函数 ucrand64_l(void)和 usrand64_l(viod)，它们分别用来生成 UCHAR 类型和 USHORT 类型的随机数。但是，这里将不再赘述。现在给出函数 rand_l()，该函数可以根据指定数量的二进制数字来生成 CLINT 类型的大随机数。

> **功能**：生成 CLINT 类型的随机数
> **语法**：void rand_l(CLINT r_l, int l);
> **输入**：l(需要生成的随机数的二进制位数)
> **输出**：r_l(在区间 $2^{l-1} \leqslant r\_l \leqslant 2^l - 1$ 上的随机数)

```
void
rand_l (CLINT r_l, int l)
{
  USHORT i, j, ls, lr;
```

首先，所需随机数的二进制数字 l 的个数会受到 CLINT 对象所允许的最大值的限制。其次，确定所需的 USHORT 数字的数量 ls 和最高位 USHORT 的二进制最高位的位置 lr。

```
l = MIN (l, CLINTMAXBIT);
ls = (USHORT)l >> LDBITPERDGT;
lr = (USHORT)l & (BITPERDGT - 1UL);
```

现在，通过连续地调用 usrand64_l()来生成 r_l 的数字。因此，SEED64 的二进制最低位并不用于构造 CLINIT 数字。

```
for (i = 1; i <= ls; i++)
  {
    r_l[i] = usrand64_l ();
  }
```

现在遵循准确的步骤来产生 r_l。将第(ls+1)个 USHORT 数字的 lr-1 位置的最高有效位设置为 1，其他的高位设置为 0。若 lr==0，则 USHORT 数字 ls 的最高有效位设置为 1。

```
  if (lr > 0)
    {
      r_l[++ls] = usrand64_l ();
      j = 1U << (lr - 1); /* j <- 2 ^ (lr - 1) */
      r_l[ls] = (r_l[ls] | j) & ((j << 1) - 1);
    }
  else
    {
      r_l[ls] |= BASEDIV2;
    }
  SETDIGITS_L (r_l, ls);
}
```

12.2 密码学的随机数生成器

现在来讨论密钥学的随机数生成器，这些生成器根据其特性用于保护敏感数据，前提是假设它们能被合适地实现并使用安全的初始值(下文还将继续阐述这个问题)。首先，构造一个 BBS 生成器，然后构造一个基于对称算法 AES 的随机数生成器，接下来构造一个基于密码学散列函数 RIPEMD-160 和 SHA-1 链的伪随机数生成器。利用上一章构建的 AES 和第 17 章将要介绍其性质的散列函数，就可以做一些期待的事情了。

通过上述方法来实现可重入的随机数生成器，这样就可以被多个函数同时并相互独立地调用而不必相互干扰。当考虑如何调用一个随机数生成器而其内部状态恰恰被另一个函数删除的情形时，就会意识到上述想法很好。在这种情形下，第二个函数就无法得到有用的结果。当这些函数是在并行的进程或线程中执行时，这种情形就显得更突出。

例如，当密钥在一个进程或线程中生成时，随机数生成器的状态被另一个进程删除(即，设置为零)了，则该随机数生成器就不能生成可靠的值，这将急剧地降低相关进程所生成的密钥的质量。

解决这个问题的方法是提供可重入性，可以通过将随机数生成器的内部状态存储到独立的缓冲区中，而这些缓冲区则由调用函数独立管理并专一使用。

12.2.1　初始值的生成

需要为密码学随机数生成器产生初始值，即所谓的熵源。该过程虽然是显而易见的，但却应该是不可预测的且不能被影响的。每个确定性生成的伪随机数序列的安全性至多与初始值相当。攻击者一旦知道或能猜出伪随机序列的初始值，则他就能知道整个伪随机序列或者是由此产生的口令。熵的概念借鉴于物理学，在物理学中，熵被用来度量一个封闭系统的无序度。好的初始值是从对最大可能的无序中观察而来的，这个想法比说成是“初始值的随机性”看起来更直观和引人注目。

为此，这里主要采用人工熵源，特别是，像特定过程的时钟周期数的某种系统统计、外部事件(如鼠标移动)的测量或者用户的键盘事件和鼠标点击事件之间的时间等。

这些参数最好是能相互结合，例如通过使用散列函数。

获得熵的函数在各种操作系统中都提供，例如Linux和Windows下的Win32 CryptoAPI。Win32的CryptoAPI提供函数`CryptGenRandom()`，该函数能为操作系统获取多种熵源。这里为了使用Win32的动态连接库ADVAPI32.DLL，有必要结合ADVAPI32.LIB链接库。

Linux和FreeBSD通过虚拟设备`/dev/random`和`/dev/urandom`提供熵。关联的设备管理一个512字节的熵池，该熵池是由多种连续监控不可预测事件的结果填充的。最多产的随机事件源是键盘：两个键盘事件的时间差在微秒级的最后数字是既难以预测也难以再生的。其他源还有与鼠标事件、硬件中断和内核的块设备有关的时间。当熵池被询问时，就利用散列函数SHA-1从池中循序地产生64字节的分组，并且该操作的结果又会被放回池中。然后对池中的首个64字节再次应用散列函数，最终结果则作为随机值返回给调用函数。根据需要，该过程可以被不断地重复直达到到所需要返回的字节数时读取访问才会终止。设备文件`/dev/random`总是根据池中相应的可用熵的多少来输出随机数的位。如果请求超出了该输出上限，则虚拟设备就会被阻塞。只有观察到足够数量的熵生成事件发生后才返回其他的随机字节。

与`/dev/random`相反，即使熵池被消耗殆尽时，设备文件`/dev/urandom`依然会不断地返回随机数的值。在这种情形下，设备就以上面描述的方式(参见[Tso])返回随机数的值。

根据平台和可用性，下面的函数同时使用这两种源来生成初始值。另外，在Windows下，WIN32函数`QueryPerformanceCounter()`产生的64字节用于收集熵。此外，询问系统时间并且可选择地，接受调用函数的一个字符串，这样如键盘输入等用户输入也可以考虑为初始值的生成。这样，得到的值用散列函数RIPEMD-160再次压缩为20字节的结果，并以该形式返回，同时该结果也是`CLINT`格式的大整数。

功能：	为伪随机数生成器的初始化生成熵。除了用户定义字符串以外，熵字节还从系统规定的源读取： 对于Win32：从`QueryPerformanceCounter`(64 byte)或`CryptGenRandom`获取值。 对于Linux：若源可用，则熵从`/dev/urandom`读取。 同时，`LenRndStr`和`AddEntropy`字节进入结果中。这些作为`CLINT`类型的整数输出。 另外，从熵数据可以生成一个散列值。
语法：	`int GetEntropy_l(CLINT Seed_l, char * Hashres,` `int AddEntropy, char * RndStr, int LenRndStr);`

输入：AddEntropy（生成的熵字节的位数） RndStr（可选择的用户定义的字符串，或者也可能是空） LenRndStr（RndStr 的字节长度） **输出**：Seed_l（CLINT 整数类型的熵。若 Seed_l==NULL，则禁止输出） Hashres（RIPEMD-160 散列值的熵，长度为 20 字节。若 Hashres==NULL，则禁止输出） **返回**：0，如果成功 $n>0$，若 n 比所需要的可以读取的熵字节数小 E_CLINT_MAL，若在内存分配时出错

```
int
GetEntropy_l (CLINT Seed_l, UCHAR *Hashres, int AddEntropy,
              char *RndStr, int LenRndStr)
{
 unsigned i, j, nextfree = 0;
 unsigned MissingEntropy = MAX(AddEntropy, sizeof (time_t));
 UCHAR *Seedbytes;
 int BytesRead;
 int LenSeedbytes = LenRndStr + MissingEntropy +
                    sizeof (time_t) + 2*sizeof (ULONG);
 RMDSTAT hws;
 time_t SeedTime;
 FILE *fp;
#if defined _WIN32 && defined _MSC_VER
 LARGE_INTEGER PCountBuff;
 HCRYPTPROV hProvider = 0;
#endif /* defined _WIN32 && defined _MSC_VER? */
 if ((Seedbytes = (UCHAR*)malloc(LenSeedbytes)) == NULL)
  {
   return E_CLINT_MAL;
  }
 if (RndStr != NULL && LenRndStr > 0)
  {
   memcpy (Seedbytes, RndStr, LenRndStr);
   nextfree = LenRndStr;
  }
```

将系统时间引入缓冲区 Seedbytes 中。

```
SeedTime = (time_t)time(NULL);
for (i = 0; i < sizeof(time_t); i++)
 {
  j = i << 3;
  Seedbytes[nextfree+i] = (UCHAR)((SeedTime >> j) & (time_t)0xff);
 }
nextfree += sizeof (time_t);
MissingEntropy -= sizeof (time_t);
```

从 WIN32 API 获得熵（需要链接到 ADVAPI32.LIB），

```
#if defined _WIN32 && defined _MSC_VER
 if (MissingEntropy)
  {
```

链接从 QueryPerformanceCounter 获得的 64 位值。

```
 QueryPerformanceCounter (&PCountBuff);
 for (i = 0; i < sizeof (DWORD); i++)
  {
   j = i << 3;
   Seedbytes[nextfree + i] =
    (char)((PCountBuff.HighPart >> j) & (DWORD)0xff);
   Seedbytes[nextfree + sizeof (DWORD) + i] =
    (char)((PCountBuff.LowPart >> j) & (DWORD)0xff);
  }
 nextfree += 2*sizeof (DWORD);
 MissingEntropy -= 2*sizeof (DWORD);
}
```

链接从 CryptGenRandom()获得的值：

```
 if (CryptAcquireContext(&hProvider, NULL, NULL, PROV_RSA_FULL,
                         CRYPT_VERIFYCONTEXT))
  {
   if (CryptGenRandom (hProvider, MissingEntropy, &Seedbytes[nextfree]))
    {
     nextfree += MissingEntropy;
     MissingEntropy = 0;
    }
  }
 if (hProvider)
  {
   CryptReleaseContext (hProvider, 0);
  }
#endif /* defined _WIN32 && _MSC_VER */
```

若源可用，则从/dev/urandom 获取熵。

```
if ((fp = fopen("/dev/urandom", "r")) != NULL)
 {
  BytesRead = fread(&Seedbytes[nextfree], sizeof (UCHAR), MissingEntropy, fp);
  nextfree += BytesRead;
  MissingEntropy -= BytesRead;
  fclose (fp);
 }
```

散列链接的熵值。

```
if (Hashres != NULL)
 {
  ripeinit (&hws);
  ripefinish (Hashres, &hws, Seedbytes, nextfree);
 }
```

CLINT 格式的整数类型种子。

```
if (Seed_l != NULL)
 {
  byte2clint_l (Seed_l, Seedbytes, nextfree);
 }
覆盖并删除为种子分配的存储空间。
 SeedTime = 0;
 local_memset (Seedbytes, 0, LenSeedbytes);
 local_memset (&hws, 0, sizeof (hws));

 free (Seedbytes);

 return MissingEntropy;
}
```

关于获取初始值更多的讨论和方法可以参阅[Cut1]、[Cut2]、[East]和[Matt][㊀]。

12.2.2 BBS随机数生成器

一个针对密码学性质方面广泛研究的随机数生成器是由 L. Blum、M. Blum 和 M. Shub 提出的 BBS 位生成器，该生成器基于复杂度理论的结果。这里虽然不会深入研究其理论细节(详见[Blum]或[HKW]第 IV 章和 VI. 5 节)，但描述该过程并实现它。

这里需要两个素数 p、q，且它们模 4 都余 3，于是可以通过 p，q 得到一个模数 n，同时得到一个与 n 互素的数 X。通过 $X_0 := X^2 (\mathrm{mod}\ n)$，可以得到一个整数序列的初始值 X_0，而该序列可以通过循序地平方模 n 得到：

$$X_{i+1} := X_i^{\ 2} \mathrm{mod}\ n \tag{12-3}$$

作为随机数我们将每一个值 X_i 的最低位移除。于是就可以给出一个对生成器的形式化描述：状态集用 $S := \{0, 1, \cdots, n-1\}$ 表示，随机数用 $R := \{0, 1\}$ 定义，状态转移则用函数 φ：$S \to S$，$\varphi(x) = x^2 \mathrm{mod}\ n$ 描述，而输出函数是 ψ：$S \to R$ 且 $\psi(x) := x \mathrm{mod}\ 2$。

以此方法得到的二进制数字构建的随机序列可以从密码学的角度认为是安全的：只有当模数的因子 p 和 q 已知的情况下才有可能从序列的一部分推测出之前或之后的二进制数字。如果这些是保密的，那么根据现有的知识，为了能够以大于 1/2 的概率预测 BBS 随机序列的未来位或重构这个序列未知部分就必须能够分解模数 n。因此，BBS 生成器的安全性就依赖于与 RSA 过程相同的原理。如此得到的对 BBS 生成器质量的信任所花费的代价依赖于生成随机位的开销。对于每一位，都需要对一个数求平方并模一个大整数，这对长序列而言需要大量的计算时间。但是，随着较短位数的随机序列的发展，例如对于生成一个单独的密钥，计算时间长这个问题就显得不那么重要了。在这种情形下，唯一的评判准则就只有安全性了，而在度量安全性时，必须将获得初始值的过程考虑进来。由于 BBS 生成器也是一个确定性的过程，所以可以包括的“新鲜机会”仅仅是前面一节描述的通过适当的方法获得初始值。

在函数 `prime_l` 的帮助下，可以确定素数 p 和 q，$p \equiv q \equiv 3 \mathrm{mod}\ 4$，并且它们的二进制数字近似相等，于是就有了模数 $n = pq$[㊁]。其中，从模数 n 到 p 和 q 的分解要尽可能地困难，因为 BBS 生成器的安全性就依赖于它。

从初始值 X_0 开始，序列中的下一个数字 $X_{i+1} = X_i \mathrm{mod}\ n$ 用函数 `SwitchRandBBS_l()` 来计算，并将 X_{i+1} 的最低位作为随机位输出。而值 X_{i+1} 本身则存放在缓冲区中作为生成器

㊀ 对于高敏感的应用，总是更倾向于使用合适的硬件组件来产生真实的随机数以便生成初始值甚至是整个随机序列。

㊁ 在 FLINT/C 包中还有各种不同长度的模数，而其因子却只有作者知道。

的当前状态，并由调用函数管理。这里要回到起初的问题，即如何在第一次调用 SwitchRandBBS_l()时用一个合适的初始值来初始化这个缓冲区。但首先来实现这个函数。

> **功能**：Blum-Blum-Shub 之后的确定性随机数生成器
> **语法**：int SwitchRandBBS_l(STATEBBS * rstate);
> **输入**：rstate(指向一个状态内存的指针)
> **输出**：rstate(指向更新后状态内存的指针)
> **返回**：从{0, 1}中选取返回值

```
int
SwitchRandBBS_l (STATEBBS *rstate)
{
```

用模平方继续运行生成器。

```
msqr_l (rstate->XBBS, rstate->XBBS, rstate->MODBBS);
```

输出 rstate->XBBS 的最低有效位。

```
  return (*LSDPTR_L (rstate->XBBS) & 1);
}
```

BBS 生成器的初始化在函数 InitRandBBS_l()的帮助下完成，该函数本身又会调用另外两个函数：函数 GetEntropy_l()用来生成初始值 seed_l，而第二个函数 seedBBS_l()正是利用上一个函数来计算生成器的初始状态。GetEntropy_l 中可以有的新机会以及如何处理一个初始值在前面已经讨论过了。

> **功能**：初始化包含获取熵的 Blum-Blum-Shub 伪随机数生成器
> **语法**：int InitRandBBS_l(STATEBBS * rstate, char * UsrStr,
> 　　　　　　　　int LenUsrStr, int AddEntropy);
> **输入**：rstate(指向状态内存的指针)
> 　　　UsrStr(指向用户字符串的指针)
> 　　　LenUsrStr(用户字符串的长度，以字节为单位)
> 　　　AddEntropy(额外所需的熵的字节数)
> **输出**：rstate(指向初始状态内存的指针)
> **返回**：0，如果成功
> 　　　$n>0$，指请求而未生成的字节数

```
int
InitRandBBS_l (STATEBBS *rstate, char *UsrStr, int LenUsrStr, int AddEntropy)
{
  CLINT Seed_l;
  int MissingEntropy;
```

生成所需要的熵及在此基础上生成初始值。

```
MissingEntropy = GetEntropy_l (Seed_l, NULL, AddEntropy, UsrStr, LenUsrStr);
```

生成内部初始状态。

```
SeedBBS_l (rstate, Seed_l);
```

通过重写删除初始值。

```
  local_memset (Seed_l, 0, sizeof (CLINT));
  return MissingEntropy;
}
```

实际的生成器初始化是由函数 seedBBS_l 完成的。

功能：	为 randbit_l()和 randBBS_l()设置初始值
语法：	int seedBBS_l(STATEBBS * rstate, CLINT seed_l);
输入：	rstate(指向状态内存的指针) seed_l(初始值)
输出：	rstate(指向初始状态内存的指针)
返回：	E_CLINT_OK，如果成功 E_CLINT_RCP，如果初始值和模数不互素

```
int
seedBBS_l (STATEBBS *rstate CLINT seed_l)
{
  CLINT g_l;
  str2clint_l (rstate->MODBBS, (char *)MODBBSSTR, 16);
  gcd_l (rstate->MODBBS, seed_l, g_l);
  if (!EQONE_L (g_l))
    {
      return E_CLINT_RCP;
    }
  msqr_l (seed_l, rstate->XBBS, rstate->MODBBS);
```

设置标志：初始化 PRNG。

```
  rstate->RadBBSInit = 1;
  return E_CLINT_OK;
}
```

UCHAR 类型的随机数通过函数 bRandBBS_l()生成，函数 ucrand64_l()也是。

功能：	UCHAR 类型的随机数生成
语法：	UCHAR bRandBBS_l(STATEBBS * rstate);
输入：	rstate(指向初始状态内存的指针)
输出：	rstate(指向更新后状态内存的指针)
返回：	UCHAR 类型的随机数

```
UCHAR
bRandBBS_l (STATEBBS *rstate)
{
  int i;
  UCHAR r = SwitchRandBBS_l (rstate);
  for (i = 1; i < (sizeof (UCHAR) << 3); i++)
    {
      r = (r << 1) + SwitchRandBBS_l (rstate);
    }
  return r;
}
```

为了完整性，这里不得不提函数 sRandBBS_l()和 lRandBBS_l()，这两个函数分别生成 USHORT 类型和 ULONG 类型的随机数。

这里依然缺少函数 RandBBS_l，它用来生成随机数 r_l，使得其位数为 l，即 $2^{l-1} \leqslant$ r_l $\leqslant 2^l - 1$。由于该函数很大程度上与 rand_l()相对应，所以这里就省去了详细的描述，仅仅给出函数头部。当然，这些函数都包含在 FLINT/C 包中。为了删除状态缓冲区，需要用到函数 PurgeRandBBS_l()。

功能：	CLINT 类型的随机数生成
语法：	int RandBBS_l(CLINT r_l,STATEBBS * rstate, int l);
输入：	rstate(伪随机数生成器的内部状态) l(生成的随机数的二进制位数)
输出：	r_l(在 $2^{l-1} \leqslant$ r_l $\leqslant 2^l - 1$ 上的随机数)
返回：	E_CLINT_OK，如果成功 E_CLINT_RIN，如果生成器未初始化

功能：	删除 RandBBS 的内部状态
语法：	void PurgeRandBBS_l(STATEBBS * rstate);
输入：	rstate(伪随机数生成器的内部状态)
输出：	rstate(生成器的内部状态，以重写方式删除)

12.2.3　AES 生成器

构建随机数生成器的另一种可能是利用对称分组加密系统，该方法的统计特性和密码学特性都已经说明它非常适合伪随机数的生成。这里可以借助高级加密标准(AES)来阐述清楚，而作为现代分组加密系统的代表，AES 在安全性和速度方面的性能都很突出[⊖]。

用 K 表示代码空间，D 表示明文分组空间，集合 $C := \{0, \cdots, c-1\}$，其中 c 为常数，则状态集可以用 RandAES 通过 $S := K \times D \times C$ 来定义。状态函数可以描述如下：

$$\varphi: S \rightarrow S, \varphi(k,x,i) := (\xi(k,x,i), \mathrm{AES}_k(x), i+1 \bmod c) \tag{12-4}$$

其中

$$\xi(k,x,i) := \begin{cases} k & i \not\equiv 0 \bmod c \\ k \oplus \mathrm{AES}_k(x) & i \equiv 0 \bmod c \end{cases}$$

而输出函数

$$\psi: S \rightarrow R, \psi(k,x,i) := x/2^{8\cdot(23-(i \bmod 16))} \bmod 2^8 \tag{12-5}$$

常数 c 指定密钥更新的频率，以便防止从之前的状态推测一个新状态。更高安全性的代价是花更多的时间来初始化密钥。最安全但也最慢的生成器变种使用 $c=1$。

通过计数器 i 以连续的步骤从输出值中选择不同的字节位置可以使生成器的输出不断改变。

基于 AES 的伪随机数生成器 RandAES 的初始化是通过函数 InitRandAES_l 完成的。

⊖　AES 扩展形式的分组长度为 192 位。标准 AES 规定分组为 128 位，而基础算法 Rijndael 则被设计可用于分组长度为 256 位的加密。

> **功能：** AES伪随机数生成器的初始化和熵生成
> **语法：** int InitRandAES_l(STATE * rstate,char * UsrStr,
> int LenUsrStr, int AddEntropy, int update);
> **输入：** rstate(指向状态内存的指针)
> UsrStr(指向用户字符串的指针)
> LenUsrStr(用户字符串的长度，以字节为单位)
> AddEntropy(额外需要的熵的字节数)
> update(AES密钥的更新频率)
> **输出：** rstate(指向初始化状态内存的指针)
> **返回：** OK，如果成功
> $n>0$，指请求而未生成的熵字节数

```
int
InitRandAES_l (STATEAES *rstate, char *UsrStr, int LenUsrStr,
               int AddEntropy, int update)
{
  int MissingEntropy, i;
```

初始值的生成。MissingEntropy存储的是所需却不能用的熵的字节数。

```
MissingEntropy = GetEntropy_l (NULL, rstate->XAES, AddEntropy,
                               UsrStr, LenUsrStr);
```

初始化AES。

```
for (i = 0; i < 32; i++)
  {
    rstate->RandAESKey[i] ^= RandAESKey[i];
  }
AESInit_l (&rstate->RandAESWorksp, AES_ECB, 192, NULL,
   &rstate->RandAESSched, rstate->RandAESKey, 256, AES_ENC);
```

第一个状态转换，生成初始状态。

```
AESCrypt_l (rstate->XAES, &rstate->RandAESWorksp,
            &rstate->RandAESSched, rstate->XAES, 24);
```

设置密钥更新频率的参数。

```
rstate->UpdateKeyAES = update;
```

初始化步计数器。

```
rstate->RoundAES = 1;
```

设置初始化标志。

```
  rstate->RandAESInit = 1;

  return MissingEntropy;
}
```

状态函数 SwitchRandAES_l()实现如下：

> **功能：** 基于高级加密标准(AES)的确定性的伪随机数生成器
> **语法：** int SwitchRandAES_l(STATE * rstate);
> **输入：** rstate(指向状态内存的指针)
> **输出：** rstate(指向更新状态内存的指针)
> **返回：** 1字节的随机数

```
UCHAR
SwitchRandAES_l (STATEAES *rstate)
{
  int i;
  UCHAR rbyte;
```

通过应用函数

$$\varphi: S \rightarrow S, \varphi(k,x,i) := (\xi(k,x,i), \mathrm{AES}_k(x), i+1 \bmod c)$$

改变状态。缓冲区 rstat->XAES 中的内容对应于函数的参数 x。

```
AESCrypt_l (rstate->XAES, &rstate->RandAESWorksp,
          &rstate->RandAESSched, rstate->XAES, 24);
```

通过应用函数

$$\psi: S \rightarrow R, \psi(k,x,i) := x/2^{8\cdot(23-(i \bmod 16))} \bmod 2^8$$

生成随机数。

```
rbyte = rstate->XAES[(rstate->RoundAES)++ & 15];
```

如果设定了参数与并达到了预描述的轮数，则更新密钥。

```
  if (rstate->UpdateKeyAES)
    {
      if (0 == (rstate->RoundAES % rstate->UpdateKeyAES))
        {
          for (i = 0; i < 32; i++)
            {
              rstate->RandAESKey[i] ^= rstate->XAES[i];
            }
          AESInit_l (&rstate->RandAESWorksp, AES_ECB, 192, NULL,
              &rstate->RandAESSched, rstate->RandAESKey, 256, AES_ENC);
        }
    }
  return rbyte;
}
```

$2^{l-1} \leqslant$ r_l $\leqslant 2^l - 1$ 上的随机数 r_l 由函数 RandAES_l()生成，其函数首部如下给出：

功能：	CLINT 类型的随机数生成
语法：	int RandAES_l(CLINT r_l,STATEAES * rstate, int l);
输入：	rstate(伪随机数生成器的内部状态) l(生成的随机数的二进制位数)
输出：	r_l(在 $2^{l-1} \leqslant$ r_l $\leqslant 2^l - 1$ 上的随机数)
返回：	E_CLINT_OK，如果成功 E_CLINT_RIN，如果生成器未初始化

另外，在 random.h 中还定义了宏 bRandAES_l()、sRandAES_l()和 lRandAES_l()，每个函数都以初始化的状态缓冲区作为参数，并分别生成 UCHAR、USHORT 和 ULONG 类型的随机数。

与 RandBBS 类似，生成器的删除函数如下：

功能：删除 RandAES 的内部状态
语法：`void PurgeRandAES_l(STATEAES * rstate);`
输入：rstate(伪随机数生成器的内部状态)
输出：rstate(为随机数生成器的内部状态，以重写方式删除)

12.2.4 RMDSHA-1 生成器

接下来要介绍的伪随机数生成器是通过散列函数 SHA-1 和 RIPEMD-160 构建的。这两个函数的计算都非常快，这可以使得生成器达到极佳的性能。

若输入值、计数器、状态和输出值分别定义为 $D:=\{0, \cdots, 2^{160}-1\}$、$C:=\{0, \cdots, c-1\}$、$S:=D\times C$ 以及 $R:=\{0, \cdots, 2^8-1\}$，则状态函数可以表示为：

$$\varphi: S \to S, \varphi(x,i) := (\text{RIPEMD-160}(x), i+1 \bmod c) \tag{12-6}$$

而输出函数可以定义为：

$$\psi: S \to R, \psi(x,i) := \text{SHA-1}(x)/2^{8\cdot(19-(i \bmod 16))} \bmod 2^8 \tag{12-7}$$

在 RandAES 的情形中，输出随着计数器 i 的逐步改变而改变，于是变化字节的位置就被选为输出的值。生成器的初始化通过函数 `InitRandRMDSHA1()`—l 完成：

功能：RIPEMD-160/SHA-1 伪随机数生成器的初始化与熵生成
语法：
```
int InitRandRMDSHA1_l(STATERMDSHA1 * rstate,
        char * UsrStr, int LenUsrStr, int AddEntropy);
```
输入：rstate(指向状态内存的指针)
UsrStr(指向用户字符串的指针)
LenUsrStr(用户字符串的长度，以字节为单位)
AddEntropy(额外需要的熵的字节数)
输出：rstate(指向初始化状态内存的指针)
返回：OK，如果成功
$n>0$，指请求而未生成的熵字节数

```
int
InitRandRMDSHA1_l (STATERMDSHA1 *rstate, char *UsrStr,
                   int LenUsrStr, int AddEntropy)
{
  int MissingEntropy;
```
初始值的生成。MissingEntropy 存储的是所需却不能用的熵的字节数。
```
MissingEntropy = GetEntropy_l (NULL, rstate->XRMDSHA1, AddEntropy,
                               UsrStr, LenUsrStr);
```
第一个状态转换，生成初始状态。
```
ripemd160_l (rstate->XRMDSHA1, rstate->XRMDSHA1, 20);
```
初始化步计数器 i。
```
rstate->RoundRMDSHA1 = 1;
```
设置初始化标志。
```
  rstate->RandRMDSHA1Init = 1;

  return MissingEntropy;
}
```

每次被调用时，状态函数 SwitchRandRMDSHA1_l()输出一个随机字节：

功能：	基于散列函数 SHA-1 和 RIPEMD-160 的确定性的伪随机数生成器
语法：	int SwitchRandRMDSHA1_l(STATE * rstate);
输入：	rstate(指向状态内存的指针)
输出：	rstate(指向更新状态内存的指针)
返回：	1 字节的随机数

```
UCHAR
SwitchRandRMDSHA1_l (STATERMDSHA1 *rstate)
{
  UCHAR rbyte;
```

应用函数

$$\psi: S \rightarrow R, \psi(x,i) := \text{SHA-1}(x)/2^{8\cdot(19-(i \bmod 16))} \bmod 2^8$$

生成随机数。

```
sha1_l (rstate->SRMDSHA1, rstate->XRMDSHA1, 20);
rbyte = rstate->SRMDSHA1[(rstate->RoundRMDSHA1)++ & 15];
```

应用函数

$$\varphi: S \rightarrow S, \varphi(x,i) := (\text{RIPEMD-160}(x), i+1 \bmod c)$$

以改变状态。

```
  ripemd160_l (rstate->XRMDSHA1, rstate->XRMDSHA1, 20);
  return rbyte;
}
```

$2^{l-1} \leqslant$ r_l $\leqslant 2^l - 1$ 上随机数 r_l 由函数 RandRMDSHA1_l()生成，其函数首部如下给出：

功能：	CLINT 类型的随机数生成
语法：	int RandRMDSHA1_l(CLINT r_l, STATERMDSHA1 * rstate, int l);
输入：	rstate(伪随机数生成器的内部状态) l(生成的随机数的二进制位数)
输出：	r_l(在 $2^{l-1} \leqslant$ r_l $\leqslant 2^l - 1$ 上的随机数)
返回：	E_CLINT_OK，如果成功 E_CLINT_RIN，如果生成器未初始化

同样，对于该生成器，在 random.h 中也定义了宏 bRandRMDSHA1_l()、sRandRMDSHA1_l()和 lRandRMDSHA1_l()，每个函数都以初始化的状态缓冲区作为参数分别生成 UCHAR、USHORT 和 ULONG 类型的随机数。

最后，对于敏感的应用，随机数生成器的内部状态也需要一个函数来删除：

功能：	删除 Rand RMDSHA-1 的内部状态
语法：	void PurgeRandSHA1_l(STATERMDSHA1 * rstate);
输入：	rstate(伪随机数生成器的内部状态)
输出：	rstate(生成器的内部状态，以重写方式删除)

12.3 质量测试

为了研究随机数生成器的质量，人们开发出了大量理论或经验的测试方法来检测随机数序列的结构性质。

根据应用领域的不同，除了对序列的统计需求外，还必须考虑应用于密码学中的随机序列能确保在未获得秘密信息知识的情况下，序列是不可预测的并且也无法从序列的少量元素中重新生成序列，以此来防御攻击者重构密钥或从序列中获取密钥。

例如，德国信息技术安全研究所(German Institute for Security in Information Technology)在[BSI2]中给出了评估确定性随机数生成器功能分类和质量准则。该规范建立了4个安全级别：

K1：由随机数组成的随机矢量的序列应该以很高的概率保证不包含完全相同的连续元素。随机数的统计特性并不重要，随机矢量的长度和错误的概率依赖于应用。

K2：基于统计测试生成的随机数应该与真实的随机数不可区分。而所用的测试包括单个位检验、扑克检验、[BSI2]和[FIPS]中的游程检验和长游程检验，以及其他自相关性的统计测试。总而言之，需要验证一个给定的位序列(或者这样序列的一部分)符合以下条件：

- 0和1出现的频数相等。
- n个0(或1)的序列的下一位是1(或0)的概率是1/2。
- 一个给定的输出不包含下一个输出的任何信息。

K3：对于攻击者的实际目的，他不可能通过已知的随机数序列计算或猜测之前或未来的随机数或者生成器的内部状态。

K4：对于攻击者的实际目的，他不可能通过生成器的内部状态计算或猜测之前的随机数或状态。

12.3.1 卡方检验

为了处理评估K2特性的检验，首先来看看卡方检验(也写作"χ^2检验")，该检验与Kolmogorov-Smirnov检验是拟合度检验中最重要的两个检验。卡方检验给出了经验获得概率分布与理论期望的概率分布之间吻合的程度。卡方检验计算统计值

$$\chi^2 = \sum_{i=1}^{t} \frac{(H(X_i) - n\,\mathrm{pr}(X_i))^2}{n\,\mathrm{pr}(X_i)} \tag{12-8}$$

其中对t个不同的事件X_i，指派$H(X_i)$为事件X_i的观测频率，$\mathrm{pr}(X_i)$为X_i出现的概率，n为观测次数。该分布对应的情形，视作随机变量的统计值χ^2的期望值为$E(\chi^2)=t-1$。对于给定的错误概率，导致两个分布相等的检验假设拒绝的阈值可以从自由度为$t-1$的卡方分布表(详见[Bos1]4.1节)获得。

卡方检验经常与实证检验一起来度量其结果与理论计算的分布之间的吻合程度。用该方法检验$W=\{0, \cdots, \omega-1\}$内均匀分布(此为检验假设)的随机数序列$X_i$是非常方便的。即假设$W$中的每一个数都有相同的概率$p=1/\omega$，因此也可以推断在$n$个随机数$X_i$中，每个数在$W$中都近似出现$n/\omega$次(这里假设$n>\omega$)。但是，事实可能并非完全如此，因为在$n$个随机数$X_i$中一个给定的值$\omega \in W$出现$k$次的概率$P_k$是如下给出的

$$P_k = \binom{n}{k} p^k (1-p)^{n-k} = \frac{n!}{k!(n-k)!} p^k (1-p)^{n-k} \tag{12-9}$$

事实上，二项分布有最大值 $k \approx n/\omega$，但是概率 $P_0=(1-p)^n$ 和 $P_n=p^n$ 都不为零。在随机行为的假设下，根据二项分布可以得到在序列 X_i 中值 $\omega \in W$ 的频率 h_ω。该事实可以通过卡方检验来验证，计算

$$\chi^2 = \sum_{i=0}^{\omega-1} \frac{(h_i - n/\omega)^2}{n/\omega} = \frac{\omega}{n}\sum_{i=0}^{\omega-1} {h_i}^2 - n \tag{12-10}$$

对多个随机样本(X_i 的部分序列)重复多次该检验。一个对卡方检验的粗略估计可以将问题简化为在大多数情况下检验结果 χ^2 都会落在区间$[\omega-2\sqrt{\omega}, \omega+2\sqrt{\omega}]$内。否则，该给定序列就被证明缺乏随机性。据此，判断错误的概率大约为 2%，即根据卡方检验将一个事实上“好的”随机序列判定为“不好的”概率为 2%。在这个意义上说，给定边界所引起的10^{-6}的错误概率可以通过下面的检验来解释。设定上下界使得一个“半合理的”概率生成器可以几乎总是通过该检验，这样在随机数生成器中基于统计弱点的针对密码学算法的已知攻击都会失效(见[BSI2]，第 7 页)[⊖]。

上面讨论的 ISO-C 标准中的线性同余生成器可以通过这样的简单检验，同样本书为 FLINT/C 包实现的伪随机数生成器也可以通过这样的检验。

12.3.2　单位检验

对于 2500 字节或 20 000 位的随机序列，检验 0 和 1 的出现次数是否近似相等。若 20 000 位序列中 1(即置位)的个数在[9654，10 346]内，则该序列以10^{-6}的错误概率通过检验(见[BSI2]和[FIPS])。

12.3.3　扑克检验

扑克检验是卡方检验 $\omega=16$ 且 $n=5000$ 的一个特例。将一个生成的随机数序列以 4 位为单位分成不同的段，并对这 4 位所表示的 16 种可能的 0/1 子序列出现的频数进行计数。

对于该检验的一次执行，一个 20 000 位组成的序列将分成 5000 个段，每段 4 位。计数 16 种可能的 4 位段的频数 h_i，($0 \leqslant i \leqslant 15$)。若检验通过，则根据[BSI2]和[FIPS]中的规范，值

$$X = \frac{16}{5000}\sum_{i=0}^{15} {h_i}^2 - 5000 \tag{12-11}$$

必须在[1.03，57.40]内，其对应的错误概率为10^{-6}。但是，若度量值在上面提到的$[\omega-2\sqrt{\omega}, \omega+2\sqrt{\omega}]=[8, 24]$之外，则假设被拒绝，且错误率较高，为 0.02。

12.3.4　游程检验

一个游程是相同位(0 或 1)的序列。该检验计数各种游程长度的频数并核对与期望值的偏差。在一个 20 000 位的序列中，计数所有相同类型(长度和位值，如 2 个 1 的游程)的游程。若各种数值都在表 12-1 所示的区间中，则该检验通过(错误概率为10^{-6})。

表 12-1　根据[BSI2]和[FIPS]各种长度的游程的容许区间

游程长度	区间
1	[2267，2733]
2	[1079，1421]
3	[502，748]
4	[233，402]
5	[90，223]
6	[90，233]

⊖　值得注意的是，当样本的空间足够大时，该检验才有效：样本空间的大小必须至少为 n＝5ω(见[Bos2]，6.1 节)；若 n 的值更大，则更合适。

12.3.5 长游程检验

作为游程检验的扩展，长游程检验是核对是否存在相同位组成的序列的长度超过给定的长度。若20 000位的序列中不存在长度为34或以上的游程，则该检验通过。

12.3.6 自相关检验

自相关检验提供生成的位序列中可能存在的相关性信息。对于一个10 000位的序列，$b_1, \cdots, b_{10\,000}$和t，在$0 \leqslant t \leqslant 5000$内，计算值

$$Z_t = \sum_{i=0}^{5000} b_t \oplus b_{t+1} \tag{12-12}$$

若Z_t落在区间[2327，2673]内，则检验通过，且错误概率为10^{-6}（见[BSI2]和[FIPS]）。

12.3.7 FLINT/CLINT随机数生成器的质量

为了说明K2特性，这里执行了对输出宽度为8位的随机数生成器的统计检验。在2312次独立的检验中，对超过20 000个随机位进行计算。所有的检验结果都在要求的范围内。同时，还计算了平均值，如表12-2所示。因此，这里给出的生成器可以归为K2类。

表12-2 FLINT/C随机数生成器的检验结果

检验	Rand64	RandRMDSHA-1	RandBBS	RandAES	容许区间
单个位	9997.29	10 000.11	9999.15	9998.66	[9654，10 346]
扑克	15.11	14.70	15.19	15.01	[1.03，57.40]
游程长度为1	2499.55	2501.69	2500.02	2499.86	[2267，2733]
游程长度为2	1250.29	1249.31	1249.38	1249.48	[1079，1421]
游程长度为3	625.05	624.95	625.07	625.22	[502，748]
游程长度为4	312.16	312.32	312.87	312.59	[233，402]
游程长度为5	156.29	156.22	156.15	156.11	[90，223]
游程长度为6	156.36	156.34	156.23	156.41	[90，233]
长游程	0.00	0.00	0.00	0.00	[0，0]
自相关	2500.79	2500.06	2501.00	2500.10	[2327，2673]

K3类要求对于一个给定序列r_i，r_{i+1}，…，r_{i+j}，攻击者无法确定其前继者与后继者，且无法确定任何内部状态。对于RandAES生成器，这等同于针对AES加密过程的严重攻击的可能性，即能够通过获取密文而产生明文或密钥。据目前所知，并不存在这样的攻击。而且，AES被认为是高强度的密码机制，因此基于此的生成器就可以归为K3类。

若参数c的值为1，则在每一轮中都创建立一个新的密钥$k_i := \xi(k_{i-1}, x, i-1) = k_{i-1} \oplus \mathrm{AES}_{k_{i-1}}(x)$。由于此运算，就不能通过当前的内部状态$s_i$确定之前的内部状态或密钥$s_{i-j}$，所以根据RandAES的内部状态不可能通过一个子序列确定该子序列的前继者。于是，当$c=1$时，RandAES可以归为K4类。

对RandRMDSHA1的分析也类似。由于SHA-1的单向性，无法从子序列中确定生成器的内部状态，所以该子序列的前继者与后继者都无法确定。这一点保证了RandRMD-

SHA1 属于 K3 类。由于 RIPEMD-160 具有相同的性质，所以从生成器的内部状态获得之前的状态，同时也就无法确定前继者。因此随机数生成器 RandRMDSHA1 可以归为 K4 类。

关于该领域的进一步知识可以查阅[Knut]。特别地，在[Nied]中可以找到随机数生成器理论评估的一个较好的分析。本章中构造随机数生成器的想法和表 12-2 中检验结果的表示类型是从[Sali]中获得的。[FIPS]中包含了关于检验随机序列的程序方法。

12.4 更复杂的函数

本节将给出几个随机数和随机素数生成器的函数，同时还有一些边界条件，而这些条件并不局限于某个具体的随机数生成器。另外，给出了通过参数来选择生成器的方法。这里有必要将合适的状态存储作为参数传递。通过语句：

```
struct InternalStatePRNG
{
  STATERMDSHA1 StateRMDSHA1;
  STATEAES StateAES;
  STATEBBS StateBBS;
  int Generator;
};
```

扩展结构

```
typedef struct InternalStatePRNG STATEPRNG;
```

该结构包含了前面介绍的随机数生成器的状态存储和状态变量 Generator，该变量规定了用该结构实现哪种随机数生成器。

这样定义后，就可以创建函数 InitRand_l()、Rand_l()、lRand_l()、sRand_l()、bRand_l()和 PurgeRand_()。用 InitRand_l()对生成器进行初始化并被随后的随机数函数调用。随机数函数本身需要一个指向初始化结构 STATEPRNG 的指针作为参数。

功能：对一个指定的随机数生成器进行初始化并生成熵

语法：
```
int InitRand_l(STATEPRNG * xrstate, char * UsrStr,
               int LenUsrStr, int AddEntropy, int Generator);
```

输入：UsrStr(初始化随机数生成器的字节数组)
LenUsrStr(UsrStr 的长度，以字节为单位)
AddEntropy(所需要的熵的字节数)
Generator(初始化的随机数生成器：
FLINT_RND64
FLINT_RNDRMDSHA1
FLINT_RNDAES
FLINT_RNDBBS)

输出：xrstate(随机数生成器新的内部状态)

返回：0，如果成功
$n>0$，指请求而未生成的熵字节数
$n<0$，如果指定的生成器不存在；默认初始化 RND64，或者 $|n|$ 指请求而未生成的熵字节数

```
int
InitRand_l (STATEPRNG *xrstate, char *UsrStr, int LenUsrStr,
            int AddEntropy, int Generator)
{
  int error;

  switch (Generator)
    {
      case FLINT_RNDBBS:
        error = InitRandBBS_l (&xrstate->StateBBS, (char*)UsrStr,
                               LenUsrStr, AddEntropy);
        xrstate->Generator = FLINT_RNDBBS;
        break;
      case FLINT_RNDRMDSHA1:
        error = InitRandRMDSHA1_l (&xrstate->StateRMDSHA1, (char*)UsrStr,
                                   LenUsrStr, AddEntropy);
        xrstate->Generator = FLINT_RNDRMDSHA1;
        break;
      case FLINT_RNDAES:
        error = InitRandAES_l (&xrstate->StateAES, (char*)UsrStr,
                               LenUsrStr, AddEntropy, 10);
        xrstate->Generator = FLINT_RNDAES;
        break;
      case FLINT_RND64:
        error = InitRand64_l ((char*)UsrStr, LenUsrStr, AddEntropy);
        xrstate->Generator = FLINT_RND64;
        break;
      default:
        InitRand64_l ((char*)UsrStr, LenUsrStr, AddEntropy);
        xrstate->Generator = FLINT_RND64;
        error = -AddEntropy;
    }

  return error;
}
```

功能：用 FLINT/C 伪随机数生成器生成 CLINT 类型的随机数 r_l，其中 $2^{l-1} \leqslant$ r_l $\leqslant 2^l$。通过调用带合适参数的初始化函数 InitRand_l 进行初始化。

语法：int Rand_l(CLINT r_l,STATEAES * xrstate, int l);

输入：xrstate(伪随机数生成器初始化后的内部状态)

rmin_l(r_l 的下限)

rmax_l(r_l 的上限)

输出：r_l(伪随机数)

xrstate(伪随机数生成器的新内部状态)

返回：E_CLINT_OK，如果成功

E_CLINT_RGE，如果 rmin_l>rmax_l

E_CLINT_RNG，如果 xrstate 指定的生成器出错

E_CLINT_RIN，如果指定生成器未初始化或不存在

```
int
Rand_l (CLINT r_l, STATEPRNG *xrstate, int l)
{
  int error = E_CLINT_OK;
  switch (xrstate->Generator)
    {
      case FLINT_RNDBBS:
        error = RandBBS_l (r_l, &xrstate->StateBBS,
                           MIN (l, (int)CLINTMAXBIT));
        break;
      case FLINT_RNDAES:
        error = RandAES_l (r_l, &xrstate->StateAES,
                           MIN (l, (int)CLINTMAXBIT));
        break;
      case FLINT_RNDRMDSHA1:
        error = RandRMDSHA1_l (r_l, &xrstate->StateRMDSHA1,
                               MIN (l, (int)CLINTMAXBIT));
        break;
      case FLINT_RND64:
        rand_l (r_l, MIN (l, (int)CLINTMAXBIT));
        break;
      default:
        rand_l (r_l, MIN (l, (int)CLINTMAXBIT));
        error = E_CLINT_RIN;
    }
  return error;
}
```

剩余的随机数函数只能与其相关的签名一起执行。

功能：	生成UCHAR、USHORT和ULONG类型的伪随机数。通过调用带合适参数的初始化函数InitRand_l进行初始化。
语法：	UCHAR bRand_l(STATEPRNG * xrstate); USHORT sRand_l(STATEPRNG * xrstate); ULONG lRand_l(STATEPRNG * xrstate);
输入：	xrstate(伪随机数生成器初始化后的内部状态)
输出：	xrstate(伪随机数生成器的新内部状态)
返回：	UCHAR、USHORT和ULONG类型的伪随机数。

可以用如下函数删除随机数生成器的内部状态：

功能：	删除伪随机数生成器的内部状态
语法：	int PurgeRandAES_l(STATEAES * xrstate);
输入：	xrstate(伪随机数生成器的内部状态)
输出：	xrstate(生成器的内部状态，以重写方式删除)
返回：	E_CLINT_OK，如果成功 E_CLINT_RIN，如果xrstate未指定FLINT/C生成器

还有一些函数可以用来确定大的随机素数。我们从[r_{min}，r_{max}]上搜索随机数开始。这是函数 Rand_l()的泛化。

功能：	用 FLINT/C 伪随机数生成器确定 CLINT 类型的随机数 r_l，其中 rmin_l≤r_l≤rmax_l。通过调用带合适参数的初始化函数 InitRand_l 进行初始化。
语法：	int RandlMinMax_l(CLINT r_l,STATEAES * xrstate, CLINT rmin_l, CLINT rmax_l);
输入：	xrstate(伪随机数生成器初始化后的内部状态) rmin_l(r_l 的下限) rmax_l(r_l 的上限)
输出：	r_l(伪随机数) xrstate(伪随机数生成器新的内部状态)
返回：	E_CLINT_OK，如果成功 E_CLINT_RGE，如果 rmin_l>rmax_l E_CLINT_RNG，如果 xrstate 指定的生成器出错 E_CLINT_RIN，如果指定的生成器未初始化或不存在，则返回

```
int
RandMinMax_l (CLINT r_l, STATEPRNG *xrstate, CLINT rmin_l, CLINT rmax_l)
{
  CLINT t_l;
  int error = E_CLINT_OK;
  USHORT l = ld_l (rmax_l);
```

可能性：rmin_l≤rmax_l 是否成立？

```
if (GT_L (rmin_l, rmax_l))
  {
    return E_CLINT_RGE;
  }
```

形成辅助变量 t_l := rmax_l- rmin_l+1。

```
sub_l (rmax_l, rmin_l, t_l);
inc_l (t_l);
```

搜索小于或等于 $2^{\lfloor ld(rmax\_l) \rfloor}$ 的随机数。

```
switch (xrstate->Generator)
  {
    case FLINT_RNDAES:
      error = RandAES_l (r_l, &xrstate->StateAES,
                         MIN (l, (int)CLINTMAXBIT));
      break;
    case FLINT_RNDRMDSHA1:
      error = RandRMDSHA1_l (r_l, &xrstate->StateRMDSHA1,
                             MIN (l, (int)CLINTMAXBIT));
      break;
    case FLINT_RNDBBS:
      error = RandBBS_l (r_l, &xrstate->StateBBS,
                         MIN (l, (int)CLINTMAXBIT));
      break;
```

```
    case FLINT_RND64:
      rand_l (r_l, MIN (l, (int)CLINTMAXBIT));
      error = rand_l (r_l, MIN (l, (int)CLINTMAXBIT));
      break;
    default:
      return E_CLINT_RNG;
  }

if (E_CLINT_OK != error)
  {
    return error;
  }
计算 r_lmodt_l+rmin_l。
  mod_l (r_l, t_l, r_l);
  add_l (r_l, rmin_l, r_l);

  return error;
}
```

可以用函数 RandMinMax_l()来搜索区间$[r_{min}, r_{max}]$内的素数 p，且其满足另外的条件，即 $p-1$ 与 f 互素。用如下算法和相关函数 FindPrimeMinMaxGcd_l()来搜索这样的数：

判定随机数 p 是否为素数的算法，其中 $r_{min} \leqslant p \leqslant r_{max}$，且满足 $\gcd(p-1, f)=1$，参考[IEEE]

1) 令 $k_{min} \leftarrow \lceil (r_{min}-1)/2 \rceil$，$k_{max} \leftarrow \lfloor (r_{max}-1)/2 \rfloor$。
2) 随机地生成整数 k，满足 $k_{min} \leqslant k \leqslant k_{max}$。
3) 令 $p \leftarrow 2k+1$。
4) 计算 $d \leftarrow \gcd(p-1, f)$。
5) 若 $d=1$，检验 p 的素性。若 p 为素数，令 $d \leftarrow \gcd(p-1, f)$，否则，回到步骤 2。

功能：用 FLINT/C 伪随机数生成器确定 CLINT 类型的随机数 r_l，其中 rmin_l≤r_l≤rmax_l，且 gcd(p_l- 1,f_l)= 1。通过调用带合适参数的初始化函数 InitRand_l 进行初始化。

语法：
```
int FindPrimelMinMaxGcd_l(CLINT p_l,STATEAES * xrstate,
                          CLINT rmin_l, CLINT rmax_l, CLINT f_l);
```

输入：xrstate(伪随机数生成器初始化后的内部状态)
rmin_l(p_l 的下限)
rmax_l(p_l 的上限)
f_l(应与 p_l 互素的整数)

输出：p_l(伪随机数，概率确定的素数)
xrstate(伪随机数生成器的新内部状态)

返回：E_CLINT_OK，如果成功
E_CLINT_RGE，如果 rmin_l> rmax_l 或 f_l 为偶数，或在给定的边界条件内为找到素数
E_CLINT_RNG，如果 xrstate 指定的生成器出错
E_CLINT_RIN，如果指定的生成器未初始化或不存在

```
int
FindPrimeMinMaxGcd_l (CLINT p_l, STATEPRNG *xrstate, CLINT rmin_l,
                      CLINT rmax_l, CLINT f_l)
{
  CLINT t_l, rmin1_l, g_l;
  CLINT Pi_rmin_l, Pi_rmax_l, NoofCandidates_l, junk_l;
  int error;
```

检查 f_l 是否为奇数。

```
if (ISEVEN_L (f_l))
  {
    return E_CLINT_RGE;
  }
```

评估在 rmin_l，rmax_l]内数的素性，并将结果存放在 NoofCandidates_l 内。

```
udiv_l (rmin_l, ld_l (rmin_l), Pi_rmin_l, junk_l);
udiv_l (rmax_l, ld_l (rmax_l), Pi_rmax_l, junk_l);
sub_l (Pi_rmax_l, Pi_rmin_l, NoofCandidates_l);
```

令 rmin_l←⌈(rmin_l-1)/2⌉。

```
dec_l (rmin_l);
div_l (rmin_l, two_l, rmin_l, junk_l);
if (GTZ_L (junk_l))
  {
    inc_l (rmin_l);
  }
```

令 rmax_l←⌊(rmax_l-1)/2⌋。

```
dec_l (rmax_l);
shr_l (rmax_l);
do
  {
```

判断候选素数是否已经减为零，以便确定终止条件。若已减为零，则在给定的边界条件内未找到素数。由错误提示码 E_CLINT_RGE 表示。

```
if (EQZ_L (NoofCandidates_l))
  {
    return (E_CLINT_RGE);
  }
```

确定随机数。

```
if (E_CLINT_OK != (error = RandMinMax_l (p_l, xrstate, rmin_l, rmax_l)))
  {
    return error;
  }
```

令候选素数 p_l←2* p_l+1，于是 p_l 为奇数。

```
  shl_l (p_l);
  inc_l (p_l);
  cpy_l (rmin1_l, p_l);
  dec_l (rmin1_l);
  gcd_l (rmin1_l, f_l, g_l);
  dec_l (NoofCandidates_l);
}
```

```
  while (!(EQONE_L (g_l) && ISPRIME_L (p_l)));
  return error;
}
```

如下的两个函数是上面函数的副产品。第一个函数生成指定二进制位数的伪随机数同时该数与指定的整数互素。为此需要使用上面的函数 FindPrimeMinMaxGcd_l()：

功能：用 FLINT/C 伪随机数生成器确定 CLINT 类型的伪随机素数 r_l，其中 $2^{l-1} \leqslant$ p_l $< 2^l$，且 gcd(p_l- 1,f_l)= 1。通过调用带合适参数的初始化函数 InitRand_l 进行初始化。

语法：int FindPrime_l(CLINT p_l,STATEAES * xrstate,
　　　　USHORT l, CLINT f_l);

输入：xrstate(伪随机数生成器初始化后的内部状态)
　　l(p_l 的二进制位数)
　　f_l(应与 p_l 互素的整数)

输出：p_l(伪随机数，概率确定的素数)
　　xrstate(伪随机数生成器的新内部状态)

返回：E_CLINT_OK，如果成功
　　E_CLINT_RNG，如果 xrstate 指定的生成器出错
　　E_CLINT_RGE，如果 l= 0 或 f_l 为奇数
　　E_CLINT_RIN，如果指定的生成器未初始化

```
int
FindPrimeGcd_l (CLINT p_l, STATEPRNG *xrstate, USHORT l, CLINT f_l)
{
  CLINT pmin_l;
    clint pmax_l[CLINTMAXSHORT + 1];   int error;
  if (0 == l)
    {
      return E_CLINT_RGE;
    }
  SETZERO_L (pmin_l);
  SETZERO_L (pmax_l);
  setbit_l (pmin_l, l - 1);
  setbit_l (pmax_l, l);
  dec_l (pmax_l);
  error = FindPrimeMinMaxGcd_l (p_l, xrstate, pmin_l, pmax_l, f_l);
  return error;
}
```

最后为了避免互素的条件，可以在调用 FindPrimeGcd_l(p_l, xrstate, l, one_l)时传递一个参数：

功能：用 FLINT/C 伪随机数生成器确定 CLINT 类型的随机数 p_l，其中 $2^{l-1} \leqslant$ r_l $< 2^l$。通过调用带合适参数的初始化函数进行初始化。

语法：	int FindPrime_l(CLINT p_l,STATEAES * xrstate, USHORT l);
输入：	xrstate(伪随机数生成器初始化后的内部状态) l(p_l 的二进制位数)
输出：	p_l(伪随机数，概率确定的素数) xrstate(伪随机数生成器新的内部状态)
返回：	E_CLINT_OK，如果成功 E_CLINT_RNG，如果 xstate 指定的生成器出错 E_CLINT_RGE，如果 l= 0 E_CLINT_RIN，如果指定的生成器未初始化

```
int
FindPrime_l (CLINT p_l, STATEPRNG *xrstate, USHORT l)
{
  return (FindPrimeGcd_l (p_l, xrstate, l, one_l));
}
```

测试LINT的策略

不要责备编译器。

——*David A. Spuler:《C++ and C Debugging, Testing, and Code Reliability》*

在前几章中，我们多次遇到测试单个函数的提示。如果没有有意义的测试来保证软件包的质量，那么所有的工作都将是白费的，也无从建立对函数可靠性的信心。因此，我们现在把注意力集中在这个重要的问题上，并提出两个所有软件开发者都应该关注的问题：

1)如何能够确定软件函数是依照其规格说明书运行的，对于我们的情况，就是它们在数学上是正确的吗？

2)如何能够使软件的运行稳定且可靠？

尽管这两个问题密切相关，但它们关注的却是两个不同领域的问题。一个函数可以在数学上不正确，例如底层的算法被错误地实现，但它能可靠稳定地重复这个错误，在给定输入的情况下它总是给出相同的错误输出。而在另一种情况中，表面上返回了正确结果的函数却可能被其他类型的错误所干扰，数组长度越界、错误的变量初始化等都会导致不可知的行为，这些行为即使使用合适的(或者应该说，不合适的)测试条件仍然无法进行测试。

因此我们需要关注这两个方面，并制定和开发测试方法，使我们对程序的正确性和可靠性有充足的信心。许多出版物都讨论了软件开发过程中这些广泛需求的意义和结果，并深入研究了软件质量问题。人们对这一话题的关注已经有所体现，尤其表现在制定ISO 9000软件开发标准的国际趋势中。在这件事上，我们不再仅仅说“测试”或“质量保证”，而是说“质量管理”或“全面质量管理”。从某种程度上来说，这两者是有效营销的产物，但它们也使软件质量的问题得到适当的关注，使人们从多个方面考虑软件创建的过程并加以改进。我们频繁使用的短语“软件工程”也无法阻止我们认识这样一个事实：由于软件质量管理涉及可预测性和精确性，所以一般来说其过程是不能与工程学传统学科相比较的。

下面的笑话可以恰当地描述这个比较：有一个机械工程师、一个电气工程师和一个软件工程师决定一起开车旅行，他们在车中坐好后却发现汽车发动不了。这时机械工程师立即说：“发动机的问题，喷油嘴堵住了。”“胡说，”电气工程师反驳道，“是电子设备，点火系统肯定出故障了。”这时软件工程师建议道：“我们先下车再重新坐进来，也许汽车就能发动啦。”

我们不进一步追究这三个强悍工程师的对话和冒险，而是继续思考在实施FLINT/C包的创建和测试中的一些选择。我们首先参考下面的文献，它们没有给出抽象难懂的事项和指南，而是切实地用具体的指导解决具体的问题，并在整个过程中又不失对整体的考虑[⊖]。这些书籍中的每个都引用了许多关于这个课题进一步研究的重要文献：

⊖ 这里列举的书籍只代表作者个人的主观选择。由于时间和空间的缺乏，我们只好忽略许多其他也应列举于此的书籍和出版物。

- [Dene]是关注整个软件开发过程的标准性工作。这本书包含许多基于作者亲身体验的方法指示以及大量清晰实用的例子。测试这个主题关系到编程和系统集成的各个阶段。在这些过程中概念和方法基础与实际的观点统一加以讨论，所有这些又都与一个完全设计好的示例工程相结合。
- [Harb]包含了对 C 语言和 C 标准库的完整描述，还给出了许多对 ISO 标准中规定的有价值的指点和评论。这是一本不可缺少的参考著作，值得在任何地方引用。
- [Hatt]介绍了用 C 编写安全关键软件系统的细节。它用具体的例子和统计学方法演示了典型的经验和错误的来源——C 语言当然会有很多出错的机会。书中也给出了许多综合的方法性建议，如果加以注意，会使软件产品的可信度得以提升。
- [Lind]是一本杰出且幽默的书，它揭示了对 C 编程语言的深刻理解。作者知道如何将他的理解传达给读者。谈论的许多话题都可以用来支持副标题“你知道……吗?”而只有极少数读者能够问心无愧地给出肯定的回答。
- [Magu]专注于子系统的设计，因此我们尤其感兴趣。书中讨论了接口的注释以及处理带输入参数的函数的原则，也阐明了风险编程和保守编程的区别。有效地用断言(参见第 8 章)作为测试手段以及如何避免不确定性的程序状态也是书中的重点。
- [Murp]包含了大量用于测试程序的测试工具，使用它们只需很小的努力就能立即得到良好的效果。该书还在它的随书光盘中实现了断言、动态内存对象处理的测试以及报告测试的覆盖度，我们对 FLINT/C 函数的测试也用到了这些功能。
- [Spul]概览了 C 和 C++ 语言中测试程序的方法和工具，并给出了大量使用这些方法和工具的指导。该书广泛地概述了 C 和 C++ 中典型的编程错误，并讨论了认识及消除它们的方法。

13.1 静态分析

测试方法可以分为两类：*静态测试和动态测试*。第一类进行代码检查，该方法通过一行一行仔细地检查源代码来发现一些问题，如偏离规范(这里，是指所选择的算法)、推理错误、代码行安排或格式规范错误、可疑架构以及多余代码序列的存在。

代码检查通过分析工具进行，如广为人知的 UNIX `lint` 工具，这些工具可以自动进行这一繁琐的任务。起初，`lint` 的主要用途之一是弥补 C 语言早期存在的缺陷，即在分开编写的模块中对传递给函数的参数进行一致性检查。同时，也有一些比传统的 `lint` 更方便的产品，它们能发现大量程序代码中的潜在问题，这些错误中仅有一小部分会因为语法错误使编译器最后无法正常转换为代码。下面列举几个能够通过静态分析发现的问题：

- 语法错误。
- 函数原型的缺失或不一致。
- 向函数传递参数时的不一致。
- 引用或连接不相容的类型。
- 使用未初始化的变量。
- 不可移植的结构。
- 对特定语言结构的不常规或不恰当的使用。
- 不可达的代码序列。

自动工具进行严格类型检查的一个重要条件是使用函数原型。借助于原型，符合 ISO 的 C 编译器就可以在所有的模块中对传递给函数的参数类型进行检查，发现其中的不一致。许多编译器还可以用于源代码分析，只要启动适当的警告等级，它们就可以发现许多问题。比如免费软件基金会的GNU项目中的C/C++编译器，就拥有超过平均水平的分析功能，这些功能可以通过选项-Wall -ansi和-pedantic激活[⊖]。

为了在FLINT/C函数中设置静态测试，除了许多不同编译器(参见第1章)中执行的测试外，主要还使用Gimpel软件(版本7.5；参见[Gimp])的PC-lint以及弗吉尼亚大学中安全编程组织的Splint(版本3.1.1；参见[Evan])[⊜]。

经证明PC-lint是一个非常有用的测试C和C++程序的工具。它可以识别大约2000种不同的问题，并使用基于有限方法的机制，在运行和诊断时将源于代码的变量加载到自动变量。这样，许多常常只能在运行时才测试出的问题(如数组越界)，就可以在静态分析中被发现。

除了这些工具外，可免费获取的Splint也适用于Linux系统。Splint分为4种模式(weak、standard、check、strict)，每种模式都关联特定的预设，并进行不同严格程度的测试。除了典型的lint功能外，Splint还可以通过源代码中专门格式化的注释来测试特别的规范。这样，就可以表示函数实现和调用的边界条件，并检查它们是否与规范一致，此外还可能提供额外的语义控制。

对于不具有补充规范的程序，推荐将模式设置为-weak选项作为标准。不过，根据手册的说明，第一个能在Splint的-strict模式下编写出无错误的“真程序”的人，将得到特殊的奖励。作为以恰当的方式使用这两个工具的前提条件，经证明在测试FLINT/C函数时，我们需要精确地测试使用了哪个选项，并创建相应的用户参数文件，以便配置工具供个人使用。

广泛修正FLINT/C代码之后，在测试阶段的最后，这两个工具都没有产生任何经仔细检查后认为很严重的警告。这一点给了我们希望，前面我们为FLINT/C函数的质量设定了条件，通过满足这些条件我们取得了一定成果。

13.2　运行时测试

运行时测试的目的应该是证明一个软件的结构单元满足它的规格说明书。为了给予测试足够的表达力，以便证明在开发和运行中耗费的时间和金钱是值得的，我们必须对它们提出与科学实验一样的要求：这些测试必须完全被记录，它们的结果必须是可复制的且能够被局外人检查。此外我们有必要区分单个模块测试和整体系统测试，尽管它们之间的界线是不固定的(参见[Dene]16.1节)。

为了在测试模块时达到这个目的，构造的测试用例必须使函数能够尽可能被全面彻底地测试，也就是说，被测试的函数要尽可能大地被覆盖到。多种度量方式可以用于建立测试覆盖范围，比如在C0覆盖度中测量函数或模块中运行的指令的一部分，具体就是哪些指令没有被执行。还有比C0覆盖度更有力的度量方式，专注于执行的分支的一部分(C1覆盖度)，或者执行的函数路径的一部分。其中最后一个是比前两个复杂得多的测量方法。

每种情况的目的都是通过彻底检查软件接口行为的测试用例达到最大的覆盖度。这包含两个关联并不密切的方面：一个执行函数所有分支的测试驱动可能仍然会遗漏错误；另一方面，我们也可以构造用例，使函数所有的特性都被测试到，即使忽略函数的一些分

⊖ 该编译器包含在各种Linux发布中，也可以从http://www.leo.org获得。

⊜ Splint继承于由麻省理工学院和数字设备公司(DEC)联合开发的工具LCLint。SPLing可以在网址http://splint.cs.virginia.edu/找到。

支。因此，测试的质量则至少可以从两个角度来度量。

如果为了达到高测试覆盖率，那么简单地基于规格说明书上的知识来建立测试用例是不够的，这会导致所谓的*黑盒测试*；在构造测试用例时考虑执行细节是很有必要的，这样的方法称为*白盒测试*。4.3 节中的除法算法就是这样一个例子，我们根据规格说明书为函数的一个特殊分支创建了一些测试用例：为了测试步骤 5，在 4.3 节的除法步骤 5 的检验值中指定了一些特殊的测试数据，它们可以使相关的代码执行。另一方面，用于测试除以小除数的特殊测试数据的必要性，只有在我们认为这一过程是函数 div_l()的特殊部分时才显现出来。这里涉及无法从算法本身推理出来的执行细节。

在实践中，最终往往采用黑白盒混合的方法，在[Dene]中巧妙地称之为*灰盒测试*。然而，我们永远不能期望达到 100%的覆盖度，就像下面的思虑所论证的：假设我们用 Miller-Rabin 测试以很大的迭代次数(比如 50 次)和相对小的错误率 $\left(\frac{1}{4}\right)^{-50} \approx 10^{-30}$ (参见 10.5 节)生成素数，然后用一个更进一步的确定性的素性测试来检验所得到的素数。由于根据第二个测试的输出，控制流将通向程序的一个分支或另一个分支，所以实际上没有相应的机会到达只有出现否定测试结果才执行的分支。然而，在程序使用时，有争议的分支被执行的概率是很小的，因此在测试时直接忽略这方面的测试可能比更改代码语义来人为地创建测试可能性更容易。因此，在实践中，往往需要放弃 100%测试覆盖度的目标，不管是用什么度量方法。

对 FLINT/C 包中算数函数的测试主要是从数学的角度进行的，因此极具挑战性。我们如何能确定大数的加法、乘法、除法或者幂运算是否得到了正确的答案呢？计算器一般只能进行与 C 编译器的标准算数函数相同数量级的计算，所以这两者对我们的测试意义不大。

诚然，我们可以选择通过建立必要的接口并转换数字格式，以及通过使函数相互竞争，从而利用其他的算数软件包作为测试工具。但是这种方法有两个缺陷：首先，这并不公正；其次，我们必须扪心自问，为什么要相信别人的实现呢，我们对它的了解远远不如自己产品。因此我们应该寻求其他可能的测试方法，并为此采用有充足冗余识别出软件中计算错误的数学结构和法则。这样我们就能在附加测试输出和新的符号调试器的帮助下发现错误。

因此我们应该有选择地遵循黑盒方法，在本章的后面我们希望为运行时测试制订一个可用的测试方案，使之本质上遵循 FLINT/C 函数测试的实际过程。在制订过程中我们的目标是达到高 C1 覆盖度，尽管我们并没有对此做出度量。

FLINT/C 函数需要测试的性质不是很多，但并不是没有实质的。尤其是，我们必须做到下面这几条：

- 所有函数在整个定义域上都能生成正确的计算结果。
- 尤其是，能正确地处理函数中的特殊代码段所提供的输入值。
- 正确地处理上溢和下溢，即所有的算术运算都要执行模 $N_{max}+1$。
- 前导零不会影响运算结果。
- 累加器模式下调用的以相同内存对象作为参数的函数，如 add_l(n_l, n_l, n_l)，能够返回正确的结果。
- 所有的除零操作都会被发现并产生适当的错误信息。

为了满足列表上的要求，我们需要许多单独的测试函数，它们调用需要测试的

FLINT/C 运算以便检查其结果。测试函数集合在测试模块中，并在 FLINT/C 函数使用它们之前，它们也都经过了测试。为了测试测试函数，我们使用与静态分析 FLINT/C 函数相同的标准和方法，此外，测试函数至少应该借助符号调试器以单步模式在抽样检查的基础上执行，以便确定它们的测试目标是否正确。为了确定测试函数是否真的恰当地反映了错误，我们有必要故意在算术函数中设置会导致错误结果的差错(然后在测试阶段之后不露痕迹地移除这些差错)。

由于我们不能测试 CLINT 对象定义域中的所有值，所以除了固定预设的测试值外，还需要从定义域[0，N_{max}]中随机生成符合均匀分布的输入值。为此，我们使用函数 rand_l(r_l, bitlen)，该函数利用函数 usrand64_l()模(MAX_2+1)，随机地在区间[0，MAX_2]中生成二进制位数为 bitlen 的数。首先被测试的必须是第 12 章中讨论的伪随机数生成函数，使用卡方检验和一些其他方法来测试函数 usrand64_l()和 usrandBBS_l()的统计学质量。此外，我们必须保证函数 rand_l()和 randBBS_l()能正确地生成 CLINT 数字格式并返回恰好为预设长度的数。所有其他输出 CLINT 对象的函数也应进行这一测试。为了发现格式不对的 CLINT 参数，我们使用了函数 vcheck_l()，因此它被放在测试序列的最开始。

大部分测试的进一步要求是确定相等或不相等的可能性，以及比较 CLINT 对象所表示的整数的大小。我们也需要测试函数 ld_l()、equ_l()、mequ_l()和 cmp_l()。这可以用预定义的或随机的数字完成，所有的情况都会被测试到——相等或不相等以及相应的大小关系。

根据用途的不同，预定义值的输入可以使用函数 str2clint_l()或者作为 unsigned 类型使用转换函数 u2clint_l()、ul2clint_l()，以最优的方式执行。与 str2clint_l()互补的函数 xclint2str_l()用来生成测试的输出。于是在需要测试的函数列表中紧接着出现的就是这些函数。为了测试字符串函数，我们利用它们的互补性并检查依次执行这些函数是否会生成原始字符串，或者是以 CLINT 格式输出值的倒序。我们在后面会反复地用到这个原理。

现在还需要测试第 9 章中的动态寄存器和它们的控制机制，一般我们希望将它们包括在测试函数中。将寄存器作为动态分配的内存使我们能够测试 FLINT/C 函数，在这些函数中我们为分配内存的函数 malloc()额外实现了一个调试库。这样一个既有公共产品又有商业产品(参见[Spul]，第 11 章)的软件包中的一个典型函数，是检查维护动态分配内存边界的函数。通过访问 CLINT 寄存器，我们可以密切关注 FLINT/C 函数：每次边界渗透到外部存储区域都将被报告。

实现这个重定向的一个典型机制调用 malloc()执行一个特殊的测试函数，该函数接收内存请求，轮流调用 malloc()，并因此分配比实际请求稍微大一些的内存。内存块被分配在一个内部数据结构中，并在最初请求内存的“右”和“左”分别构造一个多字节的帧，帧中填充冗余模式，如交替的二进制 0 和 1。接着返回一个指向帧中未使用内存的指针。然后调用 free()执行对该函数的调试 shell。在分配的块被释放之前，要先检查帧是否完整以及模式是否被破坏或复写，若存在问题则产生一个适当的消息，并从寄存器列表中将内存去除。这时函数 free()实际上才被调用。在应用程序结束时，我们可以用内部寄存器列表检查是否有内存区域被释放了以及是哪个内存区域。为了测试在 shell 中重复对 malloc()和 free()的调用，我们用# include 文件中定义的宏来实现。

还利用[Murp]中的 ResTrack 包来进行 FLINT/C 函数的测试。它可以在特定的情况下发现 CLINT 变量数组的微小越界，否则这些越界可能会在测试中一直存在。

现在，我们完成了基本的准备工作，下一步考虑用于基本计算的函数(参见第 4 章)

add_l()、sub_l()、mul_l()、sqr_l()、div_l()、mod_l()、inc_l()、dec_l()、shl_l()、shr_l()、shift_l()

包括核心函数

add()、sub()、mult()、umul()、sqr()

带 USHORT 参数的混合运算函数

uadd_l()、usub_l()、umul_l()、udiv_l()、umod_l()、mod2_l()

带模运算的函数(参见第 5、6 章)

madd_l()、msub_l()、mmul_l()、msqr_l()

和求幂函数

* mexp* _l()

我们测试这些函数所采用的计算规则起源于整数的群法则，我们在第 5 章的剩余类环 $\mathbb{Z}_n$ 中已经介绍过。这里再次列出适用于自然数的规则(见表 13-1)，用它们我们可以测试两个表达式之间的等号何时成立。

表 13-1 用于测试的整数群法则

	加法	乘法
同一性	$a+0=a$	$a \cdot 1=a$
交换律	$a+b=b+a$	$a \cdot b=b \cdot a$
结合律	$(a+b)+c=a+(b+c)$	$(a \cdot b) \cdot c=a \cdot (b \cdot c)$

加法和乘法可以用下面的定义相互测试

$$ka := \sum_{j=1}^{k} a$$

至少对于小数值的 k 可以如此。接下来应该测试的关系是分配律和第一个二项式公式：

$$\text{分配率}: a \cdot (b+c) = a \cdot b + a \cdot c$$

$$\text{二项式公式}: (a+b)^2 = a^2 + 2ab + b^2$$

加法和乘法的消去律使我们能够用下面的测试来测试加减法、乘法和除法：

$$a+b=c \Rightarrow c-a=b \text{ 和 } c-b=a$$

以及

$$a \cdot b = c \Rightarrow c \div a = b \text{ 和 } c \div b = a$$

带余除法可以与乘法和加法相互测试，方法是先用除法函数计算被除数 a 除以除数 b，得到商 q 和余数 r，接着再用乘法和加法验证是否有

$$a = b \cdot q + r$$

k 值较小的模幂运算可以用乘法根据下面的定义测试：

$$a^k := \prod_{i=1}^{k} a$$

根据这个定义，我们可以得出求幂法则(参见第 1 章)

$$a^{rs} = (a^r)^s$$

$$a^{r+s} = a^r \cdot a^s$$

它们同样是测试与乘法和加法相关的幂运算的基础。

除了这些和其他基于算术运算规则的测试以外，我们还利用特殊的测试程序来测试前面列表中的其余部分，尤其是函数在 CLINT 对象定义区间边界或在其他特殊情况下的行为，这些情况对某些特定的函数是至关重要的。这些测试中某些测试包含在 FLINT/C 测试单元中，从下载源码中可以找到它们。测试单元包括表 13-2 中列举的模块。

表 13-2　FLINT/C 测试函数

模块名	测试内容	模块名	测试内容
testrand.c	线性同余，伪随机数生成器	testdiv.c	带余除法
testbbs.c	Blum-Blum-Shub 伪随机数生成器	testmadd.c	模加
testreg.c	寄存器管理	testmsub.c	模减
testbas.c	基本函数 cpy_l()、ld_l()、equ_l()、mequ_l()、cmp_l()、u2clint_l()、ul2clint_l()、str2clint_l()、xclint2str_l()	testmmul.c testmsqr.c testmexp.c	模乘 模方 模幂
testadd.c	加法，包括 inc_l()	testset.c	位存取函数
testsub.c	减法，包括 dec_l()	testshft.c	移位运算
testmul.c	乘法	testbool.c	布尔运算
testkar.c	Karatsuba 乘法	testiroo.c	整数平方根
testsqr.c	平方	testgcd.c	最大公因子和最小公倍数

在第二部分的最后我们会再次提到数论函数测试，那里它们将作为练习留给特别感兴趣的读者(参见第 18 章)。

算术：C++ 实现与 LINT 类

在不同的地域和不同的人类种群中，人类组织的发掘物被广泛用于物体构建的装饰上。人类的发掘物，通常是骨头，成为了物体构建的功能部分。在制作和加工过程中，骨头看起来至少是部分失去了它的组织特性，而成为了一个物体的完整要素，从而得到了超越其身体要素的象征意义。

——在意大利佛罗伦萨人类自然史博物馆一次展览上的留言

用 C++ 精简生活

我们的生命被琐碎消耗至尽，简单点吧！

——*H. D. Thoreau, Walden*

C++ 语言是 C 语言的一个扩展，自从 1979 年贝尔实验室的 Bjarne Stroustrup ㊀发明它以来，C++ 语言一直在软件开发领域占据着主导地位。C++ 支持面向对象编程理论，该理论的原则就是程序(或者更好地，过程)包含一系列仅通过接口进行交互的对象。也就是说，这些对象把交换信息或者接受并处理某些外部命令当作任务来完成，而完成任务所采用的方法是由对象独立决策的内部事务。展现对象内部状态以及导致状态间转换的数据结构和函数是对象的私事，从外部无法探测。这一理论称为信息隐藏，帮助软件开发者专注于程序框架中对象必须完成的任务，而没有必要担心实现细节(另一种说法是，面向对象的重点是关于“是什么”，而不是“怎么样”的问题)。

对象内部事务的结构设计，包含构建数据结构和函数的完整信息，它们称为类。对象外部接口的建立决定了对象可以采取的行为集合。由于一个类的所有对象体现相同的结构设计，所以它们都拥有相同的接口。但是一旦它们被创建之后(计算机科学家说类是对象的实例化)，它们将保持独立，其内部状态的改变是独立于其他对象的，且它们依据程序中各自的角色执行不同的任务。

面向对象编程宣称类的使用是更大结构的基石，在完整的程序中，这些更大的结构可以是类或者由类构成的组，就像房子或汽车是由预先制作的模块构成的一样。理想情况下，能把库中已经存在的类组合为程序，而不用创建大量的新代码，至少与常规的传统程序开发不在一个数量级上。因此使用面向对象开发来反映真实情况或模拟真实过程更为简单，并由此进行接连的细化，使结果最终成为特定类及其相互关系的集合，这其中仍可辨认出作为其基础的现实世界的模型。

从我们生活的众多方面来说，这样一种处理方式都很熟悉，因为当我们希望构建什么东西时我们通常不会直接操纵原材料，而是乐于使用完整的模块，至于这些模块的构造或内部运作我们并不清楚，当然也没有必要清楚。站在构建这些模块的前人的肩膀上，我们只需付出有限量的努力就能够创建越来越多复杂的结构。在软件编制中，情况并非完全相同，因为软件开发者一再使用原材料：程序由程序语言的元素构建而成(这个构建过程通常称为编码)。而运行时库(如 C 标准库)的使用，并不能对这种情况有较大的改进，因为这些库所包含的函数太原始，无法直接连接到一个更复杂的应用上。

每一个编程者都知道数据结构和函数为某些问题提供了可接受的解决方案，但是若不

㊀ 下列这段源于 Bjarne Stroustrup 因特网主页(http://www.research.att.com/~bs/)的话，可能有助于回答这个问题，即如何拼读“Bjarne Stroustrup”：“对于非北欧人来说，这是困难的。我曾听过的最好建议是‘先使用挪威语念几遍，然后将一个土豆塞进喉咙里，再念几遍’。我的名和姓拼读起来都有两个音节，Bjar-neStrou-strup。在名字中 B 和 J 都不重读，NE 发音更轻，因此 Be-ar-neh 和 By-ar-ne 可能让人更明白。在姓中的第一个 U 本应该是 V，这使第一个音节末尾发音较低沉：Strov-strup。第二个 U 有点像 OOP 中的 OO 发音，但是是短音；也许 Strov-stroop 让人更明白。”

经过修改则很少能用于相似但不同的问题上。这削弱了可依赖经充分测试的可信构件的优势，因为任何修改都有可能引入新的错误——与编程设计中的一样大。（在各种消费者产品的手册中我们总是被提醒注意一点，“任何非授权服务提供者导致的变更将取消保修资格。”）

为了能灵活地重复使用预先构建的软件，*继承*的概念在许多其他概念中脱颖而出，得到了发展。这使得修改类以便符合新要求而不必真正改动它成为可能。或者，在扩展层对必要的变动进行打包。由此产生的对象不仅具有新的性质，而且还具有一切旧有的性质。你也可以说它们*继承*了这些性质。当然，*信息隐藏*的原理仍然成立，不过错误的概率大大降低了，且效率提高了，这似乎是梦想成真了。

作为一种面向对象编程语言，C++ 具有支持这些抽象原理的必备机制[⊖]。但这些只表示一种潜在可能，从面向对象编程意义上说并不能确保使用。相反，从传统到面向对象软件开发的转变需要大量的新思路。这在两方面的体现是尤其明显的，一是，对于要得到好结果的开发者来说，与传统的软件开发方法相比，需要在建模和设计阶段花费更多的精力。二是，在新类的开发和测试中，为了得到零错误的基本构件需要更加小心，因为它们将应用于未来各种应用中。信息隐藏也意味着*错误隐藏*，因为如果类的使用者为了找到一个错误而必须知晓内部机制，那么它就与面向对象编程的理念相违背。结果是类实现中的错误会被继承下去，因此所有的子类都将感染相同的“遗传病”。另一方面，对发生在类对象中的错误分析可以限制到类实现中，这样可以很大地减少错误搜索范围。

总之，我们必须说使用 C++ 和 Java 作为编程语言是强烈的趋势，然而，面向对象编程的原理是多层次的，并非仅理解这些语言的复杂元素而已。还有很长一段时间它们才能作为软件开发的标准方法。然而，在此期间，有很多强大的健全的工具可供使用，它们能很好地支持从建模到生成可执行代码的一系列开发过程。

因此，这一章的标题并非指向面向对象编程或者 C++ 的一般应用，而是指向其中所蕴含的机制及其给我们的项目所带来的意义。这使得大数之间的算术运算能以自然的方式被表述，就好像它们属于程序语言所包含的标准运算。所以，在下面的几节中，我们将不介绍 C++，而是讨论用于表示大自然数以及提供抽象方法来处理这些数的类的开发[⊜]。数据结构的细节对类的使用者和客户来说是隐藏的，同样大量算术和数论函数的实现也是如此。然而，在应用类之前必须研究它们，对此不得不涉及其内部细节。不过，没必要从头开始，而是利用本书第一部分已完成的实现，并围绕 C 库制订算术类作为抽象的层或壳。

我们给算术类取名为 `LINT`(Large INTegers，大整数)。该类包含数据结构和函数，作为属性为 `public` 的构件，它们决定了可供外部访问的可能性。另一方面，若想要访问声明为 `private` 的类结构，则只能使用声明为该类友元函数的函数。`LINT` 类的成员函数能通过名称访问 `LINT` 对象的函数和数据元素，用于服务外部接口和处理对类的指令，并充当管理和处理内部数据结构的基本例程和辅助函数。类 `LINT` 的成员函数总是拥有一个 `LINT` 对象作为隐含的左参数，但是它不在参数列表中出现。类的友元函数不属于该类，但是它们能够访问类的内部结构。不同于成员函数，友元函数并不拥有一个

⊖ C++ 不是唯一的面向对象语言。其他的还包括 Simila(所有面向对象语言的先驱)、Smalltalk、Eiffel、Oberon 和 Java。

⊜ 读者可参考介绍、讨论 C++ 的规范文献中的几篇著作，那[EISt]、[Str1]、[Str2]、[Deit]、[Lipp]，在此只列举了少数重要的名称。特别地，[EISt]被视为 ISO 规范的基础。

隐含参数。

对象作为类的实例通过构造函数产生，构造函数负责在对象可运行之前完成内存分配、数据初始化和其他管理任务。为了能够在不同场合下产生 LINT 对象，我们需要几个这样的构造函数。与构造函数相对应的是析构函数，它们用于移除不再需要的对象，并释放其享有的资源。

以下是特别用于类开发的 C++ 元素：

- 运算符和函数的重载。
- 相对于 C，对输入和输出改善的可能性。

下面各节专门研究在 LINT 类的框架中应用这两个原则。为了让读者了解 LINT 类所假设的形式，展示它声明中的一小段：

```
class LINT
{
  public:
    LINT (void); // constructor
    ~LINT (); // destructor
    const LINT& operator= (const LINT&);
    const LINT& operator+= (const LINT&);
    const LINT& operator-= (const LINT&);
    const LINT& operator*= (const LINT&);
    const LINT& operator/= (const LINT&);
    const LINT& operator    LINT gcd (const LINT&);
    LINT lcm (const LINT&);
    int jacobi (const LINT&);
    friend const LINT operator + (const LINT&, const LINT&);
    friend const LINT operator - (const LINT&, const LINT&);
    friend const LINT operator * (const LINT&, const LINT&);
    friend const LINT operator / (const LINT&, const LINT&);
    friend const LINT operator
    friend LINT mexp (const LINT&, const LINT&, const LINT&);
    friend LINT mexp (const USHORT, const LINT&, const LINT&);
    friend LINT mexp (const LINT&, USHORT, const LINT&);
    friend LINT gcd (const LINT&, const LINT&);
    friend LINT lcm (const LINT&, const LINT&);
    friend int jacobi (const LINT&, const LINT&);
  private:
    clint *n_l;
    int status;
};
```

可以看出上述形式典型地划分为两块：一是公共块，由一个构造函数、一个析构函数、算术运算符、类成员及友元函数的声明构成。二是私有块，一个私有数据元素短块被加入到公共接口之后，用标签 private 标识。将公共接口放在私有块之前，且在一个类声明中只使用一次 public 和 private 标签被认为是一种好的风格，有助于条理清晰。

在上述类的声明部分中出现的运算符列表并不是完整的。它丢掉了一些不能表示为运算符的算术函数和大多数的数论函数，我们已经知道它们可以作为 C 函数。而且，所声明的构造函数和输入或输出 CLINT 对象的函数一样，很少被描述。

在下面的运算符和函数参数列表中，出现了地址运算符“&”，它的作用是使 LINT 类的对象不是通过值而是通过引用传递，即指向对象的指针。这也同样适用于 LINT 对象的返回值。这种对 & 的使用在 C 中是不为人所知的。然而，仔细观察就会发现仅仅某些成员函数会返回 LINT 对象的指针，其他成员函数大多数会返回结果值。决定采用这两种方式中哪一种的基本规则是：对一个或多个传入的参数进行更改的函数可以将结果作为引用返回，而其他没有更改参数的函数，以值的形式返回结果。随着讲解我们会看到哪些 LINT 函数适用哪些方式。

C++ 中的类是 C 中复杂数据类型 struct 的扩展，对类中元素 x 访问的语法与对结构体中元素访问的语法一样，即通过 A.x，这里 A 表示一个对象，x 为该类的一个元素。

可以看出成员函数的参数列表比同名的友元函数少一个变量，如下例所示：

```
friend LINT gcd (const LINT&, const LINT&);
```

和

```
LINT LINT::gcd (const LINT&);
```

由于函数 gcd()作为类 LINT 的一个成员函数，隶属于 LINT 类型的对象 A，所以对函数 gcd()的调用必须采用格式 A.gcd(b)，尽管 A 不在 gcd()的参数列表中出现。相比之下，友元函数 gcd()不属于任何对象，因此它没有隐含变量。

下一章将对 LINT 类的上述框架进行填充，并探索很多细节，最终实现一个完整的 LINT 类。对 C++ 的一般讨论感兴趣的读者可以参阅标准著作[Deit]、[ElSt]、[Lipp]，尤其是[Mey1]和[Mey2]。

14.1　非公共事务：LINT 中数的表示

如果我和他们选择的路不一样
那么请他们操自个的心吧。

——*A. E. Housman,《LastPoemsIX》*

类选择的大数的表示是第一部分中 C 语言表示的扩展。自然数的数字排列为 clint 值的数组，其中高位数字占据高索引(参见第 2 章)。当生成一个对象时，自动分配所需的内存，这由构造函数来完成，而构造函数要么由程序明确调用，要么由编译器通过分配函数 new()隐式调用。在类的声明中，需要一个 clint * n_l 类型的变量，它与指向构造函数所分配内存的指针相关联。

变量 status 用于记录 LINT 对象的各种状态。例如，status 可用于报告上溢或者下溢，如果 LINT 对象的运算结果出现此情况，那么变量 status 将被赋值为 E_LINT_OFL 或者 E_LINT_UFL。此外，我们想要确定一个 LINT 对象是否已经初始化，即在被用于等号右边的数值表达式之前，它是否被赋予数值。如果一个 LINT 对象没赋数值，那么 status 值为 E_LINT_INV，在运算执行之前，所有的函数必须对此进行检查。如果 LINT 对象的值或者后续表达式的值没有定义，则 LINT 函数和运算符将给出错误信息。

严格地讲，变量 status 不是数值表示的元素，它用于报告和处理错误状态。第 16 章将详细讨论错误处理的类型和机制。

LINT 类定义了以下两个元素，它们用于表示整数和存储对象的状态：

```
clint* n_l;
int status;
```

由于这里处理的是私有元素，所以对这些类元素的访问只能通过成员、友元函数或运算符。特别指出，不可能直接存取由 LINT 对象表示的数的单个数字。

14.2 构造函数

构造函数是生成特定类的对象的函数。对于 LINT 类，这可在有初始化或没初始化的情况下发生。在后一种情况创建一个对象并分配存储数值所需的内存，但是不对该对象赋值。对此所需的构造函数不需要参数，因此承担着 LINT 类的默认构造函数的角色（参见[Str1]，10.4.2 节）。如下 flintpp.cpp 文件中的默认构造函数 LINT(void) 构建了一个 LINT 对象，但并未赋值：

```
LINT::LINT (void)
  {
    n_l = new CLINT;
    if (NULL == n_l)
      {
        panic (E_LINT_NHP, "constructor 1", 0, __LINE__);
      }
    status = E_LINT_INV;
  }
```

如果一个新生成的对象需要用一个数值进行初始化，那么必须调用合适的构造函数来生成一个 LINT 对象，然后将一个预先定义的参数赋值给该对象。根据参数类型必须提供不同的重载构造函数。LINT 类包含的构造函数如表 14-1 所示。

表 14-1　LINT 构造函数

构造函数	语义：生成一个 LINT 对象
LINT (void);	没有初始化（默认构造函数）
LINT (const char* const,char);	从字符串，以第二个参数所给出的值作为数值表示的基
LINT (const UCHAR* , int);	从字节数组，长度由第二个参数给定
LINT (const char*);	从字符串，可选择十六进制的前缀 0X 或二进制的前缀 0B
LINT (const LINT&);	从另一个 LINT 对象（复制构造函数）
LINT (int);	从类型为 char、short 或 integer 的一个值
LINT (long int);	从类型为 long integer 的一个值
LINT (UCHAR);	从类型为 UCHAR 的一个值
LINT (USHORT);	从类型为 USHORT 的一个值
LINT (unsigned int);	从类型为 unsigned integer 的一个值
LINT (ULONG);	从类型为 ULONG 的一个值
LINT (const CLINT);	从一个 CLINT 对象

现在我们进一步考虑函数 LINT (const char*)用于 LINT 构造的例子，它产生一个 LINT 对象，并给它赋予 ASCII 数字的字符串的值。可以给字符串中所包含的数字加一个前缀，它含有有关数值表示的基的信息。如果一个字符串的前缀为 0x 或者 0X，则为来自集合{0，1，…，9}和{a，b，…，f}的十六进制数字。如果前缀为 0b 或者 0B，则为来自{0，1}的二进制数字。如果没有前缀，那么数字可理解为十进制数。构造函数使用函数

str2clint_l()将字符串转换为一个 CLINT 类型的对象，其中第二步创建 LINT 对象。

```
LINT:: LINT (const char* str)
  n_l = new CLINT;

  if (NULL == n_l) // error with new?
    {
      panic (E_LINT _NHP, "constructor 4", 0, __LINE__);
    }

  if (strncmp (str, "0x", 2) == 0 || strncmp (str, "0X", 2) == 0)
    {
      int error = str2clint_l (n_l, (char*)str+2, 16);
    }
  else
    {
      if (strncmp (str, "0b", 2) == 0 || strncmp (str, "0B", 2) == 0)
        {
          error = str2clint_l (n_l, (char*)str+2, 2);
        }
      else
        {
          error = str2clint_l (n_l, (char*)str, 10);
        }
    }
  switch (error)    {
      case E_CLINT_OK:
        status = E_LINT_OK;
        break;
      case E_CLINT_NPT:
        status = E_LINT_INV;
        panic (E_LINT_NPT, "constructor 4", 1, __LINE__);
        break;
      case E_CLINT_OFL:
        status = E_LINT_OFL;
        panic (E_LINT_OFL, "constructor 4", 1, __LINE__);
        break;
      default:
        status = E_LINT_INV;
        panic (E_LINT_ERR, "constructor 4", error, __LINE__);
    }
}
```

构造函数使 LINT 对象通过自身、标准类型、常数和字符串初始化成为可能，正如下面的例子中所展示的：

```
LINT a;
LINT one (1);
int i = 2147483647;
LINT b (i);
LINT c (one);
LINT d ("0x123456789abcdef0");
```

为了由特定参数产生 LINT 类型的对象，必须明确调用构造函数。例如，下面的函数展示了一个将 unsignedlong 值转换为 LINT 对象的 LINT 构造函数：

```
LINT::LINT (USHORT ul)
{
  n_l = new CLINT;
  if (NULL == n_l)
    {
      panic (E_LINT_NHP, "constructor 11", 0, __LINE__);
    }
  ul2clint_l (n_l, ul);
  status = E_LINT_OK;
}
```

现在我们必须提供与 LINT 类构造函数相对应的析构函数来释放对象，尤其是释放绑定其上的内存。当然，编译器乐于提供默认的析构函数，但是它仅仅释放 LINT 对象所拥有的内存。构造函数额外分配的内存不会被释放，因此会导致内存泄露。下面这个短的析构函数完成了释放 LINT 对象所占内存的重要任务。

```
~LINT()
  {
    delete [] n_l;
  }
```

14.3　重载运算符

运算符的重载代表着一种有力的机制，用于定义名称相同但参数列表不同、能实现不同运算的函数。编译器通过指定参数列表来确定是哪一个函数。作为先决条件，C++ 必须采用严格的类型检查，绝不允许含糊不清和不一致性。

运算符函数的重载使得有关 LINT 对象 a、b、c 求和的“正常”表示方式 c= a+ b 成为可能，而不必调用 add_l(a_l, b_l, c_l)之类的函数。这使得类与程序语言可进行无缝衔接，从而显著提高程序的可读性。对于这个例子，运算符“+ ”和赋值运算“= ”的重载就是必不可少的。

在 C++ 中仅有几个运算符不能被重载，即使是用于访问数组的运算符“[]”也能被重载，譬如说通过一个函数同时检查数组存取是否越界。然而，运算符的重载也打开了灾难之门。当然，C++ 运算符对标准数据类型的作用不会被改变，预定义的运算符优先级也不会改变，更不会“产生”新的运算。但是对于个别类来说，定义与通常部署的运算符完全不同的运算符函数是完全可能的。为了程序的维护性，建议在重载运算符时遵守 C++ 中标准运算符的含义，以避免不必要的混乱。

从上面对 LINT 类的概述中可以看出，某些运算符已经作为友元函数加以实现，其他作为成员函数被实现。原因是我们想要使用“+”或者“*”等作为两位运算符，这样不仅能处理两个对等的 LINT 对象，也能接受一个 LINT 对象和一个 C++ 内置的整数类型，甚者，能接受任意顺序的参数，因为加法具有交换律。为此，我们需要上述构造函数，创造整数类型以外的 LINT 对象。如下所示的混合表达式

```
LINT a, b, c;
int number;
// Initialize a, b, and number and calculate something or other
// ...
c = number * (a + b / 2)
```

是可行的。编译器负责自动调用合适的构造函数并确保在调用运算符+和*前的运行时执行整数类型 number 和常量 2 转换为 LINT 类型的运算。由此我们在运算符应用中获得了最大可能的灵活性，但同时也受到限制：含有 LINT 类型的对象的表达式自身也是 LINT 类型，因为只能被赋给 LINT 类型的对象。

在涉及单个运算符细节之前，先给出 LINT 类所定义的运算符，如表 14-2～表 14-5所示。

表 14-2 LINT 算术运算符

+	加法
++	增量(前缀和后缀运算符)
-	减法
--	减量(前缀和后缀运算符)
*	乘法
/	除法(商)
%	取余

表 14-3 LINT 位运算符

&	按位与(AND)
|	按位或(OR)
^	按位异或(XOR)
<<	左移
>>	右移

表 14-4 LINT 逻辑运算符

==	等于
!=	不等于
<、<=	小于、小于或等于
>、>=	大于、大于或等于

表 14-5 LINT 赋值运算符

=	简单赋值
+=	加法之后赋值
-=	减法之后赋值
*=	乘法之后赋值
/=	除法之后赋值
%=	取余之后赋值
&=	按位 AND 之后赋值
|=	按位 OR 之后赋值
^=	按位 XOR 之后赋值
<<=	左移位之后赋值
>>=	右移位之后赋值

现在我们将要涉及运算符函数“*”、“=”、“*=”和“==”的实现问题，并以此为例来说明 LINT 运算符的实现。首先，在运算符“*=”的帮助下，我们将看到 C 函数 mul_l()是如何实现 LINT 对象乘法的。该运算符作为友元函数实现，而与运算符相联系的两个因子则是作为引用传递的。因为运算符函数没有改变它的参数，所以参数的引用形式可声明为 const：

```
const LINT operator* (const LINT& lm, const LINT& ln)
{
  LINT prd;
  int error;
```

第一步查询运算符函数作为引用传入的参数 lm 和 ln 是否已初始化。如果两个变量未初始化，则开始调用声明为 static 的成员函数 panic()进行错误处理(参见第 15 章)。

```
if (lm.status == E_LINT_INV)
  LINT::panic (E_LINT_VAL, "*", 1, __LINE__);
if (ln.status == E_LINT_INV)
  LINT::panic (E_LINT_VAL, "*", 2, __LINE__);
```

调用 C 函数 mul_l()，数组 lm.n_l 和 ln.n_l 作为因子传入，prd.n_l 用于存储乘积。

```
error = mul_l (lm.n_l, ln.n_l, prd.n_l);
```

存储在变量 error 中的错误代码要分 3 种情况进行评估：如果 error== 0，则一切正常，对象 prd 可标记为已初始化的。这可通过将变量 prd.status 设置为不等于E_LINT_INV的值来实现，正常情况(error=0)下该变量为 E_LINT_OK。如果 mul_l()发生了溢出，则 error 值为 E_CLINT_OFL。因为在这种情况下数组 prd.n_l 包含一个有效的 CLINT 整数，所以状态变量 prd.status 简单设置为 E_LINT_OFL，而并未调用错误处理。如果 error 在调用 mul_l()之后不是这两个值，则在这些函数中出现了某种偏差，且无法准确识别是什么错误。因此，调用函数 panic()来进行进一步的错误处理。

```
switch (error)
  {
    case 0:
      prd.status = E_LINT_OK;
      break;
    case E_CLINT_OFL:
      prd.status = E_LINT_OFL;
      break;
    default:
      lint::panic (E_LINT_ERR, "*", error, __LINE__);
  }
```

如果函数 panic()无法修正错误，那么返回到此处是毫无意义的。错误识别的机制会导致这里出现一个已定义的终止，在原则上这优于在无定义的状态下继续运行程序。作为最后一步，乘积 prd 以元素级的形式返回。

```
  return prd;
}
```

因为对象 prd 仅仅存在于函数环境中，所以编译器确保自动创建一个临时变量，用于表示 prd 传到函数外的值。这个临时对象是在复制构造函数 LINT(const LINT&)(见表 14-1)的帮助下产生的，一直存在直到运算符所在的表达式被处理，也就是，到达表示结束的分号为止。由于函数值声明为 const，所以像(a* b)=c;这样无意义的结构不会通过编码器。其目的是为了使用与内置整数类型相同的方式处理 LINT 对象。

可以按下面的细节描述来扩展运算符函数：如果相乘的因子相等，则相乘能被求平方替代，因此与此相联系的效率上的优势能自动实现(参见 4.2.2 节)。然而，因为通常确定两个参数是否相等需要一次元素之间的比较，而这个代价对我们来说太过昂贵了，所以我们乐于选择一种折中办法：只有当两个因子涉及同一个对象时，求平方才发挥作用。因此先检测 ln 和 lm 是否指向同一个对象，如果是则用求平方代替乘法。有关的代码如下：

```
if (&lm == &ln)
  {
    error = sqr_l (lm.n_l, prd.n_l);
  }
else
  {
    error = mul_l (lm.n_l, ln.n_l, prd.n_l);
  }
```

这是第一部分中用 C 实现的函数，是 LINT 类中其他所有函数的模型，它就像是围绕 C 函数的核形成的一个壳，并保护其不受类使用者的影响。

在转向更复杂的赋值运算符“*=”之前，先看看简单赋值运算符“=”是一个不错的选择。第一部分已强调过对象的赋值需要特别留意(见第 8 章)。因此，正如在 C 实现中一样我们不得不小心，当把一个 CLINT 对象赋值给另一个对象的内容而不是地址时，必须为 LINT 类定义一个赋值运算符“=”的特殊版本，它能做的不仅仅是复制类的元素：出于第

8 章所描述的同样理由，我们必须注意所复制的不是数值数组 n_l 的地址，而是 n_l 所指向的数值表示的数字。

一旦理解了这样做的根本需求，实现就不再复杂了。运算符“=”作为一个成员函数实现，返回一个隐含的左变量引用作为赋值结果。当然，在内部则使用 C 函数 cpy_l()将一个对象的数字移到另一个对象中。为了执行赋值 a= b，编译器在 a 的环境中调用运算符函数“=”，a 取代了运算符函数参数列表中不曾出现的隐含参数的角色。在成员函数内部，对隐含参数的引用通过名字简单地给出。此外，对隐含对象的引用可由特殊的指针 this 完成，如下面对运算符“=”的实现一样：

```
const LINT& LINT::operator= (const LINT& ln)
{
  if (ln.status == E_LINT_INV)
    panic (E_LINT_VAL "=", 2 __LINE__);
```

首先，检查对左、右参数的引用是否相同，因为如果相同，则没有必要赋值。否则，将 ln 数值表示的数字复制给隐含左参数* this，status 值亦然，然后返回隐含变量的引用* this。

```
  if (&ln != this)
    {
      cpy_l (n_l, ln.n_l);
      status = ln.status;
    }
  return *this;
}
```

你可能会问，是否赋值运算符一定要返回一个值呢，因为在调用 LINT::operator=(const LINT &)之后，预期的赋值似乎已经实现。然而，如果回想起形为

```
f (a = b);
```

的表达式是允许的，那么该问题的答案就一目了然了。根据 C++ 的语义，这样的表达式会使用 a=b 赋值结果作为参数来调用函数 f。因此，赋值运算符返回被赋的值作为结果是必不可少的，且出于效率的考虑这通过引用来完成。这样的表达式的特例为

```
a = b = c;
```

这里赋值运算符连续被调用了两次，在第二次调用时，第一次赋值 b=c 的结果赋值给 a。

与运算符“*”不同，运算符“*=”用乘积来重写左边的传入因子。表达式 a*=b 作为 a=a*b 的简略形式，其含义仍适用于 LINT 对象。所以，与运算符“=”一样，“*=”可以设置为一个成员函数，出于以上原因，该函数返回结果的引用：

```
const LINT& LINT::operator*= (const LINT& ln)
{
    int error;

    if (status == E_LINT_INV)
      panic (E_LINT_VAL, "*=", 0, __LINE__);
    if (ln.(status == E_LINT_INV)
      panic (E_LINT_VAL, "*=", 1, __LINE__);

    if (&ln == this)
      error = sqr_l (n_l, n_l);
    else
      error = mul_l (n_l, ln.n_l, n_l);
```

```
switch (error)
  {
  case 0:
    status = E_LINT_OK;
    break;
  case E_CLINT_OFL:
    status = E_LINT_OFL;
    break;
  default:
    panic (E_LINT_ERR, "*=", error, __LINE__);
  }

return *this;
}
```

作为 LINT 运算符的最后一个例子，我们将对函数“==”进行描述，该函数检验两个 LINT 对象的相等性：如果相等，则返回值 1；否则，返回 0。运算符“==”也举例说明了其他逻辑运算符的实现。

```
const int operator == (const LINT& lm, const LINT& ln)
{
  if (lm.(status == E_LINT_INV)
    LINT::panic (E_LINT_VAL, "==", 1, __LINE__);
  if (ln.(status == E_LINT_INV)
    LINT::panic (E_LINT_VAL, "==", 2, __LINE__);

  if (&ln == &lm)
    return 1;
  else
    return equ_l (lm.n_l, ln.n_l);
}
```

LINT 公共接口：成员函数和友元函数

请接受我的辞呈。我不想要成为任何接纳我的俱乐部的成员。

——*Croucho Marx*

每次我画一幅肖像就失去一个朋友。

——*John Singer Sargent*

除了已讨论的构造函数和运算符以外，还存在其他 LINT 函数可以使第一部分开发的 C 函数适用于 LINT 对象。在下面的讨论中，将严格区分“算术”类函数和“数论”类函数。函数实现将辅以实例，或者给出合理使用函数所需的信息表。在下面的章节中，将详尽介绍以 LINT 对象格式输出的函数，这些函数可利用 C++ 标准库所包含的 stream 类的特性。一些可能出现的应用，尤其是用户定义类的对象的格式化输出，在很多 C++ 教程中都只是简短描述，因此我们打算借此机会阐明输出 LINT 对象所需的函数构造。

15.1 算术

下面的成员函数实现基本的算术运算，并作为累加器用于整数剩余类环计算模运算：在函数终止后，被调用函数所属的对象将包含函数结果作为隐含参数。累加器函数是高效的，因为就算没有内部辅助对象的帮助，它也可以最大程度地扩展，因此节省不必要的赋值和调用构造函数。

在函数计算结果自由赋值不可避免的情况下，或者在带结果的成员函数的隐含参数被意外重写的情况下，成员函数通过同名的类似友元函数以及其他的友元函数进行扩展。这里将不再进一步讨论，但列入附录 B 中。如何处理 LINT 函数中因使用 CLINT 函数所导致的错误情况，将在第 16 章中详细讨论。

在列出公共成员函数之前，先看一看幂函数实现的例子：

```
LINT& LINT::mexp (const LINT& e, const LINT& m );
```

和

```
LINT& LINT::mexp (USHORT e, const LINT& m);
```

可惜，C++ 并未对该运算提供运算符。函数 mexp()的构建方式是这样的：依据运算对象的类型，应用最优的 C 函数 mexpk_l()、mexpkm_l()、umexp_l()和 umexpm_l()(使用相应的算术友元函数，可同样处理带 USHORT 基的幂函数 wmexp_l()和 wmexpm_l())。

功能：	自动应用 Montgomery 幂的模幂(若模为奇数)
语法：	const LINT& LINT::mexp(const LINT& e,const LINT& m);
输入：	隐含参数(基) e(指数) m(模数)

返回：指向余数的指针
例子：a.mexp(e,m);

```
const LINT& LINT::mexp (const LINT& e, const LINT& m)
{
  int error;
  if (status == E_LINT_INV) panic (E_LINT_VAL, "mexp", 0, __LINE__);
  if (status == E_LINT_INV) panic (E_LINT_VAL, "mexp", 1, __LINE__);
  if (status == E_LINT_INV) panic (E_LINT_VAL, "mexp", 2, __LINE__);

  err = mexp_l (n_l, e.n_l, n_l, m.n_l);
  /* mexp_l() uses mexpk_l() or mexpkm_l() */
  switch (error)
    {
      case 0:
        status = E_LINT_OK;
        break;
      case E_CLINT_DBZ:
        panic (E_LINT_DBZ, "mexp", 2, __LINE__);
        break;
      default:
        panic (E_LINT_ERR, "mexp", error, __LINE__);
    }
  return *this;
}
```

功能：模幂
语法：const LINT&
　　　　LINT::mexp(USHORT e,const LINT& m);
例子：a.mexp(e,m);

```
const LINT& LINT::mexp (USHORT e, const LINT& m)
{
  int err;
  if (status == E_LINT_INV) panic (E_LINT_VAL, "mexp", 0, __LINE__);
  if (status == E_LINT_INV) panic (E_LINT_VAL, "mexp", 1, __LINE__);

  err = umexp_l (n_l, e, n_l, m.n_l);

  switch (err)
    {
      // Code as above with mexp (const LINT& e, const LINT& m)
    }
  return *this;
}
```

现在展示另外几个算术和数论的成员函数。

功能：加法
语法：const LINT&

LINT::add(const LINT& s);
输入：隐含参数(加数)
s(加数)
返回：指向和的指针
例子：a.add(s);执行运算 a+=s;

功能：减法
语法：const LINT&
LINT::sub(const LINT& s);
输入：隐含参数(被减数)
s(减数)
返回：指向差的指针
例子：a.sub(s);执行运算 a-=s;

功能：乘法
语法：const LINT&
LINT::mul(const LINT& s);
输入：隐含参数(因子)
s(因子)
返回：指向积的指针
例子：a.mul(s);执行运算 a*=s;

功能：平方
语法：const LINT&
LINT::sqr(void);
输入：隐含参数(因子)
返回：指向隐含参数的指针，该参数包含平方值
例子：a.sqr();执行运算 a*=a;

功能：带余除法
语法：const LINT&
LINT::divr(const LINT& d,LINT& r);
输入：隐含参数(被除数)
d(除数)
输出：r(被除数模 d 的余数)
返回：指向隐含参数的指针，该参数包含商
例子：a.divr(d,r);执行运算 a≠d;r=a%d;

功能： 求余数
语法： const LINT&
LINT::mod(const LINT& d);
输入： 隐含参数(被除数)
d(除数)
返回： 指向隐含参数的指针，该参数包含模 d 的余数
例子： a.mod(d);执行运算 a%=d;

功能： 求模 2 的幂的余数
语法： const LINT&
LINT::mod2(const USHORT e);
输入： 隐含参数(被除数)
e(除数 2 的幂的指数)
返回： 指向隐含变量的指针，变量包含被除数模 2^e 的余数
例子： a.mod 2(e);执行运算 a%=d;，这里 $d=2^e$
提示： mod2 不能通过重载前面提到的函数 mod()来构建，因为 mod()也接受一个 USHORT 参数，通过适当地构造函数自动将它转换为 LINT 对象。因为根据参数无法区分是哪一个函数，mod2()因而得名。

功能： 检验模 m 是否相等
语法： int
LINT::mequ(const LINT& b,const LINT& m);
输入： 隐含参数 a
第二个参数 b
模数 m
返回： 1，如果 $a\equiv b \bmod m$
0，否则
例子： if(a.mequ(b,m))//...

功能： 模加法
语法： const LINT&
LINT::madd(const LINT& s,const LINT& m);
输入： 隐含参数(加数)
s(加数)
m(模数)
返回： 指向隐含参数的指针，该参数包含模 m 的和
例子： a.madd(s,m);

功能： 模减法
语法： const LINT& LINT::msub(const LINT& s,
const LINT& m);

输入：隐含参数(被减数)
s(减数)
m(模数)
返回：指向隐含参数的指针，该参数包含模 m 的差
例子：`a.msub(s,m);`

功能：模乘法
语法：`const LINT& LINT::mmul (const LINT& s, const LINT& m);`
输入：隐含参数(因子)
s(因子)
m(模数)
返回：指向隐含参数的指针，该参数包含模 m 的积
例子：`a.mmul(s,m);`

功能：模平方
语法：`const LINT& LINT::msqr (const LINT& m);`
输入：隐含参数(因子)
m(模数)
返回：指向隐含参数的指针，该参数包含模 m 的平方
例子：`a.msqr(m);`

功能：2 的幂的模幂
语法：`const LINT& LINT::mexp2(USHORT e, const LINT& m);`
输入：隐含变量(底)
e(2 的幂的指数)
m(模数)
返回：指向隐含参数的指针，该指针包含模 m 的幂
例子：`a.mexp2(e,m);`

功能：模幂(2^k 元方法，Montgomery 约简)
语法：`const LINT& LINT::mexpkm(const LINT& e, const LINT& m);`
输入：隐含参数(底)
e(指数)
m(奇数模数)

返回：指向隐含参数的指针，该指针包含模 m 的幂
例子：a.mexpkm(e,m);

功能：模幂(2^5 元方法，Montgomery 约简)
语法：const LINT& LINT::mexp5m(const LINT& e,
const LINT& m);
输入：隐含参数(底)
e(指数)
m(奇数模数)
返回：指向隐含参数的指针，该指针包含模 m 的幂
例子：a.mexp5m(e,m);

功能：左/右移
语法：const LINT& LINT::shift(int noofbits);
输入：隐含参数(被乘数/被除数)
(+/-)noofbits(要移动的位数)
返回：指向隐含参数的指针，该指针包含移位运算结果
例子：a.shift(512);执行运算 a<< = 512;

功能：检验 LINT 对象对 2 的整除性
语法：int
LINT::iseven(void);
输入：检验作为隐含参数的对象 a
返回：1，如果 a 为奇数；0，否则
例子：if(a.iseven())//...

功能：设置 LINT 对象的一个二进制位为 1
语法：const LINT&
LINT::setbit(unsigned int pos);
输入：隐含参数 a
待设置位的位置 pos(从 0 开始计数)
返回：指向位于位置 pos 的已设置为 a 的指针
例子：a.setbit(512);

功能：检验 LINT 对象的一个二进制位
语法：int
LINT::testbit(unsigned int pos);

输入：	隐含参数 a
	待检验的位的位置 pos(从 0 开始计数)
返回：	1，如果位置 pos 的位已被设置；0，否则
例子：	`if(a.testbit(512))//...`

功能：	设置 LINT 对象的一个二进制位为 0
语法：	`const LINT&`
	`LINT::clearbit(unsigned int pos);`
输入：	隐含参数 a
	待清除的位的位置 pos(从 0 开始计数)
返回：	指向位置 pos 已被清除位 a 的指针
例子：	`a.clearbit(512);`

功能：	交换两个 LINT 对象的值
语法：	`const LINT&`
	`LINT::fswap(LINT& b);`
输入：	隐含参数 a
	b(与 a 交换的值)
返回：	指向值为 b 的隐含参数的指针
例子：	`a.fswap(b);`交换 a 与 b 的值

15.2　数论

对比算术函数，下面的数论成员函数不会用结果重写隐含的第一参数。这样做是因为实践证明在更复杂的函数中与简单算术函数中一样的重写并不实用。因此下列函数返回元素值而不是指针。

功能：	计算小于或等于 LINT 对象的以 2 为底的对数的最大整数
语法：	`unsigned int`
	`LINT::ld(void);`
输入：	隐含参数 a
返回：	a 的以 2 为底的对数的整数部分
例子：	`i= a.ld();`

功能：	计算两个 LINT 对象的最大公约数
语法：	`LINT`
	`LINT::gcd(const LINT& b);`
输入：	隐含参数 a
	第二参数 b

返回：输入值的 gcd(a,b)
例子：c= a.gcd(b);

功能：计算模 n 的乘法逆
语法：LINT
LINT::inv(const LINT& n);
输入：隐含参数 a
模数 n
返回：a 模 n 的乘法逆(如果结果为 0，则 gcd(a,n)>1,且乘法逆不存在)
例子：c= a.inv(n);

功能：计算 a 和 b 的最大公约数以及 a 和 b 的线性组合式 g= ua+ vb
语法：LINT
LINT::xgcd(const LINT& b,
LINT& u,int& sign_u,
LINT& v,int& sign_v);
输入：隐含参数 a，第二参数 b
返回：表达式 gcd(a,b)的因子 u
u 的符号 sign_u
表达式 gcd(a,b)的因子 v
v 的符号 sign_v
返回：输入值的 gcd(a,b)
例子：g= a.xgcd(b,u,sign_u,v,sign_v);

功能：计算两个 LINT 对象的最小公倍数(lcm)
语法：LINT
LINT::lcm(const LINT& b);
输入：隐含参数 a
因子 b
返回：输入值的 lcm(a,b)
例子：c= a.lcm(b);

功能：解线性同余方程组 x≡a mod m，x≡b mod n
语法：LINT
LINT::chinrem(const LINT& m,const LINT& b,const LINT& n);
输入：隐含参数 a
模数 m
参数 b
模数 n

返回：同余方程组的解 x，如果成功(Get_Warning_Status()==E_LINT_ERR 表明出现上溢或者同余式无公共解)
例子：x=a.chinrem(m,b,n);

友元函数 chinrem(int noofeq,LINT** coeff)接受一个包含 LINT 对象指针的数组 coeff，该二维数组给出了“任意多的”线性同余方程式 $x \equiv a_i \bmod m_i (i=1,\ldots,\text{noofeq})$的系数 a_1，m_1，a_2，m_2，a_3，m_3，...（参见附录 B）。

功能：计算两个 LINT 对象的 Jacobi 符号
语法：int
LINT::jacobi(const LINT& b);
输入：隐含参数 a，第二参数 b
返回：输入值的 Jacobi 符号
例子：i=a.jacobi(b);

功能：计算 LINT 对象的平方根的整数部分
语法：LINT
LINT::introot(void);
输入：隐含参数 a
返回：输入值的平方根的整数部分
例子：c= a.root();

功能：计算 LINT 对象的 b 次方根的整数部分
语法：LINT
LINT::introot(const USHORT b);
输入：隐含参数 a，根指数 b
返回：输入值的 b 次方根的整数部分
例子：c= a.root(b);

功能：计算 LINT 对象模素数 p 的平方根
语法：LINT
LINT::root(const LINT& p);
输入：隐含参数 a，素数模 p>2
返回：a 的平方根，如果 a 为模 p 的二次剩余
0，否则(Gel_Warning_Status()==E_LINT_ERR 指示 a 不是模 p 的二次剩余)
例子：c=a.root(p);

功能：计算 LINT 对象模素数积 p·q 的平方根
语法：LINT
LINT::root(const LINT& p,const LINT& q);
输入：隐含变量 a
素数模数 p>2，素数模数 q>2
返回：a 的平方根，如果 a 是模 p·q 的二次剩余
0，否则(Get_Warning_Status()==E_LINT_ERR 表明 a 不是模 p·q 的二次剩余)
例子：c=a.root(p,q);

功能：检验一个 LINT 对象是否是平方数
语法：int
LINT::issqr(void);
输入：检验隐含参数 a
返回：a 的平方根，如果 a 是一个平方数
0，如果 a==0 或者不是一个平方数
例子：if(0==(r=a.issqr()))//...

功能：LINT 对象是否是素数的概率性检验
语法：int
LINT::isprime(int nsp,int rnds);
输入：检验隐含参数 p
nsp(做除法检验的素数的个数；默认为 302)
rnds(通过检验的个数；默认为 0，用于通过函数 prime_l()自动优化)
返回：1，如果 p“可能为”素数
0，否则
例子：if(p.isprime())//...

功能：计算 LINT 对象的偶数部分
语法：const int
LINT::twofact(LINT& b);
输入：隐含参数 a
输出：b(a 的奇数部分)
返回：a 的偶数部分的指数
例子：e=a.twofact(b);

15.3 LINT 对象的 I/O 流

C++ 标准库所包含的类，如 istream 和 ostream，都是由基类 ios 所导出的输入/输出设备的抽象。iostream 类则是由 istream 和 ostream 导出的，它能够对对象进行读和

写操作[⊖]，借助插入运算符“<< ”和提取运算符“>> ”完成输入和输出(参见[Teal]，第 8 章)。这些都来源于对移位运算的重载，例如在如下形式中

```
ostream& ostream::operator<< (int i);
istream& istream::operator>> (int& i);
```

分别通过表达式

```
cout << i;
cin >> i;
```

实现整数值的输出和输入。

作为类 ostream 和 istream 的特殊对象，cout 和 cin 代表了与标准 C 库中对象 stdout 和 stdin 一样的抽象文件。

使用流运算符“<< ”和“>> ”进行输入/输出，无需考虑正使用的硬件的特殊性质。就其本身而言，这不是什么新东西，因为 C 函数 printf()也如此：printf()的指令与平台无关，而结果一致。然而，除了改变语法以便形象地在流中插入对象以外，流的 C++ 实现的优势在于严格的类型检查，对于 printf()这可能是受到限制的，同样也包括可扩展性。特别地，通过重载插入和提取来利用后一个特性，可以支持 LINT 对象的输入和输出。为此，类 LINT 定义了如下的 stream 运算符：

```
friend ostream& operator<< (ostream& s, const LINT& ln);
friend fstream& operator<< (fstream& s, const LINT& ln);
friend ofstream& operator<< (ofstream& s, const LINT& ln);
friend fstream& operator>> (fstream& s, LINT& ln);
friend ifstream& operator>> (ifstream& s, LINT& ln);
```

重载插入运算符以便输出 LINT 对象，简单形式如下所示：

```
#include <iostream.h>

ostream& operator<< (ostream& s, const LINT& ln)
{
  if (ln.status == E_LINT_INV)
    LINT::panic (E_LINT_VAL, "ostream operator <<", 0, __LINE__);

  s << xclint2str (ln.n_l, 16, 0) << endl;
  s << ld (ln) << " bit" << endl;
  return s;
}
```

运算符“<< ”把 LINT 对象的数字输出定义为十六进制，并在另一行添加该数的二进制长度。在下一节，将考虑借助格式化函数来改善 LINT 对象输出形式的可能方式，并使用操纵器来自定义输出。

15.3.1　LINT 对象的格式化输出

这一节将利用 C++ 标准库的基类 ios 以及它的成员函数来自定义 LINT 对象的格式化输出函数。而且，将创建操纵器使 LINT 对象的输出形式可定制，正如 C++ 定义的标准类一样简单。

LINT 对象格式化输出的关键是由插入运算符处理的格式化标准的可能情况。为此，将考虑提供给类 ios 的机制(详情请参见[Teal]第 6 章，以及[Pla2]第 6 章)，其成员函数

⊖ 我们使用名字 iostream 作为 C++ 标准库中相应术语的同义词，迄今为止 C++ 标准库中已知的类名均带有前缀 basic_。这样做的理由源于标准库本身，至今均使用 typedefs 来提供已知的类名(参考[KSch]，第 12 章)。

xalloc()在由 ios 所导出的类的对象中，分配一个 long 类型的状态变量，并返回一个指向该状态变量的 long 类型索引。这个索引存储在 long 类型变量 flagsindex 中。通过这个索引，成员函数 ios::iword()可用于对已分配的状态变量进行读和写操作（参见[Pla2]，第 125 页）。

为了确保这发生在 LINT 对象输出之前，我们在 flintpp.h 文件中定义了类 LintInit：

```
class LintInit
  {
    public:
      LintInit (void);
  };

  LintInit::LintInit (void)
  {
    // get index to long status variable in class ios
    LINT::flagsindex = ios::xalloc();
    // set the default status in cout and in cerr
    cout.iword (LINT::flagsindex) =
    cerr.iword (LINT::flagsindex) =
      LINT::lintshowlength|LINT::linthex|LINT::lintshowbase;
  }
```

类 LintInit 只有唯一一个元素，即构造函数 LintInit::LintInit()。此外，在类 LINT 中定义了一个 LintInit 类型的成员数据 setup，它由构造函数 LintInit::LintInit()初始化。在初始化时会调用 xalloc()，由此分配的状态变量给出了已建立的 LINT 对象的标准输出格式。下面说明 LINT 类声明的一部分，包括友元函数 LintInit()的声明，变量 flagsindex、setup 以及各个 enum 类型状态值的声明。

```
class LINT
  {
    public:
      // ...
      enum {
        lintdec = 0x10,
        lintoct = 0x20,
        linthex = 0x40,
        lintshowbase = 0x80,
        lintuppercase = 0x100,
        lintbin = 0x200,
        lintshowlength = 0x400
      };
      // ...
      friend LintInit::LintInit (void);
    // ...
  private:
    // ...
    static long flagsindex;
    static LintInit setup;
    // ...
};
```

将变量 setup 设为 static 类型有这样的作用：对于所有的 LINT 对象，这个变量仅仅出现一次，因此相关联的构造函数 LintInit()也只被调用一次。

现在让我们歇一歇，思考一下所有这些努力会带给我们什么。通过状态变量可以很好地设置输出格式，而该变量作为 LINT 的成员将更容易处理。我们选用方案的决定性优势在于，对于每一个输出流可以分别并相互独立地设置输出格式(参见[Pla2]，第 125 页)，但这无法通过一个内部 LINT 状态变量来完成。不过，借用类 ios 的机制可以实现此目的。

既然已考虑了一些初步措施，现在就将状态函数定义为 LINT 的成员函数，如表 15-1 所示。

表 15-1　LINT 状态函数及其作用

状态函数	说明
static long LINT::flags (void);	读与 cout 相关的状态变量
static long LINT::flags (ostream&);	读与任意输出流相关的状态变量
static long LINT::setf (long);	设置与 cout 相关的状态变量的单个位，并返回前值
static long LINT::setf (ostream&,long);	设置与任意输出流相关的状态变量的单个位，并返回前值
static long LINT::unsetf (long);	存储与 cout 相关的状态变量的单个位，并返回前值
static long LINT::unsetf (ostream&,long);	存储与任意输出流相关的状态变量的单个位，并返回前值
static long LINT::restoref (long);	使用某一值来设置与 cout 相关的状态变量，并返回前值
static long LINT::restoref (ostream&,long);	使用某一值来设置与以任意输出流相关的状态变量，并返回先前值

函数 LINT::setf()作为状态函数的实现实例，它返回与输出流相关的 long 型状态变量的当前值。

```
long LINT::setf (ostream& s, long flag)
  {
  long t = s.iword (flagsindex);
  // the flags for the basis of the numerical representation
  // are mutually exclusive
  if (flag & LINT::lintdec)
    {
    s.iword (flagsindex) = (t & ~LINT::linthex & ~LINT::lintoct
              & ~LINT::lintbin) | LINT::lintdec;
    flag ^= LINT::lintdec;
    }
  if (flag & LINT::linthex)
    {
    s.iword (flagsindex) = (t & ~LINT::lintdec & ~LINT::lintoct
              & ~LINT::lintbin) | LINT::linthex;
    flag ^= LINT::linthex;
    }
  if (flag & LINT::lintoct)
    {
  s.iword (flagsindex) = (t & ~LINT::lintdec & ~LINT::linthex
            & ~LINT::lintbin) | LINT::lintoct;
  flag ^= LINT::lintoct;
  }
if (flag & LINT::lintbin)
  {
  s.iword (flagsindex) = (t & ~LINT::lintdec & ~LINT::lintoct
```

```
            & ~LINT::linthex) | LINT::lintbin;
    flag ^= LINT::lintbin;
    }
  // all remaining flags are mutually compatible
  s.iword (flagsindex) |= flag;
  return t;
  }
```

借助这些以及表 15-1 中的其他函数，可以确定如下的输出格式。首先，标准输出格式将一个 LINT 对象的值表示为一个字符串形式的十六进制数，这里的输出按照 LINT 对象的位数要求占据了屏幕的很多行。LINT 对象的位数则显示在另一行的左边。下面几种其他的 LINT 对象输出模式也已经实现了。

1. 数字表示的基

LINT 对象的数字表示的标准基为 16，长度表示是 10。对于标准输出流 cout，可调用函数

```
LINT::setf (LINT::base);
```

对任意的输出流，可调用函数

```
LINT::setf (ostream, LINT::base);
```

来对 LINT 对象设置一个特定的基。这里，基可假设为如下的任一个值：

```
linthex、lintdec、lintoct、lintbin
```

这些值代表相应的输出格式。例如，调用 LINT::setf(lintdec)将输出格式设置为十进制数字。长度表示的基可通过函数

```
ios::setf (ios::iosbase);
```

设置，其中 iosbase= hex、dec、oct。

2. 数值表示的前缀的显示

默认情况下，一个 LINT 对象应带前缀显示，以表示数值形式。调用

```
LINT::unsetf(LINT::lintshowbase);
LINT::unsetf (ostream, LINT::lintshowbase);
```

可改变这种默认设置。

3. 采用大写字母的十六进制数字表示

默认情况下，采用十六进制数字显示，以及小写字母 a b c d e f 表示的十六进制形式中的前缀 ox 来显示。然而，调用

```
LINT::setf (LINT::lintuppercase);
LINT::setf (ostream, LINT::lintuppercase);
```

可改变这一默认设置，因此显示前缀 0X 和大写字母 A B C D E F。

4. LINT 对象的长度显示

默认表示 LINT 对象的二进制长度。通过

```
LINT::unsetf (LINT::lintshowlength);
LINT::unsetf (ostream, LINT::lintshowlength);
```

可改变这一默认设置，使不显示长度。

5. 恢复数值表示的状态变量

用于 LINT 对象格式化的状态变量可通过两个函数

```
LINT::unsetf (ostream, LINT::flags(ostream));
LINT::setf (ostream, oldflags);
```

恢复为先前值 oldflags。在重载函数 restoref()中也包含这两个函数

```
LINT::restoref (flag);
LINT::restoref (ostream, flag);
```

其中，标记(flag)可以结合起来，例如下面的调用：

```
LINT::setf (LINT::bin | LINT::showbase);
```

但是，这只在标记不互斥时才被允许。

最终按照要求生成 LINT 对象表示形式的输出函数，是上边粗略描述的运算符 ostream& operator << (ostream& s,LINT ln)的扩展，它对输出流的状态变量进行评估，并产生适当的输出。为此，运算符采用了包含在 flintpp.cpp 中的辅助函数 lint2str()，它轮流调用函数 xclint2str_l()以便将 LINT 对象的数值表示成字符串形式。

```
ostream& operator << (ostream& s, const LINT& ln)
  {
    USHORT base = 16;
    long flags = LINT::flags (s);
    char* formatted_lint;
    if (ln.status == E_LINT_INV)
      LINT::panic (E_LINT_VAL, "ostream operator<<", 0, __LINE__);
    if (flags & LINT::linthex)
      {
        base = 16;
      }
    else
  {
    if (flags & LINT::lintdec)
      {
        base = 10;
      }
    else
      {
        if (flags & LINT::lintoct)
          {
            base = 8;
          }
        else
          {
            if (flags & LINT::lintbin)
              {
                 base = 2;
              }
          }
      }
  }
if (flags & LINT::lintshowbase)
  {
    formatted_lint = lint2str (ln, base, 1);
  }
else
  {
```

```
      formatted_lint = lint2str (ln, base, 0);
    }
  if (flags & LINT::lintuppercase)
    {
      strupr_l (formatted_lint);
    }
  s << formatted_lint << flush;
  if (flags & LINT::lintshowlength)
    {
      long _flags = s.flags (); // get current status
      s.setf (ios::dec);// set flag for decimal display
      s << endl << ld (ln) << " bit" << endl;
      s.setf (_flags); // restore previous status
    }
    return s;
}
```

15.3.2 操纵器

在前面机制的基础上，本节我们想要获得更方便控制 LINT 对象输出格式的方法。为此，可采用操纵器，它直接放在输出流中，可产生与调用以上状态函数一样的效果。操纵器是函数的地址，通过特殊的插入运算符能将函数的指针作为参数传递给操纵器指向的函数。下列函数可作为示例：

```
ostream& LintHex (ostream& s)
{
  LINT::setf (s, LINT::linthex);
  return s;
}
```

函数在特定输出流 ostream& s 的环境下调用状态函数 setf(s,LINT::linthex)，因此 LINT 对象的结果为十六进制数。没有括号的函数名 LintHex 被视为函数指针（参见[LIPP]，第 202 页），借助插入运算符可被设置为输出流中的操作数：

```
ostream& ostream::operator<< (ostream& (*pf)(ostream&))
{
  return (*pf)(*this);
}
```

定义在类 ostream 中：

```
LINT a ("0x123456789abcdef0");
cout << LintHex << a;

ostream s;
s << LintDec << a;
```

LINT 操纵器函数按照与 C++ 库中标准操纵器同样的模式工作，例如 dec、hex、oct、flush 和 endl：插入运算符<< 仅仅在适当的地方调用操纵器函数 LintHex()或者 LintDec()。操纵器确保分别属于输出流 cout 和 s 的状态标志被设置。用于 LINT 对象输出的重载运算符<< 按照要求格式来表示 LINT 对象。

LINT 对象的输出格式设置可借助表 15-2 所列出的操纵器来实现。

表 15-2　LINT 操纵器及其意义

操纵器	作用：LINT 值的输出形式
LintBin	作为二进制数
LintDec	作为十进制数
LintHex	作为十六进制数
LintOct	作为八进制数
LintLwr	带小写字母 a、b、c、d、e 的十六进制表示
LintUpr	带大写字母 A、B、C、D、E 的十六进制表示
LintShowbase	带前缀的数值表示（0x 或 0X 用于十六进制，0b 用于二进制）
LintNobase	不带前缀的数值表示
LintShowlength	表明数字位数
LintNolength	不表明数字位数

除了表 15-2 提到的操纵器以外，不需要参数的操纵器

```
LINT_omanip<int> SetLintFlags (int flags)
```

和

```
LINT_omanip<int> ResetLintFlags (int flags)
```

也可以使用，它们可代替状态函数 LINT::setf() 和 LINT::unsetf()：

```
cout << SetLintFlags (LINT::flag) << ...; // turn on
cout << ResetLintFlags (LINT::flag) << ...; // turn off
```

对于这些操纵器的实现，读者可以参照与模板类 omanip< T> 的解释相关的源(flintpp.h 和 flintpp.cpp)，见[Pla2]，第 10 章。LINT 标志如表 15-3 所示。

表 15-3　用于输出格式化的 LINT 标志及作用

标志	值
lintdec	0x010
lintoct	0x020
linthex	0x040
lintshowbase	0x80
lintuppercase	0x100
lintbin	0x200
lintshowlength	0x400

通过下面的例子，我们可以阐明格式化函数和操纵器的使用方法。

```
#include "flintpp.h"
#include <iostream.h>
#include <iomanip.h>

main()
{
  LINT n ("0x0123456789abcdef"); // LINT number with base 16
  long deflags = LINT::flags(); // store flags

  cout << "Default representation: " << n << endl;

  LINT::setf (LINT::linthex | LINT::lintuppercase);
  cout << "hex representation with uppercase letters: " << n << endl;
  cout << LintLwr << "hex representation with lowercase letters: " << n << endl;
  cout << LintDec << "decimal representation: " << n << endl;
  cout << LintBin << "binary representation: " << n << endl;
  cout << LintNobase << LintHex;
```

```
  cout << "representation without prefix: " << n << endl;
  cerr << "Default representation Stream cerr: " << n << endl;

  LINT::restoref (deflags);
  cout << "default representation: " << n << endl;

  return;
}
```

15.3.3 LINT 对象的文件 I/O

用于 LINT 对象写入和读出文件的函数在实际应用中是必不可少的。C++ 标准库中的输入/输出类包含这样的成员函数，可以将对象设置为用于文件操作的输入或输出流，这样我们可以幸运地使用上面用到的相同的语法。输出到文件所需的运算符与上一节的类似，但是，这里我们可以不考虑格式化。

定义两个运算符

```
friend ofstream& operator<< (ofstream& s, const LINT& ln);

friend fstream& operator<< (fstream& s, const LINT& ln);
```

用于类 ofstream 的输出流和类 fstream 的流，类 fstream 的流支持两个方向，即输入和输出。因为类 ofstream 由类 ostream 导出，所以可以使用它的成员函数 ostream::write()来将无格式数据写入文件。由于只存储实际用到的 LINT 对象的数字，所以可以考虑利用数据媒介的存储空间。这里 LINT 对象的 USHORT 数字实际上被写为 UCHAR 值的序列。为了保证其顺序的正确性且不受特殊平台数值表示方案的影响，我们定义了一个辅助函数，它将 USHORT 值写成两个 UCHAR 类型的序列。这个函数对与平台相关的内存中数字(基 256)的顺序保持中立，因此在某类计算机上所写的数据，能够在另一类可能规定不同数字顺序或者按照不同方式解释的计算机上正常读取。与此相关联的例子是各种处理器中的小字节序(little-endian)和大字节序(big-endian)结构，前一种结构，数位递增，内存地址递增；后一种结构，数位递减，内存地址递减⊖。

```
template <class T>
  int write_ind_ushort (T& s, clint src)
  {
    UCHAR buff[sizeof(clint)];
    unsigned i, j;

    for (i = 0, j = 0; i < sizeof(clint); i++, j = i << 3)
      {
        buff[i] = (UCHAR)((src & (0xff << j)) >> j);
      }
    s.write (buff, sizeof(clint));
  if (!s)
    {
      return -1;
    }
  else
    {
      return 0;
    }
}
```

⊖ 将带地址 i、$i+1$ 的字节 B_i、B_{i+1} 若译成小字节序形式，为 USHORT 值 $w=2^8B_{i+1}+B_i$；若译成大字节序形式，为 USHORT 值 $w=2^8B_i+B_{i+1}$。类似情况也适用于 ULONG 值的翻译。

在有错误的情况下函数 write_ind_ushort()返回值−1，在运行成功的情况下返回 0。它被实现为一个模板，因此既可以用于 ofstream 对象，又可用于 fstream 对象。函数 read_ind_ushort()创建为它的对偶函数：

```
template <class T>
int read_ind_ushort (T& s, clint *dest)
{
  UCHAR buff[sizeof(clint)];
  unsigned i;     s.read (buff, sizeof(clint));
  if (!s)
    {
      return -1;
    }
  else
    {
      *dest = 0;
      for (i = 0; i < sizeof(clint); i++)
        {
          *dest |= ((clint)buff[i]) << (i << 3);
        }
      return 0;
    }
}
```

输出运算符现在采用这种中立的格式将 LINT 对象写入文件，为了弄清楚这种情况，我们来描述类 stream 的运算符实现。

```
ofstream& operator<< (ofstream& s, const LINT& ln)
  {
    if (ln.status == E_LINT_INV)
      LINT::panic (E_LINT_VAL, "ofstream operator<<", 0, __LINE__);
  for (int i = 0; i <= DIGITS_L (ln.n_l); i++)
    {
      if (write_ind_ushort (s, ln.n_l[i]))
        {
          LINT::panic (E_LINT_EOF, "ofstream operator<<", 0, __LINE__);
        }
    }
  return s;
}
```

在 LINT 对象写入文件之前，必须打开该文件，为此可使用构造函数：

```
ofstream::ofstream (const char *, openmode)
```

或者成员函数

```
ofstream::open (const char *, openmode)
```

这两种情况都必须设置 ios 标志 ios::binary，如下例所示：

```
LINT r ("0x0123456789abcdef");
// ...
ofstream fout ("test.io", ios::out | ios::binary);
fout << r << r*r;
// ...
fout.close();
```

从文件中导入 LINT 对象，以一种与导出 LINT 对象到文件互补的方式进行，借助类似的运算符：

```
friend ifstream& operator >> (ifstream& s, LINT& ln);
friend fstream& operator >> (fstream& s, LINT& ln);
```

这两个运算符首先读取一个单一的值，它指出存储的 LINT 对象的位数。然后读入对应的数字。按照上面的描述在函数 read_ind_ushort()的作用下读取 USHORT 值：

```
ifstream& operator>> (ifstream& s, LINT& ln)
{
  if (read_ind_ushort (s, ln.n_l))
    {
      LINT::panic (E_LINT_EOF, "ifstream operator>>", 0, __LINE__);
    }
  if (DIGITS_L (ln.n_l) < CLINTMAXSHORT)
    {
      for (int i = 1; i <= DIGITS_L (ln.n_l); i++)
        {
          if (read_ind_ushort (s, &ln.n_l[i]))
            {
              LINT::panic (E_LINT_EOF, "ifstream operator>>", 0, __LINE__);
            }
        }
    }


  // No paranoia! Check the imported value!
  if (vcheck_l (ln.n_l) == 0)
    {
      ln.status = E_LINT_OK;
    }
  else
    {
      ln.status = E_LINT_INV;
    }
return s;
}
```

为打开将要读取 LINT 对象的文件，有必要设置 ios 标志 ios::binary：

```
LINT r, s;
// ...
ifstream fin;
fin.open ("test.io", ios::in | ios::binary);
fin >> r >> s;
// ...
fin.close();
```

在 LINT 对象的输入中，插入运算符>> 检查所读的值是否是一个有效的 LINT 对象数值表示。如果不是，成员数据 status 将被设置为 E_LINT_INV，且指定的目标对象标记为“未初始化”。在下一次对该对象操作的时候 LINT 错误处理器将启动，这将在下一章中详细研究。

错误处理

痛恨错误，是忧郁的征兆！

——*Shakespeare*，《*Julius Caesar*》

16.1 杜绝慌乱

上一章中的C++ 函数包含这样的机制：分析在执行函数调用时是否有错误或者其他情况发生，以至于需要做出特殊反应或警告。这些函数检测传递的参数是否已初始化，并评估被调用的C函数的返回值。

```
LINT f (LINT arg1, LINT arg2)
{
  LINT result;
  int err;
  if (arg1.status == E_LINT_INV)
    LINT::panic (E_LINT_VAL, "f", 1, __LINE__);
  if (arg2.status == E_LINT_INV)
    LINT::panic (E_LINT_VAL, "f", 2, __LINE__);
  // Call C function to execute operation; error code is stored in err
  err = f_l (arg1.n_l, arg2.n_l, result.n_l);
  switch (err)
    {
      case 0:
        result.status = E_LINT_OK;
        break;
      case E_CLINT_OFL:
        result.status = E_LINT_OFL;
        break;
      case E_CLINT_UFL:
        result.status = E_LINT_UFL;
        break;
      default:
        LINT::panic (E_LINT_ERR, "f", err, __LINE__);
    }
  return result;
}
```

如果变量 status 包含值 E_LINT_OK，那么这就是最好的情形。差一点的情况是，在C函数中出现上溢或者下溢，变量 status 被设置为相应的值 E_LINT_OFL 或者 E_LINT_UFL。因为C函数已经能够使用模 $N_{max}+1$ 的约简(参见第3章)应对上溢与下溢，所以这些情况下函数正常终止。通过成员函数

```
LINT_ERRORS LINT::Get_Warning_Status (void);
```

可询问变量 status 的值。

此外，我们已经看到，当情况太棘手时，LINT 函数总是调用名为 panic()的函数。这个成员函数的作用是：第一，输出错误信息，以帮助程序的使用者知晓错误的发生；第二，确保程序终止受到控制。LINT 错误信息使用流 cerr 输出，它包括已发生错误的属性信息、检测到错误的函数信息、引发错误的参数信息。为了使 panic()能够输出所有这些信息，必须给它提供来自调用函数的信息，如下面的例子：

```
LINT::panic (E_LINT_DBZ, "%", 2, __LINE__);
```

这里声明一下，在 ANSI 宏__LINE__指定的行上，运算符“%”中出现除数为 0 的情况是由运算符的参数 2 引起的。参数声明如下：0 总是表示成员函数的隐含参数，其他的参数从左至右由 1 开始计数。LINT 错误程序 panic()输出的错误信息类型如下所示：

例子 1：使用未初始化的 LINT 对象作为参数。

```
由类 LINT 发现的关键性运行时错误：
变量 0 在运算符*=中没有初始化，行 1997
非正常终止
```

例子 2：值为 0 的 LINT 对象作为除数。

```
由类 LINT 发现的关键性运行时错误：
除数为 0 的除法，运算符/函数，行 2000
非正常终止
```

LINT 类的函数和运算符能识别如表 16-1 所示的情况。

表 16-1　LINT 函数的错误代码

编码	值	说明
E_LINT_OK	0x0000	一切正常
E_LINT_EOF	0x0010	在流运算符<< 或>> 中的文件 I/O 错误
E_LINT_DBZ	0x0020	除数为 0 的除法
E_LINT_NHP	0x0040	堆错误：new 返回 NULL 指针
E_LINT_OFL	0x0080	在函数或运算符中上溢
E_LINT_UFL	0x0100	在函数或运算符中下溢
E_LINT_VAL	0x0200	函数的参数未初始化或者为非法值
E_LINT_BOR	0x0400	错误的基作为参数传递给构造函数
E_LINT_MOD	0x0800	在 mexpkm()中的偶数模数
E_LINT_NPT	0x1000	NULL 指针作为参数传递
E_LINT_RIN	0x2000	调用一个未初始化的伪随机数产生器

16.2　用户定义的错误处理

作为规则，有必要使错误处理适应于特殊的需求。LINT 类对此提供支持：LINT 错误处理函数 panic()可以被用户定义的函数取代。此外，需要调用下面的函数，该函数接受一个函数指针作为参数：

```
void
LINT::Set_LINT_Error_Handler (void (*Error_Handler)
      (LINT_ERRORS, const char*, int, int, const, char*))
{
  LINT_User_Error_Handler = Error_Handler;
}
```

变量 LINT_User_Error_Handler 在 flintpp.cpp 中定义和初始化如下

```
static void (*LINT_User_Error_Handler)
(LINT_ERRORS, const char*, int, int, const char*) = NULL;
```

如果指针的值不是 NULL，那么可调用指定的函数来代替 panic()，它所包含的信息与使用 panic()所得到的相同。实现用户定义的错误处理程序，具有很大的自由度。但是必须意识到类 LINT 所报告的错误通常表示程序错误，而这在程序运行期间是不能纠正的。而返回到错误发生的程序段没有什么意义，一般在这种情况下终止程序是唯一合理的措施。

通过调用如下的程序返回到 LINT 错误例程 panic()：

```
LINT::Set_LINT_Error_Handler(NULL);
```

下面的例子说明如何整合用户定义的错误处理函数：

```
#include "flintpp.h"

void my_error_handler (LINT_ERRORS err, const char* func,
                       int arg, int line, const char* file)
{
  //... Code
}

main()
{
  // activation of the user-defined error handler:
  LINT::Set_LINT_Error_Handler (my_error_handler);

  // ... Code

  // reactivate the LINT error handler:
  LINT::Set_LINT_Error_Handler (NULL);

  // ... Code
}
```

16.3 LINT 异常

C++ 的异常机制是一种工具，比 C 提供的错误处理方法更易于优化，因而更高效。前面描述的错误处理程序 LINT::panic()局限于错误信息的输出和程序的受控终止。一般地，我们对除数为 0 的除法函数的兴趣小于调用除法的函数出现此类错误的兴趣，LINT::panic()不包含的信息不能确定因此不可能传送。特别地，不可能用 LINT::panic()返回到出错函数，以便消除那里的错误或者用特定的方式对函数做出反应。另一方面，C++ 的异常机制提供了这样的可能性，并且这里我们将创造条件使这种机制可用于 LINT 类。

C++ 中的异常主要基于 3 种类型的构造：try 块、catch 块、throw 指令，通过它们，函数可以释放错误发生的信号。首先，catch 块包含一个针对 try 块的本地错误处理程序：发生在 try 块且通过 throw 报告的错误将被紧跟 try 块之后的 catch 块捕捉。作为伴随表达式参数的 throw 指令的值表明了错误类型。

try 块与 catch 块之间的联系可以如下概述：

```
try
  {
    ... // If an error is signaled within an operation with
    ... // throw, then it can be
    ... // caught by the following catch block.
  }
```

```
...
catch (argument)
  {
   ... // here follows the error handling routine.
  }
```

如果错误不是直接出现在 try 块里，而是发生在其中调用的函数里，则被调用的函数被终止，并将控制权返回到调用函数，直至通过逆序调用链到达 try 块里的函数。控制权接着传递给适当的 catch 块。如果没有发现 try 块，则调用由编码器附加的通用错误程序，它通常在非特定的输出之后终止程序。

很容易知道 LINT 类中的错误是什么，调用带错误码的 throw 即可。通过 LINT 函数和运算符可将错误码提供给 panic()程序。然而，下面的解决方案提供了更多的便利：定义一个抽象基类

```
class LINT_Error
{
  public:
    char* function, *module;
    int argno, lineno;
    virtual void debug_print (void) const = 0; // pure virtual
    virtual ~LINT_Error() {function = 0; module = 0;};
};
```

以及建立在基类之上的如下类型的类

```
// division by zero
class LINT_DivByZero : public LINT_Error
{
  public:
    LINT_DivByZero (const char* func, int line, const char* file);
    void debug_print (void) const;
};
LINT_DivByZero::LINT_DivByZero (const char* func, int line, const char* file)
{
  module = file;
  function = func;
  lineno = line;
  argno = 0;
}
void LINT_DivByZero::debug_print (void) const
{
  cerr << "LINT-Exception:" << endl;
  cerr << "division by zero in function "
        << function << endl;
  cerr << "module: " << module << ", line: "
        << lineno << endl;
}
```

对每一类错误，都存在这样一个类，如同这里所示的例子一样使用

```
throw LINT_DivByZero(function, line);
```

来报告这一特定错误。除了别的以外，基类 LINT_Error 的下列子类可以定义为：

```
class LINT_Base : public LINT_Error // invalid basis
{ ... };
```

```
class LINT_DivByZero : public LINT_Error // division by zero
{ ... };
class LINT_EMod : public LINT_Error // even modulus for mexpkm
{ ... };
class LINT_File : public LINT_Error // error with file I/O
{ ... };
class LINT_Heap : public LINT_Error // heap error with new
{ ... };
class LINT_Init : public LINT_Error // function argument illegal or uninitialized
{ ... };
class LINT_Nullptr : public LINT_Error // null pointer passed as argument
{ ... };
class LINT_OFL : public LINT_Error // overflow in function
{ ... };
class LINT_UFL : public LINT_Error // underflow in function
{ ... };
```

现在，一方面，我们通过将 catch 块插入在 try 块之后可捕捉 LINT 错误，而不区分发生了什么错误；另一方面，我们能针对个别错误实现有目标的搜索，即在 catch 指令中指定适当的错误类作为参数。

```
catch (LINT_Error const &err) // notice: LINT_Error is abstract
  {
    // ...
    err.debug_print();
    // ...
  }
```

应该注意，抽象基类 LINT_Error 无法实例化为一个对象，因此参数 err 仅能作为指针传递，而不能按值传递。尽管所有的 LINT 函数已装备了用于错误处理的 panic()指令，但异常处理机制的应用并不意味着必须改变所有的函数。而是将适当的 throw 指令融入 panic()程序，即 panic()依赖所报告的错误而调用。随后控制权转移到 catch 块上，该 catch 块属于调用函数的 try 块。函数 panic()的如下代码段阐明了程序运作过程：

```
void LINT::panic (LINT_ERRORS error, const char* func,
                  int arg, int line, const char* file)
{
  if (LINT_User_Error_Handler)
    {
      LINT_User_Error_Handler (error, func, arg, line, file);
    }
else
  {
    cerr << "critical run-time error detected by the
                  class LINT:\n";
    switch (error)
      {
        case E_LINT_DBZ:
          cerr << "division by zero, function " << func;
          cerr << ", line " << line << ", module " << file << endl;
```

```
#ifdef LINT_EX
            throw LINT_DivByZero (func, line, file);
#endif
            break;
            // ...
        }
    }
}
```

用户定义的错误处理程序能够完全控制导致出错的行为，而不需要 LINT 实现的介入。而且，异常处理功能可以完全关闭，这在 C++ 编译器不支持这种机制的情况下是十分必要的。现在的函数 panic()总是通过定义宏 LINT_EX 来显式打开异常处理功能，就像借助编译器选项- DLINT_EX 一样。一些编译器需要指定额外的选项来激活异常处理功能。

最后，我们给出 LINT 异常处理的一个小范例：

```
#include "flintpp.h"
main(void)
{
  LINT a = 1, b = 0;
  try
    {
      b = a / b;// error: division by 0
    }
  catch (LINT_DivByZero error) // error handling for division by 0
    {
      error.debug_print ();
      cerr << "division by zero in the module" << __FILE__
          << ", line " << __LINE__;
    }
}
```

使用 GNU gcc 编译，可调用

```
gcc -fhandle-exceptions -DLINT_EX divex.cpp flintpp.cpp flint.c -lstdc++
```

程序除了产生函数 panic()的错误信息之外，还产生如下输出：

```
LINT-Exception:
division by zero in operator/function /
module: flintpp.cpp, line: 402
division by zero in module divex.cpp, line 17
```

这与不带异常的标准错误处理显著不同的是，通过 catch 程序可发现到底是什么地方产生了错误，即在模块 divex.cpp 的第 17 行，甚至在模块 flintpp.cpp 完全不同的地方。对于大程序的调试，这是一种相当有用的信息源。

一个应用实例：RSA 密码体制

下一个问题是容易想到的，“这能用普通的加密技术来做吗？我们能产生一个安全的加密信息，该信息不需要预先交换密钥就能被授权的接收方解读吗？”……1970 年我发表了这个存在性定理。

——*J. H. Ellis,《The Story of Non-Secret Encryption》*

已经快接近整本书的尾声了，经过对之前每章知识的努力学习，对每个现实例子的认真分析，我们应该具备了一定的能力来证明密码学应用理论与我们编程函数之间的联系。我们可以简单地了解一下非对称密码的原理，然后将注意力集中在一个经典的非对称密码体制 RSA 算法上，这个算法由其发现者 Ronald Rivest、Adi Shamir 和 Leonard Adleman 在 1978 年发表(参见[Rive]、[Elli])，现在已经被广泛应用[㊀]。RSA 算法在美国被授予专利，但该专利在 2000 年 9 月 20 日到期。对 RSA 算法的自由使用需要遵循 RSA 安全公司的声明，该公司拥有“RSA”的商标权，这引起了与标准 P1363 [IEEE]相关工作的激烈争论，还引起了一些很奇怪的结果，比如，将 RSA 算法改名为“双素数密码”的建议。同时也出现了一些影响稍小的更名建议，比如 FRA(以前的 RSA 算法)、RAL(Ron, Adi, Leonard)和 QRZ(RSA-1)。对于其专利到期，RSA 安全公司表达了它的意愿：

> 很明显，术语“RSA 算法”、“RSA 公钥算法”、“RSA 密码体制”和“RSA 公钥密码体制”已经在标准和学术方面深入人心。RSA 安全公司不会阻止实现 RSA 算法的个人或组织使用这些术语(“RSA 安全公司——专利背后”，2000 年 9 月)[㊁]。

17.1 非对称密码体制

非对称密码体制的基本思想由 Whitfield Diffie 和 Martin Hellman 于 1976 年发表在开创性文章“New Directions in Cryptography”中(见[Diff])。非对称密码体制与对称密码体制相反，不是使用一个密钥同时用于加密和解密消息，而是使用一对密钥，其中使用公钥 E 加密消息，使用一个不同的私钥 D 解密消息。如果密钥对相继用于一个消息 M，则必须遵循下列等式：

$$D(E(M)) = M \tag{17-1}$$

可以把这一过程想象成一把锁，用一把钥匙上锁，用另一把钥匙解锁。

为了保证这一过程的安全性，私钥 D 必须不能由公钥 E 导出，或者这样的导出在时间或者费用的限制下是不可行的。

与对称系统不同，非对称系统使得密钥分配得到一定简化，因为只需要将参与者 A 的公钥发送给通信方 B，后者利用 A 的公钥加密一个信息，得到的密文只有私钥拥有者 A 才能解密。这一原则对通信公开性具有决定性的贡献：对于想进行保密通信的通信双方，他们只需要具有一个非对称加密方法，并且具有可以交换公钥的能力。其中，私钥是不用

㊀ 根据 http://www.rsasecurity.com 所述，截至 1999 年，已经有超过 3 亿个包含 RSA 功能的产品被出售。

㊁ http://www.rsasecurity.com/solutions/developers/total-solution/faq.html

传输的。然而，应该注意，即使对于非对称密码体制，我们也不能避免某种形式的密钥管理。作为安全通信的一方，必须保证通信另一方的公钥是*真实的*，这样攻击者无法在通信双方之间分发自己的公钥来伪装成可信的通信方，因此无法达到窃听秘密信息的邪恶目的。有一些复杂的方法可以保证公钥的真实性，实际上，政府也已经出台了相关法律来保证，我们将在之后讨论更多的细节。

非对称密码体制理论衍生出一些更为深远的产物：它是*数字签名*产生的基本理论，数字签名将非对称传统加密算法颠倒过来，用私钥“加密”消息，产生数字签名，然后将消息与签名组合在一起进行传输。这样一来，任何知道相应公钥的人都可以“解密”被“加密”的消息，并将结果与原始消息进行比较。只有私钥的拥有者用此方法发出的消息才能被对比无误。我们必须注意，在数字签名中，术语“加密”和“解密”的表述并不是很准确，所以我们用数字签名的“生成”和“验证”来替代。

非对称密码体系可以生成数字签名的条件是 $D(M)$ 和 M 的联系可以被可靠地验证。这种验证在加密算法和解密算法可交换的情况下是可能存在的，即如果两个算法相继执行，不管其执行顺序如何，其结果都是原来相同的结果：

$$D(E(M)) = E(D(M)) = M \tag{17-2}$$

通过将公钥 E 应用于 $D(M)$，可以验证 $D(M)$ 是不是应用于消息 M 的有效数字签名。

从两个方面可以看到数字签名原理的重要性：

- 欧洲及美国的数字与电子签名法为未来在合法交易中使用数字签名奠定了法律基础。
- 因特网电子商务应用的持续性增长，产生了对识别和认证电子商务参与者的数字签名、认证数字信息的数字签名，以及保证金融交易安全的数字签名的巨大需求。

有趣的是，术语“电子签名”和“数字签名”引起我们关注签名法律中的两个不同的技术：对于电子签名，有很多认证方法，如电子字符、字母、符号，图像，都可以用于一方来认证一个文档。另一方面，对于数字签名，可以把它当作一个基于信息技术过程的电子签名过程，这个信息技术过程可以验证传输文本的完整性和真实性。困惑的原因主要是两个术语经常被交替使用，导致对于两种不同技术手段的混淆(例如，见[Mied])。

总体上，电子签名的法律对使用什么算法实现数字签名是没有限制的，大多数正在被讨论或已经实现的用于鉴别、认证及授权的因特网电子商务协议是基于 RSA 算法的，这意味着 RSA 算法将继续控制这一领域。因此，通过 RSA 算法产生数字签名是 FLINT/C 函数应用的一个极具现实意义的实例。

下面是作者对一条极其重要的密码学原理的简单介绍。同时，大量关于这一话题的出版物证明这样简洁是有道理的。对于想了解更多内容的读者，[Beut]、[Fumy]、[Salo]和[Stin]可以作为入门读物，[MOV]和[Schn]可作为进阶读物，而[Kobl]、[Kran]和[HKW]适合于热衷于知道数学原理的读者。

17.2　RSA 算法

可能发生的事情也许是假的事情。

——*René Descartes*

我们将简单介绍 RSA 算法的数学性质，以及 RSA 算法的两种实现方式：即非对称加密体制和非对称签名方法。在介绍 RSA 算法原理之后，我们开发了一些 C++ 类，它们实现了 RSA 加密和解密函数以及数字签名的生成和验证函数。按照这种方式，我们将阐明 `LINT` 类对实现上述功能的可行性。

RSA 算法最重要的方面在于密钥对，它们是一种特殊的数字形式：一对 RSA 密钥对包含 3 个基本元素：模数 n、公钥元素 e(加密)、私钥元素 d(解密)。数对 $\langle e, n\rangle$ 和 $\langle d, n\rangle$ 分别构成公钥和私钥。

我们首先来看模数 n 是怎么产生的：有两个大素数 p 和 q，$n=pq$。令 $\phi(n)=(p-1)(q-1)$，代表一个 Euler 函数，那么由给定的 n，可选取公钥元素 e，使得 $e<\phi(n)$ 且 $\gcd(e, \phi(n))=1$。与 n 和 e 对应的私钥元素 d，可通过计算逆 $d=e^{-1} \bmod \phi(n)$ 得到(参见 10.2 节)。

我们举一个简单的例子来说明：选择 $p=7$，$q=11$。那么我们可以得到 $n=77$，$\phi(n)=2^2\cdot 3\cdot 5=60$。根据条件 $\gcd(e, \phi(n))=1$，公钥元素 e 的最小的可能值是 7，由 $7\cdot 43\equiv 301\equiv 1 \bmod 60$，可以计算私钥元素 d 的值，$d=43$。有了这些值，我们可以将 RSA 算法应用到一个简单的例子中，“消息” 5 加密过程为 $5^7 \bmod 77=47$，解密过程为 $47^{43} \bmod 77=5$，由此恢复了原来的消息。

现在，有了这些密钥(我们将在之后讨论不同密钥元素的实际大小)和相应的软件，通信双方可以安全地彼此交换信息。为了证明这一方法的安全性，我们来看看这个例子，参与者 A 发送一个经由 RSA 加密后的信息给通信方 B：

1) B 生成自己的 RSA 密钥元素 n_B、d_B、e_B。他将自己的公钥 $<e_B, n_B>$ 发送给 A。

2) 现在 A 希望将一条机密的消息 M 发送给 B($0\leqslant M<n_B$)。当 A 收到 B 的公钥 $<e_B, n_B>$ 后，A 计算

$$C = M^{e_B} \bmod n_B$$

将加密信息 C 发送给 B。

3) 当 B 收到 A 发送来的加密信息 C 后，B 通过使用私钥 $<d_B, n_B>$ 计算

$$C = M^{d_B} \bmod n_B$$

解密这个消息。现在，B 获得了这个消息的明文 M。

弄明白这一过程如何运作并不难。因为 $d\cdot e\equiv 1 \bmod \Phi(n)$，所以存在一个整数 k 使得 $d\cdot e\equiv 1+k\cdot\Phi(n)$。因此可以得到：

$$C^d \equiv M^{de} \equiv M^{1+k\cdot\Phi(n)} \equiv M\cdot(M^{\Phi(n)})^k \equiv M \bmod n \qquad (17\text{-}3)$$

这里我们用到了第 10 章所述的 Euler 理论，根据它我们可以推出：如果 $\gcd(M, n)=1$，那么 $M^{\Phi(n)}\equiv 1 \bmod n$。更加有趣的情况是，当 $\gcd(M, n)>1$ 时，式(17-3)依然成立：对于互素的 p 和 q，有同构 $\mathbb{Z}\simeq\mathbb{Z}_p\times\mathbb{Z}_q$。由于 $ve\equiv 1 \bmod \gcd(p-1, q-1)$，所以在 $\mathbb{Z}_p$ 和 $\mathbb{Z}_q$ 中，有 $M^{ve}=M$(显然 $M=0$)，当然也存在于 $\mathbb{Z}_n$ 中。

产生密钥的另一种方法是使用通用指数 $\lambda:=\mathrm{lcm}(p-1, q-1)$ 替换 $\Phi(n)$。使用这种方法需要以 Carmichael 定理为基础：用 $\lambda()$ 代表 Carmichael 函数，定义 $\lambda(n):=\mathrm{lcm}(\lambda(2^{a_0}), \phi(p_1^{a_1}), \cdots, \phi(p_r^{a_r}))$，其中 $n=2^{a_0}\phi(p_1^{a_1})\cdots\phi(p_r^{a_r})$，$p_i$ 表示不同的素数，且

$$\lambda(2^t) := \begin{cases} 2^{t-1} & t<3, \\ 2^{t-2} & t\geqslant 3 \end{cases}$$

那么对于所有的 $a\in\mathbb{Z}_n^{\times}$，有 $a^{\lambda(m)}\equiv 1 \bmod n$。相关证明见[Kran]的第 15 页。如上所述，这一过程可以扩展到 $\gcd(M, n)=1$ 的情形，因为由 $ev=1+k\lambda(n)$，有 $ve\equiv 1 \bmod \gcd(p-1, q-1)$，所以在 $\mathbb{Z}_p$ 和 $\mathbb{Z}_q$ 中，有 $M^{ve}=M$。由于同构 $\mathbb{Z}\simeq\mathbb{Z}_p\times\mathbb{Z}_q$，所以恒等式在 $\mathbb{Z}_n$ 中也成立。使用 λ 的优点体现在可以使用更小的公钥元素 e，因为 λ 总是 $(p-1, q-1)$ 的因子。实际上，这点优势是微不足道的，因为对于随机值 p 和 q 来说，$\gcd(p-1, q-1)$ 有较高的概率比较小。

很明显，RSA 算法的安全性取决于对手分解大数 n 的能力。如果 n 能被分解为它的两个因子 p 和 q，那么私钥 d 就可以根据公钥 e 确定。反之，如果两个密钥元素 d 和 e 都已知，那么对于 n 的分解也可以很容易地完成：若 $k:=de-1$，那么 k 是 $\Phi(n)$的一个倍数，因此有 $k=r\cdot 2^t$，其中 r 为奇数，且 $t\geqslant 1$。对于每个 $g\in\mathbb{Z}_n$，有 $g^k\equiv g^{de-1}\equiv gg^{-1}\equiv 1 \bmod n$，因此 $g^{k/2}$是 1 模 n 的一个平方根，共有 4 个平方根：除了 ± 1 外，还有 $\pm x$，其中 $x\equiv 1 \bmod p$ 或 $x\equiv -1 \bmod p$。故有 $p\mid(x-1)$和 $q\mid(x-1)$(参见 10.4.3 节)。通过计算 $p=\gcd(x-1, n)$可以得到 n 的分解。

不使用模数分解来攻击 RSA 算法的成功率与上述开销相同：依赖实现 RSA 密码体制的单个协议的某个特殊的漏洞，而不是依赖 RSA 算法本身。根据目前所掌握的知识状况，下列因素为攻击 RSA 算法提供了条件：

1. 公共模数

多个参与者使用一个公共模数有一个明显的弱点：如上所述，参与者可以用自己的密钥元素 e 和 d 分解公共模数 $n=pq$。已知因子 p 和 q，以及其他使用公共模数的参与者的公钥，就可以求出他们的私钥。

2. 小公指数

由于 RSA 算法计算模数 n 的时间直接取决于指数 e 和 d 的大小，所以选择尽量小的 d 和 e 似乎更有吸引力。如例 3，计算最小可能的指数，只需进行一次模 n 的平方和和一次模 n 的乘法，为什么不使用这种方式来节约宝贵的计算时间呢？

我们假设一个攻击者可以获得 3 个密文 C_1、C_2 和 C_3，它们都是使用 3 个不同的接收者密钥$\langle 3, n_i\rangle$加密得到的：

$$C_1 = M^3 \bmod n_1,\quad C_2 = M^3 \bmod n_2,\quad C_3 = M^3 \bmod n_3$$

很可能有 $\gcd(n_i, n_j)=1$，其中 $i\neq j$，故攻击者可以使用中国剩余定理(参见第 10 章)求得值 C，

$$C = M^3 \bmod n_1 n_2 n_3$$

由于 $M^3<n_1 n_2 n_3$，所以实际上 C 和 M^3 相等，攻击者可以通过计算$\sqrt[3]{C}$得到 M。这种攻击称为广播攻击，当密文 C_i 的位数大于公钥指数时可进行，这甚至对不同但线性相关的明文加密也成立，即 $M_i=a+b\cdot M_j$ 成立(参见[Bone])。为了避免这种攻击，必须选择不太小的公钥指数(尽量不小于 $2^{16}+1=65537$)，并且在加密前在广播消息中加入一些冗余值。这可以通过某种方法在消息中加入小于模数的适当值来实现。这一过程称为*填充*(参见 17.3节和[Schn]的 9.1 节)。

3. 小的私钥指数和小的 p 和 q 之间的差值

小的私钥指数比小的公钥指数更易被攻击：M. Wiener(参见[Wien])在 1990 年证明，给定一个密钥$\langle e, n\rangle$，且 $e<\phi(n)$，若对应的私钥指数 d 太小，则 d 可以被计算出来。Wiener 的结论被 D. Boneh 和 G. Durfee(参见[Bone])强化，他们证明，如果 $d<n^{0.292}$，则 d 可以由$\langle e, n\rangle$求出。这一结论被猜想在 $d<n^{0.5}$时也成立。

容易理解，当 $p\approx q\approx\sqrt{n}$时，模数 n 是容易被分解的，这可以通过 n 除以$\sqrt{n}$附近的奇数得到。当 p 与 q 的差小于 $n^{1/4}$时同样危险，因为可以使用 Fermat 因式分解法进行分解：对于因子 n，找到自然数 x，y，满足 x，$y\notin\{n-1, n+1\}$，且 $4n=x^2-y^2$，如果这样，n 的因子为$\frac{1}{2}(x+y)$和$\frac{1}{2}(x-y)$。通过计算 $x=\lceil 2\sqrt{n}\rceil, \lceil 2\sqrt{n}\rceil+1, \lceil 2\sqrt{n}\rceil+2, \cdots$，直到 x^2-4n 为一个平方数(可借助函数 `issqr_l` 确定)，来找到 x 和 y 的值。该因式分解方法

的开销为 $O((p-q)^2/\sqrt{n})$，当 $|p-q|<cn^{1/4}$，且常数 $c\ll n^{1/4}$ 时，上述过程是容易实现的。

B. de Weger 的一项工作扩展了由 Wiener、Boneh 和 Durfee 证实可行的攻击，证明了安全性与私钥和素数因子的差 $|p-q|$ 之间的关系：设 $|p-q|=n^{\beta}$，$d=n^{\delta}$，当 $2-4\beta<\delta<1-\sqrt{2\beta-\frac{1}{2}}$ 或者 $\delta<\frac{1}{6}(4\beta+5)-\frac{1}{3}\sqrt{(4\beta+5)(4\beta-1)}$ 时，模 $n=p\cdot q$ 可以被有效分解(参见[deWe])。

de Weger 对上述结果做出推论，建议对于 p、q 和 d 的选择要满足公式 $\delta+2\beta>\frac{7}{4}$。当 $\delta\geqslant\frac{1}{2}$ 时，按照之前所述的结果，必须选择 β 大于 $\frac{5}{8}$ 才能符合上述建议。

该要求在别处也有提及，p、q 应满足 $0.5<|\log_2 p-\log_2 q|<30$(参见[EESSI])。

4. 短明文的加密

Boneh、Joux 和 Nguyen 提出一种特别有效的方法，对于公钥 $<e, n>$，从密文 $C=M^e$ 中提取明文 $M\leqslant 2^m$。与之对应的必要时间为 $2\cdot 2^{m/2}$ 次模幂运算。同时，需要 $2^{m/2}m$ 位的存储开销(参见[Bon2])。因此，使用不添加任何冗余的小于 128 位的对称密钥的 RSA 加密被认为是不安全的(见下节)。

5. 实现的缺陷

除了由于参数选择所引起的弱点外，许多实现中存在的一些潜在的问题都对 RSA 算法(同样适用于其他加密算法)的安全性起了负面影响。当然，我们应该更关心软件的实现，它不能防御硬件测量的外部攻击。读取内存内容、观察总线活动或者 CPU 状态都可能导致密钥信息泄露。至少，主存中所有与 RSA 算法的私钥元素(或者其他密码算法)相关的信息都应该在使用后立即被擦除(例如第 9 章提到的函数 purge_l())。

为此，FINT/C 库中已经配置了相应的函数。在安全模式下，局部变量和已分配的内存在函数终止前都用 0 重写，以此删除相关信息。这里需要注意，因为编码器的优化能力很强，所以在函数结尾用一个简单的指令终止函数有可能会被编译器忽略。并且，必须注意对于 C 标准编译库中的函数 memset()的调用，当编译器不能辨认该函数的调用目的时，将忽略这个函数。

以下例子阐明了上述意思。函数 f_l()使用两个自动变量：CLINT key_l 和 USHORT secret。在函数的结尾，它们不再起作用，所以内存需要分别对 secret 赋值 0，对 key_l 调用函数 memset()来重写。C 代码如下所示：

```
int
f_l (CLINT n_l)
{
  CLINT key_l;
  USHORT secret;
  ...
  /* overwrite the variables */
  secret = 0;
  memset (key_l, 0, sizeof (key_l));
  return 0;
}
```

那么，编译器将会得到什么结果呢(Microsoft Visual C/C++ 6.0，用 cl-c-FAs-O2 编译)？

```
PUBLIC          _f
;          COMDAT _f
_TEXT          SEGMENT
_ key _l$ = -516
_ secret $ = -520
_f          PROC NEAR                                     ; COMDAT
; 5        :    CLINT key _l;
; 6        :   USHORT secret;
  ...
; 18        :     /* overwrite the variables */
; 19        :     secret = 0;
; 20        :     memset (key_l, 0, sizeof (key _l));
; 21        :     return 0;
        xor     eax, eax
; 22 : }
        add    esp, 532                                   ; 00000214H
        ret     0
_f          ENDP
_TEXT          ENDS
```

这段汇编代码由编译器产生，其中删除变量 key_l 和 secret 的指令最终无效。从优化的角度看，这似乎是合理的。甚至函数 memset()的内联(inline)版本也被简单地优化掉了。然而，从安全应用方面考虑，这一策略简直太“明智”了。

通过重写来主动删除与安全相关的变量必须要保证这一过程能确实实现。应该注意在此情况下断言可以阻止对于上述有效性的检验，因为断言会强制编译器执行这段代码。当断言被关掉时，优化才能继续起作用。

对此，FINT/C 库实现了下列函数，它接受参数的变化数值，依据规模，将标准整型值设置为 0，或者对于其他数据结构调用函数 memset()来进行重写：

```
static void purgevars_l (int noofvars, ...)
{
  va_list ap;
  size_t size;
  va_start (ap, noofvars);
  for (; noofvars > 0; -noofvars)
    {
      switch (size = va_arg (ap, size_t))
        {
          case 1:        *va_arg (ap, char *) = 0;
                  break;
          case 2:        *va_arg (ap, short *) = 0;
                  break;
          case 4:        *va_arg (ap, long *) = 0;
                  break;
          default: memset (va_arg(ap, char *), 0, size);
        }
    }
  va_end (ap);
}
```

该函数将元组(变量的字节长度，指向变量的指针)作为变量，并在noofvars前加上这种元组前缀。

这个函数的扩展宏PURGEVARS_L()定义如下：

```
#ifdef FLINT_SECURE
#define PURGEVARS_L(X) purgevars_l X
#else
#define PURGEVARS_L(X) (void)0
#endif /* FLINT_SECURE */
```

因此可以根据需要来开启或关闭安全模式。在f()中删去一个变量，如下所示：

```
/* overwrite the variables */
PURGEVARS_L ((2, sizeof (secret), & secret,
            sizeof (key_l), key_l));
```

根据优化策略原则，编译器不能忽视对该函数的调用，如果需要，只能在一种特别有效的全局最优化下完成。不管怎样，这种安全手段的效果应该根据代码审查来检验：

```
PUBLIC        _f
EXTRN         _purgevars_l:NEAR
;         COMDAT _f
_TEXT         SEGMENT
_key_l$ = -516
_secret$ = -520
_f          PROC NEAR                                  ; COMDAT
; 9 : {
        sub     esp, 520                                ; 00000208H
; 10        :    CLINT key_l;
; 11        :    USHORT secret;
  ...
; 18        :        /* overwrite the variables */
; 19        :        PURGEVARS_L ((2, sizeof (secret), &secret,
                              sizeof (key_l), key_l));
        lea     eax, DWORD PTR _key_l$[esp+532]
        push     eax
        lea     ecx, DWORD PTR _secret$[esp+536]
        push     514                                     ; 00000202H
        push     ecx
        push     2
        push     2
        call     _purgevars_l
; 20        : return 0;
        xor     eax, eax
; 21        : }
        add     esp, 552                                ; 00000228H
        ret     0
_f          ENDP
_TEXT         ENDS
```

我们应该注意一种更全面的错误处理手段，它可以在出现无效参数或者其他意外的情况下不泄露敏感信息，可以将它作为与安全应用相关的进一步保护措施。同样，应该考虑建立密码应用程序代码认证方法，以防木马程序的插入，或者至少能在代码执行前进行检测。取自特洛伊战争的传说，特洛伊木马是一种恶意软件，它表面上正常工作，但实际上具有一些恶意的功能，如通过因特网将本地的私钥信息传输给攻击者。

为了应付这个问题，实际在进行密码运算时，通常加入所谓的“安全盒”或“S 盒”，其硬件被保护从而避免在连接时受探测器或传感器探测的攻击。

如果能避免上述所有的缺陷，剩下仅有的风险就是模数被分解了，但这一风险可以通过选择尽量大的素数而化解。当然，是否还有比大数分解更简单的方法攻克 RSA 算法并没有得到证明，同样，也没有证明大数分解到底是否如它看起来那样困难，但这些对现在的算法应用并没有很大的负面影响：RSA 算法是目前世界上最常用的非对称密码体制，同时它在产生数字签名方面的应用也在持续增加。

许多文献都有强调用所谓的强素数 p 和 q 来抵御一些简单的大数分解方法。一个素数 p 被称作强素数，如果：

1）$p-1$ 有一个大的素因子 r。

2）$p+1$ 有一个大的素因子 s。

3）$r-1$ 有一个大的素因子 t。

大素数对于 RSA 算法安全性的重要性并非需要处处强调。最近，越来越多的意见强调使用强素数无害，但也没有太大的作用(参见[MOV]8.2.3 节，注释 8.8，以及[RegT]的附录 1.4)或者并不需要使用(参见[Schn]11.5 节)。因此在下面的程序例子中，我们并没有产生强素数。对于那些有兴趣的读者，我们给出了构造这种素数的过程：

1）构造二进制位数为 l_p 的强素数 p 的第一步是寻找满足 $\log_2(s)\approx\log_2(t)\approx\frac{1}{2}l_p-\log_2 l_p$ 的素数 s 和 t。然后寻找素数 r，满足 $r-1$ 能被 t 整除，方法是按顺序检验形式为 $r=k\cdot 2t+1$，$k=1, 2, \cdots$ 的数，直到遇到一个素数。该过程在最多 $\lceil 2\ln 2t \rceil$ 步内肯定会发生(参见[HKW]第 418 页)。

2）我们现在借助中国剩余定理(参见第 10 章)计算同余方程组 $x\equiv 1 \bmod r$ 和 $x\equiv -1 \bmod s$ 的结果，方法是置 $x_0 := 1-2r^{-1}s \bmod rs$，其中 r^{-1} 是 r 模 s 的乘法逆。

3）我们使用一个奇数初始值来寻找素数：生成一个随机数 z，其位数接近但小于(有时用 $\lessapprox$ 表示)希望得到的 p 的长度，并设置 $x_0\leftarrow x_0+z+rs-(z \bmod rs)$。如果 x_0 是偶数，则设置 $x_0\leftarrow x_0+rs$。有了 x_0，就可以开始确定 p 的值了。检验 $p=x_0+k\cdot 2rs$，$k=0, 1, \cdots$，直到达到对 p 所要的位数 l_p，且 p 为素数。如果一个 RSA 密钥包含一个特定的公钥元素 e，那么需要保证附加条件 $\gcd(p-1, f)=1$ 成立。P 应该满足以上所有条件。对于素数的检验，我们使用 Miller-Rabin 检验方法，它在函数 `prime_L()` 中得以实现。

无论密钥是否使用强素数，实际上任何情况都需要一个，它能产生指定长度或者指定区间的素数的函数。产生一个素数 p，其满足附加条件 $\gcd(p-1, f)=1$，其中 f 为一特定值，这一过程在[IEEE]第 73 页中给出。这里的算法在原有形式上稍做改动。

产生满足 $p_{\min}\leqslant p\leqslant p_{\max}$ 的素数 p 的算法

1）产生一个随机数 p，满足 $p_{\min}\leqslant p\leqslant p_{\max}$。

2）若 p 为偶数，则设置 $p\leftarrow p+1$。

3）若 $p>p_{\max}$，则设置 $p\leftarrow p_{\min}+p \bmod (p_{\max}+1)$，转到步骤 2。

4）计算 $d:=\gcd(p-1, f)$(参见 10.1 节)。若 $d=1$，检验 p 的素数性(参见 10.5 节)。若 p 是素数，输出 p，然后结束算法。否则，置 $p\leftarrow p+2$，转到步骤 3。

该过程在 FINT/C 包(源文件 flintpp.cpp)的一个 C++ 函数中实现。

功能：	在$[p_{min}, p_{max}]$内产生一个素数 p，其满足附加条件 gcd($p-1$, f)=1，其中 f 是一个正的奇素数
语法：	LINT findprime(const LINT& pmin, const LINT& pmax,const LINT& f);
输入：	pmin：最小允许值 pmax：最大允许值 f：正的奇素数，与 $p-1$ 互素
返回：	LINT 类型的素数 p，使用 gcd($p-1$, f)的概率检验得到(参见 10.5 节)

```
LINT findprime (const LINT& pmin, const LINT& pmax, const LINT& f)
{
  if (pmin.status == E_LINT_INV) LINT::panic (E_LINT_VAL, "findprime", 1, __LINE__);
  if (pmax.status == E_LINT_INV) LINT::panic (E_LINT_VAL, "findprime", 2, __LINE__);
  if (pmin > pmax) LINT::panic (E_LINT_VAL, "findprime", 1, __LINE__);
  if (f.status == E_LINT_INV) LINT::panic (E_LINT_VAL, "findprime", 3, __LINE__);

  if (f.iseven()) // 0 < f must be odd
    LINT::panic (E_LINT_VAL, "findprime", 3, __LINE__);

  LINT p = randBBS (pmin, pmax);
  LINT t = pmax - pmin;

  if (p.iseven())
    {
      ++p;
    }

  if (p > pmax)
    {
      p = pmin + p % (t + 1);
    }

  while ((gcd (p - 1, f) != 1) || !p.isprime())
    {
      ++p;
      ++p;

      while (p > pmax)
        {
          p = pmin + p % (t + 1);
          if (p.iseven())
            {
              ++p;
            }
        }
    }

  return p;
}
```

此外，可以重载函数 findprime()，为 p 设置一个特定的二进制长度代替区间边界值 $p_{\min}$ 和 $p_{\max}$。

功能：	在 $[2^{\ell-1}, 2^{\ell}-1]$ 中产生一个素数 p，它满足附加条件 $\gcd(p-1, f)=1$，其中 f 是一个正的奇整数
语法：	`LINT` `findprime(USHORTl,const LINT& f);`
输入：	l：所要的二进制长度 f：正的奇整数，与 $p-1$ 互素
返回：	满足 $\gcd(p-1, f)=1$ 的 LINT 类型的素数 p

至于怎么选择密钥的长度，看看大数分解的相关发展是很有启发性的：1996 年 4 月，在 A. K. Lenstra[一] 的指导下，经过美国和欧洲一些大学和实验室数月的合作，一个 130 个十进制数的 RSA 模数：

$$\text{RSA-130} = 1807082088687404805951656164405905566278102516769401349170127021450056662540244048387341127590812303371781887966563182013214880557$$

被因式分解为：

$$\text{RSA-130} = 39685999459597454290161126162883786067576449112810064832555157243 \times 45534498646735972188403686897274408864356301263205069600999044599$$

然后在 1999 年 2 月，RSA-140 被因式分解为两个 70 位的因子。这是在荷兰 CWI 的 Herman J. J. te Riele 的指导下，由来自荷兰、澳大利亚、法国、英国和美国[二]的小组成功完成的。RSA-30 和 RSA-40 来自于 1991 年由 RSA 数据安全股份有限公司发布的 42 个 RSA 模数列表，该公司发布此表是为了鼓励密码研究团体[三]。分解 RSA-130 和 RSA-140 的计算任务被分配给许多工作站，同时进行结果校对。用于分解 RSA-140 的计算指出，约为 2000 MIPS 年[四]（RSA-1300 约为 1000 MIPS 年）。

此后不久，在 1999 年 8 月底，RSA-155 被分解的消息传遍了世界。同样是在 Herman te Riele 指导下的国际合作，花费了大概 8000 MIPS 年，RSA 挑战表中的下一个数字被攻克。将

$$\text{RSA-155} = 109417386415705274218097073220403576120037329454492059909138421314763499842889347847179972578912673324976257528997818337970765372440271467435315933543338 97$$

分解为两个 78 位的因子：

[一] Lenstra：Arjen K.：《Factorization of RSA-130 using the Number Field Sieve》，http://dbs. cwi. nl. herman. NFSrecords/RSA-130。也可参见[Cowi]。

[二] 1999 年 2 月 4 日，来自《Number Theory Network》的邮箱 Herman. te. Riele@cwi. nl 的电子邮件。也可参见 http://www. rsasecurity. com。

[三] http://www. rsasecurity. com。

[四] MIPS=mega instructions per second measures（每秒百万条指令），是计算机速度的度量单位。计算机在 1MIPS 条件下工作可以每秒执行 700000 个加法和 300000 个乘法。

RSA-155 = 10263959282974110577205419657399167590071656780803
806680334193352179071130777 9
× 10660348838016845482092722036001287867920795857 59
8929152227060823719306280864 3

512 位的神秘界限被穿越，而这一长度在很多年中都被认为是安全的密钥长度。

2003 年 4 月，位于德国波恩的 Gernab 信息技术安全研究所(BSI)完成了 RSA 挑战中的下一个分解 RSA-160。2003 年 12 月，在波恩大学联盟、波恩马克斯普朗克数学研究所、埃森数学实验中心以及 BSI 的参与下，共同完成了 174 位大数的分解，将

RSA-576 = 1881988129206079638386972394616504398071635633794173 8
27007633564229888597152346654853190606065047430453
17388011303396716199692321205734031879550656996221
305168759307650257059

分解成两个 87 位因子：

RSA-576 = 3980750864240649373971255005503864911990643623425267 0
840638518957594638895726176858331 7
× 4727721461074353025362230719730482246329146953020971 1
64598521711305207112563635903975 27.

关于 RSA 算法的密钥到底多长才合适的问题，每当大数分解有了新进展时，就会被修正。A. K. Lenstra 和 Eric R. Verheul 给出了一些具体建议，他们描述一个针对许多密码系统确定其理想密钥长度的模型(参见[LeVe])。以一组理由充分且保守的假设开始，结合当前的一些发现，他们预测了一些最小的密钥长度，这些可作为未来相关密码系统的长度，以表格形式展示。表 17-1 给出了相关的值，因取自 RSA、El-Gamal 和 Diffie-Hellman 的结果，所以对它们同样有效。

表 17-1　Lenstra 和 Verheul 推荐的密钥长度

年份	密钥长度(位)
2001	990
2005	1149
2010	1369
2015	1613
2020	1881
2025	2174

可以得出结论，如果想对关键应用提供足够让人放心的安全性，那么 RSA 密钥的长度应该不小于 1024 位。然而，同样也有结论表明，成功的大数分解正在渐渐逼近这个值，必须小心关注这一进展。因此，区分不同的应用，并对敏感应用使用 2048 位或者更多的二进制大数是值得的(参见[Schn]第 7 章，[RegT]附录 1.4)㊀。使用 FLINT/C 包，可以产生这样长度的密钥。我们不必担心由于新硬件而产生的大数分解成本的下降，因为使用相同的硬件，我们同样可以产生更长的密钥。通过维持这种领先于大数分解一定程度的状态，可以保证 RSA 算法的安全性。

有多少这样的密钥呢？它是否足以使地球上的每个男人、女人和小孩(甚至他们的宠

㊀ 最好选择二进制长度是 8 的倍数的 RSA 密钥，这样密钥恰好能在字节范围内结束。

物猫和宠物狗)都拥有一个甚至多个 RSA 密钥呢？对此，素数定理提供了答案，根据该定理，小于一个整数 x 的素数个数接近 $x/\ln x$(参见第 10 章)：1024 位的模数可以由两个接近 512 位素数的积得到。那么大约有 $2^{512}/512$ 个这样的素数，大约10^{151}个，其中每一对素数可以相乘形成一个模数。如果设 $N=10^{151}$，那么共有 $N(N-1)/2$ 个这样的数对，大约有10^{300}个不同模数，同时，还有同样这么多个私钥元素可供选择。这是一个难以理解的极大数，但是可以这样设想，整个可见的宇宙“只”包含了大约10^{80}个基本粒子(参见[Saga]第 9 章)。换种说法，如果给地球上每个人每天 10 个新的模数，则这一过程将持续10^{287}年而不重复使用模数，而现在，地球也才“只”存在了几亿年。

最后，任何消息显然都可以被一个正整数所表示：通过将字母表中的每个字母转换为一个与之唯一对应的整数，一条消息可以作为一个整数来解释。一个常用的例子是字符由 ASCII 码用数值表示。一个由 ASCII 编码的消息通过将单个字符的编码值看作 256 进制的数字来转换为一个整数。这一过程得到的整数 M 出现 $\gcd(M, n)>1$ 的情况(即 M 包含 RSA 密钥 n 的因子 p 或 q)的概率极小。如果 M 对于 RSA 密钥 n 来说过大，即 M 大于$n-1$，则该消息可以被分块为多个小于 n 的块 M_1，M_2，M_3，…。这些块必须被分别加密。

对于很长的消息，这将变得很浪费时间，因此 RSA 算法很少用来加密长消息。可以使用对称密码系统(如三重 DES、IDES 或者 Rijndael；参见第 11 章和[Schn]的第 12、13、14 章)，它们在同等安全的条件下运算速度更快。对称加密的密钥必须双方拥有，而 RSA 算法可以胜任加密对称密钥并进行传输的工作。

17.3　RSA 数字签名

“陛下，请，”Knave 说，“我没有写，他们不能证明我写过：因为结尾没有我的签名。”

——*Lewis Carroll,《Alice's Adventures in Wonderland》*

为了弄清楚怎么使用 RSA 算法产生数字签名，可以考虑如下过程：参与者 A 发送一个带有她数字签名的消息 M 给通信方 B，对此，B 需要检验签名的有效性。

1) A 产生她自己的 RSA 密钥，包含 n_A，d_A 和e_A。然后将她的公钥$\langle e_A, n_A\rangle$发送给 B。

2) A 现在打算将带有她自己签名的信息 M 发送给 B。为此，需要使用*冗余函数* μ 产生冗余 $R=\mu(M)$，其中 $R<n_A$。然后 A 计算签名

$$S = R^{d_A} \bmod n_A$$

并发送(M, S)给 B。

3) B 拥有 A 的公钥$\langle e_A, n_A\rangle$。在 B 收到消息 M 和 A 的签名 S 后，B 用 A 的公钥$\langle e_A, n_A\rangle$计算：

$$R = \mu(M)$$
$$R' = S^{e_A} \bmod n_A$$

4) 现在 B 开始检验 $R'=R$ 是否成立。如果成立，则 B 接受 A 的签名。否则，B 将拒绝这一签名。

需要通过单独传输签名信息 M 才能被检验的数字签名称为*带附录的数字签名*。

带附录的数字签名主要用于被签名消息的数值长度超过模数的签名情况，即 $M\geqslant n$。原则上，可以将上述消息分为多个适当长度的块 M_1，M_2，M_3，…，使其长度满足 $M_i<$

n，并对每个块分别进行加密和签名。然而，在这种情况下，会产生块次序混合和块签名伪造的问题。至少有两个充分的理由让我们放弃构造块方法，而采用上面提到的计算数字签名的冗余函数 μ。

第一个理由是冗余函数 μ：$\mathfrak{M} \to \mathbb{Z}_n$可以将信息空间 $\mathfrak{M}$ 中的任意消息 M 映射到剩余类环$\mathbb{Z}_n$中，这里，消息通常使用*散列函数*约简到值 $z \lessapprox 2^{160}$，然后将它与预定义的字符序列相连接。因为在 μ 下的 M 是在一个单独的 RSA 步骤内被签名的，且相应的散列函数可以通过设计而很快地进行，所以与对 M 进行分块的方法相比，使用这种方法节约了大量的时间。

第二个理由是 RSA 算法有一个对产生签名不利的属性：对于两个消息 M_1 和 M_2，有乘法关系

$$(M_1, M_2)^d \bmod n = (M_1^d M_2^d) \bmod n \tag{17-4}$$

成立，如果不对其采取行动，该属性将为伪造签名提供支持。

RSA 函数这一属性称为*同态*，由于这一属性，不包含冗余 R 的消息可能在被签名时用“隐藏的”签名签署。为了做到这一点，可选择一个秘密消息 M 和一个无害消息 M_1，由它们形成另一个消息 $M_2 := MM_1 \bmod n_A$。如果一个人成功地得到个人或者机构 A 对消息 M_1 和 M_2 的签名 $S_1 = M_1^{d_A} \bmod n_A$ 和 $S_2 = M_2^{d_A} \bmod n_A$，则他可以通过计算 $S_2 S_1^{-1} \bmod n_A$ 产生对 M 的签名，这可能是 A 没有想到的，A 在产生 S_1 和 S_2 时可能没有注意到这一点：在这种情况下，可以说消息 M 有“隐藏的”签名。

当然，有人会反对说 M_2 并不具有很高的概率能表示一段有意义的文本，并且 A 在不检测文本内容的情况下也不会轻易将一个签名 M_1 或 M_2 发送给一个陌生人。然而，当我们利用人为因素来证明一个密码系统协议具有弱点时，不能仅仅依赖于这样的合理性假设，尤其是这样的弱点可以被消除，例如在这种包含了冗余的情况下。为了实现这种冗余，冗余函数 μ 必须满足下列性质：

$$\mu(M_1 M_2) \neq \mu(M_1)\mu(M_2) \tag{17-5}$$

其中所有的 M_1，$M_2 \in \mathfrak{W}$，因此保证签名函数自身不具备令人讨厌的同态属性。

称作*带消息恢复的数字签名*(参见[MOV]第11章、[ISO2]和[ISO3])可作为带附录的数字签名的一种补充，该方法可以从签名本身提取出原来被签名的消息。基于 RSA 算法的带消息恢复的数字签名特别适用于短消息，其二进制长度小于模数的二进制长度的一半为最佳。

然而，在任何情况下，都应仔细检查冗余函数的安全属性，1999 年由 Coron、Naccache 和 Stern 发表的对于这一设计的攻击方案证明了这一点。该方法的前提是攻击者可以获得多个消息的 RSA 签名集合，且消息的整数表示能被一个小素数整除。基于消息的这些特性，如果在有利的条件下，就算没有签名密钥，也可以对其他消息进行签名，相当于可以伪造其签名(参见[Coro])。ISO 对这一进展做出回应：1999 年 10 月，SC 27 工作组撤销了[ISO2]标准，并发表了如下声明：

> 基于对于 RSA 数字签名方案的各种攻击……ISO/IEC JTC 1/SC 27 一致同意，IS 9796：1991 对数字签名应用不能提供充分的安全性，故提议将其撤销。”[⊖]

撤销的标准主要针对将 RSA 函数直接用于短消息的数字签名，不包含有散列函数参数的带附录的数字签名。

⊖ ISO/IEC JTC 1/SC 27：《Recommendation on the withdrawal of IS 9796》，1991 年 10 月 6 日。

RSA 实验室的 PKCS ＃1 格式规定了一个广泛传播的冗余方案，Coron、Naccache 和 Stern 的攻击对这一方案最多只有理论上的影响，并不能对其产生实质性的威胁（参见[RDS1]、[Coro]11～13 页、[RDS2]）。PKCS ＃1 格式规定了一个所谓的*加密块* EB 应该如何作为一个加密或签名操作的输入：

$$\mathrm{EB}=00 \| \mathrm{BT} \| \mathrm{PS}_1 \| \cdots \| \mathrm{PS}_\ell \| 00 \| \mathrm{D}_1 \| \cdots \| \mathrm{D}_n。$$

在开头，前导字节 00 以后是描述块类型的字节 BT(01 代表私钥运算，即签名；02 代表公钥运算，即加密)，之后是至少 8 个填充字节 $\mathrm{PS}_1\cdots\mathrm{PS}_\ell$，$\ell\geqslant 8$，在签名时的值为 FF(hex)，在加密时的值为非零随机数。之后的 00 是分隔符字节，最后出现的数据字节 $\mathrm{D}_1\cdots\mathrm{D}_n$，也称为负载。填充字节 PS_ℓ 的数目 ℓ 由模数 m 和数据字节的个数决定：若定义 k：

$$2^{8(k-1)} \leqslant m < 2^{8k} \tag{17-6}$$

那么：

$$\ell = k - 3 - n \tag{17-7}$$

并且对于数据字节的个数 n，它满足

$$n \leqslant k - 11 \tag{17-8}$$

最小填充字节数的值 $\ell\geqslant 8$，这是为了加密的安全性考虑。对于短消息，攻击者可以在不知道相关密钥的情况下，把所有被公钥加密消息的可能值与给定的加密消息相比较来确定明文，而填充字节可以阻止这种攻击[㊀]。

特别地，当一个消息被多个密钥加密时，必须注意 PS_i 应该是随机数，且每次加密都是新的。

在签名时，数据字节 D_i 通常由散列函数 H 的标识符和散列函数的值 $H(M)$(称为*散列值*)组成，它表示消息 M 被签名。得到的数据结构叫作*摘要*(DigestInfo)。在这种情况下，数据字节的长度与散列值常数的长度有关，而与消息的长度无关。当 M 远大于 $H(M)$ 时，这是非常有利的。我们不讨论得到*数字摘要*的具体步骤，而是简单地假定数据字节与值 $H(M)$ 相对应(参见[RDS1])。

从密码学的观点来看，应该将一些根本要求附加到散列函数上，这样既不会削弱基于这种函数的冗余方案的安全性，又不会对整个签名过程产生疑问。当我们使用散列函数和冗余函数进行数字签名和一些可能产生的相关操作时，我们发现了下列情况。

按照我们目前的考虑，首先假设带附录的数字签名的冗余为 $R=\mu(M)$，其中，$R=\mu(M)$ 主要为被签名消息的散列值。两个消息 M 和 M'，如果 $H(M)=H(M')$，那么 $\mu(M)=\mu(M')$，则拥有相同的签名 $\mathrm{S}=R^d=\mu(M^d)=\mu(M')^{\mathrm{d}} \bmod n$。消息 M 签名的一个接收者现在可以判断该签名确实是属于 M′的，但通常这与发送者的意愿是相悖的。同样，发送者也可以假设其实际是签名了消息 M′。这里的论点是消息 $\mathrm{M}\neq M'$，但存在 $H(M)=H(M')$，这是由于无穷的消息映射到有限的散列值中。这是采用固定长度散列值进行存储的代价[㊁]。

我们必须假设不同消息在特殊的散列或冗余函数下也可能拥有相同的数字签名(这里我们假设使用相同的签名密钥)，但这样的消息确实不容易找到或者创建。

总之，散列函数应该易于计算，但在求逆映射的情况下却不是这样。逆映射是指给定一个散列函数的值 H，求出其相对应的原像，这应该是困难的。具有这种性质的函数称为*单向函数*。另外，散列函数应该是*抗碰撞的*，抗碰撞是指给定一个散列值，找到其不同的

㊀ 我们在之前提到的 Boneh、Joux 和 Nguyen 的攻击。

㊁ 可以用数学语言描述：散列函数 H：$\mathfrak{M}\to\mathbb{Z}_n$ 将任意长度的消息映射到 $\mathbb{Z}_n$ 中的值不是单射的。

两个原像是困难的。目前，广泛应用的函数 RIPEMD-160(参见[DoBP])和安全散列算法 SHA-1(参见[ISO1])都满足这些性质。然而，近期逐渐出现了一些新的需求，其对散列值长度要求大于或等于 256 位(根据 2010 年 NIST 和[RegT])。

最近，一些发现冲突的报告引起了各界对于寻求一种新的散列算法的讨论。2004 年，发表的关于哈希函数的算法有 MD4、MD5、HAVAL128、RIPEMD、SHA-0[㊀]，以及一个由 SHA-1 演变的减少传递次数的算法(参见[WELY])。与此同时，当所有这些算法被认为不够健壮，特别是在创建数字签名时认为不适合使用时，一个相似的产物 SHA-1 即将戏剧性地占领统地位。2005 年 1 月，报道了这一事件，这一重大的消息似乎让读者比作者产生了更大的兴趣，但依然没有完全摒弃原来的算法，束缚的绳子依然很紧。然而，当时对于模糊理论的惊恐情绪实在不应该有，因为从现在来看，SHA-1 已经被广泛应用，产生了对无数应用的强大影响。

不同用户该不该使用 SHA-1 算法，在对某个应用领域的新攻击出现可能结果之前，是不具备讨论意义的，因此对此所采取的措施应该小心谨慎。在大多数情况下，急于采取行动是不可取的，相反，那些已经中期或长期存在的方法才合适相关的应用。新的散列函数将在可预期的未来由于越来越多的攻击方式、越来越高的安全需求而得到应用，而不是每半年就出现在新闻的头条上。相同的答案同时也出现在了 SHA-224、SHA-256、SHA-384 或者待研究的 SHA-512(参见[F180])上。块长度的增加可能不能弥补某些散列函数功能块的漏洞。经常会出现与块长度无关的攻击方法，这些在之前已经讨论过。

怎么找到合适的算法呢？这个问题已经被致力于发展与 RIPE 项目[㊁]相关的 RIPEMD 的欧盟与致力于发展 AES 的美国所回答。在公开透明的国际竞争环境下，散列算法的新成员将被公开测试，最终选出最优的算法。这一过程的唯一缺点是太耗时了：AES 从宣布参选到最终脱颖而出总共耗时 3 年，到最终 2001 年发表标准共耗时 4 年。有了之前的经验，直到 2010 年，新的散列函数才发展成为标准，尽管移植到新算法(或者，两三个算法)也会花时间。

对于特定的应用是否有必要使用一些过渡算法，相应会产生什么样的后果，这些只能具体问题具体分析。

我们不能进一步讨论这一话题，但它确实对密码学非常重要，有兴趣的读者可以参考[Pren]或者[MOV]的第 9 章，以及其中引述的文献，尤其是一些实时的文献。[IEEE]的第 12 章“Encoding Methods”(加密方法)讲述了将消息或者散列值转换为自然数的方法(我们已经实现了相应的函数 `clint2byte_l()` 和 `byte2clint_l()`；参见第 8 章)。RIPEMD-160、SHA-1 以及 SHA-256 的实现可以在可下载源代码 `ripemd.c`、`sha1.c` 和 `sha256.c` 中找到。

仔细考虑以上所述的签名协议，我们可以立刻发现以下问题：B 怎么样才能知道他是否拥有 A 的认证公钥？如果不保证这个条件成立，即使签名可以由上述方法验证，B 也不能信任该签名。这在 A 与 B 并不认识对方或者没有亲自交换公钥时变得很关键，然而在因特网上，通信双方互不认识是司空见惯的。

为了让 B 可以信任 A 的数字签名，A 可以给她的通信伙伴一个证书，该证书来自一个证书认证机构，该机构可以对 A 的公钥做出认证。一个非正式的“收据”，人们可以信

㊀ 这是在 1993 年发布的 SHA-1 的一个早期版本，1995 年被更名为 SHA-1，它可以克服原有的一些弱点。

㊁ RIPEMD 由 RIPEMD160(参见[DoBP])进一步发展的。尽管 RIPEMD160 支持度不如 SHA-1，但它至今为止没有被攻破过。

任它，也可以不信任它，这显然是不合适的。然而，证书是按照某种标准[⊖]进行格式化的数据集，它可以证明 A 的身份与公钥，它自身也能被证书认证机构数字签名。

一个参与者的密钥的真实性可以借助证书中包含的信息来验证。支持这种验证的软件已经出现了。未来，这种应用的技术和组织基础将基于所谓的公钥基础设施(PKI)。具体的应用有电子邮件的数字签名、商业交易的验证、电子商务和移动商务、电子银行、证书管理和行政程序(见图 17-1)。

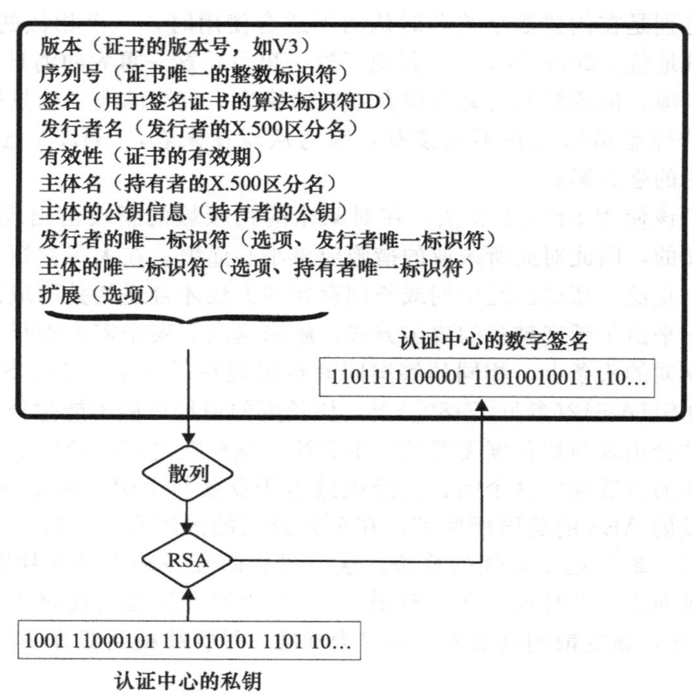

图 17-1　证书构造的一个例子

在 B 知道认证中心公钥的假设下，B 可以验证由 A 提供的证书，之后 A 的签名都可以由于进行了证书验证而被信任。

在图 17-2 中的例子，展示了客户的数字签名银行结算单，该清单有被证书认证中心认证的证书，可以证明上述过程。

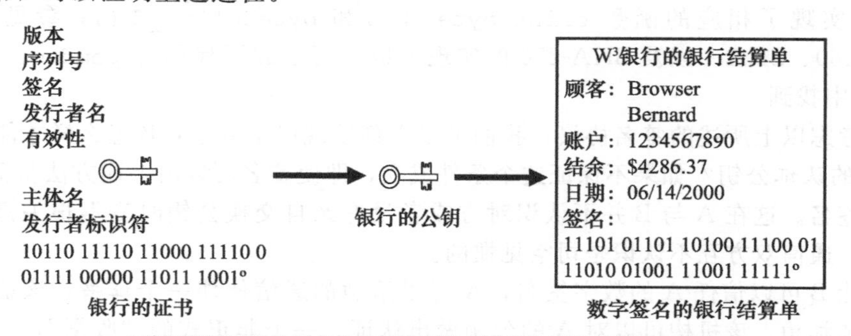

图 17-2　验证数字签名的证书

⊖　被广泛应用的标准是 ISO 9594-8，它等价于 ITU-T(以前的 CCITT)推荐的 X.509v3。

这样的银行结算单具有可通过电子传输方式到达客户手上的优势，如电子邮件，为了进一步保证信息的可信任性，它被加密发送。

然而，信任问题并没有被奇迹般地解决，而只是被转移了：现在 B 不再需要直接信任 A 密钥的有效性(上述例子中为银行的密钥)，而是在交换中检查由 A 提供的证书的真实性。为了获得可靠性，证书在每次重新使用时需要验证其有效性，无论它来自发行证书的中心还是其代理机构。仅当符合下列条件时，这个过程才是成功的：

- 证书认证机构的公钥是已知的。
- 证书认证机构非常关心对证书接受者的验证和他们的证书私钥的保护。

为了满足上述第一个条件，证书认证机构的公钥需要通过另一个更高级的认证机构认证，这样不断认证，最终得到一个证书认证机构和证书的层次等级。然而，沿着这样一个层次等级验证，需要假设最高证书认证机构(即*根认证机构*)是可信任的。因此，对其密钥的认证需要通过其他合适的技术或组织手段来建立。

当然，第二个条件对认证层次等级中的所有认证机构都成立。一个证书认证机构，在保证签名的法律效力的意义上来说，必须建立组织和技术上的手段，其细节需求应该按照相关的法律或法令实施。

1999 年年底，欧盟颁布了一条指令，要求建立一套欧洲的数字签名应用框架(参见[EU99])。这一指导方针颁布的目的是为避免各成员国之间制定冲突的规定。这一方针是由 SigG 最初的 1997 年版本中分离出来的规则，以及同样是 1997 年版本的 SigG 中的“合法技术方法”，再加上“市场经济方法”，而组成了一个“混合方案”。合法技术方法由“先进的”和“合格的电子签名”所表示，市场经济方法由“电子签名”表示。

方针中保障实际安全性的重要条例作为证书服务提供商的一个法律责任补充，主要涉及对于组件技术安全性的要求，以及认证服务提供商的设备、服务流程和监控的安全性要求。

2001 年第一季度，欧盟的指导方针被实施，德国签名法案的一个相关修正案被包含其中。它不同于旧法案的巨大变革是对“合格的电子签名”的接受，这一签名现在允许作为手写签名的替代品，也可作为法庭证供。

该法案的目的是为实现合格的电子签名创造基础条件。使用电子签名是可选的，尽管某一管理条例可能要求在某一案例上做特别要求。尤其是在一些公共机构的工作中，某些条例会要求使用合法的电子签名。

现在，我们要结束这一有趣的论题，想进一步深入研究的读者可以参见[Bies]、[Glad]、[Adam]、[Mied]和[Fegh]。最后，我们将注意力放到提供加密和产生数字签名的 C++ 类实现上。

17.4　C++ 的 RSA 类

在这一节中，我们将开发一个 C++ 类 `RSAkey`，它包含函数：

- `RSAkey::RSAkey()`：用于生成 RSA 密钥。
- `RSAkey::export()`：用于输出公钥。
- `RSAkey::decrpt()`：用于解密。
- `RSAkey::sign()`：用于在散列函数 RIPEMD-160 下进行数字签名。

另一个类 `RSApub` 用于存储和公钥应用，仅包含下列函数：

- `RSApub::RSApub()`：用于输入一个 `RSAkey` 对象的公钥。

- RSApub::crypt()：用于加密一条消息。
- RSApub::authenticate()：用于验证一个数字签名。

这里的思想不是简单地把密钥看作带有特殊密码学性质的数，而是将其看作一种封装，密钥仅提供应用其自身的对外接口函数，但限制外部对私钥数据的非授权访问。因此在产生一个密钥后，类 RSAkey 的对象包含 RSA 密钥的公钥元素和私钥元素作为私有成员，以及用于加密和签名的公开函数。构造函数产生的密钥具有如下可选特征：

- 长度固定且在 BBS 随机数发生器内部进行初始化。
- 长度可变且在 BBS 随机数发生器内部进行初始化；
- 长度可变且通过程序调用传入一个 LINT 类型的初始化值到 BBS 随机数发生器进行初始化。

类 RSApub 的对象只包含公钥，加密函数和验证数字签名的函数，其中公钥只能由 RSAkey 对象输入。为了产生一个 RSApub 类的对象，必须存在一个已经初始化的 RSAkey 对象。与 RSAkey 类的对象相比，RSApub 对象是不可靠的，处理起来更加自由。在严格的应用中，RSAkey 对象必须以加密的形式或者在特别的硬件保护措施下，在数据媒体中传输或存储。

在实现这些类之前，我们希望能设置一些限制条件来减少实现开销，以符合其仅仅作为一个演示用例的身份：为了简单起见，RSA 加密函数的输入值需要小于模数；不会发生长消息被分成多块的情况；并且，我们先不实现一个完整的 RSA 类中必不可少的需付出较高代价的功能性以及安全相关的特征(参见第 17 章)。

然而，我们并没有放弃对于解密和签名计算时间的提升。通过对于中国剩余定理(参见第 10 章)的应用，使用私钥 d 的 RSA 计算将比使用单一幂计算的传统方法快约 4 倍：给定私钥 $\langle d, n\rangle$，$n=pq$，计算 $d_p := d \bmod (p-1)$ 和 $d_q := d \bmod (q-1)$，并运用扩展的 Euclidean 算法来计算表达式 $1=rp+sq$，我们取值 r 作为 p 模 q 的乘法逆(参见 10.2 节)。我们借助 p、q、d_p、d_q、r 来计算 $c=m^d \bmod n$：

1) 计算 $a_1 \leftarrow m^{d_p} \bmod p$ 和 $a_2 \leftarrow m^{d_q} \bmod q$。

2) 计算 $c \leftarrow a_1 + p((a_2 - a_1)r \bmod q)$。

步骤 1 之后，得到 $a_1 \equiv m^{d_p} \equiv m^d \bmod p$ 和 $a_2 \equiv m^{d_q} \equiv m^d \bmod q$。为了弄明白其中的道理，可使用 Fermat 小定理证明(参见第 10 章)，根据该定理，分别有 $m^{p-1} \equiv 1 \bmod p$，$m^{q-1} \equiv 1 \bmod q$。由 $d=\ell(p-1)+d_p$，ℓ 为一整数，有：

$$m^d \equiv m^{\ell(p-1)+d_p} \equiv (m^{p-1})^{\ell} m^{d_p} \equiv m^{d_p} \bmod p, \tag{17-9}$$

类似地，对 $m^d \bmod q$ 有同样的结果。对 $m_1 := p$、$m_2 := q$、$r := 2$ 应用 Garner 算法(参见第 10 章)，可以得到步骤 2 中 c 表示的结果。快速解密由辅助函数 RSAkey::fastdecrypt()实现。所有的元素 p、q 或 n 通过带 LINT 函数的 Montgomery 求幂函数运算得到(参见第 15 章)。

```
// Selection from the include file rsakey.h
...
#include "flintpp.h"
#include "ripemd.h"

#define BLOCKTYPE_SIGN 01
#define BLOCKTYPE_ENCR 02

// The RSA key structure with all key components
typedef struct
{
```

```
    LINT pubexp, prvexp, mod, p, q, ep, eq, r;
    USHORT bitlen_mod;// binary length of modulus
    USHORT bytelen_mod; // length of modulus in bytes
} KEYSTRUCT;
// the structure with the public key components
typedef struct
{
    LINT pubexp, mod;
    USHORT bitlen_mod;// binary length of the modulus
    USHORT bytelen_mod; // length of modulus in bytes
} PKEYSTRUCT;

class RSAkey
{
  public:
    inline RSAkey (void) {};
    RSAkey (int);
    RSAkey (int, const LINT&);
    PKEYSTRUCT export_public (void) const;
    UCHAR* decrypt (const LINT&, int*);
    LINT sign (const UCHAR*, int);

  private:
    KEYSTRUCT key;

    // auxiliary functions
    int makekey (int, const LINT& = 1);
    int testkey (void);
    LINT fastdecrypt (const LINT&);
};

class RSApub
{
  public:
    inline RSApub (void) {};
    RSApub (const RSAkey&);
    LINT crypt (const UCHAR*, int);
    int verify (const UCHAR*,ž int, const LINT&);

  private:
    PKEYSTRUCT pkey;
};

// selection from module rsakey.cpp
...
#include "rsakey.h"

////////////////////////////////////////////////////////////////////////
// member functions of the class RSAkey

// constructor generates RSA keys of specified binary length
RSAkey::RSAkey (int bitlen)
{
int done;
seedBBS ((unsigned long)time (NULL));
```

```
  do
    {
      done = RSAkey::makekey (bitlen);
    }
  while (!done);
}

// constructor, generates RSA keys of specified binary length to the
// optional public exponent PubExp. The initialization of random number
// generator randBBS() is carried out with the specified LINT argument rnd.
// If PubExp == 1 or it is absent, then the public exponent is chosen
// randomly. If PubExp is even, then an error status is generated
// via makekey(), which can be caught by try() and catch() if
// error handling is activated using Exceptions.
RSAkey::RSAkey (int bitlen, const LINT& rand, const LINT& PubExp)
{
  int done;
  seedBBS (rand);
  do
    {
      done = RSAkey::makekey (bitlen, PubExp);
    }
  while (!done);
}

// export function for public key components
PKEYSTRUCT RSAkey::export_public (void) const
{
  PKEYSTRUCT pktmp;
  pktmp.pubexp = key.pubexp;
  pktmp.mod = key.mod;
  pktmp.bitlen_mod = key.bitlen_mod;
  pktmp.bytelen_mod = key.bytelen_mod;
  return pktmp;
}

// RSA decryption
UCHAR* RSAkey::decrypt (const LINT& Ciph, int* LenMess)
{
  UCHAR* EB = lint2byte (fastdecrypt (Ciph), LenEB);
  UCHAR* Mess = NULL;
  // Parse decrypted encryption block, PKCS#1 formatted
  if (BLOCKTYPE_ENCR != parse_pkcs1 (Mess, EB, LenEB, key.bytelen_mod))
    {
       // wrong block type or incorrect format
       return (UCHAR*)NULL;
     }
   else
     {
       return Mess; // return pointer to message
     }
}
```

```
// RSA signing
LINT RSAkey::sign (const UCHAR* Mess, int LenMess)
{
  int LenEncryptionBlock = key.bytelen_mod - 1;
  UCHAR HashRes[RMDVER>>3];
  UCHAR* EncryptionBlock = new UCHAR[LenEncryptionBlock];

  ripemd160 (HashRes, (UCHAR*)Mess, (ULONG)LenMess);

  if (NULL == format_pkcs1 (EncryptionBlock, LenEncryptionBLock,
                            BLOCKTYPE_SIGN, HashRes, RMDVER >> 3))
    {
      delete [] EncryptionBlock;
      return LINT (0);// error in formatting: message too long
    }

  // change encryption block into LINT number (constructor 3)
  LINT m = LINT (EncryptionBlock, LenEncryptionBlock);
  delete [] EncryptionBlock;

  return fastdecrypt (m);
}
////////////////////////////////////////////////////////////////////////
// private auxiliary functions of the class RSAkey

// ... among other things: RSA key generation according to IEEE P1363, Annex A
// If parameter PubExp == 1 or is absent, a public exponent
// of length half the modulus is determined randomly.
int RSAkey::makekey (int length, const LINT& PubExp)
{
  // generate prime p such that 2 ^ (m - r - 1) <= p < 2 ^ (m - r), where
  // m = ⌊(length + 1)/2⌋ and r random in interval 2 <= r < 15
  USHORT m = ((length + 1) >> 1) - 2 - usrandBBS_l () % 13;
  key.p = findprime (m, PubExp);

  // determine interval bounds qmin and qmax for prime q
  // set qmin = ⌊(2 ^ (length - 1))/p + 1⌋
  LINT qmin = LINT(0).setbit (length - 1)/key.p + 1;
  // set qmax = ⌊(2 ^ length - 1)/p)⌋
  LINT qmax = (((LINT(0).setbit (length - 1) - 1) << 1) + 1)/key.p;

// generate prime q > p with length qmin <= q <= qmax
key.q = findprime (qmin, qmax, PubExp);

// generate modulus mod = p*q such that 2 ^ (length - 1) <= mod < 2 ^ length
key.mod = key.p * key.q;

// calculate Euler phi function
LINT phi_n = key.mod - key.p - key.q + 1;

// generate public exponent if not specified in PubExp
if (1 == PubExp)
  {
    key.pubexp = randBBS (length/2) | 1; // half the length of the modulus
    while (gcd (key.pubexp, phi_n) != 1)
    {
      ++key.pubexp;
```

```
        ++key.pubexp;
      }
    }
  else
    {
      key.pubexp = PubExp;
    }

  // generate secret exponent
  key.prvexp = key.pubexp.inv (phi_n);

  // generate secret components for rapid decryption
  key.ep = key.prvexp % (key.p - 1);
  key.eq = key.prvexp % (key.q - 1);
  key.r = inv (key.p, key.q);
  return testkey();
}

// test function for RSA-key
int RSAkey::testkey (void)
{
  LINT mess = randBBS (ld (key.mod) >> 1);
  return (mess == fastdecrypt (mexpkm (mess, key.pubexp, key.mod)));
}

// rapid RSA decryption
LINT RSAkey::fastdecrypt (const LINT& mess)
{
  LINT m, w;
  m = mexpkm (mess, key.ep, key.p);
  w = mexpkm (mess, key.eq, key.q);
  w.msub (m, key.q);
  w = w.mmul (key.r, key.q) * key.p;
  return (w + m);
}

////////////////////////////////////////////////////////////////////////////
// member functions of the class RSApub

// constructor RSApub()
RSApub::RSApub (const RSAkey& k)
{
  pkey = k.export();// import public key from k
}

// RSA encryption
LINT RSApub::crypt (const UCHAR* Mess, int LenMess)
{
  int LenEncryptionBlock = key.bytelen_mod - 1;
  UCHAR* EncryptionBlock = new UCHAR[LenEncryptionBlock];

  // format encryption block according to PKCS #1
  if (NULL == format_pkcs1 (EncryptionBlock, LenEncryptionBlock,
                             BLOCKTYPE_ENCR, Mess, (ULONG)LenMess))
```

```
    {
      delete [] EncryptionBlock;
      return LINT (0); // formatting error: message too long
    }
  // transform encryption block into LINT number (constructor 3)
  LINT m = LINT (EncryptionBlock, LenEncryptionBlock);
  delete [] EncryptionBlock;

  return (mexpkm (m, pkey.pubexp, pkey.mod));
}

// verification of RSA signature
int RSApub::verify (const UCHAR* Mess, int LenMess, const LINT& Signature)
{
  int length, BlockType verification = 0;
  UCHAR m H1[RMDVER>>3];
  UCHAR* H2 = NULL;
  UCHAR* EB = lint2byte (mexpkm (Signature, pkey.pubexp, pkey.mod), &length);
  ripemd160 (H1 (UCHAR*)Mess, (ULONG)LenMess);

  // take data from decrypted PKCS #1 encryption block
  BlockType = parse_pkcs1 (H2, EB, &length, pkey.bytelen_mod);

  if ((BlockType == 0 || BlockType == 1) && // Block Type Signature
      (HashRes2 > NULL) && (length == (RMDVER >> 3)))
    {
      verification = !memcmp ((char *)H1, (char *)H2, RMDVER >> 3);
    }
  return verification;
}
```

RSAkey 和 RSApub 的类实现还包括下列运算，在此不做过多描述：

```
RSAkey& operator= (const RSAkey&);

friend int operator== (const RSAkey&, const RSAkey&);
friend int operator!= (const RSAkey&, const RSAkey&);
friend fstream& operator<< (fstream&, const RSAkey&);
friend fstream& operator>> (fstream&, RSAkey&);
```

以及

```
RSApub& operator= (const RSApub&);

friend int operator== (const RSApub&, const RSApub&);
friend int operator!= (const RSApub&, const RSApub&);
friend fstream& operator<< (fstream&, const RSApub&);
friend fstream& operator>> (fstream&, RSApub&);
```

它们用于元素分配、检验相等性和不等性，并从主存中读或写密钥。然而，必须注意这里的私钥元素与公钥同样以明文形式存储。在实际应用中，私钥必须以加密形式存储在安全的环境中。

同样还有其他成员函数

```
RSAkey::purge (void),
RSApub::purge (void),
```

它们将 LINT 部分重写为 0，以删除密钥。按照 PKCS#1 的要求，用于加密或签名的消息块的格式化由下面这个函数实现

```
UCHAR* format_pkcs1 (const UCHAR* EB, int LenEB,
UCHAR BlockType, const UCHAR* Data, int LenData);
```

用于解密消息块的格式验证和从中提取有用数据的函数为

```
int parse_pkcs1 (UCHAR*& PayLoad, const UCHAR* EB, int* LenData);
```

类 RSAkey 和 RSApub 可以朝某些方面扩展。例如，可以创造一个构造函数，它接受一个公钥参数，并产生一个合适的模和私钥。在实际实现中，还必须加入散列函数。同时消息分块也是必需的。值的扩展的名单还很长，全部考虑将超出本书的范围。

FLINT/C 包的模块 rsademo.cpp 中包含了类 RSAkey 和类 RSApub 的应用测试用例，该程序可以由以下命令编译：

```
gcc -O2 -DFLINT_ASM -o rsademo rsademo.cpp rsakey.cpp
    flintpp.cpp randompp.cpp flint.c aes.c ripemd.c sha256.c entropy.c random.c
    -lflint -lstdc++
```

为了实现，可利用 Linux 下的 GNU C/C++ 编译器 gcc 和 libflint.a 中的汇编函数。

自己动手测试 LINT

90%的时间花在了 10%的代码上。

——*Robert Sedgewick*,《*Algorithms*》

我们已经在第 13 章围绕这一主题进行了讨论，我们将本书第一部分的基本运算函数扩展到多个静态和动态测试中。现在，我们需要对 C++ 类 `LINT` 的有效性做相似的处理，我们仍然需要对数论 C 函数进行测试。

静态检测方法可以直接应用于 `LINT` 类，用于 C 函数静态分析的工具 PC-lint(参见[Gimp])对我们十分适用，因此我们可以利用它测试 `LINT` 类及其基本单元的语法正确性和(某个限度内的)语义合理性。

我们同样对类实现的函数功能方面感兴趣：我们必须证明 `LINT` 中的函数方法能返回正确的结果。前面利用结果的等价性或互逆性来建立恒等式的过程当然也可以运用到 C++ 函数中。在下面的例子中，这一过程嵌入在函数 `testdist()`中，它通过分配律把加法和乘法联系起来。在此，可以看出与 C 的检测函数相比，其语法复杂度降低了许多。测试函数主要由两行代码组成！

```
#include <stdio.h>
#include <stdlib.h>
#include "flintpp.h"

void report_error (LINT&, LINT&, LINT&, int);
void testdist (int);

#define MAXTESTLEN CLINTMAXBIT
#define CLINTRNDLN (ulrand64_l()% (MAXTESTLEN + 1))

main()
{
  testdist (1000000);
}

void testdist (int nooftests)
{
  LINT a;
  LINT b;
  LINT c;
  int i;

  for (i = 1; i < nooftests; i++)
    {
      a = randl (CLINTRNDLN);
      b = randl (CLINTRNDLN);
      c = randl (CLINTRNDLN);

      // test of + and * by application of the distributive law
      if ((a + b)*c != (a*c + b*c))
```

```
            report_error (a, b, c, __LINE__);
        }
    }
    void report_error (LINT& a, LINT& b, LINT& c, int line)
    {
      LINT d = (a + b) * c;
      LINT e = a * c + b * c;
      cerr << "error in distributive law before line " << line << endl;
      cerr << "a = " << a << endl;
      cerr << "b = " << b << endl;
      cerr << "(a + b) * c = " << d << endl;
      cerr << "a * c + b * c = " << e << endl;
      abort();
    }
```

我们现在留一个练习给读者：用上述相同方式对 LINT 运算符做测试。为了适应相应的情况，可以参考 C 函数的一些测试例程。然而，也要考虑一些新的方面，比如前缀和后缀运算符++ 和－－，以及＝＝都需要测试。这是一些附加的要求：

- 使用或不使用异常来测试错误例程 panic()所定义的所有错误情况。
- 测试 I/O 函数、流操作和操作符。
- 测试算术和数论函数。

数论函数可以按照与算术函数相同的原则进行测试。为检验被测试的函数，可以利用逆函数、等价函数或者同一函数的不同实现(尽量与另一个函数保持独立)。对上述每一个变体有如下例子：

- 令 Jacobi 符号表示一个有限环中的一个元素是一个平方数，这可以通过计算平方根来检验。相反，求出的平方根可以通过简单的模平方验证。
- 用来计算整数 a 模 n 的乘法逆元 i 的函数 inv()可以通过等式 $ai \equiv 1 \bmod n$ 测试。
- 可以利用两个 FLINT/C 函数 gcd_l()和 xgcd_l()求两个整数的最大公约数，其中，后者返回最大公约数的线性组合表示。两个结果可以相互比较，从而建立线性组合，该线性组合必须等于最大公约数。
- 在最大公约数和最小公倍数之间的关系中可以找到冗余：对于整数 a 和 b，有等式

$$\operatorname{lcm}(a,b) = \frac{|ab|}{\gcd(a,b)}$$

  这是一个意义重大的关系式，并且容易被检验。关于最大公约数和最小公倍数的其他有用公式请参见 10.1 节。
- 最后，RSA 算法可以考虑引入素性检测：如果 p 或者 q 不是素数，那么 $\phi(n) \neq (p-1)(q-1)$。RSA 算法只有在对 p 或 q 的 Fermat 测试证明 p 和 q 为素数时才成立。因此某些可逆 RSA 运算以及已解密消息与原始消息的对比运算可以确定素性检验是否起作用。

这些是各种有效测试 LINT 函数的算法。读者应该对每个 LINT 函数开发实现至少一种这样的测试。这作为一种测试和练习是非常有效的，可以有效提高读者对于 LINT 类的工作原理和适用范围的熟悉程度。

更进一步的扩展方法

尽管我们现在有一套完整的成体系的软件包，但仍然面临着这样的问题：我们可以在哪些方面做出更进一步扩展。答案是在函数的功能和性能方面仍存在可扩展的可能性。

关于功能，可以想象将 FLINT/C 中的基本函数应用到已涉及甚至未涉及的领域，例如大数分解或者椭圆曲线，由于其独有的性质，大家将其应用到密码学的兴趣也越来越浓。感兴趣的读者可以在[Bres]、[Kobl]和[Mene]中找到详细的解释，也可以参阅一些标准文献[Cohe]、[Schn]和[MOV]，这些文献我们在本书中经常引用，里面也包含一些其他引用的文献。

开发的第二个领域是提高吞吐量，首要目标是将位数从 16 位提升到 32 位($B=2^{32}$)，以及使用汇编函数并支持其平台上的 C/C++ 实现。

对后一种方法的开发和检测可以独立于平台进行，比如借助 GNU 编译器 gcc，利用 gcc类型 unsigned long long：通过 typedef ULONG CLINT [CLINTMAXLONG]；定义的 CLINT 类型；另外，特定常量必须根据整数内部表示的基做调整。

在 FLINT/C 包的函数中所有的显式类型转换和其他涉及的 USHORT 类型都必须用 usingned long long 定义的 ULONG(或经过合适的 typedef 的 ULLONG)代替。一些假设所用数据类型长度的函数必须改写。经过包含静态语法检查(参见第 13 章)的广泛测试和调试过程后，FLINT/C 包最终可用于 64 位的 CPU。

由于使用了汇编函数，所以 FLINT/C 包函数能处理 32 位的数字和 64 位的结果，这同样适用于那些算术运算只能处理 32 位字但支持得到 64 位结果的处理器。

由于使用了汇编函数，所以我们放弃了之前的利用特殊平台独立性的策略，在窄目标范围实现这样的函数是非常有用的。我们必须验证 FLINT/C 函数经过汇编支持后能在时间上获利最大。确定这样的函数并不困难，它们是那些具有平方运行时间表现的算法函数：乘法，平方，除法。这些基本算法占据了大多数数论算法函数的主要运算时间，在不直接改变算法实现的情况下，提高这些函数的运行效率是线性的。为了从中受益，对 FLINT/C 包的函数

```
mult(),  umul(),  sqr(),   div_l(),
```

可以在 80x86 的汇编程序中实现。函数 mult ()、umul () 和 sqr () 分别是 mult_l ()、umul_l () 和 sqr_l () 的内核函数(参见第 5 章)。这些函数支持长度达到 4096 位的参数变量，即 256($=MAX_B$)位的 CLINT 数，同时也支持两倍于该长度的结果。与对应的 C 函数相似，汇编函数根据第 4 章所给出的算法实现，这里对 CPU 寄存器的存取允许使用算术机器指令处理 32 位参数和 64 位结果(参见第 2 章)。

FLINT/C 包将模块 mult. asm、mult. s、umul. asm、umul. s、sqr. asm、sqr. s、div. asm 和 div. s 作为汇编源代码。可以通过利用 Microsoft MASM(调用：ml /Cx /c /Gd < 文件名>)、Watcom 的 WASM[⊖]或者 GNU、GAS 来对上述模块进行汇编，当模块

⊖ 根据所用的编译器，汇编程序 mul、umul、sqr 和 div_l 被命名为带下划线的(_mult、_umul、_sqr 和_div_l)，因为 WASM 并不产生它们。

flint.c 被-DFLINT_ASM[⊖]编译时，它们可以代替对应的 C 函数。相应的计算时间在附录 D 中给出，它可以直接比较一些重要的函数在有或者没有汇编支持的计算时间。

Montgomery 幂(参见第 6 章)提供了另外的节约潜质，同时两个辅助函数 mulmon_l() 和 sqrmon_l()(参见第 6 章)可以实现处理 32 位数字的汇编函数。模块 mul.asm 和 sqr.asm 为此提供了一个开始的基础。对于感兴趣的读者来说，这里面有很多挑战等着他。

至此，这些是所有我们所知的。

——*Jon Hiseman*，《*Colosseum*》

⊖ 通过模块 mult.asm、sqr.asm、umul.asm 和 div.asm，这个函数可以在 80x86 的兼容平台上执行。对于其他的平台，必须执行相应的其他实现。

附　录

C 函数目录

A.1 输入/输出、赋值、转换和比较

```
int
byte2clint_l (CLINT n_l,
    char *bytes, int len);
```

将一个字节数组转换为 CLINT 类型(IEEE, P1363, 5.5.1标准)

```
UCHAR*
clint2byte_l (CLINT n_l,
    int *len);
```

将 CLINT 类型转换为一个字节数组(IEEE, P1363, 5.5.1标准)

```
int
cmp_l (CLINT a_l, CLINT b_l);
```

比较 a_l 和 b_l 的长度

```
int
cpy_l (CLINT dest_l, CLINT src_l);
```

将 src_l 的值赋给 dest_l

```
int
equ_l (CLINT a_l, CLINT b_l);
```

检测 a_l 与 b_l 是否相等

```
void
fswap_l (CLINT a_l, CLINT b_l);
```

交换 a_l 与 b_l

```
clint*
setmax_l (CLINT n_l);
```

将 n_l 设置为 N_{max} 所表示的最大 CLINT 类型整数

```
int
str2clint_l (CLINT n_l,
    char *N, USHORT b);
```

将一个字符串转换为以 b 为基数的 CLINT 类型

```
void
u2clint_l (CLINT num_l, USHORT ul);
```

将 USHORT 类型转换为 CLINT 类型

```
void
ul2clint_l (CLINT num_l, ULONG ul);
```

将 ULONG 类型转换为 CLINT 类型

```
unsigned int
vcheck_l (CLINT n_l);
```

CLINT 类型格式检验

```
char*
verstr_l ();
```

以字符串形式输出 FLINT/C 库的版本，其中标识符'a'表示支持汇编程序，'s'表示 FLINT/C 安全模式。

```
char*
xclint2str_l (CLINT n_l,
    USHORT base, int showbase);
```

将 CLINT 类型转换为以 base 为基数的字符串，可带或不带前缀。

A.2 基本运算

```
int
add_l (CLINT a_l, CLINT b_l,
    CLINT s_l)
```

加法：计算 a_l 和 b_l 的和，并在 s_l 中输出

`int` `dec_l (CLINT a_l)`	a_l 自减

`int`
`div_l (CLINT a_l, CLINT b_l,`
`    CLINT q_l, CLINT r_l)`
	带余除法：用 a_l 除以 b_l，商存储在 q_l 中，余数存储在 r_l 中

`int` `inc_l (CLINT a_l)`	a_l 自增

`int`
`mul_l (CLINT a_l, CLINT b_l,`
`    CLINT p_l)`
	乘法：a_l 与 b_l 相乘，结果在 p_l 中输出

`int` `sqr_l (CLINT a_l, CLINT p_l)`	计算 a_l 的平方，结果在 p_l 中输出

`int`
`sub_l (CLINT a_l, CLINT b_l,`
`    CLINT s_l)`
	减法：计算 a_l 减 b_l 的差值，结果在 s_l 中输出

`int`
`uadd_l (CLINT a_l, USHORT b,`
`    CLINT s_l)`
	混合加法：计算 a_l 和 b 的和，结果在 s_l 中输出

`int`
`udiv_l (CLINT a_l, USHORT b,`
`    CLINT q_l, CLINT r_l)`
	混合带余除法：用 a_l 除以 b，商存储在 q_l 中，余数存储在 r_l 中

`int`
`umul_l (CLINT a_l, USHORT b,`
`    CLINT p_l)`
	混合乘法：a_l 与 b 相乘，结果在 p_l 中输出

`int`
`usub_l (CLINT a_l, USHORT b,`
`    CLINT c_l)`	

A.3　模算术

`int`
`madd_l (CLINT a_l, CLINT b_l,`
`    CLINT c_l, CLINT m_l);`
	带模加法：a_l 加上 b_l 模 m_l，结果在 c_l 中输出

`int`
`mequ_l (CLINT a_l, CLINT b_l,`
`    CLINT m_l);`
	检测 a_l 和 b_l 是否对 m_l 同余

`int`
`mexp_l (CLINT bas_l, CLINT e_l,`
`    CLINT p_l,CLINT m_l);`
	模幂，如果模数是奇数，则自动调用 mexpkm_l()，否则调用 mexpk_l()

`int`
`mexp2_l (CLINT bas_l, USHORT e,`
`    CLINT p_l, CLINT m_l);`
	模幂，指数为 2 的幂

`int`
`mexp5_l (CLINT bas_l, CLINT exp_l,`
`    CLINT p_l,CLINT m_l);`
	模幂，2^5 进制方法

```
int
mexp5m_l (CLINT bas_l, CLINT exp_l,
    CLINT p_l, CLINT m_l);
```

Montgomery求幂，使用2^5进制方法，模数为奇数

```
int
mexpk_l (CLINT bas_l, CLINT exp_l,
    CLINT p_l, CLINT m_l);
```

模幂，2^k进制方法，使用malloc()动态分配内存

```
int
mexpkm_l (CLINT bas_l, CLINT exp_l,
    CLINT p_l, CLINT m_l);
```

Montgomery求幂，使用2^k进制方法，模数为奇数

```
int
mmul_l (CLINT a_l, CLINT b_l,
    CLINT c_l, CLINT m_l);
```

模乘：a_l乘以b_l模m_l，结果在c_l中输出

```
int
mod_l (CLINT d_l, CLINT n_l,
    CLINT r_l);
```

对d_l进行模n_l约简，输出于r_l

```
int
mod2_l (CLINT d_l, ULONG k,
    CLINT r_l);
```

对d_l模2^k约简

```
int
msqr_l (CLINT a_l, CLINT c_l,
    CLINT m_l);
```

a_l的平方模n_l，模方存于p_l中

```
int
msub_l (CLINT a_l, CLINT b_l,
    CLINT c_l, CLINT m_l);
```

带模除法：a_l除以b_l模m_l，结果输出于c_l

```
void
mulmon_l (CLINT a_l, CLINT b_l,
     CLINT n_l, USHORT nprime,
    USHORT log B_r, CLINT p_l);
```

a_l乘以b_l模n_l的模乘，积存于p_l中(使用Montgomery方法，$B^{\mathrm{logB\_r}-1} \leqslant$ n_l $< B^{\mathrm{logB\_r}}$)

```
void
sqrmon_l (CLINT a_l, CLINT n_l,
    USHORT nprime, USHORT logB_r,
    CLINT p_l);
```

```
int
umadd_l (CLINT a_l, USHORT b,
    CLINT c_l, CLINT m_l);
```

混合带模加法：a_l加b_l模m_l，输出存于c_l

```
int
umexp_l (CLINT bas_l, USHORT e,
     CLINT p_l, CLINT m_l);
```

模幂，指数为USHORT类型

```
int
umexpm_l (CLINT bas_l, USHORT e,
     CLINT p_l, CLINT m_l);
```

模幂，模数为奇数，指数为USHORT类型

```
int
ummul_l (CLINT a_l, USHORT b,
    CLINT p_l, CLINT m_l);
```

混合模乘，a_l乘b_l模m_l，积存于p_l中

```
USHORT
umod_l (CLINT d_l, USHORT n);
```

对d_l进行模n约简

`int umsub_l (CLINT a_l, USHORT b, CLINT c_l, CLINT m_l);`	混合带模减法：a_l减去b_l模m_l，输出存于c_l
`int wmexp_l (USHORT bas, CLINT e_l, CLINT p_l, CLINT m_l);`	模幂，底数为USHORT类型
`int wmexpm_l (USHORT bas, CLINT e_l, CLINT p_l, CLINT m_l);`	Montgomery求幂，模数为奇数，底数为USHORT类型

A.4　位运算

`void and_l (CLINT a_l, CLINT b_l, CLINT c_l)`	a_l和b_l按位与，结果在c_l中输出
`int clearbit_l (CLINT a_l, unsigned int pos)`	检测并清除a_l中pos位置上的值
`void or_l (CLINT a_l, CLINT b_l, CLINT c_l)`	a_l和b_l按位或，结果在c_l中输出
`int setbit_l (CLINT a_l, unsigned int pos)`	检测并设置a_l中pos位置上的值
`int shift_l (CLINT a_l, long int noofbits)`	将a_l左移/右移noofbits位
`int shl_l (CLINT a_l)`	将a_l右移1位
`int shr_l (CLINT a_l)`	将a_l左移1位
`int testbit_l (CLINT a_l, unsigned int pos)`	检测a_l在位置pos上的值
`void xor_l (CLINT a_l, CLINT b_l, CLINT c_l)`	a_l和b_l的按位异或(XOR)，结果输出于c_l

A.5　数论函数

`int chinrem_l (unsigned noofeq, clint** coeff_l, CLINT x_l)`	线性同余组的解，结果在x_l中输出
`void gcd_l (CLINT a_l, CLINT b_l, CLINT g_l)`	a_l和b_l的最大公因子，在g_l中输出

```
int
introot_l (CLINT a_l, USHORT
b, CLINT r_l)
```

a_l的b次根的整数部分，结果在r_l中输出

```
void
inv_l (CLINT a_l, CLINT n_l,
    CLINT g_l, CLINT i_l)
```

求a_l和n_l的最大公约数，以及a_l模n_l的逆

```
unsigned
iroot_l (CLINT a_l, CLINT r_l)
```

a_l的平方根的整数部分，结果在r_l中输出

```
int
jacobi_l (CLINT a_l, CLINT b_l)
```

a_l对b_l的Legendre/Jacobi符号

```
void
lcm_l (CLINT a_l, CLINT b_l,
    CLINT v_l)
```

a_l和b_l的最小公倍数，结果在v_l中输出

```
int prime_l (CLINT n_l,
unsigned noofsmallprimes,
    unsigned iterations)
```

对n_l进行带分筛的Miller-Rabin素性测试

```
int
primroot_l (CLINT x_l,
    unsigned noofprimes,
    clint** primes_l)
```

确定一个模n的原根，结果在x_l中输出

```
int
proot_l (CLINT a_l, CLINT p_l,
    CLINT x_l)
```

a_l模p_l的平方根，结果在x_l中输出

```
int
root_l (CLINT a_l, CLINT p_l,
    CLINT q_l, CLINT x_l)
```

a_l模p_l*q_l的平方根，结果在x_l中输出

```
USHORT
sieve_l (CLINT a_l,
    unsigned noofsmallprimes)
```

除法分筛，用a_l除以小素数

```
void
xgcd_l (CLINT a_l, CLINT b_l,
    CLINT g_l,
    CLINT u_l, int *sign_u,
    CLINT v_l, int *sign_v)
```

a_l与b_l的最大公约数，并分别以符号sign_u和sign_v将gcd表示在u_l和v_l中

A.6　伪随机数的生成

```
UCHAR
bRand_l (STATEPRNG *xrstate)
```

生成UCHAR类型的伪随机数

```
UCHAR
bRandBBS_l (STATEBBS *xrstate)
```

使用BBS发生器生成UCHAR类型的伪随机数

```
int
FindPrime_l (CLINT p_l,
    STATEPRNG *xrstate, USHORT l)
```

确定一个CLINT类型的伪随机素数p_l，使得$2^{l-1} \leqslant p_l < 2^l$

函数	说明
`int FindPrimeGcd_l (CLINT p_l, STATEPRNG *xrstate, USHORT l, CLINT f_l)`	确定一个 CLINT 类型的伪随机素数 p_l，使得 $2^{l-1} \leqslant p\_l < 2^l$ 且 gcd(p_l- 1,f_l)=1
`int FindPrimeMinMaxGcd_l (CLINT p_l, STATEPRNG *xrstate, CLINT rmin_l, CLINT rmax_l, CLINT f_l)`	确定一个 CLINT 类型的伪随机素数 p_l，使得 rmin_l≤p_l<rmax_l 且 gcd(p_l- 1,f_l)=1
`int GetEntropy_l (CLINT Seed_l, char *Hashres,int AddEntropy, char *RndStr, int LenRndStr)`	为初始化伪随机数生成器生成熵
`int InitRand_l (STATEPRNG *xrstate, char *UsrStr, int LenUsrStr, int AddEntropy, int Generator)`	初始化一个尚未指定的随机数发生器，并生成熵
`int InitRandAES_l (STATEAES *rstate, char *UsrStr, int LenUsrStr, int AddEntropy)`	初始化 AES 随机数发生器并生成熵
`int InitRandBBS_l (STATEBBS *rstate, char *UsrStr, int LenUsrStr, int AddEntropy)`	初始化 Blum-Blum-Shub 随机数发生器，并生成熵
`int InitRandRMDSHA1_l ( STATERMDSHA1 *rstate, char * UsrStr, int LenUsrStr, int AddEntropy)`	初始化 RandRMDSHA-1 随机数发生器并生成熵
`ULONG lRand_l (STATEPRNG *xrstate)`	ULONG 类型的随机数发生器
`void PurgeRand_l (STATEPRNG *xrstate)`	删除伪随机数发生器的内部状态
`void PurgeRandAES_l (STATEAES *rstate)`	删除伪随机数发生器 RandAES 的内部状态
`void PurgeRandBBS_l (STATEBBS *rstate)`	删除伪随机数发生器 RandBBS 的内部状态
`void PurgeRandRMDSHA1_l (STATERMDSHA1 *rstate)`	删除伪随机数发生器 RandRMDSHA1 的内部状态
`int Rand_l (CLINT r_l, STATEPRNG *xrstate, int l)`	使用 FLINT/C 伪随机数生成器生成 CLINT 类型的伪随机数 r_l，使得 $2^{l-1} \leqslant r\_l < 2^l$
`void rand_l (CLINT r_l, int l)`	使用线性同余生成 l 位长的 CLINT 类型随机数
`clint* rand64_l (void)`	64 位随机数发生器
`int RandAES_l (CLINT r_l, STATEAES *rstate, int l)`	通过 AES 随机数生成器使用独立三态缓冲器生成长为 l 位的 CLINT 类型随机数

int RandBBS_l (CLINT r_l, STATEBBS *rstate, int l)	通过 BBS 随机数生成器使用独立三态缓冲器生成长为 l 位的 CLINT 类型随机数
clint* randBBS_l (CLINT r_l, int l)	用 BBS 位生成器产生 l 位长的 CLINT 型随机数
int RandlMinMax_l (CLINT r_l, STATEPRNG *xrstate, CLINT rmin_l, CLINT rmax_l)	确定一个 CLINT 类型随机数 r_l，使得 rmin_l≤r_l≤rmax_l
int RandRMDSHA1_l (CLINT r_l, STATERMDSHA1 *rstate, int l)	通过 RMDSHA1 随机数生成器使用独立三态缓冲器生成长为 l 位的 CLINT 类型随机数
int randbit_l (void)	BBS 位生成器
clint* seed64_l (CLINT seed_l)	用 CLINT 类型的值初始化 rand64_l()
void seedBBS_l (CLINT seed_l)	用 CLINT 类型的值初始化 randbit_l()
USHORT sRand_l (STATEPRNG *xrstate)	生成 USHORT 类型的伪随机数
int SwitchRandAES_l (STATEAES *rstate)	基于 AES 的确定性随机数生成器
int SwitchRandBBS_l (STATEBBS *rstate)	基于 BBS 的确定性随机数生成器
int SwitchRandRMDSHA1_l (STATERMDSHA1 *rstate)	基于散列函数 SHA-1 和 RIPEMD-160 的确定性随机数生成器
UCHAR ucrand64_l (void)	生成 UCHAR 类型随机数
UCHAR ucrandBBS_l (void)	生成 UCHAR 类型随机数的 BBS 生成器
ULONG ulrand64_l (void)	生成 ULONG 类型随机数
ULONG ulrandBBS_l (void)	生成 ULONG 类型随机数的 BBS 生成器
clint* ulseed64_l (ULONG seed)	用 ULONG 类型的值初始化 rand64_l()
void ulseedBBS_l (ULONG seed)	用 ULONG 类型的值初始化 randbit_l()
USHORT usrand64_l (void)	生成 USHORT 类型随机数
USHORT usrandBBS_l (void)	生成 USHORT 类型随机数的 BBS 生成器

A.7 寄存器管理

clint* create_l (void)	生成一个 CLINT 类型寄存器
int create_reg_l (void)	生成 CLINT 类型寄存器库
void free_l (CLINT n_l);	通过覆盖并释放内存来清除一个寄存器
void free_reg_l (void)	通过覆盖并释放内存来清除所有寄存器库
clint* get_reg_l (unsigned int reg)	对寄存器库中的寄存器 reg 生成引用
void purge_l (CLINT n_l)	通过覆盖，清除一个 CLINT 对象
int purge_reg_l (unsigned int reg)	通过覆盖，清除寄存器库
int purgeall_reg_l (void)	通过覆盖，清除寄存器库中所有寄存器
void set_noofregs_l (unsigned int nregs)	设置寄存器的数量

C++函数目录

B.1 输入/输出，转换，比较：成员函数

函数	说明
LINT (void);	**构造函数 1**：生成一个未初始化的 LINT 对象
LINT (const char* str, int base);	**构造函数 2**：从字符串数字构造基数为 base 的 LINT 数字
LINT (const UCHAR* byte, int len);	**构造函数 3**：从字节数组构造基数为 2^8 的 LINT 数字，按照 IEEE P1363 标准，低位在左高位在右
LINT (const char* str);	**构造函数 4**：从带 C 语法的 ASCII 码字符串构造 LINT
LINT (const LINT&);	**构造函数 5**：从 LINT 构造 LINT(复制构造)
LINT (signed int);	**构造函数 6**：从 int 型整数构造 LINT
LINT (signed long);	**构造函数 7**：从 long 型整数构造 LINT
LINT (unsigned char);	**构造函数 8**：从 unsigned char 型整数构造 LINT
LINT (USHORT);	**构造函数 9**：从 unsigned short 型整数构造 LINT
LINT (unsigned int);	**构造函数 10**：从 unsigned int 型整数构造 LINT
LINT (unsigned long);	**构造函数 11**：从 unsigned long 型整数构造 LINT
LINT (const CLINT);	**构造函数 12**：从 CLINT 型整数构造 LINT
inline char* binstr (void) const;	将 LINT 型整数表示为二进制数字
inline char* decstr (void) const;	将 LINT 型整数表示为十进制数字
inline void disp (char* str);	将之前的输出 str 用 LINT 整数显示
Static long flags (ostream& s);	读取与输出流 s 关联的静态 LINT 状态变量
static long flags (void);	读取与输出流 cout 关联的静态 LINT 状态变量
LINT& fswap (LINT& b);	交换隐式参数 a 与参数 b
inline char* hexstr (void) const;	将 LINT 型整数表示为十六进制数字
UCHAR* lint2byte (int* len) const;	将 LINT 型整数转化为字节数组，并将其长度输出在 len 中。按照 IEEE P1363 标准低位在左高位在右
char* lint2str (USHORT base, const int showbase = 0) const;	将 LINT 型整数表示为基数为 base 的字符串，前缀为 0x 或 0b 如果 showbase> 0

inline char* octstr (void) const;	将 LINT 型整数用八进制表示
const LINT& operator = (const LINT& b);	分配 a←b
void purge (void);	通过重写清除隐式参数
static long restoref (long int flags);	参照输出流 cout 将 LINT 的状态变量重置为 flags 中的值
static long restoref (ostream& s, long int flags);	参照 astream s 将 LINT 状态变量设置为 flags 中的值
static long setf (long int flags);	参照 astream cout 设置 LINT 状态变量中 flags 中的状态位
static long setf (ostream& s, long int flags);	参照 astream s 设置 LINT 状态变量中 flags 的状态位
static long unsetf (long int flags);	参照 astream cout 复位 LINT 状态变量中 flags 的状态位
static long unsetf (ostream& s, long int flags);	参照 astream s 设置 LINT 状态变量中 flags 的状态位

B.2 输入/输出、转换、比较：友元函数

void fswap (LINT& a, LINT& b);	交换 a 和 b
UCHAR* lint2byte (const LINT& a, int* len);	将 a 转换为字节数组，其长度在 len 中输出，按照 IEEE P1363 标准，低位在左、高位在右
char* lint2str (const LINT& a, USHORT base, int showbase);	用以 base 为基数的字符串表示 a，前缀为 0x 或 0b(若 showbase> 0)
ostream& LintBin (ostream& s);	二进制形式 LINT 型整数的 ostream 操纵器
ostream& LintDec (ostream& s);	十进制形式 LINT 型整数的 ostream 操纵器
ostream& LintHex (ostream& s);	十六进制形式 LINT 型整数的 ostream 操纵器
ostream& LintLwr (ostream& s);	使用小写字母的十六进制形式 LINT 型整数的 ostream 操纵器
ostream& LintNobase (ostream& s);	忽略前缀 0x 或 0b 的十六进制或二进制形式 LINT 型整数的 ostream 操纵器
ostream& LintNolength (ostream& s);	忽略输出 LINT 型整数的二进制长度的操纵器

```
ostream&
LintOct (ostream& s);
```

八进制形式 LINT 型整数的 ostream 操纵器

```
ostream&
LintShowbase (ostream& s);
```

显示前缀 0x 或 0b 的十六进制形式 LINT 整数的 ostream 操纵器

```
ostream&
LintShowlength (ostream& s);
```

显示输出长度的二进制形式 LINT 整数的 ostream 操纵器

```
ostream&
LintUpr (ostream& s);
```

使用大写字母的十六进制形式 LINT 型整数的 ostream 操纵器

```
const int
operator != (const LINT& a,
    const LINT& b);
```

检测是否 a! = b

```
const int
operator < (const LINT& a,
    const LINT& b);
```

比较 a< b

```
fstream&
operator << (fstream& s,
    const LINT& ln);
```

为将 LINT 型整数写入文件重载插入运算符，输出流为 fstream 型

```
ofstream&
operator << (ofstream& s,
    const LINT& ln);
```

为将 LINT 型整数写入文件重载插入运算符，输出流为 ofstream 型

```
ostream&
operator << (ostream& s,
    const LINT& ln);
```

为输出 LINT 整数重载插入运算符，输出流为 ostream 型

```
const int
operator <= (const LINT& a,
    const LINT& b);
```

比较 a<= b

```
const int
operator == (const LINT& a,
    const LINT& b);
```

检测 a== b

```
const int
operator > (const LINT& a,
    const LINT& b);
```

比较 a> b

```
const int
operator >= (const LINT& a,
    const LINT& b);
```

比较 a>= b

```
fstream&
operator >> (fstream& s,
    LINT& ln);
```

为从文件读取 LINT 型整数重载提取运算符，输入流为 fstream 类型

```
ifstream&
operator >> (ifstream& s,
    LINT& ln);
```

为从文件读取 LINT 型整数重载提取运算符，输入流为 ifstream 类型

```
void
purge (LINT& a);
```

通过重写清除

```
LINT_omanip<int>
ResetLintFlags (int flag);
```

重置 LINT 状态变量中 flag 的状态位的操纵器

```
LINT_omanip<int>
SetLintFlags (int flag);
```
设置 LINT 状态变量中 flag 的状态位的操纵器

B.3　基本操作：成员函数

```
const LINT&
add (const LINT& b);
```
加法 c= a.add(b);

```
const LINT&
divr (const LINT& d, LINT& r);
```
带余除法 quotient= dividend.div(divisor,remainder);

```
const LINT&
mul (const LINT& b);
```
乘法 c= a.mul(b);

```
const LINT
operator -- (int);
```
自减操作(后缀)a-- ;

```
const LINT& operator --
(void);
```
自减操作(前缀)-- a;

```
const LINT&
operator %= (const LINT& b);
```
取余并赋值 a% = b;

```
const LINT&
operator *= (const LINT& b);
```
求积并赋值 a* = b;

```
const LINT&
operator /= (const LINT& b);
```
求商并赋值 a/= b;

```
const LINT
operator ++ (int);
```
自增操作(后缀)a++ ;

```
const LINT&
operator ++ (void);
```
自增操作(前缀)++ a;

```
const LINT&
operator += (const LINT& b);
```
求和并赋值 a+ = b;

```
const LINT&
operator -= (const LINT& b);
```
求差并赋值 a- = b;

```
const LINT&
sqr (void);
```
求平方 c= a.sqr(b);

```
const LINT&
sub (const LINT& b);
```
求差 c= a.sub(b);

B.4　基本操作：友元函数

```
const LINT
add (const LINT& a, const LINT& b);
```
加法 c= add(a,b);

```
const LINT
divr (const LINT& a,
    const LINT& b, LINT& r);
```
带余除法 quotient= div(dividend,divisor,remainder);

```
const LINT
mul (const LINT& a, const LINT& b);
```
乘法 c= mul(a,b);

```
const LINT
operator - (const LINT& a,
    const LINT& b);
```

减法 c= a- b;

```
const LINT
operator % (const LINT& a,
    const LINT& b);
```

求余 c= a% b;

```
const LINT
operator * (const LINT& a,
    const LINT& b);
```

乘法 c= a* b;

```
const LINT
operator / (const LINT& a,
    const LINT& b);
```

除法 c= a/b;

```
const LINT
operator + (const LINT& a,
    const LINT& b);
```

加法 c= a+ b;

```
const LINT
sqr (const LINT& a);
```

平方 b= sqr(a);

```
const LINT
sub (const LINT& a, const LINT& b);
```

减法 c= sub(a,b);

B.5 模算术:成员函数

```
const LINT&
madd (const LINT& b, const LINT& m);
```

模加 c= a.madd(b,m);

```
int
mequ (LINT& b, const LINT& m)
const;
```

a 与 b 模 m 的比较，若 (a.mequ(b,m))…

```
const LINT&
mexp (const LINT& e, const LINT& m);
```

使用 Montgomery 约简算法的模幂 c= a.mexp(e,m);，模数 m 为奇数

```
const LINT&
mexp (USHORT u, const LINT& m);
```

使用 Montgomery 约简算法的模幂 c= a.mexp(u,m)，指数为 USHORT 类型，模数 m 为奇数

```
const LINT&
mexp2 (USHORT u, const LINT& m);
```

指数为 2 的幂 2^u 的模幂 c= a.mexp2(u,m);

```
const LINT&
mexp5m (const LINT& e,
    const LINT& m);
```

使用 Montgomery 约简算法的模幂 c= a.mexp5m(e,m);，模数 m 为奇数

```
const LINT&
mexpkm (const LINT& e,
    const LINT& m);
```

使用 Montgomery 约简算法的模幂 c= a.mexpkm(e,m);，模数 m 为奇数

```
const LINT&
mmul (const LINT& b,
    const LINT& m);
```

模乘 c= a.mmul(b,m);

```
const LINT&
mod (const LINT& m);
```

约简 b= a.mod(m);

`const LINT&` `mod2 (USHORT u);`	求模 2 的幂 2^u 的剩余 b= a.mod(u);
`const LINT&` `msqr (const LINT& m);`	模平方 c= a.msqr(m);
`const LINT&` `msub (const LINT& b, const LINT& m);`	模减 c= a.msub(b,m);

B.6 模算术:友元函数

`LINT`
`madd (const LINT& a,`
`const LINT& b,`
`const LINT& m);`
	模加 c = madd(a,b,m);

`int`
`mequ (const LINT& a,`
`const LINT& b,`
`const LINT& m);`
	a 与 b 模 m 的比较，若 (mequ(a,b,m))…

`LINT`
`mexp (const LINT& a,`
`const LINT& e,`
`const LINT& m);`
	使用 Montgomery 约简算法的模幂 c = mexp(a,e,m);，模数 m 为奇数

`LINT`
`mexp (const LINT& a,`
`USHORT u,`
`const LINT& m);`
	使用 Montgomery 约简算法的模幂 c = mexp(a,u,m);，模数 m 为奇数，指数为 USHORT 型

`LINT`
`mexp (USHORT u,`
`const LINT& e,`
`const LINT& m);`
	使用 Montgomery 约简算法的模幂 c = mexp(u,e,m);，模数 m 为奇数，指数为 USHORT 型

`LINT`
`mexp2 (const LINT& a,`
`USHORT u,`
`const LINT& m);`
	指数为 2 的幂 2^u 的模幂 c = mexp2(a,u,m)

`LINT`
`mexp5m (const LINT& a,`
`const LINT& e,`
`const LINT& m);`
	使用 Montgomery 约简算法的模幂 c = mexp5m(a,e,m);，模数 m 为奇数

`LINT`
`mexpkm (const LINT& a,`
`const LINT& b,`
`const LINT& m);`
	使用 Montgomery 约简算法的模幂 c = mexpkm(a,b,m);，模数 m 为奇数

`LINT`
`mmul (const LINT& a,`
`const LINT& b,`
`const LINT& m);`
	模乘 c = mmul(a,b,m);

`LINT`
`mod (const LINT& a,`
`    const LINT& m);`
	求余 b = mod(a,m);

`LINT`
`mod2 (const LINT& a,`
`    USHORT u);`
	求模 2 的幂 2^u 的剩余 b = mod2(a,u);

`LINT`
`msqr (const LINT& a,`
`    const LINT& m);`
	模平方 c = msqr(a,m);

`LINT`
`msub (const LINT& a,`
`    const LINT& b,`
`    const LINT& m);`
	模减 c = msub(a,b,m);

B.7　位运算:成员函数

`const LINT&` `clearbit (const unsigned int i);`	清除处于位置 i 的位 a.clearbit(i);
`const LINT&` `operator &= (const LINT& b);`	求 AND 并赋值 a &= b;
`const LINT&` `operator ^= (const LINT& b);`	求 XOR 并赋值 a ^= b;
`const LINT&` `operator |= (const LINT& b);`	求 OR 并赋值 a |= b;
`const LINT&` `operator <<= (int i);`	左移并赋值 a <<= i;
`const LINT&` `operator >>= (int i);`	右移并赋值 a >>= i;
`const LINT&` `setbit (unsigned int i);`	在位置 i 设置位 a.setbit(i);
`const LINT&` `shift (int i);`	移位(向左或右)i 位 a.shift(i);
`const int` `testbit (unsigned int i) const;`	检测位置 i 的位 a.testbit(i);

B.8　位运算:友元函数

`const LINT`
`operator & (const LINT& a,`
`    const LINT& b);`
	AND, c = a & b;

`const LINT`
`operator ^ (const LINT& a,`
`    const LINT& b);`
	XOR, c = a ^ b;

`const LINT`
`operator | (const LINT& a,`
`    const LINT& b);`
	OR，c = a | b;

`const LINT`
`operator << (const LINT& a,`
`    int i);`
	左移，b = a << i;

`const LINT`
`operator >> (const LINT& a,`
`    int i);`
	右移，b = a >> i;

`const LINT` `shift (const LINT& a, int i);`	移动(向左或右)i 位，b= shift(a,i)

B.9 数论成员函数

`LINT`
`chinrem (const LINT& m,`
`    const LINT& b,`
`    const LINT& n) const;`
	返回同余方程组 $x \equiv a \bmod m$ 和 $x \equiv b \bmod n$ 的解 x，如果解存在

`LINT` `gcd (const LINT& b);`	返回 a 和 b 的 gcd
`LINT` `introot (void) const;`	返回 a 的 b 次根的整数部分

`LINT`
`introot (const USHORT b)`
`const;`
	返回 a 的 b 次根的整数部分

`LINT` `inv (const LINT& b) const;`	返回 a mod b 的乘法逆元素
`int` `iseven (void) const;`	检测 a 是否被 2 整除:若 a 为偶数则为真
`int` `isodd (void) const;`	检测 a 是否被 2 整除:若 a 为奇数则为真

`int`
`isprime (int nsp = 302,`
`    int rnds = 0) const;`
	素性检测

`LINT` `issqr (void) const;`	检测 a 是否是平方数
`int` `jacobi (const LINT& b) const;`	返回 Jacobi 符号 $\left(\frac{a}{b}\right)$
`LINT` `lcm (const LINT& b) const;`	返回 a 和 b 的最小公倍数
`unsigned int` `ld (void) const;`	返回$\lfloor \log_2 a \rfloor$
`LINT` `root (void) const;`	返回 a 的平方根的整数部分

```
LINT
root (const LINT& p) const;
```

返回 a 模奇素数 p 的平方根的整数部分

```
LINT
root (const LINT& p,
    const LINT& q) const;
```

返回 a 模 p* q 的平方根，p 和 q 为奇素数

```
int
twofact (LINT& odd) const;
```

返回 a 的偶数部分，odd 存储 a 的奇数部分

```
LINT
xgcd (const LINT& b,
    LINT& u, int& sign_u,
    LINT& v, int& sign_v)
    const;
```

返回 a 和 b 的 gcd 的扩展 Euclidean 算法，u 和 v 存储线性组合 g = sign_u* u* a + sign_v* v* b 的因子的绝对值

B.10 数论友元函数

```
LINT
chinrem (unsigned noofeq,
    LINT** coeff);
```

返回联立同余式方程组的解。同余方程组含有 noofeq 个方程式 $x \equiv a_i \bmod m_i$，其参数 a1,m1,a2,m2,a3,m3…由指向 LINT 对象的指针数组 coeff 传递

```
LINT
extendprime (const LINT& pmin,
const LINT& pmax,
    const LINT& a,
    const LINT& q,
    const LINT& f);
```

返回素数 p，使得 $pmin \leqslant p \leqslant pmax$，$p \equiv a \bmod q$ 且 gcd(p- 1,f)= 1，f 为奇数

```
LINT
extendprime (USHORT l,
    const LINT& a,
    const LINT& q,
    const LINT& f);
```

返回 i 位长的素数 p，即 $2^{l-1} \leqslant p < 2^l$，使得 $p \equiv a \bmod q$ 且 gcd(p- 1,f)= 1，f 为奇数

```
LINT
findprime (const LINT& pmin,
    const LINT& pmax,
    const LINT& f);
```

返回素数 p，使得 $pmin \leqslant p \leqslant pmax$，gcd(p- 1,f)= 1，f 为奇数

```
LINT
findprime (USHORT l);
```

返回 i 位长的素数 p，即 $2^{l-1} \leqslant p < 2^l$

```
LINT
findprime (USHORT l,
    const LINT& f);
```

返回 i 位长的素数 p，即 $2^{l-1} \leqslant p < 2^l$，且 gcd(p- 1,f)= 1，f 为奇数

```
LINT
gcd (const LINT& a,
    const LINT& b);
```

返回 a 和 b 的 gcd

```
LINT
introot (const LINT& a);
```

返回 a 的整数部分

```
LINT
introot (const LINT& a,
    const USHORT b);
```

返回 a 的 b 次根的整数部分

```
LINT
inv (const LINT& a,
    const LINT& b);
```

返回 a mod b 的乘法逆元素

```
int
iseven (const LINT& a);
```

检测 a 是否能被 2 整除：a 为奇数时为真

```
int
isodd (const LINT& a);
```

检测 a 是否能被 2 整除：a 为偶数时为真

```
LINT
inv (const LINT& a,
    const LINT& b);
```

p 的素性检测

```
LINT
issqr (const LINT& a);
```

检测 a 是否为平方数

```
int
jacobi (const LINT& a,
    const LINT& b);
```

返回 Jacobi 符号 $\left(\frac{a}{b}\right)$

```
LINT
lcm (const LINT& a,
    const LINT& b);
```

返回 a 和 b 的最小公倍数

```
unsigned int
ld (const LINT& a);
```

返回 $\lfloor \log_2 a \rfloor$

```
LINT
nextprime (const LINT& a,
    const LINT& f);
```

返回大于 a 的最小素数 p，满足 gcd(p-1,f)=1，f 为奇数

```
LINT
primroot (unsigned noofprimes,
    LINT** primes);
```

返回模 p 的原根。变量 noofprimes 传递群阶 p-1 的互异素数因子的个数。primes 传递一个指向 LINT 对象的指针数组，它从 p-1 开始，后面是群阶 $p-1=p_1^{e_1}\cdots p_k^{e_k}$ 的素数因子 $p_1,\cdots,p_k$，k= noofprimes

```
LINT
root (const LINT& a);
```

返回 a 的平方根的整数部分

```
LINT
root (const LINT& a,
    const LINT& p);
```

返回 a 模奇素数 p 的平方根

```
LINT
root (const LINT& a,
    const LINT& p,
    const LINT& q);
```

返回 a 模 p* q 的平方根，p 和 q 是奇素数

```
LINT
strongprime (const LINT& pmin,
    const LINT& pmax,
    const LINT& f);
```

返回强素数 p，使得 pmin≤p≤pmax，gcd(p-1,f)=1，f 为奇数。p-1 的素数因子 r、r-1 的素数因子 t、p+1 的素数因子 s 的默认长度为：lt $\lessapprox \frac{1}{4}$、ls≈lr $\lessapprox \frac{1}{2}$ 倍的 pmin 的二进制长度

```
LINT
strongprime (const LINT& pmin,
    const LINT& pmax,
    USHORT lt,
    USHORT lr,
    USHORT ls,
    const LINT& f);
```

返回强素数 p，使得 pmin≤p≤pmax，gcd(p-1,f)=1，f 为奇数。lr、lt、ls 分别是 p-1、r-1 和 p+1 的素数因子 r、t、s 的长度

`LINT strongprime (USHORT l);`	返回 l 位长的强素数 p，即 $2^{l-1} \leqslant p < 2^l$
`LINT strongprime (USHORT l, const LINT& f);`	返回 l 位长的强素数 p，即 $2^{l-1} \leqslant p < 2^l$，满足 gcd(p- 1,f)= 1，f 为奇数
`LINT strongprime (USHORT l, USHORT lt, USHORT lr, USHORT ls, LINT& f);`	返回 l 位长的强素数 p，即 $2^{l-1} \leqslant p < 2^l$，满足 gcd(p- 1,f)= 1，f 为奇数，lt $\lessapprox \frac{1}{4}$，ls≈lr $\lessapprox \frac{1}{2}$倍的 p 的长度
`int twofact (const LINT& even, LINT& odd);`	返回 a 的偶数部分，odd 存储 a 的奇数部分
`LINT xgcd (const LINT& a, const LINT& b, LINT& u, int& sign_u, LINT& v, int& sign_v);`	扩展 Euclidean 算法，返回 a 和 b 的 gcd。u 和 v 存储了线性组合 g = sign_u* u* a + sign_v* v* b 的因子的绝对值

B.11　伪随机数生成

`LINT randBBS (const LINT& rmin, const LINT& rmax);`	返回 LINT 型随机数 r，使得 rmin≤r≤rmax
`LINT randBBS (int l);`	返回 l 位长的 LINT 型随机数
`LINT randl (const LINT& rmin, const LINT& rmax);`	返回 LINT 型随机数 r，使得 rmin≤r≤rmax
`LINT randl (const int l);`	返回 l 位长的 LINT 型随机数
`int seedBBS (const LINT& seed);`	初始化 BBS 随机数生成器，初始值为 seed
`void seedl (const LINT& seed);`	初始化基于线性同余的 64 位随机数生成器，初始值为 seed

B.12　其他函数

`LINT_ERRORS Get_Warning_Status (void);`	请求 LINT 对象的错误状态
`static void Set_LINT_Error_Handler (void (*)(LINT_ERRORS err, const char*, int, int));`	激活用户程序处理 LINT 运算的错误。用已注册的程序代替 LINT 标准错误处理器 panic()；撤销用户程序的注册，并同时通过调用 Set_LINT_Error_Handler(NULL)重新激活 panic()程序

附录C

宏

C.1 错误代码和状态值

E_CLINT_DBZ	−1	被零除
E_CLINT_OFL	−2	上溢
E_CLINT_UFL	−3	下溢
E_CLINT_MAL	−4	内存分配错误
E_CLINT_NOR	−5	寄存器不可用
E_CLINT_BOR	−6	str2clint_l()中基数不合法
E_CLINT_MOD	−7	Montgomery约简算法中模数为偶
E_CLINT_NPT	−8	将空指针作为参数传递
E_VCHECK_OFL	1	vcheck_l()警告：数字过长
E_VCHECK_LDZ	2	vcheck_l()警告：前导零
E_VCHECK_MEM	−1	vcheck_l()错误：空指针

C.2 其他常数

BASE	0x10000	CLINT数字格式的基数 $B=2^{16}$
BASEMINONE	0xffffU	$B-1$
DBASEMINONE	0xffffffffUL	B^2-1
BASEDIV2	0x8000U	$\lfloor B/2 \rfloor$
NOOFREGS	16U	寄存器库中寄存器的标准编号
BITPERDGT	16UL	每个CLINT数字包含的二进制位数
LDBITPERDGT	4U	以2为底的BITPERDGT的对数
CLINTMAXDIGIT	256U	CLINT对象以B为基数的最大位数
CLINTMAXSHORT	(CLINTMAXDIGIT + 1)	为CLINT对象分配的USHORT的个数
CLINTMAXBYTE	(CLINTMAXSHORT << 1)	为CLINT对象分配的字节数
CLINTMAXBIT	(CLINTMAXDIGIT << 4)	CLINT对象包含的最大二进制位数
r0_l, ... , r15_l	get_reg_l(0), ... , get_reg_l(15)	CLINT寄存器1,…,15的指针
FLINT_VERMAJ		FLINT/C库的高版本号
FLINT_VERMIN		FLINT/C库的低版本号
FLINT_VERSION	((FLINT_VERMAJ << 8) + FLINT_VERMIN)	FLINT/C库的版本号
FLINT_SECURE	0x73, 0	FLINT/C安全模式的标识符‘s’或‘’

C.3 带参数的宏

ANDMAX_L (a_l)	SETDIGITS_L((a_l), (MIN(DIGITS_L(a_l), (USHORT)CLINTMAXDIGIT)); RMLDZRS_L((a_l))	模($N_{max}+1$)的约简
ASSIGN_L (a_l, b_l)	cpy_l((a_l), (b_l))	赋值 a_l←b_l
BINSTR_L (n_l)	xclint2str_l((n_l), 2, 0)	将 CLINT 对象转换成二进制形式
bRandAES_L (S)	((UCHAR)SwitchRandAES_l((S))	生成 UCHAR 类型的随机数
bRandRMDSHA1_L (S)	((UCHAR)SwitchRandAES_l((S))	生成 UCHAR 类型的随机数
clint2str_l (n_l, base) CLINT2STR_L (n_l, base)	xclint2str_l((n_l),(base),0)	将 CLINT 对象表示为无前缀的字符串
DECDIGITS_L (n_l)	(--*(n_l))	位数减 1
DECSTR_L (n)	xclint2str_l((n), 10, 0)	将 CLINT 对象转化为十进制形式
DIGITS_L (n_l)	(*(n_l))	读取 n_l 以 B 为基数的位数
DISP_L (S, A)	printf("%s%s\n%u bit\n\n", (S), HEXSTR_L(A), ld_l(A))	CLINT 对象的标准输出
EQONE_L (a_l)	(equ_l((a_l), one_l) == 1)	比较 a_l == 1
EQZ_L (a_l)	(equ_l((a_l), nul_l) == 1)	比较 a_l == 0
GE_L (a_l, b_l)	(cmp_l((a_l), (b_l)) > -1)	比较 a_l ≥ b_l
GT_L (a_l, b_l)	(cmp_l((a_l), (b_l)) == 1)	比较 a_l > b_l
GTZ_L (a_l)	(cmp_l((a_l), nul_l) == 1)	比较 a_l > 0
HEXSTR_L (n_l)	xclint2str_l((n_l), 16, 0)	将 CLINT 对象转化为十六进制形式
INCDIGITS_L (n_l)	(++*(n_l))	位数增加 1
INITRAND64_LT()	seed64_l((unsigned long) time(NULL)	用系统时钟初始化随机数发生器 rand64_l()
INITRANDBBS_LT()	seedBBS_l((unsigned long) time(NULL))	通过系统时钟初始化随机比特发生器 randbit_l()
ISEVEN_L (n_l)	(DIGITS_L(n_l) == 0 || (DIGITS_L(n_l) > 0 && (*(LSDPTR_L(n_l)) & 1U) == 0))	检测 n_l 是否是偶数
ISODD_L (n_l)	(DIGITS_L(n_l) > 0 && (*(LSDPTR_L(n_l)) & 1U) == 1)	检测 n_l 是否是奇数
ISPRIME_L (n_l)	prime_l((n_l), 302, 5)	使用固定参数的素性检测
LE_L (a_l, b_l)	(cmp_l((a_l), (b_l)) < 1)	比较 a_l≤b_l

lRandAES_l (S)	(((ULONG)\ SwitchRandAES_l((S))\ << 24) | ((ULONG)\ SwitchRandAES_l((S))\ << 16)|((ULONG)\ SwitchRandAES_l((S))\ << 8) |((ULONG)\ SwitchRandAES_l((S)))	生成 ULONG 型随机数
lRandRMDSHA1_l (S)	(((ULONG)\ SwitchRandRMDSHA1_l((S))\ << 24) | ((ULONG)\ SwitchRandRMDSHA1_l((S))\ << 16)|((ULONG)\ SwitchRandRMDSHA1_l((S))\ << 8) |((ULONG)\ SwitchRandRMDSHA1_l((S)))	生成 ULONG 型随机数
LSDPTR_L (n_l)	((n_l) + 1)	CLINT 对象的最低有效位的指针
LT_L (a_l, b_l)	(cmp_l((a_l), (b_l)) == -1)	比较 a_l< b_l
MAX_L (a_l, b_l)	(GT_L((a_l), (b_l)) ? (a_l) : (b_l))	两个 CLINT 值的最大值
MEXP_L (a_l, e_l, p_l, n_l)	mexp5_l((a_l), (e_l), (p_l), (n_l)) mexpkm_l((a_l), (e_l), (p_l), (n_l)) mexp5m_l((a_l), (e_l), (p_l), (n_l))	求幂，可选择的
MEXP_L (a_l, e_l, p_l, n_l)	mexpk_l((a_l), (e_l), (p_l), (n_l))	求幂
MIN_L (a_l, b_l)	(LT_L((a_l), (b_l)) ? (a_l) : (b_l))	两个 CLINT 值的最小值
MSDPTR_L (n_l)	((n_l) + DIGITS_L(n_l))	CLINT 对象最高有效位的指针
OCTSTR_L (n_l)	xclint2str_l((n_l), 8, 0)	将 CLINT 对象转换为八进制形式
RMLDZRS_L (n_l)	while((DIGITS_L(n_l) > 0)&& (*MSDPTR_L(n_l) == 0)) {DECDIGITS_L(n_l);}	去除 CLINT 对象的前导零
SET_L(n_l, ul)	ul2clint_l((n_l), (ul))	赋值 n_l←ULONG ul
SETDIGITS_L (n_l, l)	(*(n_l) = (USHORT)(l))	将 n_l 的位数设为 i
SETONE_L (n_l)	u2clint_l((n_l), 1U)	将 n_l 设为 1
SETTWO_L (n_l)	u2clint_l((n_l), 2U)	将 n_l 设为 2
SETZERO_L (n_l)	(*(n_l) = 0)	将 n_l 设为 0

<table>
<tr><td>sRandAES_l (S)</td><td>(((USHORT)\
SwitchRandAES_l((S))\
<< 8) | (USHORT)\
SwitchRandAES_l((S)))</td><td>生成一个 USHORT 类型的随机数</td></tr>
<tr><td>sRandRMDSHA1_l (S)</td><td>(((USHORT)\
sRandRMDSHA1_l((S))\
<< 8) | (USHORT)\
sRandRMDSHA1_l((S)))</td><td>生成一个 USHORT 类型的随机数</td></tr>
<tr><td>SWAP (a, b)</td><td>((a)^=(b),(b)^=(a),(a)^=(b))</td><td>交换</td></tr>
<tr><td>SWAP_L (a_l, b_l)</td><td>(xor_l((a_l),(b_l),(a_l)),
xor_l((b_l),(a_l),(b_l)),
xor_l((a_l),(b_l),(a_l)))</td><td>交换两个 CLINT 值</td></tr>
<tr><td>ZEROCLINT_L (n_l)</td><td>memset((A), 0, sizeof(A))</td><td>通过重写删除一个 CLINT 变量</td></tr>
</table>

计 算 时 间

表 D-1 和表 D-2 给出了一些 FLINT/C 函数的计算时间，这些函数在频率为 2.4GHz 的 Pentium 3 处理器、1GB 的主内存、Linux 操作系统和 gcc 3.2.2 的环境下运行。我们测量了 n 次运算的时间，再将结果除以 n。根据函数的不同，n 的值从 100 ~ 500 万不等。为了比较，我们给出了表 D-3 来显示 GNU 多精度算法库(GMP，4.1.2 版)中一些函数的计算时间。

表 D-1　一些 C 函数的计算时间(不支持汇编程序)

	参数的二进制位数；时间(秒)						
	128	256	512	768	1024	2048	4096
add_l	$1.0 \cdot 10^{-7}$	$1.4 \cdot 10^{-7}$	$2.4 \cdot 10^{-7}$	$3.2 \cdot 10^{-7}$	$4.9 \cdot 10^{-7}$	$7.4 \cdot 10^{-7}$	$1.2 \cdot 10^{-6}$
mul_l	$1.1 \cdot 10^{-6}$	$2.3 \cdot 10^{-6}$	$5.7 \cdot 10^{-6}$	$1.1 \cdot 10^{-5}$	$1.8 \cdot 10^{-5}$	$6.8 \cdot 10^{-5}$	$2.6 \cdot 10^{-4}$
sqr_l	$7.7 \cdot 10^{-7}$	$1.5 \cdot 10^{-6}$	$4.6 \cdot 10^{-6}$	$1.0 \cdot 10^{-5}$	$1.1 \cdot 10^{-5}$	$3.7 \cdot 10^{-5}$	$1.4 \cdot 10^{-4}$
div_l*	$1.1 \cdot 10^{-6}$	$1.9 \cdot 10^{-6}$	$4.6 \cdot 10^{-6}$	$8.5 \cdot 10^{-6}$	$1.7 \cdot 10^{-5}$	$6.3 \cdot 10^{-5}$	$2.4 \cdot 10^{-4}$
mmul_l	$3.2 \cdot 10^{-6}$	$6.8 \cdot 10^{-6}$	$2.2 \cdot 10^{-5}$	$4.6 \cdot 10^{-5}$	$8.1 \cdot 10^{-5}$	$3.1 \cdot 10^{-4}$	$1.2 \cdot 10^{-3}$
msqr_l	$2.9 \cdot 10^{-6}$	$6.3 \cdot 10^{-6}$	$2.1 \cdot 10^{-5}$	$4.2 \cdot 10^{-5}$	$7.4 \cdot 10^{-5}$	$2.8 \cdot 10^{-4}$	$1.1 \cdot 10^{-3}$
mexpk_l	$5.6 \cdot 10^{-4}$	$2.4 \cdot 10^{-3}$	$1.4 \cdot 10^{-2}$	$4.1 \cdot 10^{-2}$	$9.2 \cdot 10^{-2}$	$6.8 \cdot 10^{-1}$	5.2
mexpkm_l	$2.5 \cdot 10^{-4}$	$1.1 \cdot 10^{-3}$	$6.3 \cdot 10^{-3}$	$1.8 \cdot 10^{-2}$	$4.1 \cdot 10^{-2}$	$3.0 \cdot 10^{-1}$	2.2

注：* 对于函数 div_l，该位数为被除数的位数，除数的位数则为其一半。

我们可以清楚地看出，平方比乘法节省时间。还可以看出，通过 Montgomery 求幂实现了 mexpkm_l()的优势，它所需要的时间只是用 mexpk_l()实现的求幂算法的一半多一点儿。2048 位密钥的 RSA 算法只需要 0.5 秒，如果利用中国剩余定理(参见第 10 章)，则只需要 1/4 秒。

表 D-2 展示了当使用汇编程序时，计算时间上的不同。汇编程序的支持使得求模函数提速了约 70%，乘法和平方之间的时间间隔则稳定在 50%左右。

表 D-2　一些 C 函数的运行时间(支持 80x86 汇编程序)

	参数的二进制位数；时间(秒)						
	128	256	512	768	1024	2048	4096
mul_l	$1.5 \cdot 10^{-6}$	$2.2 \cdot 10^{-6}$	$4.6 \cdot 10^{-6}$	$9.1 \cdot 10^{-6}$	$1.4 \cdot 10^{-5}$	$4.9 \cdot 10^{-5}$	$1.9 \cdot 10^{-4}$
sqr_l	$1.2 \cdot 10^{-6}$	$1.8 \cdot 10^{-6}$	$3.6 \cdot 10^{-6}$	$5.8 \cdot 10^{-6}$	$9.1 \cdot 10^{-6}$	$2.8 \cdot 10^{-5}$	$9.9 \cdot 10^{-5}$
div_l*	$9.8 \cdot 10^{-7}$	$9.7 \cdot 10^{-7}$	$2.3 \cdot 10^{-6}$	$3.1 \cdot 10^{-6}$	$5.7 \cdot 10^{-6}$	$2.0 \cdot 10^{-5}$	$7.3 \cdot 10^{-5}$
mmul_l	$2.8 \cdot 10^{-6}$	$4.8 \cdot 10^{-6}$	$1.1 \cdot 10^{-5}$	$2.1 \cdot 10^{-5}$	$3.4 \cdot 10^{-5}$	$1.2 \cdot 10^{-4}$	$4.7 \cdot 10^{-4}$
msqr_l	$2.3 \cdot 10^{-6}$	$4.2 \cdot 10^{-6}$	$9.5 \cdot 10^{-6}$	$1.9 \cdot 10^{-5}$	$2.9 \cdot 10^{-5}$	$1.0 \cdot 10^{-4}$	$3.8 \cdot 10^{-4}$
mexpk_l	$4.1 \cdot 10^{-4}$	$1.3 \cdot 10^{-3}$	$6.1 \cdot 10^{-3}$	$1.7 \cdot 10^{-2}$	$3.6 \cdot 10^{-2}$	$2.5 \cdot 10^{-1}$	1.9
mexpkm_l	$2.8 \cdot 10^{-4}$	$1.1 \cdot 10^{-3}$	$5.9 \cdot 10^{-3}$	$1.7 \cdot 10^{-2}$	$3.7 \cdot 10^{-2}$	$2.7 \cdot 10^{-1}$	2.1

注：* 对于函数 div_l，该位数为被除数的位数，除数的位数则为其一半。

由于 mulmon_l()和 sqrmon_l()这两个函数不存在汇编程序，所以在对比中求幂函数

mexpk_l()能够显著地赶上 Montgomery 求幂 mexpm_l()，两个函数差不多一样快。这里还存在一个通过适当的汇编程序扩展来进一步改善性能的可能(参见第 19 章)。

对比 FLINT/C 和 GMP 程序(见表 D-3)时，我们可以看到，GMP 乘法和除法比 FLINT/C 程序分别快 30%和 40%。而与本书第 1 版中 2.0.2 版的 GMP 相比，这两个库中的模幂函数差不多一样。这里 GMP 开发者为 GMP 库实现了 2 倍的速度优势。

由于 GMP 库在可用的大整数运算库中是最快的，所以我们不应当对这个结果感到不满意。当然，这个结果也可以作为读者探索 FLINT/C 库可能性的动力。我们仍然需要做的是，Montgomery 乘法和平方的汇编实现，对使用 Karatsuba 方法的乘法和平方进一步改并将它们移植到汇编程序中，并做实验确定这些方法的最优组合。

表 D-3 一些 GMP 函数的计算时间(支持 80x86 汇编程序)

	参数的二进制位数；时间(秒)						
	128	256	512	768	1024	2048	4096
mpz_add	$4.3 \cdot 10^{-8}$	$5.4 \cdot 10^{-8}$	$7.8 \cdot 10^{-8}$	$1.0 \cdot 10^{-7}$	$1.4 \cdot 10^{-7}$	$2.2 \cdot 10^{-7}$	$4.1 \cdot 10^{-7}$
mpz_mul	$1.7 \cdot 10^{-7}$	$5.5 \cdot 10^{-7}$	$1.8 \cdot 10^{-6}$	$3.7 \cdot 10^{-6}$	$8.1 \cdot 10^{-6}$	$1.9 \cdot 10^{-5}$	$5.7 \cdot 10^{-5}$
mpz_mod*	$2.1 \cdot 10^{-7}$	$5.1 \cdot 10^{-7}$	$1.2 \cdot 10^{-6}$	$1.8 \cdot 10^{-6}$	$3.9 \cdot 10^{-6}$	$9.4 \cdot 10^{-6}$	$3.1 \cdot 10^{-5}$
mpz_powm	$5.6 \cdot 10^{-5}$	$4.0 \cdot 10^{-4}$	$2.4 \cdot 10^{-3}$	$6.7 \cdot 10^{-3}$	$2.5 \cdot 10^{-2}$	$1.0 \cdot 10^{-1}$	$6.5 \cdot 10^{-1}$

注：* 对于函数 mpz_mod，该位数为被除数的位数，除数的位数则为其一半。

符　　号

$\mathbb{N}$　　非负整数集合 0，1，2，3，…

$\mathbb{N}^{+}$　　正整数集合 1，2，3，…

$\mathbb{Z}$　　整数集合…，−2，−1，0，1，2，3，…

$\mathbb{Z}_n$　　整数的模 n 的剩余类环(第 5 章)

$\mathbb{Z}_n^{\times}$　　模 n 的既约剩余系

$\mathbb{F}_{p^n}$　　p^n 个元素的有限域

$\bar{a}$　　$\mathbb{Z}_n$ 中 $a+n\mathbb{Z}$ 的剩余类

$a \approx b$　　a 约等于 b

$a \lessapprox b$　　a 小于或约等于 b

$a \leftarrow b$　　赋值：将值 b 赋予变量 a

$|a|$　　a 的绝对值

$a|b$　　a 能够整除 b

$a \nmid b$　　a 不能够整除 b

$a \equiv b \bmod n$　　a 与 b 模 n 同余，即 $n|(a-b)$

$a \not\equiv b \bmod n$　　a 与 b 模 n 不同余，即 $n \nmid (a-b)$

$\gcd(a, b)$　　a 与 b 的最大公因子(10.1 节)

$\mathrm{lcm}(a, b)$　　a 与 b 的最小公倍数(10.1 节)

$\phi(n)$　　Euler ϕ 函数(10.2 节)

$O()$　　“大 O”。对于两个实数值函数 f 和 g ($g(x)\geqslant 0$)，若存在一个常量 C，使得 $f(x)\leqslant Cg(x)$ 对于所有充分大的 x 成立，则我们认为 $f=O(g)$ 且说“f 是 g 的大 O”

$\left(\frac{a}{b}\right)$　　Jacobi 符号(10.4.1 节)

$\lfloor x \rfloor$　　小于或等于 x 的最大整数

$\lceil x \rceil$　　大于或等于 x 的最小整数

P　　多项式时间内可解的计算问题集合

NP　　多项式时间内非确定性可解的计算问题集合

$\log_b x$　　以 b 为底的 x 的对数

B　　$B=2^{16}$，表示 CLINT 型对象所用的基数

MAX_b　　以 B 为基数的 CLINT 对象的最大位数

MAX_2　　以 2 为基数的 CLINT 对象的最大位数

N_{max}　　CLINT 对象所能表示的最大自然数

运算和数论软件包

如果读者心里对算法数论的趣味性和实用性有任何疑问，浏览大量关于这个问题的网站就会马上消除这些疑虑，即使是通过重写读者的大脑寄存器。在你最喜爱的搜索引擎里输入字符串“数论”(number theory)，你就会得到上千条结果，其中一小部分已经被本书引用了。这些网站中的许多都包含了访问可使用软件包的链接，或者允许下载这些软件包。这些软件包提供了广泛的函数，包括大整数运算、代数、群论和数论，倾注了许多有才能和热情的开发者的努力。

Keith Matthews(澳大利亚，布里斯班的昆士兰大学)所管理的数论网站(Number Theory Web Page)给出了这些软件包资源的列表。网站的网址是：

http://www.maths.uq.edu.au/~krm/web.html.

该网址也包含了访问大学和研究所的链接，以及相关课题的出版物的指引。总之，这个网站可谓是一个名副其实的宝库。下面给出了从可用软件包列表中选出的一小部分软件包的概览：

- **ARIBAS** 是一个翻译器，它执行大整数的算数和数论函数。ARIBAS 用 Pascal 实现了[Fors]中的算法，因此可以当作那本书的附录，通过匿名 ftp 从 ftp.mathematik.uni-muenchen.de 的目录 pub/forster/aribas 或者从 http://www.mathematik.uni-muenchen.de/ forster 获得。
- **CALC**，由 Keith Matthews 开发，是一个可计算任意大的整数的程序，它从命令行获取命令，执行它们并显示结果。CALC 用 ANSI C 实现，使用解析生成器 YACC 或 BISON 来解析命令行，它实现了大概 60 个数论函数。CALC 可以从 http://www.numbertheory.org/calc/krm_calc.html 获得。
- **GNU MP 或 GMP**，来自 GNU 工程，是一个用于任意大的整数、有理数和实数运算的便携式 C 库。由于 GMP 为一系列 CPU 使用了汇编代码，所以它的性能十分卓越。GMP 可以通过 ftp 在 www.gnu.org.prep.ai.mit.edu，或在 GNU 的镜像网站下载。
- **LiDIA** 是在达姆斯塔特技术大学开发的数论计算软件库之一。LiDIA 包含了丰富的用于在$\mathbb{Z}$、$\mathbb{Q}$、$\mathbb{R}$、$\mathbb{C}$、$\mathbb{F}_{2^n}$、$\mathbb{F}_{p^n}$中计算以及区间计算的高优化函数。它也实现了当前的一些因式分解算法，如用于格基归约、线性代数算法、数域计算方法和多项式的算法。LiDIA 支持其他运算包的接口，包括 GMP 包。LiDIA 自己的解释语言 LC 由于能够支持 C++，所以易于转换为编译的程序。所有的平台，如 Linux 2.0.x、Windows NT 4.0、OS/2 Warp 4.0、HPUX-10.20、SunSolaris 2.5.1/2.6，都允许使用长文件名，且都有合适的 C++ 编译器，Apple 的 Macintosh 中也有一个接口可用。LiDIA 可以从 http://www.informatik.tu-darmstadt.de/TI/LiDIA 获得。
- **Numbers**，由 Ivo Düntsch 开发，它是一个提供了最大 150 位十进制数的基本数论函数的对象文件库。这些函数用 Pascal 编写，且包中的解释器也是以向学生提供重要的计算示例和实验为目的而开发的。Numbers 的源代码地址是 http://archives.math.utk.edu/soft-

ware/msdos/number. theory/num202d/. html。

- **PARI** 是由 Henri Cohen 等人开发的数论软件包，它实现了[Cohe]中的算法。PARI 可以用作解释器且能作为可与程序链接的函数库。由于在各种平台（UNIX、Macintosh、PC 及其他）使用了汇编代码，所以 PARI 的效率非常高。PARI 的获取地址是 www. parigp-home. de。

参考文献

[Adam] Adams, Carlisle, Steve Lloyd: *Understanding Public Key Infrastructure Concepts, Standards & Deployment*, Macmillan Technical Publishing, Indianapolis, 1999.

[AgKS] Agrawal, Maninda, Neeraj Kayal, Nitin Saxena: PRIMES is in P, *Indian Institute of Technology*, 2003.

[BaSh] Bach, Eric, Jeffrey Shallit: *Algorithmic Number Theory, Vol. 1, Efficient Algorithms*, MIT Press, Cambridge (MA), London, 1996.

[BCGP] Beauchemin, Pierre, Gilles Brassard, Claude Crépeau, Claude Goutier, Carl Pomerance: The generation of random numbers that are probably prime, *Journal of Cryptology*, Vol. 1, No. 1, pp. 53–64, 1988.

[Bern] Daniel J. Bernstein: Proving primality after Agrawal–Kayal–Saxena, Draft paper, `http://cr.yp.to/papers.html#aks`, 2003.

[Beut] Beutelspacher, Albrecht: *Kryptologie*, 2. Auflage, Vieweg, 1991.

[Bies] Bieser, Wendelin, Heinrich Kersten: *Elektronisch unterschreiben—die digitale Signatur in der Praxis*, 2. Auflage, Hüthig, 1999.

[BiSh] Biham, Eli, Adi Shamir: Differential cryptanalysis of DES-like cryptosystems, *Journal of Cryptology*, Vol. 4, No. 1, 1991, pp. 3–72.

[Blum] Blum, L., M. Blum, M. Shub: A simple unpredictable pseudo-random number generator, *SIAM Journal on Computing*, Vol. 15, No. 2, 1986, pp. 364–383.

[BMBF] Bundesministerium für Bildung, Wissenschaft, Forschung und Technologie: *IUKDG—Informations- und Kommunikationsdienste-Gesetz—Umsetzung und Evaluierung*, Bonn, 1997.

[BMWT] Bundesministerium für Wirtschaft und Technologie: *Entwurf eines Gesetzes über Rahmenbedingungen für elektronische Signaturen—Diskussionsentwurf zur Anhörung und Unterrichtung der beteiligten Fachkreise und Verbände*, April 2000.

[Bone] Boneh, Dan: Twenty years of attacks on the RSA-cryptosystem, *Proc. ECC*, 1998.

[Bon2] Boneh, Dan, Antoine Joux, Phong Q. Nguyen: Why Textbook ElGamal and RSA Encryption are Insecure, *Advances in Cryptology*, ASIACRYPT 2000, Lecture Notes in Computer Science 1976, pp. 30–43, Springer-Verlag, 2000.

[Born] Bornemann, Folkmar: PRIMES Is in P: A Breakthrough for "Everyman," *Notices of the AMS*, May 2003.

[Bos1] Bosch, Karl: *Elementare Einführung in die Wahrscheinlichkeitsrechnung*, Vieweg, 1984.

[Bos2] Bosch, Karl: *Elementare Einführung in die angewandte Statistik*, Vieweg, 1984.

[Boss] Bosselaers, Antoon, René Govaerts, Joos Vandewalle: Comparison of three modular reduction functions, in *Advances in Cryptology, CRYPTO 93, Lecture Notes in Computer Science No. 773*, pp. 175–186, Springer-Verlag, New York, 1994.

[Bres] Bressoud, David M.: *Factorization and Primality Testing*, Springer-Verlag, New York, 1989.

[BSI1] Bundesamt für Sicherheit in der Informationstechnik: Geeignete Algorithmen zur Erfüllung der Anforderungen nach §17 Abs. 1 through 3 SigG of 22 May 2001 in association with Anlage 1 Abschnitt I Nr. 2 SigV of 22 November 2001. Published 13 February 2004 in *Bundesanzeiger* Nr. 30, pp. 2537–2538.

[BSI2] Bundesamt für Sicherheit in der Informationstechnik: Anwendungshinweise und Interpretation zum Schema (AIS). Funktionalitätsklassen und Evaluationsmethodologie für deterministische Zufallszahlengeneratoren. AIS 20. Version 1. Bonn, 1999.

[Burt] Burthe, R. J., Jr.: Further investigations with the strong probable prime test, *Mathematics of Computation*, Volume 65, pp. 373–381, 1996.

[Bund] Bundschuh, Peter: *Einführung in die Zahlentheorie*, 3. Auflage, Springer-Verlag, Berlin, Heidelberg, 1996.

[BuZi] Burnikel, Christoph, Joachim Ziegler: Fast recursive division, Forschungsbericht MPI-I-98-1-022, Max-Planck-Institut für Informatik, Saarbrücken, 1998.

[CJRR] Chari, Suresh, Charanjit Jutla, Josyula R. Rao, Pankaj Rohatgi: *A Cautionary Note Regarding Evaluation of AES Candidates on Smart Cards*, 1999, http://csrc.nist.gov/encryption/aes/round1/conf2/papers/chari.pdf

[Cohe] Cohen, Henri: *A Course in Computational Algebraic Number Theory*, Springer-Verlag, Berlin, Heidelberg, 1993.

[Coro] Coron, Jean-Sebastien, David Naccache, Julien P. Stern: On the security of RSA padding, ed. M. Wiener, in *Advances in Cryptology, CRYPTO '99, Lecture Notes in Computer Science No. 1666*, pp. 1–17, Springer-Verlag, New York, 1999.

[Cowi] Cowie, James, Bruce Dodson, R.-Marije Elkenbracht-Huizing, Arjen K. Lenstra, Peter L. Montgomery, Joerg Zayer: A world wide number field sieve factoring record: on to 512 bits, ed. K. Kim and T. Matsumoto, in *Advances in Cryptology, ASIACRYPT '96, Lecture Notes in Computer Science No. 1163*, pp. 382–394, Springer-Verlag, Berlin 1996.

[CrPa] Crandall, Richard E., Jason S. Papadopoulos: On the implementation of AKS-class primality tests, http://developer.apple.com/hardware/ ve/pdf/aks3.pdf.

[DaLP] Damgard, Ivan, Peter Landrock, Carl Pomerance: Average case error estimates for the strong probable prime test, *Mathematics of Computation*, Volume 61, pp. 177–194, 1993.

[DaRi] Daemen, Joan, Vincent Rijmen: *AES-Proposal: Rijndael*, Doc. Vers. 2.0, September 1999, http://www.nist.gov/encryption/aes

[DR02] Daemen, Joan, Vincent Rijmen: The Design of Rijndael: AES: The Advanced Encryption Standard, Springer-Verlag, Heidelberg, 2002.

[Deit] Deitel, H. M., P. J. Deitel: *C++: How To Program*, Prentice Hall, 1994.

[Dene] Denert, Ernst: *Software-Engineering*, Springer-Verlag, Heidelberg, 1991.

[deWe] De Weger, Benne: Cryptanalysis of RSA with small prime difference, *Cryptology ePrint Archive*, Report 2000/016, 2000.

[Diff] Diffie, Whitfield, Martin E. Hellman: *New Directions in Cryptography*, IEEE Trans. Information Theory, pp. 644–654, Vol. IT-22, 1976.

[DoBP] Dobbertin, Hans, Antoon Bosselaers, Bart Preneel: RIPEMD-160, a strengthened version of RIPEMD, ed. D. Gollman, in *Fast Software Encryption, Third International Workshop, Lecture Notes in Computer Science No. 1039*, pp. 71–82, Springer-Verlag, Berlin, Heidelberg, 1996.

[DuKa] Dussé, Stephen R., Burton. S. Kaliski: A cryptographic library for the Motorola DSP56000, in *Advances in Cryptology, EUROCRYPT '90, Lecture Notes in Computer Science No. 473*, pp. 230–244, Springer-Verlag, New York, 1990.

[Dunc] Duncan, Ray: *Advanced OS/2-Programming: The Microsoft Guide to the OS/2-Kernel for Assembly Language and C Programmers*, Microsoft Press, Redmond, Washington, 1981.

[East] Eastlake, D., S. Crocker, J. Schiller: *Randomness Recommendations for Security*, RFC1750, 1994.

[Elli] Ellis, J. H.: *The Possibility of Non-Secret Encryption*, 1970, http://www.cesg.gov.uk/htmsite/publications/media/possnse.pdf.

[ElSt] Ellis, Margaret A., Bjarne Stroustrup: *The Annotated C++ Reference Manual*, Addison-Wesley, Reading, MA, 1990.

[Endl] Endl, Kurth, Wolfgang Luh: *Analysis I*, Akademische Verlagsgesellschaft Wiesbaden, 1977.

[Enge] Engel-Flechsig, Stefan, Alexander Roßnagel eds., *Multimedia-Recht*, C. H. Beck, Munich, 1998.

[EESSI] European Electronic Signature Standardization Initiative: *Algorithms and Parameters for Secure Electronic Signatures*, V.1.44 DRAFT, 2001.

[EU99] *Richtlinie 1999/93/EG des Europäischen Parlaments und des Rates vom 13. Dezember 1999 über gemeinschaftliche Rahmenbedingungen für elektronische Signaturen.*

[Evan] Evans, David: *Splint Users Guide*, Version 3.1.1-1, Secure Programming Group University of Virginia Department of Computer Science, June 2003.

[Fegh] Feghhi, Jalal, Jalil Feghhi, Peter Williams: *Digital Certificates: Applied Internet Security*, Addison-Wesley, Reading, MA, 1999.

[Fiat] Fiat, Amos, Adi Shamir: How to prove yourself: practical solutions to identification and signature problems, in *Advances in Cryptology, CRYPTO '86, Lecture Notes in Computer Science No. 263*, pp. 186–194, Springer-Verlag, New York, 1987.

[FIPS] Federal Information Processing Standard Publication 140 - 1: *Security requirements for cryptographic modules*, US Department of Commerce/ National Institute of Standards and Technology (NIST), 1994.

[F180] National Institute of Standards and Technology: *Secure Hash Algorithm*, Federal Information Processing Standard 180-2, NIST, 2001.

[FI81] National Institute of Standards and Technology: *DES Modes of Operation*, Federal Information Processing Standard 81, NIST, 1980.

[F197] National Institute of Standards and Technology: *ADVANCED ENCRYPTION STANDARD (AES)*, Federal Information Processing Standards Publication 197, November 26, 2001

[Fisc] Fischer, Gerd, Reinhard Sacher: *Einführung in die Algebra*, Teubner, 1974.

[Fors] Forster, Otto: *Algorithmische Zahlenthorie*, Vieweg, Braunschweig,1996.

[Fumy] Fumy, Walter, Hans Peter Rieß: *Kryptographie*, 2. Auflage, Oldenbourg, 1994.

[Gimp] Gimpel Software: *PC-lint, A Diagnostic Facility for C and C++*.

[Glad] Glade, Albert, Helmut Reimer, Bruno Struif, editors: *Digitale Signatur & Sicherheitssensitive Anwendungen*, DuD-Fachbeiträge, Vieweg, 1995.

[Gldm] Gladman, Brian: A Specification for Rijndael, the AES Algorithm, `http://fp.gladman.plus.com`, 2001.

[GoPa] Goubin, Louis, Jacques Patarin DES and differential power analysis, *Proceedings of CHES'99*, Lecture Notes in Computer Science, No. 1717, Springer-Verlag, 1999.

[Gord] Gordon, J. A.: Strong primes are easy to find, *Advances in Cryptology, Proceedings of Eurocrypt '84*, pp. 216–223, Springer-Verlag, Berlin, Heidelberg, 1985.

[Gut1] Gutmann, Peter: Software generation of Practically Strong Random Numbers, *Usenix Security Symposium*, 1998

[Gut2] Gutmann, Peter: *Random Number Generation*, `www.cs.auckland.ac.nz/~pgut001`, 2000.

[Halm] Halmos, Paul, R.: *Naive Set Theory*, Springer-Verlag New York, 1987.

[Harb] Harbison, Samuel P, Guy L. Steele, Jr.: *C: A Reference Manual*, 4th Edition, Prentice Hall, Englewood Cliffs, 1995.

[Hatt] Hatton, Les: Safer C: *Developing Software for High-Integrity and Safety-Critical Systems*, McGraw-Hill, London, 1995.

[Heid] Heider, Franz-Peter: *Quadratische Kongruenzen*, unpublished manuscript, Cologne, 1997.

[Henr] Henricson, Mats, Erik Nyquist: *Industrial Strength C++*, Prentice Hall, New Jersey, 1997.

[HeQu] Heise, Werner, Pasquale Quattrocchi: *Informations- und Codierungstheorie*, Springer-Verlag, Berlin, Heidelberg, 1983.

[HKW] Heider, Franz-Peter, Detlef Kraus, Michael Welschenbach: *Mathematische Methoden der Kryptoanalyse*, DuD-Fachbeiträge, Vieweg, Braunschweig, 1985.

[Herk] Herkommer, Mark: *Number Theory: A Programmer's Guide*, McGraw-Hill, 1999.

[HoLe] Howard, Michael, David LeBlanc: *Writing Secure Code*, Microsoft Press, 2002.

[IEEE] IEEE P1363 / D13: *Standard Specifications for Public Key Cryptography*, Draft Version 13, November 1999.

[ISO1] ISO/IEC 10118-3: *Information Technology—Security Techniques—Hash-Functions. Part 3: Dedicated Hash-Functions*, CD, 1996.

[ISO2] ISO/IEC 9796: *Information Technology—Security Techniques—Digital Signature Scheme giving Message Recovery*, 1991.

[ISO3] ISO/IEC 9796-2: *Information Technology—Security Techniques—Digital Signature Scheme Giving Message Recovery, Part 2: Mechanisms Using a Hash-Function*, 1997.

[Koeu] Koeune, F., G. Hachez, J.-J. Quisquater: *Implementation of Four AES Candidates on Two Smart Cards*, UCL Crypto Group, 2000.

[Knut] Knuth, Donald Ervin: *The Art of Computer Programming, Vol. 2: Seminumerical Algorithms*, 3rd Edition, Addison-Wesley, Reading, MA, 1998.

[Kobl] Koblitz, Neal: *A Course in Number Theory and Cryptography*, Springer-Verlag, New York, 2nd Edition 1994.

[Kob2] Koblitz, Neal: *Algebraic Aspects of Cryptography*, Springer-Verlag, Berlin, Heidelberg, 1998.

[KoJJ] Kocher, Paul, Joshua Jaffe, Benjamin Jun: *Introduction to Differential Power Analysis and Related Attacks*, 1998, `http://www.cryptography.com/dpa/technical/`

[Kran] Kranakis, Evangelos: *Primality and Cryptography*, Wiley-Teubner Series in Computer Science, 1986.

[KSch] Kuhlins, Stefan, Martin Schader: *Die C++-Standardbibliothek*, Springer-Verlag, 1999.

[LeVe] Lenstra, Arjen K., Eric R. Verheul: *Selecting Cryptographic Key Sizes*, 1999, `http://www.cryptosavvy.com`

[Lind] van der Linden, Peter: *Expert C Programming*, SunSoft/Prentice Hall, Mountain View, CA, 1994.

[Lipp] Lippman, Stanley, B.: *C++ Primer*, 2nd Edition, Addison-Wesley, Reading, MA, 1993.

[Magu] Maguire, Stephen A.: *Writing Solid Code*, Microsoft Press, Redmond, Washington, 1993.

[Matt] Matthews, Tim: *Suggestions for Random Number Generation in Software*, RSA Data Security Engineering Report, December 1995.

[Mene] Menezes, Alfred J.: *Elliptic Curve Public Key Cryptosystems*, Kluwer Academic Publishers, 1993.

[Mey1] Meyers, Scott D.: *Effective C++*, 2nd Edition, Addison-Wesley, Reading, Mass., 1998.

[Mey2] Meyers, Scott D.: *More Effective C++*, 2nd Edition, Addison-Wesley, Reading, Mass., 1998.

[Mied] Miedbrodt, Anja: *Signaturregulierung im Rechtsvergleich, Der Elektronische Rechtsverkehr* 1, Nomos Verlagsgesellschaft Baden-Baden, 2000.

[Mont] Montgomery, Peter L.: Modular multiplication without trial division, *Mathematics of Computation*, pp. 519–521, 44 (170), 1985.

[MOV] Menezes, Alfred J., Paul van Oorschot, Scott A. Vanstone, *Handbook of Applied Cryptography,* CRC Press, 1997.

[Murp] Murphy, Mark L.: *C/C++ Software Quality Tools,* Prentice Hall, New Jersey, 1996.

[N38A] National Institute of Standards and Technology: *Recommendation for Block Cipher Modes of Operation,* NIST Special Publication 800-38A, 2001.

[N38B] National Institute of Standards and Technology: *DRAFT Recommendation for Block Cipher Modes of Operation: The RMAC Authentication Mode,* NIST Special Publication 800-38B, 2002.

[N38C] National Institute of Standards and Technology: *Recommendation for Block Cipher Modes of Operation: The CCM Mode for Authentication and Confidentiality,* NIST Special Publication 800-38C, 2004.

[Nied] Niederreiter, Harald: *Random Number Generation and Quasi-Monte Carlo Methods,* SIAM, Philadelphia, 1992.

[NIST] Nechvatal, James, Elaine Barker, Lawrence Bassham, William Burr, Morris Dworkin, James Foti, Edward Roback: *Report on the Development of the Advanced Encryption Standard,* National Institute of Standards and Technology, 2000.

[Nive] Niven, Ivan, Herbert S. Zuckerman: *Einführung in die Zahlentheorie* vols. I und II, Bibliographisches Institut, Mannheim, 1972.

[Odly] Odlyzko, Andrew: *Discrete Logarithms: The Past and the Future,* AT&T Labs Research, 1999.

[Petz] Petzold, Charles: *Programming Windows: The Microsoft Guide to Writing Applications for Windows 3.1,* Microsoft Press, Redmond, Washington, 1992.

[Pla1] Plauger, P. J.: *The Standard C Library,* Prentice-Hall, Englewood Cliffs, New Jersey, 1992.

[Pla2] Plauger, P. J.: *The Draft Standard C++ Library,* Prentice-Hall, Englewood Cliffs, New Jersey, 1995.

[Pren] Preneel, Bart: *Analysis and Design of Cryptographic Hash Functions,* Dissertation at the Katholieke Universiteit Leuven, 1993.

[Rabi] Rabin, Michael, O.: *Digital Signatures and Public-Key Functions as Intractable as Factorization,* MIT Laboratory for Computer Science, Technical Report, MIT/LCS/TR-212, 1979.

[RDS1] RSA Laboratories: *Public Key Cryptography Standards, PKCS #1: RSA Encryption,* Version 2.1, RSA Security Inc., 2002.

[RDS2] RSA Security, Inc.: *Recent Results on Signature Forgery,* RSA Laboratories Bulletin, 1999, `http://www.rsasecurity.com/`.

[RegT] Regulierungsbehörde für Telekommunikation und Post (RegTP): *Bekanntmachung zur elektronischen Signatur nach dem Signaturgesetz und Signaturverordnung (Übersicht über geeignete Algorithmen),* January 2, 2005.

[Rein] Reinhold, Arnold: *P=?NP Doesn't Affect Cryptography,* May 1996, `http://world.std.com/_reinhold/p=np.txt`

[Ries] Riesel, Hans: *Prime Numbers and Computer Methods for Factorization,* Birkhäuser, Boston, 1994.

[Rive] Rivest, Ronald, Adi Shamir, Leonard Adleman: A method for obtaining digital signatures, *Communications of the ACM* 21, pp. 120–126, 1978.

[Rose] Rose, H: E.: *A Course in Number Theory,* 2nd Edition, Oxford University Press, Oxford, 1994.

[Saga] Sagan, Carl: *Cosmos,* Random House, New York, 1980.

[Sali] Saliger, Uwe: *Sichere Implementierung und Integration kryptographischer Softwarekomponenten am Beispiel der Zufallszahlengenerierung,* Diplomarbeit an der Universität Bonn, 2002.

[Salo] Salomaa, Arto: *Public-Key Cryptography,* 2nd Edition, Springer-Verlag, Berlin, Heidelberg, 1996.

[Schn] Schneier, Bruce: *Applied Cryptography*, 2nd Edition, John Wiley & Sons, New York, 1996.

[Scho] Schönhage, Arnold: A lower bound on the length of addition chains, *Theoretical Computer Science*, pp. 229–242, Vol. 1, 1975.

[Schr] Schröder, Manfred R.: *Number Theory in Science and Communications*, 3rd edition, Springer-Verlag, Berlin, Heidelberg, 1997.

[SigG] *Gesetz über Rahmenbedingungen für elektronische Signaturen und zur Änderung weiterer Vorschriften*, at `http://www.iid.de/iukdg`, 2001.

[SigV] Verordnung zur elektronischen Signatur (Signaturverordnung, SigV) of 16 November 2001.

[Skal] Skaller, John Maxwell: Multiple precision arithmetic in C, edited by Dale Schumacher, in *Software Solutions in C*, Academic Press, pp. 343–454, 1994.

[Spul] Spuler, David A.: *C++ and C Debugging, Testing and Reliability*, Prentice Hall, New Jersey, 1994.

[Squa] Daemen, Joan, Lars Knudsen, Vincent Rijmen: The block cipher square, *Fast Software Encryption, Lecture Notes in Computer Science No. 1267*, pp. 149–165, Springer-Verlag, 1997.

[Stal] Stallings, William: *Cryptography and Network Security*, 2nd Edition, Prentice Hall, New Jersey, 1999.

[Stin] Stinson, Douglas R.: *Cryptography—Theory and Practice*, Prentice Hall, New Jersey, 1995.

[Stlm] Stallman, Richard M.: *Using and Porting GNU CC*, Free Software Foundation.

[Str1] Stroustrup, Bjarne: *The C++ Programming Language*, 3rd Edition, Addison-Wesley, Reading, MA, 1997.

[Str2] Stroustrup, Bjarne: *The Design and Evolution of C++*, Addison-Wesley, Reading, MA, 1994.

[Teal] Teale, Steve: *C++ IOStreams Handbook*, Addison-Wesley, Reading, MA, 1993.

[Tso] Ts'o, Theodore: `random.c`; Version 1.89, 1999

[WFLY] Wan, Xiaoyun, Dengguo Feng, Xuejia Lai, HongboYu: *Collisions for Hash Functions MD4, MD5, HAVAL-128 and RIPEMD*, August 2004.

[Wien] Wiener, Michael: Cryptanalysis of short RSA secret exponents, in *IEEE Transactions on Information Theory*, 36(3): pp. 553–558, 1990.

[Yaco] Yacobi, Y.: Exponentiating faster with addition chains, *Advances in Cryptology, EUROCRYPT '90, Lecture Notes in Computer Science No. 473*, pp. 222–229, Springer-Verlag, New York, 1990.

[Zieg] Ziegler, Joachim: personal communication 1998, 1999.